Schul-Flora.

Erster Theil.

Allgemeine Botanik.

Grundzüge
der
allgemeinen Botanik,
nebst

einer Uebersicht

der wichtigsten Pflanzen=Familien.

Für höhere Schulen und zum Selbstunterricht

bearbeitet

von

Ludwig Schneider.

Springer-Verlag Berlin Heidelberg GmbH 1874

ISBN 978-3-662-32106-5   ISBN 978-3-662-32933-7 (eBook)
DOI 10.1007/978-3-662-32933-7

Vorrede.

Das vorliegende Werk hat es sich zur Aufgabe gestellt, das Wissen eines wichtigen Zweiges der Naturwissenschaft, der Botanik, mit der Kenntniß der heimathlichen Pflanzenwelt zu begründen. Der erste Theil gibt als Einleitung für das Studium der heimischen Flora die nöthige allgemeine Vorkenntniß in der Unterweisung über die Form, Beschaffenheit, das Leben und den Nutzen der Pflanzen. Der zweite Theil enthält eine Beschreibung sämmtlicher im Local-Florengebiete wild wachsenden und kultivirten Gefäßpflanzen, mit genauer Angabe ihres Auftretens und ihrer Verbreitung, unter Berücksichtigung der Bodenverhältnisse.

Der Verfasser ist bei Bearbeitung dieser Local-Flora, als eines botanischen Schulbuches, überall von dem Bestreben ausgegangen, ein Werk zu liefern, welches dem Lehrer zum Leitfaden im Unterrichte dient, dem Schüler aber zugleich zum weiteren Verständniß des in der Schule Gegebenen das Selbststudium erleichtert. Dabei sind die Abschnitte, welche dem Verfasser zur Vorbereitung für das practische Wissen am Wichtigsten schienen, mit der möglichsten, jedoch die Grenzen eines Leitfadens nicht überschreitenden, Ausführlichkeit behandelt. Dies sind namentlich die Abschnitte: von den Eigenschaften (vom Stoff) der Pflanzen; von ihrer Ernährung; vom Einfluß des Bodens auf das Pflanzenleben; von der Fortpflanzung, Vermehrung und Verbreitung der Gewächse; vom Nutzen der Pflanzen; von ihren Krankheiten und Mißbildungen. Den Schluß des ersten Theiles bildet die systematische Eintheilung des Pflanzenreichs unter ausführlicher Darlegung der beiden zum Erkennen und Bestimmen der Pflanzen gebräuchlichen Systeme: des Linné'schen Sexual-Systems und der natürlichen Methode. Als Anhang ist im letzten Abschnitt dieses Theils eine Beschreibung der wichtigsten Familien des Pflanzenreichs, einschließlich sämmtlicher unseres deutschen Vaterlandes, gegeben; unter Anführung ihrer Verbreitung über den Erdkreis und ihres Nutzens. Der zweite Theil enthält zunächst als Einleitung eine Uebersicht von den Bodenverhältnissen des Gebiets und die Beschreibung der Pflanzen-Gattungen nach dem Linné'schen System. Hierauf folgt die Aufzählung sämmtlicher Gefäßpflanzen des Gebiets, geordnet nach der natürlichen Methode, und zwar wie sie Koch's berühmte Synopsis der Flora Deutschlands befolgt; mit einer für das Auffinden und Bestimmen der einzelnen Familien, Gattungen und Arten geeigneten kurzen Beschreibung. Wenn der erste Theil in seinem letzten Abschnitte dem Schüler einen Gesammt-Ueberblick über das große Pflanzenreich gibt, so macht der zweite es ihm möglich, jede Gefäßpflanze, die ihm im Localgebiete aufstößt, zu bestimmen; wobei er sich des Linné'schen, oder des natürlichen Systems bedienen kann.

Abbildungen zur Erklärung der beschriebenen Formen und Pflanzen sind dem Werke nicht beigegeben, um den

Schüler um so mehr auf das Studium der Natur hinzuweisen. Dagegen sind überall bei Beschreibung und Erklärung der Formen bekannte Pflanzen genannt, welche der Schüler in die Hand nehmen mag, um an ihnen das weitere Verständniß zu finden. Der Lehrer bedient sich zweckmäßig bei seinem Unterricht der erklärenden Zeichnung an der Tafel, das Schulbuch verweiset am Geeignetsten stets auf die Pflanze, um den Schüler an einen rationellen Selbstunterricht zu gewöhnen.

Möge das Werk, zu welchem ein 25jähriges Studium des Magdeburger Florengebiets den Verfasser vorbereitet hat, den Schulen der engeren Heimath, für welche es zunächst geschrieben, Nutzen und Segen bringen.

Zerbst, den 7. Februar 1874.

Der Verfasser.

Inhaltsverzeichniß.

	Seite.
Einleitung.	1

Die drei Naturreiche. Das Pflanzenreich. Botanik oder Pflanzenkunde. Reine und angewandte Botanik. Die Disciplinen der Botanik.

Erster Abschnitt. Von den Organen der Pflanze.

1) Von den einfachen Organen. 3
Die Zelle u. ihre Verrichtung. Einzellige Pflanzen. — Das Zellgewebe. Intercellular-Raum u. Interc.-Gänge. Parenchyma. Prosenchyma. — Gefäße und Gefäßbündel. — Zellpflanzen u. Gefäßpflanzen. — Oberhaut. Spaltöffnungen. — Haare. Drüsen. Brennhaar. Stachel.

2) Von den zusammengesetzten Organen. . . . 6
Eintheilung der Pflanzen mit Rücksicht auf die zusammengesetzten Organe. Kryptogamen (Lager- od. Thalluspflanzen und blattbildende Kryptogamen) u. Phanerogamen (Gymnospermen, Monocotyledonen und Dicotyledonen).

Von der Wurzel. 7
Unterschiede der Wurzel nach Richtung, Zertheilung, Form und Dichtigkeit. — Knolle und Zwiebel.

Vom Stengel. 8
Blattknospe. Stengelglied. Verschiedene Stengelbildung. Mark, Holz und Rinde. Verschiedene Bezeichnungen des Stengels. — Unterschiede des Stengels nach Richtung, Zertheilung, Form, Oberfläche und Substanz. — Stellung der Zweige.

Von den Blättern. 13
Keim- und Laubblätter. Wurzel- und Stengelblätter.

— Stellung der Blätter. Dauer der Blätter. — Bestandtheile des Blattes. Blattscheide. Blattstiel. (Nebenblätter.) Blattfläche. — Unterschiede des Blattes in Rücksicht auf den Rand, die Spitze, die Basis, den Umfang, die Zertheilung (einfache und zusammengesetzte Blätter; gefingertes und gefiedertes Blatt), die Bekleidung und die Substanz. — Knospenlage der Blätter. — Deck- oder Knospenschuppen.

Von der Blüthe. 21
Blüthenknospen. — Vollständige und unvollständige Blüthe (Blüthe der Gymnospermen). — Deckblatt. — Blüthenkreise (einblättriger Kelch und einbl. Blumenkr.; Stellung der Blüthenkreise und ihre Blätterzahl). — Form der Blüthentheile. — Präfloration.

Blüthenstand. 25
Dolde. Aehre (Kätzchen, Blüthenkolben, Zapfen, Köpfchen). Traube. Doldentraube. Rispe. (Strauß, Spirre Trug- od. Afterdolde, Quirl). Zusammengesetzte Dolde. Zusammengesetzte Aehre.

Der Kelch. 28
Ober- und unterständiger Kelch. Unterschiede des Kelchs nach der Form, nach Rand und Zertheilung, und nach der Dauer. — Doppelter Kelch.

Die Blumenkrone. 29
Farbe der Blumenkr. Einblättr. u. mehrbl. Blumenkr. Regelmäßige u. unregelm. Blkr. Unterschiede der einblättr. u. regelm. Blkr. Unterschiede der einblättr. und unregelm. Blkr. — Nectarium. — Verschiedene Arten der mehrblättrigen Blkr.

Das Perigon. 32
Die Staubgefäße. 33
Theile des Stbgef. Zahl der Stbgf. Verschiedenheit der Staubgef. nach Größe u. Stellung. Standort u. Befestigung der Stbgf. Verwachsen der Stbgf. — Staubfaden. Staubbeutel. Blüthenstaub.

Inhaltsverzeichniß.

Seite

Der Stempel. 37
Theile des Stempels. (Befruchtungsprozeß). (Weibliche Blüthe der Gymnospermen.) Einfacher Stempel; mehrfacher oder zusammengesetzter Stempel; Stempelgruppe. Fruchtknoten des zusammengesetzten Stempels. — Das Eichen. Griffel. Narbe. — Form, Oberfläche und Bekleidung des Stempel, des Griffel und der Narbe. — Zusammenwachsen beider Geschlechtskreise.

Von der Frucht. 41
Entstehung der Frucht. — Fruchthülle. — Form, Oberfläche, Bekleidung und Substanz der Früchte. — Echte und falsche Früchte. Verschiedene Arten der echten Frucht: einfache Frucht, mehrfache Frucht und Gruppe von Früchtchen. — Verschiedene Bezeichnungen für die Fruchtarten (der geschlossenen und trockenen Früchte; der geschlossenen und fleischigen Fr.; der aufspringenden Fr). Falsche oder Scheinfrüchte.

Vom Samen. 47
Entwickelung des Eichen zum Samen. Zahl der Samen. Nabel. Samenmantel. Verschiedenheiten der Samen nach Form, Oberfläche, Befestigung und Lage. — Bestandtheile des Samen (Keim, Eiweiß; Würzelchen, Federchen; Samenschale).

Zweiter Abschnitt. Vom Stoff, von der Ernährung und vom Wachsthum der Pflanze.

1) Von den Pflanzenstoffen. 51
Elementarstoffe der Pflanze. — Verbindungen des Kohlenstoffs mit anderen organischen Elementen. Binäre Verbindungen. Ternäre Verbindungen: Dextrine (Zellstoff, Stärkemehl, Gummi, Zucker); Pflanzensäuren und Pflanzenfette. Quaternäre Verbindungen: Proteïn, Farbestoff, Pflanzenalkaloide. — Andere Verbindungen der Pflanzen-Elementarstoffe.

2) Von der Ernährung der Pflanzen. . . . 58
Nahrungsstoffe u. ihre Beschaffenheit. Die organischen

Elemente, die hervorragendſten Nahrungsſtoffe. Waſſer, Kohlenſäure u. Ammoniak, die wichtigſten Verbindungen der organiſchen Elemente. — Zerſetzung der Kohlenſäure. — Humus, ein Pflanzennahrungs=Reſervoir. — Anorganiſche Nahrungsſtoffe. — Ernährungsorgane der Pflanze. — Roher u. aſſimilirter Nahrungsſaft. Eingang des rohen Nahrungsſaftes in die Pflanze. Aufſteigen des rohen Nahrungsſaftes. Aſſimilation deſſelben. Strom des aſſimilirten Nahrungsſaftes. — Nahrungsreſerveſtätten in der Pflanze.

3) Vom Wachsthum der Pflanze. 64
Bildung neuer Zellen. Protoplasma. — Vegetationspunkte u. Vegetationsſchichten. Bildungsgewebe. Vernarbungs= od. Korkgewebe. — Dauer des Wachsthums.

Dritter Abſchnitt. Vom Einfluß des Bodens, der Wärme und des Lichts auf die Vegetation.

1) Vom Einfluß des Bodens auf die Pflanze. 68
Phyſikaliſche Beſchaffenheit des Bodens: Waſſergehalt, Poroſität u. Bodenwärme. Einfluß der Bodenbeſtandtheile auf die phyſikal. Beſchaffenheit des Bodens. — Bodenarten. — Untergrund. — Bedeutung des Obergrundes. — Bodenlage. — Chemiſche Beſchaffenheit des Bodens.

2) Vom Einfluß der Wärme auf die Vegetation. 78
Einfluß der Wärme im Allgemeinen. — Wärmequellen. Eigenwärme; Bodenwärme (Einfluß der Bodenwärme auf den Keim, auf den Beginn der Vegetation u. auf Ernährung u. Wachsthum); Temperatur der Luft. Quellen der Lufttemperatur. Einfluß der Jahreszeiten und des Klimas auf die Vegetation. — Oertliches Klima. — Einfluß der Witterung.

3) Vom Einfluſſe des Lichts. 85
Quelle des Lichts. Einfluß des Lichts auf die Kohlenſäure. Einfluß des Lichts auf Farbenbildung. Allgem. Bedürfniß der Pflanzen nach Licht. Verſchiedenes Bedürfniß der Pflanzen nach Licht.

Inhaltsverzeichniß. **XIII**
Seite

Vierter Abschnitt. Von der Entwickelungszeit der Pflanzen, von ihrer Blüthezeit und ihrer Dauer.
1) Von der Entwickelungszeit. 88
Eintritt der Keimentwickelung. (Dauer der Keimfähigkeit). Samenruhe. (Dauer der Keimentwickelung.) — Eintritt der Belaubung im Frühjahr.
2) Von der Blüthezeit. 90
Eintritt der Zeit für die Fähigkeit zum Blühen. — Blüthezeit im Laufe des Jahres. — Blüthezeit im Vergleich zur Blattbildung. —
3) Von der Dauer. 92
Lebensdauer der Pflanze. Einjährige, 2jährige u. mehrjährige (ausdauernde) Pflanzen. — Uebergänge. —

Fünfter Abschnitt. Von der Fortpflanzung, Vermehrung und von der Verbreitung der Pflanzen. 93
Unterschied der Begriffe Fortpflanzung u. Vermehrung. — Urzeugung. —
1) Von der Fortpflanzung. 94
Fortpflanzung der Kryptogamen. Sporen. Sporangien. — Fortpflanzung der Phanerogamen. Das Samenkorn. Befruchtung des Eichen Einfluß der Luftströmungen auf die Befruchtung. Einfluß der Insecten auf die Befruchtung. Nothwendige Beschaffenheit des Pollen.
2) Von der Vermehrung. 98
Natürl. Vermehrung. Ausläufer. Brutknospen. — Künstl. Vermehrung. Absenker. Stecklinge. Pfropfen. Oculiren.
3) Von der Verbreitung. 102
Productionskraft der Pflanzen und Verbreitung der Pflanzenkeime. Verbreitung der Pflanzenarten. — Klima. Isothermen. Isotheren und Isochimenen.
Von den Pflanzenzonen. 105
Aequatorial-Zone; tropische Z.; subtropische Z.; wärmere gemäßigte Z.; kältere gemäßigte Z.; subarctische Z.; arctische Z.; Polarzone.
Von den Pflanzenregionen. 108
Regionen der Aequatorialzone; der übrigen Zonen.

	Seite
Von den Pflanzenreichen und Florengebieten.	109

Pflanzenreiche. Florengebiete. — Verschied. Größe der Verbreitungsbezirke der Pflanzen-Fam., Gattungen u. Arten.

Sechster Abschnitt. Vom Nutzen der Pflanzen. . . 112

Nutzen der Pflanzen im Allgemeinen. — Besonderer Nutzen gewisser Pflanzenarten.

Nahrungspflanzen. 114

Nahrhafte Früchte und Samen. Andere nahrhafte Bestandtheile verschiedener Pflanzenarten. Pflanzen für die Zubereitung von Getränken. Pflanzen zur Hebung u. Verfeinerung des Geschmacks der Speisen und Getränke. Pflanzen zur Ernährung der Hausthiere.

Pflanzen für Kleidung, Wohnung, Feuerung und zur Anfertigung der Geräthe. 126

Gespinnstpflanzen. Bau-, Nutz- und Brennhölzer.

Pflanzen für Zwecke der Industrie. 131

Holzgewächse. Nahrungspflanzen. Gespinnstpflanzen. Zuckerpflanzen. Pflanzenfette (fette Oele; flüchtige Oele; Harzproducte; Federharz). Gerbestoffpflanzen. Farbepflanzen. Pflanzenasche. Tabak. Maulbeerbaum.

Officinelle oder Heilpflanzen. 142

Giftpflanzen. 157

Garten- und Zierpflanzen. 159

Siebenter Abschnitt. Von den Krankheiten und Mißbildungen der Pflanzen. 161

Entstehungsgrund von Krankheiten u. Mißbildungen. — Einfluß des Bodens, der Wärme u. des Lichts auf die Gesundheit der Pflanze. — Gestörte Lebensfunktionen der Zellen. Ungeeignete Zufuhr des rohen Nahrungssaftes durch Nahrungsüberfluß oder Nahrungsmangel. Gestörte Assimilation des rohen Nahrungssaftes. Zu starke ob. zu schwache Verdunstung. Mangel an Tageslicht. Folgen von Störungen in der Ernährung der Pflanze.

Krankheiten und Mißbildungen der Pflanzen wegen äußerer Verletzungen 165

Inhaltsverzeichniß.

XV
Seite

Verletzungen durch Naturkräfte. Verletzungen durch den Menschen. — Verletzungen durch Thiere: Vögel. Säugethiere. Insecten (Käfer; Schmetterlingsraupen; Zweiflügler; Grabflügler; Hautflügler; Halbflügler u. Blattläuse); Weichthiere u. Würmer. — Verletzungen durch Schmarotzer=Pflanzen. Phanerogame Schmarotzer. Kryptogame Schmarotzer (Rost; Brand; Mutterkorn; Rußthau; Mehlthau; Taschenkrankheit der Pflaumen; Traubenkrankheit; Kartoffelkrankheit). — Verschiedene Gefährlichkeit der Verletzungen. Verletzungen der Samen und Früchte; der Blätter; der Zweige, der Rinde u. des Holzes; Brand od. Krebs. Verletzungen der Wurzel. **Neigung der Natur der Pflanzen zu Abnormitäten und Mißbildungen.** 176
Bevorzugte Entwickelung des einen od. anderen Organs. Vivipare Pflanzen. Ungleichmäßige Entwickelung des Zellgewebes des Blattes. Abnormitäten der Blüthe. Fehlschlagen der Samen. — Begünstigung der Abnormitäten und Mißbildungen durch die Kultur.

Achter Abschnitt. Von den fossilen und verkohlten Pflanzen, nam. der vorweltlichen Zeit. . . 178
Bildung der Erde. — Gebirgsarten. — Bildungsperioden des Flöz. — Fossile Pflanzenreste der verschiedenen Perioden u. Formationen. Silurische Formation. Devonische Formation. Steinkohlenformation. Permische Formation. Triasformation. Juraformation. Kreideformation. Tertiärformation. Diluvium. Alluvium. — Fortdauernde Veränderung der Erdoberfläche u. der Pflanzendecke. Einwirkung der Pflanzen auf die Veränderung des Bodens. Torfbildung; verschiedene Arten des Torfes; Bestandtheile des Torfs; vorweltliche Torfbildung. — Verbreitung der Braun=u. Steinkohlen u. ihre Beschaffenheit. Bildung der Stein= u. Braunkohlen. — Nutzen der fossilen Pflanzen.

Neunter Abschnitt. Von der Eintheilung der Pflanzen. 189
Pflanzen=Art; Gattung; Familie. Pflanzensystem. —

Geschichte der Botanik. Die ersten Pflanzensysteme. Linné's Sexualsystem. Jussieu's natürliches System. Vergleichende Uebersicht beider Systeme. — Die Linné'schen Klassen. Die Linné'schen Ordnungen. Eintheilung der Pflanzen nach dem natürlichen System.

Zehnter Abschnitt. Beschreibung der wichtigsten Pflanzen-Familien einschließlich aller Familien Deutschlands, mit Angabe ihrer Verbreitung und ihres Nutzens, geordnet nach dem natürlichen System, unter Anführung sämmtlicher Gattungen unseres engeren Florengebiets.

I. Hauptabtheilung Kryptogamen. 204
  1. Abtheilung. Blattlose Kryptogamen. . . . 204
  2. Abtheilung. Blatt-Kryptogamen. . . . 210
    1. Unterabtheilung. Zellige Blatt-Kryptogamen. . 210
    2. Unterabtheilung. Gefäß-Kryptogamen. . . . 212
II. Hauptabtheilung. Phanerogamen. . . . 214
  1. Abtheilung. Gymnospermen. 214
  2. Abtheilung. Angiospermen. 217
    1. Unterabtheilung. Monocotyledonen. . 217
      1. Unterordn. mit bodenst. Staubgef. . . 217
      2. Unterordn. mit kelchst. Staubgef. . . . 225
      3. Unterordn. mit stempelst. Staubgef. . . 231
    2. Unterabtheilung. Dicotyledonen. . . . 233
      1. Ordnung. Apetale Dicotyledonen. . . . 234
        1. Unterordn. mit eingeschlechtl. Blüthen. . 234
        2. Unterordnung mit Zwitterblüthen. . . 240
      2. Ordnung. Monopetale Dicotyledonen. . . 245
        1. Unterordnung mit bodenst. Blumenkrone. 245
        2. Unterordnung mit kelchst. Blumenkrone. 258
        3. Unterordnung mit stempelst. Blumenkr. . 260
      3. Ordnung. Polypetale Dicotyledonen. . . 266
        1. Unterordnung mit stempelst. Staubgef. . 266
        2. Unterordnung mit kelchst. Staubgef. . . 270
        3. Unterordnung mit bodenst. Staubgef. . 285

Einleitung.

Die Naturkörper unserer Erde zerfallen in drei Hauptgruppen oder Reiche: das Mineralreich, das Pflanzenreich und das Thierreich; und man characterifirt sie am Einfachsten durch Linné's sinnreichen Spruch: Lapides crescunt, Vegetabilia crescunt et vivunt, Animalia crescunt, vivunt et sentiunt. Die Mineralien bilden sich aus mineralischen Stoffen, vergrößern sich von außen durch Ansätze und wachsen in dieser Weise ohne bestimmte Grenzen; aber sie pflanzen sich nicht organisch fort, sie leben nicht. Die Pflanzen dagegen haben Fortpflanzungsorgane, sie wachsen aus dem Innern heraus bis zu ihrer Vollkommenheit und leben als organische Wesen; doch fehlt ihnen das Empfindungsvermögen. Das Thier, geboren als empfindendes Wesen, entwickelt sich im organischen Wachsthum, lebt die ihm zugemessene Zeit und fühlt sein Dasein. — *(Die drei Naturreiche.)*

Das Pflanzenreich steht in der Mitte zwischen den beiden anderen Reichen im Bildungsgange der Schöpfung und vermittelt die Existenz der Thierwelt. Aus dem Erdreiche entnimmt die Pflanze ihre Nahrung, um demnächst selbst als Nahrung dem Thiere zu dienen. So ist das Pflanzenreich für Thiere und Menschen die Vorbedingung des Lebens und hierdurch erhält die Wissenschaft, welche uns die Pflanzen kennen lehrt, einen ganz besonderen Werth. *(Das Pflanzenreich.)*

Die Wissenschaft, welche sich mit den Pflanzen beschäftigt, wird Botanik oder Pflanzenkunde genannt. Sie lehrt uns den Bau und Organismus der Gewächse, ihre Unterschiede, ihr Leben, ihre Verbreitung und ihren Nutzen kennen. *(Botanik oder Pflanzenkunde.)*

Die Botanik zerfällt in reine und angewandte Botanik. Letztere zeigt die Vortheile, welche besondere Be- *(Reine und angewandte Botanik.)*

rufszweige: die Landwirthschaft, die Forstwirthschaft, die Medicin, die Technik, der Gartenbau aus dem Pflanzenreiche ziehen und wird, je nach dem speciellen Zwecke, dem sie dient, als öconomische, forstwirthschaftliche, medicinische, technologische und Garten-Botanik bezeichnet.

Die Disciplinen der reinen Botanik.

Die reine Botanik umfaßt:

die **Pflanzen-Anatomie**; welche sich mit den einfachen oder Elementar-Organen und mit dem inneren Bau der Gewächse beschäftigt;

die **Morphologie**, die Form- oder Gestalt-Lehre, die uns mit der Form und Gestaltung der Pflanzen und mit deren zusammengesetzten Organen bekannt macht;

die **Pflanzen-Physiologie**, oder die Lehre von den Lebenserscheinungen und Lebensverrichtungen der Pflanze;

die **Pflanzen-Chemie**, oder die Lehre von den Elementarstoffen der Pflanze und deren Verbindungen und Veränderungen;

die **Terminologie**, oder die Lehre von den Kunstausdrücken der beschreibenden Botanik;

die **Phytographie** oder Pflanzenbeschreibung, welche uns die Kunst lehrt, die Pflanzen nach feststehenden Regeln zu unterscheiden und zu beschreiben;

die **Systemkunde, Taxonomie**, welche die Grundsätze der Eintheilung und die Classifications-Methoden der Pflanzen behandelt;

die **Pflanzen-Geographie**, durch die wir die Verbreitung der Gewächse und die dabei obwaltenden Gesetze kennen lernen;

die **Pflanzen-Pathologie**, welche sich mit den Krankheiten und Misbildungen der Pflanzen beschäftigt;

die **Pflanzen-Paläontologie** zeigt uns das Vorkommen und den Reichthum der Pflanzen in den verschiedenen geologischen Perioden.

Erster Abschnitt.

Von den Organen der Pflanze.

1. Von den einfachen Organen.

Das Grundorgan der Pflanze ist die Zelle, ein mit *Die Zelle.* einfacher, dünnhäutiger Wand und einem durchsichtigen flüssigen oder halbflüssigen Inhalte versehenes Bläschen.

Durch die Zellwand, obgleich sie keine Oeffnung zeigt, bringen *Ihre Verrichtung.* dennoch die sie umgebenden flüssigen und gasförmigen Körper ein; sie werden von der Zelle eingesogen. Chemische, im Innern der Zelle stets rege Processe wandeln die eingesogenen Flüssigkeiten zu neuen Stoffen um, die alsdann zur Ernährung, zum Wachsthum und zur Fortpflanzung der Zelle dienen. In dem Einsaugen von Stoffen, in deren chemischer Umbildung und Zersetzung und im Ausscheiden derselben, besteht das Leben der Zelle und — das Leben der Pflanze.

Die Zelle kommt bei den kleinsten und unentwickeltsten *Einzellige Pflanzen.* Pflanzen (den niedrigsten Algen und Pilzen) als selbstständiges organisches Wesen vor, sie ist hier die ganze Pflanze; sonst bildet sie in Gemeinschaft mit anderen ihres gleichen das Zellgewebe. Von den Kryptogamen (blüthenlose Pflan- *Das Zellgewebe.* zen) bestehen die weniger entwickelten: die Algen, Flechten, Pilze und Moose, nur aus Zellgewebe, und auch in den übrigen Gewächsen bildet das Zellgewebe der Masse nach den größten Bestandtheil.

Die Zellen im Zellgewebe schließen mit ihren Wandungen nicht *Intercellular-Raum u. Int.-Gänge.* immer dicht aneinander, die verbleibenden Lücken nennt man Intercellular-Räume oder, wenn sie miteinander in Verbindung stehen, Intercellular-Gänge, die mit Luft oder mit den aus den Zellen ausgeschiedenen überflüssigen Wassertheilen angefüllt sind.

Das Zellgewebe erscheint unter zwei Hauptformen:

a. dem Würfelgewebe oder Parenchyma, in welchem *Parenchyma.* die Zellen von ihrer ursprünglichen Form am Wenigsten abweichen und das namentlich in der Blattfläche, im Marke des Stempels, in der Oberhaut und äußeren Rinde und in den Knollen, Früchten und Samen enthalten ist, und

Prosenchyma. b. dem Fasergewebe oder Prosenchyma, verlängerte, gestreckte, dicht aneinander gefügte Zellen, die vorzugsweise in der innern Rinde und in dem Holze des Stengels und überhaupt in den weniger saftigen Theilen der Pflanze sich finden.

Zellinhalt. Die verschiedenen Arten des Zellgewebes enthalten Flüssigkeiten oder feine Körnchen von Harz, Schleim und Stärkemehl und sind die letzteren ein Hauptbestandtheil des Parenchyma.

Gefäße und Gefäßbündel. Oft verschwinden im Wachsthum des Zellgewebes die Zwischenwände der reihenweise übereinander stehenden Zellen und bilden eine Röhre; alsdann erleidet die aus den Seitenwandungen der Zellen gebildete Röhrenwand eigenthümliche Umänderungen im Verlauf ihres weiteren Wachsthums, die stets eine mehr oder weniger deutliche spirale Anordnung erkennen lassen. So entstehen die Gefäße, welche in Verbindung mit den Zellen des Prosenchyma die Gefäßbündel bilden. Fast alle holzigen Pflanzentheile bestehen aus dicht gedrängten Gefäßbündeln.

Zellpflanzen und Gefäßpflanzen. Diejenigen Pflanzen, welche Gefäßbündel enthalten, werden Gefäßpflanzen genannt, wogegen diejenigen, die aus einfachem Zellgewebe bestehen, Zellpflanzen heißen. Zu den Gefäßpflanzen gehören die höheren Kryptogamen (die farnkrautartigen) und alle Blüthen tragenden Pflanzen (die Phanerogamen).

Die Gefäße sind je nach Form und Inhalt entweder Gefäße im eigentlichen Sinne (Spiral=, Ring=, Netz=, Treppen= und Poren=Gefäße), oder Baströhren (Bastfasern), Siebröhren (Bastgefäße), Schlauch= und Milchsaft=Gefäße. Die Siebröhren, Schlauch= und Milchsaft=Gefäße scheinen sämmtlich dazu bestimmt, ernährende Säfte aufzubewahren und sie den Pflanzentheilen, welche derselben bedürfen, zuzuführen.

Die Milchsaftgefäße enthalten stets einen, der betreffenden Pflanze eigenthümlichen Saft und begleiten die Gefäßbündel bis in die Blätter. Der Milchsaft, der oft eine Färbung annimmt — weiß bei den Wolfsmilcharten, gelb beim Schöllkraut, roth beim Drachenbaum — enthält bei den verschiedenen Pflanzen die verschiedensten Stoffe: Gummi, Harz, Eiweiß, Opium (beim Mohn), Kautschuck (bei manchen Euphorbiaceen und Ficusarten) u. s. w.

Die ganze Pflanze ist mit einer Haut überzogen, die Oberhaut oder epidermis genannt. Die Oberhaut ist nichts anderes als die äußerste Schicht des parenchymatischen Zellgewebes, deren Zellen breit gedrückt sind und fest zusammenhängen. Sie ist mit Spaltöffnungen, Poren, versehen, die sich in großer Zahl namentlich an den grüngefärbten Theilen der Pflanze, den Blättern und blattartigen Organen, finden. Die Spaltöffnungen dienen zur Einsaugung flüssiger und gasartiger Körper und zur Ausdünstung, und tragen so zur Ernährung und zum Leben der Pflanze wesentlich bei. *Oberhaut.*

Spaltöffnungen.

Die Zellen der Oberhaut verlängern sich häufig und bilden vorgestreckte spitze Ansätze, die je nach ihrer Form und Festigkeit: Haare, Borsten oder Stacheln genannt werden. Am Häufigsten treten sie in Form der Haare auf, deren Vorhandensein oder Fehlen oft einen feststehenden Character für gewisse Pflanzen bildet. Die Haare können in der Form wieder verschieden sein. Sie erscheinen einfach, gabelförmig, ästig, gegliedert und hakenförmig; zwiebelig nennt man sie, wenn sie an der Basis verdickt sind (große Brennnessel), drüsig, wenn auf ihrer Spitze sich eine kleine rundliche Drüse befindet (Acker-Gänsedistel, Sonchus arvensis). *Haare.*

Die Drüsen sind rundliche Zellen mit ganz zarten Zellenwandungen, oder Zellengruppen, die häufig mit einem stark riechenden, ätherischen Oele angefüllt sind. Sie kommen gestielt (Drüsenhaare) oder sitzend auf der Oberhaut vieler Pflanzen vor, oder sind dieser eingefügt. Oft haben sie eine *Drüsen.*

so unscheinbare Größe, daß man sie mit bloßen Augen nicht erkennen kann. Sie geben der Pflanze, namentlich den Blättern und Blüthen, den sie auszeichnenden eigenthümlichen Geruch, der, wie bei der Maiblume, dem Veilchen, der Rose, der Nelke u. s. w. eben so lieblich als characteristisch unterschieden ist.

Brennhaar. Das Brennhaar der Nesseln besteht aus einer großen, verlängerten, mit einem spitzen Häkchen endenden Zelle, welche unten von einer Gruppe kleiner Zellen umgeben ist. Die ätzende Flüssigkeit, mit der die Zellen angefüllt sind, bringt beim Abbrechen der Spitze der oberen Zelle in die Haut und verursacht den brennenden Schmerz.

Stachel. Von den Haaren unterscheidet sich der Stachel durch die Erhärtung seines Gewebes und durch die Größe und Festigkeit, die in den verschiedensten Abstufungen sich zeigen.

2. Von den zusammengesetzten Organen der Pflanze.

Die zusammengesetzten Organe der Pflanze sind: Wurzel, Stengel, Blatt, Blüthe, Frucht und Same. Nur bei den höher organisirten Pflanzen finden wir alle diese Organe, den unvollkommneren fehlt die Blüthe und mithin auch Frucht und Same. Letztere heißen deshalb blüthenlose Pflanzen, Kryptogamen, im Gegensatze zu den höher organisirten, den Blüthenpflanzen, den Phanerogamen. Die Kryptogamen pflanzen sich durch Keimkörner, Sporen, fort, die Phanerogamen durch Samen.

Eintheilung der Pflanzen mit Rücksicht auf die zusammengesetzten Organe. Wenn sämmtliche Gewächse bezüglich der einfachen Organe in die beiden Hauptabtheilungen: Zell- und Gefäßpflanzen zerfallen, so theilt man sie in Rücksicht auf die zusammengesetzten Organe ein: in Kryptogamen und Phanerogamen. Diese beiden Hauptabtheilungen zerfallen eine jede wieder in Unterabtheilungen. Die Kryptogamen theilt man, je nach ihrer Ausbildung, ein: in Lager- oder Thalluspflanzen — bei denen der Pflanzenkörper noch aus einer mehr gleichförmigen Masse von Zellen und Zellgewebe, Lager oder Thallus genannt, besteht (Algen, Flechten, Pilze); — und in blattbildende Kryptogamen (die moos- und farnkrautartigen Pflanzen), bei denen schon vollkommen ausgebildete Blätter mit Wurzel und Stengel sich zeigen. Die Phanerogamen zerfallen in Nacktsamige, Gymnospermen, deren Same von keiner Fruchthülle umgeben ist, und in Verhülltsamige, Angiospermen, deren Samen von einer Fruchthülle umschlossen sind. Die Angiospermen theilt man wieder, je nach der Einschließung des Samenkeims mit einem oder mit zwei Samenlappen (Cotyledones), in Monocotyledonen (Monocotylen) und Dicotyledonen (Dicotylen).

Die Blüthenorgane der Phanerogamen, die sie so wesentlich von den Kryptogamen unterscheiden, sind dennoch nichts weiter als umgewandelte Blätter, und so haben im Grunde genommen auch die Phanerogamen nur drei zusammengesetzte Organe: Wurzel, Stengel und Blatt.

Von der Wurzel.

Wurzel, radix, wird derjenige Theil der Pflanze genannt, welcher sie an den Boden befestigt und durch den sie den wesentlichen Theil ihrer Nahrung erhält. Alle Pflanzen mit Ausnahme der niedrigsten Kryptogamen haben mehr oder weniger entwickelte Wurzeln. *Wurzel.*

Wie alle Pflanzentheile, so weichen schon die Wurzeln in Richtung, Form und Beschaffenheit oft sehr von einander ab. *Unterschiede der Wurzel.*

Betrachtet man die Wurzel nach ihrer Richtung, so ist sie entweder senkrecht (die Regel) oder schief (weichstachelige Nachtkerze, Oenothera muricata). Kriechend nennt man die Wurzel, wenn sie auf ihrer horizontalen Oberfläche Wurzelfasern treibt (Quecke, Maiblume); in diesem Falle haben wir jedoch, streng genommen, es mit einem unterirdischen kriechenden Stengel zu thun. *Nach der Richtung.*

Ihrer Zertheilung nach ist die Wurzel einfach oder ästig. Faserig heißt die Wurzel, wenn sie aus feinen, *Nach der Zertheilung.*

fadenförmigen Wurzeltheilen besteht (Gräser); sind die Fasern ganz oder theilweise knollig angeschwollen, so nennt man die Wurzel **büschelig** (Scharbockskraut, Ranunculus Ficaria). **Vielköpfig** heißt sie, wenn sie nach oben in Aeste getheilt ist (Wegerich, Plantago).

Nach der Form.

In Rücksicht auf die Form ist die Wurzel **fadenförmig**, wenn die Pfahlwurzel gleichmäßig dünn bleibt (jähriger Knäuel, Scleranthus annuus); **walzenförmig**, mit fast überall gleichem Durchmesser (Meerrettig, Cochlearia Armoracia); **spindel-** oder **möhrenförmig**, eine oben dicke, nach unten allmälig schmäler zugehende Wurzel (Mohrrübe, Daucus Carota); **rübenförmig**, eine dicke, plötzlich spitz zugehende Wurzel (Radieschen); **abgebissen**, wenn die Hauptwurzel unausgebildet bleibt (Herbst-Löwenzahn, Leontodon autumnale) u. s. w.

Nach der Dichtigkeit.

Nach der Dichtigkeit der Wurzel unterscheidet man eine **holzige** (Bäume, Sträucher), **fleischige** (Rüben), **hohle** (Gem. Lerchensporn, Hohlwurz, Corydalis cava), **fächerige** (Wasserschierling, Cicuta virosa).

Knolle. Zwiebel.

Wenn die ganze Wurzel oder ein Theil derselben eine angeschwollene, dichte, fleischige Masse bildet, so nennt man sie eine **Knolle** (Knabenkraut, Orchis). Die Knolle hat öfters äußerlich große Aehnlichkeit mit der **Zwiebel**, unterscheidet sich aber von dieser durch ihr Inneres, das eine zusammenhängende, einförmige Masse zeigt, wogegen die Zwiebel aus einem blättrigen oder schuppigen Gefüge besteht. Die Zwiebel ist eine in der Entwickelung stehen gebliebene Knospe.

Vom Stengel (Stamm, Stock).

Stengel.

Der **Stengel** (Stamm, Stock) ist der nach oben strebende Theil der Pflanze, dessen Spitze mit einer Blattknospe (oder auch Blüthenknospe) endet. An dem Stengel entwickeln sich die Blätter und in deren Achseln weitere Blattknospen (oder Blüthenknospen). Die **Blattknospen** sind

Blattknospe.

Vom Stengel.

mit Blattrudimenten umgebene Lebenspunkte, welche sich nach oben in einen Zweig verlängern. Der Theil des Stengels, welcher zwischen zwei übereinanderstehenden Blättern liegt, heißt **Stengelglied** (Internodium). Zuweilen bleibt der Stengel in seiner Entwickelung frühzeitig stehen, und erscheint alsdann die Pflanze **stengellos** und wird auch so bezeichnet, obgleich auch hier ein mehr oder weniger kurzer Stengel stets vorhanden ist. *Stengelglied.*

Der Stengel bildet sich nach zwei sehr verschiedenen Modificationen: entweder durch Anlegung neuer Holzschichten nach außen (ringfaserige Pflanzen, plantae exogenae, oder zweikeimblättrige, dicotyledones) oder durch ein allmäliges Einschieben neuer Fiebern nach der Mitte (zerstreutfaserige Pflanzen, plantae endogenae, oder einkeimblättrige, monocotyledones). An dem Stamme der Dicotyledonen lassen sich deshalb drei Theile unterscheiden: das Mark, das Holz und die Rinde. Das **Mark**, dichtes Zellgewebe, welches die Mitte des Stengels und der Zweige bildet, ist in der Jugend frisch und saftreich und nimmt einen verhältnißmäßig beträchtlichen Umfang ein. Später — von dem festen Holzkörper umschlossen — wird es mehr zusammengedrängt, so daß es in älteren Stämmen kaum noch sichtbar ist. Zuweilen verschwindet es ganz und erscheint der Stengel alsdann **hohl** (viele Doldengewächse). *Verschiedene Stengelbildung.*

Mark.

Das **Holz** besteht aus einer den Altersjahren des Stammes entsprechenden Anzahl von concentrischen Schichten (Ringen), deren innerste die ältesten und demgemäß am stärksten verhärtet und verholzt sind (das sog. **Kernholz**), die äußern, jüngsten dagegen (das **Splint**) weicher und saftreicher erscheinen. — Das ursprünglich auch zwischen den Holzbündeln vorherrschende Zellgewebe des Stengels wird durch das Anwachsen der Gefäßbündel mehr und mehr zusammengedrängt, bis es endlich nur noch in Gestalt schmaler Streifen erscheint, welche **Markstrahlen** genannt werden. *Holz.*

Die **Rinde** besteht hauptsächlich aus zwei Schichten, eine *Rinde.*

äußere von Zellgewebe und eine innere von Safträhren mit Prosenchyma; diese innere Schicht bildet den Bast. — Die Rinde, welche noch mit einer Epidermis bekleidet ist, wird durch die Ausdehnung des Stammes immerwährend zerstört und neu ersetzt. —

In dem Stamme der Monocotyledonen findet sich weder Mark noch Rinde.

Verschiedene Bezeichnungen des Stengels.

Für den **Stengel, Stock**, haben wir nach seiner verschiedenen Consistenz und seinem äußeren Ansehen besondere Bezeichnungen. Ist das Holz in ihm vorherrschend, so heißt er **Stamm**, truncus (bei den Bäumen), ist das Mark überwiegend, wird er **Stengel**, caulis genannt (bei den krautartigen Gewächsen), ist er knotig gegliedert und (meist) hohl, heißt er **Halm**, culmus (bei den Gräsern), trägt er nur Blüthen und keine Blätter und ist er einfach, nennt man ihn **Schaft**, scapus (Tulpe, Maiblume, Wasserviole). — Bei den

Wurzelstock.

ausdauernden Kräutern, deren oberer Pflanzentheil alljährlich abstirbt, heißt der in der Erde fortlebende Stengeltheil mit Wurzel **Wurzelstock**, rhizoma. Der Wurzelstock, die Knolle und die Zwiebel sind unterirdische, fortlebende Pflanzentheile, die man mit dem gemeinschaftlichen Namen **Mittelstöcke** bezeichnet (Schilf und Spargel, Kartoffel und Knabenkraut, Lauch und Lilie).

Unterschiede des Stengels.

Der Stengel oder Stock läßt sich in mehrfacher Rücksicht betrachten und unterscheiden.

Nach der Richtung.

Nach seiner **Richtung** ist er:

aufrecht, gerade in die Höhe gestreckt (die Regel);

aufsteigend, wenn er mit dem unteren Theile an der Erde liegt (Taubenessel, Lamium);

liegend, wenn er ganz auf die Erde hingestreckt ist (liegendes Hartheu, Hypericum humifusum);

kriechend, wenn er an der Erde Wurzeln schlägt (kriechender Hahnenfuß, Ranunculus repens);

wurzelnd, wenn er an den Stämmen und Mauern wurzelt (Epheu);

Vom Stengel.

windend, wenn er sich spiralförmig um andere
 Pflanzen schlingt (Hopfen, Winde);
kletternd, wenn er sich durch Ranken erhebt (Wicke,
 Erbse);
schwimmend, wenn er auf dem Wasser (viele
 Wasserpflanzen);
untergetaucht, wenn er gänzlich im Wasser sich
 befindet (Hornkraut Ceratophyllum, kreuzweise
 Wasserlinse, Lemna trisulca);
schmarotzend, wenn er auf dem Stamm oder der
 Wurzel anderer Gewächse festsitzt (Mistel). —

In Rücksicht auf die Zertheilung ist der Stengel ein- *Nach der Zertheilung.*
fach oder ästig. Baumartig heißt der Stamm, wenn er
zunächst einfach und ungetheilt ist, strauchartig, wenn er
schon von unten auf sich mehrfach theilt. Aeste werden die
ersten großen Verzweigungen der holzartigen Gewächse ge=
nannt, Zweige die Nebenverzweigungen. Dorn ist ein
unentwickelter Zweig mit harter, stechender Spitze, der an
wilden Stämmen sich häufig findet (Schwarzdorn, Weißdorn),
und der von der Kultur durch Weiterentwickelung beseitigt
werden kann (Apfel=, Birnbaum); Stachel dagegen ist eine
bloße Anschwellung des Zellgewebes der Rinde, auf den die
Kultur keinen Einfluß hat (Rose). Der Stachel läßt sich
von der Rinde leicht abstreifen, der Dorn ist mit dem Holze
verwachsen.

In Rücksicht auf die Form ist der Stengel: *Nach der Form.*
 rund (die Regel);
 zusammengedrückt (zusammengedrücktes Rispen=
  gras, Poa compressa);
 zweischneidig, ein zusammengedrückter Stengel, der
  zu beiden Seiten scharf ist (Narzisse);
 eckig (3, 4 ꝛc. eckig), der mehrere Ecken und gerade
  Seitenwände zeigt (viele Seggen, die Labiaten oder
  Lippenblumen, das Pfaffenhütchen);

kantig, wenn die Seiten concav und hierdurch die Ecken sehr scharf sind (Fuchssegge, Carex vulpina);

knotig (Gräser, Knöterich, Polygonum);

gegliedert (Schachtelhalm, Equisetum) u. s. w.

Nach Oberfläche und Bekleidung. Nach seiner Oberfläche und Bekleidung ist der Stengel:

beblättert (die Regel) oder nackt (ohne Blätter; die meisten Schmarotzer, z. B. Flachsseide, Cuscuta).

geflügelt, wenn die Blattsubstanz an dem Stengel herabläuft (Distel, Carduus);

stachelig mit Stacheln (Rose, Brombeere);

dornig, mit Dornen (Schwarzdorn, wilder Apfel);

wehrlos, ohne Dornen und Stacheln;

gestreift oder gerillt, mit haarfeinen streifigen Eindrücken (gemeine Bibernelle, Pinipinella saxifraga);

gefurcht, mit starken, rinnenartigen Streifen (Silge Selinum, große Bibernelle, Pimpinella magna);

scharf, mit kurzen Borsten oder kleinen Stacheln (viele Seggen);

glatt, ohne Streifen und Borsten;

haarig oder flaumig, mit weichen kurzen Haaren (Acker-Hohlzahn, Galeopsis Ladanum);

zottig, mit weichen langen Haaren (zottige Wicke, Vicia villosa);

borstig, mit steifen Haaren (Gem. Hohlzahn: Galeop. Tetrahit);

filzig, mit untereinander verwebten Haaren, (Wollkraut, Verbascum);

kahl, ohne Haare;

bereift, mit einem dünnen, weißlichen, abstreifbaren, wachsartigen Ueberzuge (Acker-Brombeere);

mehlig, mit einem mehlartigen Staube bedeckt (Gänsefuß);

klebrig, mit einer klebrigen Materie überzogen (Pechnelke).

Nach der Substanz ist der Stengel: holzig, krautartig, fleischig (Kactus), markig (Hollunder) hohl (viele Doldengewächse), fächerig, mit einem durch Querwände abgetheilten Marke (bläuliche Simse, Juncus glaucus). —

Nach der Substanz.

Die Zweige des Stengels werden unterschieden als: abwechselnde, wenn die Zweige gleichmäßig wechselnd an dem Stengel stehen (Rothbuche); gegenüberstehende, wenn sie zu beiden Seiten des Stengels sich gegenüber befinden (Ahorn, Hornstrauch, Lippenblumen); zerstreut stehende, wenn sie anscheinend unregelmäßig und ohne Ordnung am Stengel erscheinen; gabelige oder gabelförmige, wenn bei gegenüberstehenden Zweigen der Hauptzweig unentwickelt bleibt (Mistel); quirlständige, wenn die Aeste rings um den Hauptstengel in gleicher Höhe entspringen (Kiefer, Schachtelhalm).

Stellung der Zweige.

Von den Blättern.

Wir unterscheiden zunächst Keimblätter und Laubblätter.

Die Keimblätter sind als Samenlappen (Cotyledones), welche den Keim umschließen, schon im Samenkorn enthalten. Es sind die ersten Blätter der phanerogamen Pflanze und sie bleiben entweder in der Erde liegen (Erbse) oder treten mit dem Keim zugleich aus der Erde hervor (Bohne). Im letzteren Falle entwickeln sie sich weiter, färben sich grün und und erhalten zuweilen einen verhältnißmäßig großen Umfang mit einem mehr oder weniger sich ausbildenden Stiel, im Uebrigen erscheinen sie in sehr einfachen Umrissen und sind stets ganzrandig und kahl.

Keimblätter.

Der Keim bildet bei seiner Entwickelung nach unten die Wurzel, nach oben den Stengel; beide, Wurzel und Stengel, sind die Axe der Pflanze und ihr Hauptorgan. Die an dem Stengel sich entwickelnden Blätter sind Seiten- oder Nebenorgane der Pflanze, die sich zuweilen nur unvollkommen ausbilden und selbst fehlen, wie bei den meisten Schmarotzer-Pflanzen.

Laubblätter. Das Blatt des Stengels, Laubblatt genannt, schiebt sich aus der Axe in Gestalt eines spitzigen Kegels allmälig hervor, so daß die Spitze des Blattes zuerst und die Basis zuletzt sich ausbildet. Die Blätter entwickeln sich rings um die gemeinschaftliche Axe entweder abwechselnd, gegenüberstehend oder quirlförmig.

Je nach dem Standorte am Stengel unterscheiden wir Wurzelblätter und Stengelblätter.

Wurzelblätter. Wurzelblätter nennt man die tief unten am Stengel befestigten Blätter, welche der Wurzel zu entspringen scheinen. Sie sind häufig anders gestaltet als die Stengelblätter, namentlich bei den krautartigen Gewächsen, besonders bei den Dolden. Bei der Weiterentwickelung der Pflanze und dem Wachsen des Stengels sterben die Wurzelblätter in der Regel ab.

Stengelblätter. Stengelblätter heißen diejenigen Blätter, welche an dem Stengel und an den Zweigen stehen. Auch die Stengelblätter sind, namentlich bei den krautartigen Gewächsen, öfters in der Form verschieden, indem sie häufig nach der Mitte des Stengels zu sich größer und complicirter entwickeln. Besonders nehmen die oberen Stengelblätter der Kräuter und Stauden, je mehr sie sich der Blüthe nähern, an Größe ab und an Einfachheit zu. —

Stellung der Blätter. In Rücksicht der Stellung der Blätter zu einander unterscheidet man: gegenüberstehende (Lippenblumen, Nelken), abwechselndstehende (Ranunkeln, Cruciferen) und zerstreuete Blätter (die Monocotyledonen haben nur zerstreut stehende Blätter); ferner zweizeilige, die zwei gegenüberstehende Reihen bilden (Edeltanne, Taxus), kreuzweise stehende, wenn sie von oben betrachtet, ein Kreuz bilden (kreuzblättriges Labkraut, Galium Cruciata); quirlförmige, wenn mehrere Blätter rings um den Stengel in gleicher Höhe stehen (die meisten Stellaten, z. B. Wald-

Von den Blättern.

meister, Asperula odorata); **dachziegelförmige**, wenn die Blätter einander theilweise decken (Mauerpfeffer, Sedum acre); **büschelige** (Lärche Pinus Larix).

Die Blätter sind von verschiedener Dauer. Am frühesten schwinden die Keimblätter, die in der Regel mit der Entwickelung der Wurzel und Stengelblätter welken und abfallen. Auch die Wurzelblätter sterben, wie schon erwähnt, mit der weiteren Entwickelung der Pflanze sehr häufig ab. Die Stengelblätter der krautartigen Gewächse vergehen mit dem Absterben des Stengels; die der holzartigen dauern bei unserem Laubholze einen Sommer, sie fallen im Herbste ab. Die Blätter unserer Nadelhölzer dagegen, mit Ausnahme der Lärche, werden zwei und mehrere Jahre alt und fallen nicht zu einer bestimmten Zeit (im Herbste) und sämmtlich, sondern einzeln und nur nach und nach ab.

Dauer der Blätter.

Das Blatt, Folium, besteht aus Gefäßbündeln und Zellgewebe. Die Gefäßbündel durchlaufen als Adern das Parenchyma der Blattfläche entweder nach allen Richtungen wie ein Netz (bei den Dicotyloben), oder sie liegen ziemlich parallel nebeneinander und sind nur durch einzelne unverästelte Adern verbunden (bei den Monocotyledonen). Die Hauptader, welche die Mitte des Blattes durchzieht, heißt Mittelrippe.

Bestandtheile des Blattes.

Am Blatte kann man zunächst zwei Theile unterscheiden: den Scheidetheil, mit welchem das Blatt am Stengel anliegt und festsitzt, und den Flächentheil, welcher mehr oder weniger vom Stengel absteht. Zwischen Scheidetheil und Flächentheil (Blattfläche) erscheint häufig der Blattstiel, der nichts anderes ist als der untere Theil der Mittelrippe des Blattes, an dem die Blattsubstanz fehlt.

Der Scheidetheil ist oft verschwindend klein, namentlich bei den gestielten Blättern, zuweilen aber bildet er sich nicht unerheblich aus. Wenn er alsdann den Stengel ganz oder theilweise umfaßt, nennt man ihn Blattscheide, vagina (Gräser, Halbgräser, Dolden). Zeigt sich die Scheide als

Blattscheide.

eine dünne, häutige Röhre, welche den Stengel oberhalb des Ursprunges des Blattes umgibt, so heißt sie Tute oder Stiefel, ochrea (Knöterich).

Blattstiel. Der Blattstiel, petiolus, ist seiner Form nach: rund, halbrund, zusammengedrückt (Zitterpappel), geflügelt u. s. w. Fehlt der Blattstiel, so heißt das Blatt sitzend.

Wenn ein sitzendes Blatt mit seiner Basis den Stengel ganz oder zur Hälfte umfaßt, so heißt es stengelumfassend (ganz- oder halbstengelumfassend, Lamium amplexicaule, stengelumfassende Taubenessel); bildet sich in diesem Falle die untere Blattsubstanz blattartig aus, so daß der Stengel durch den unteren Theil des Blattes hindurchgeht, so heißt das Blatt durchwachsen (rundblättriges Hasenohr, Bupleurum rotundifolium); läuft dagegen die Blattsubstanz zu beiden Seiten des Stengels herab, so nennt man es herablaufend (Distel, Carduus; großblumiges Wollkraut, Verbascum thapsiforme); verwachsen zwei gegenständige Blätter zu einem, so heißt das Blatt verbunden oder verwachsen (Geisblatt, Lonicera Caprifolium).

Nebenblätter. Oft entwickeln sich, entweder in der Achsel des Blattstieles oder zu beiden Seiten seiner Basis, blattartige Ausdehnungen in verschiedener Größe und Form, die man Nebenblätter oder Afterblättchen, stipulae, nennt. Sie erscheinen bald frei, bald mit dem Blattstiel mehr oder weniger verwachsen (Rose, Erbse). Im ersteren Falle sind sie oft von kurzer Dauer und nur in der ersten Entwicklungsperiode der Blätter vorhanden (Eiche, Buche, viele Weiden).

Blattfläche. Die Blattfläche, der Flächentheil des Blattes, erscheint mit seinem Gestell, dem Blattgerippe, in der größten Mannigfaltigkeit. Wir haben in dieser Beziehung den Rand, die Spitze, die Basis, den Umfang, die Zertheilung und die Fläche des Blattes zu betrachten:

Unterschiede in Rücksicht auf den Rand. In Rücksicht auf den Rand ist das Blatt:

ganzrandig (Gräser, überhaupt fast alle Monocotyledonen);

Von den Blättern.

gekerbt, stumpfzähnig durch kleine spitze Blatteinschnitte (Gundelrebe oder Gundermann, Glechoma hederacea);

gezähnt, spitzzähnig durch stumpfe bogenförmige Einschnitte (Zitterpappel oder Espe, Populus tremula);

gesägt oder sägezähnig, spitze Zähne und scharfe Einschnitte, wie die Zähne einer Säge (Acker=Münze, Mentha arvensis);

doppeltgesägt oder ungleichsägezähnig, wenn die Sägezähne abwechselnd von ungleicher Größe sind (Rüster, Ulmus);

schrotsägeförmig, mit großen rückwärts stehenden Zähnen (Gebr. Pfaffenröhrlein, Taraxacum offic.);

gewimpert, wenn der Rand mit Haaren besetzt ist (Rothbuche);

zurückgerollt oder umgerollt, wenn der Rand nach unten zurückgerollt erscheint (Korbweide, Salix viminalis).

In Rücksicht auf die Spitze ist das Blatt: *Die Spitze.*
spitz (die Regel); stumpf, mit abgerundeter Spitze (Klette); stachelspitzig, wenn an der stumpfen Spitze ein krautartiger Stachelaufsatz sich befindet (Akazie, Robinia Pseudacacia); eingedrückt, ein stumpfes Blatt mit schwach eingedrückter Spitze (Preißelbeere, Vaccinium Vitis-idaea); ausgerandet, ein solches mit stark eingedrückter Spitze (Buxbaum, Gänseblümchen); verkehrtherzförmig, wenn die Spitze des Blattes breit und ausgebuchtet ist und die Basis spitz zugeht (Sauerklee, Oxalis); rankend, an der Spitze mit einer Ranke versehen (Erbse).

In Rücksicht auf die Basis ist das Blatt: *Basis.*
keilförmig, wenn es nach unten allmälig spitz ausläuft (Pflaume, Kirsche); ungleich oder schief, wenn die eine Seite der Blattbasis nicht die Länge der andern hat (Rüster, Linde); pfeilförmig, wenn die Basis des Blattes sich in zwei Spitzen geradeaus verlängert (Acker=Winde, Convolvulus arvensis); spießförmig, wenn die Spitzen des Blattes nach den Seiten sich verlängern (kleiner Sauerampfer,

Rumex Acetosella); ge öhrt, wenn ein sitzendes Blatt an seiner Basis kleine Lappen (Ohren) hat (behaarte Karde, Dipsacus pilosus).

Umfang. In Rücksicht des Umfanges ist das Blatt: rund oder rundlich (Erle, Perückenbaum); nierenförmig (Gundelrebe); herzförmig (Flieder, Syringa vulgaris); eiförmig, wenn es die Form eines Kiebitzeies hat und an der Basis am Breitesten ist (eiförmige Listera, Listera ovata); verkehrteiförmig, das an der Spitze am breitesten ist (Ohr=Weide, Salix aurita); oval oder elliptisch, die Form eines Eies, das oben und unten gleich breit ist (Apfelbaum, Rothbuche); länglich, wenn sich die Breite zur Länge ungefähr wie 1 zu 3 verhält (Levkoje); spatelförmig, an der Spitze breit abgerundet und nach unten schnell schmal zugehend (Gänseblümchen); rautenförmig, in Form eines verschobenen Vierecks (Wassernuß, Trapa natans); schwertförmig (Schwertlilie, Iris Pseudacorus); lanzettlich, ein schmales, längliches an beiden Seiten spitz zugehendes Blatt (lanzettf. Wegerich, Brech=Weide); verlängert lanzettlich, sehr schmal lanzettlich (Korbweide); linienförmig oder lineal, ein sehr schmales, größtentheils gleichmäßig breit zulaufendes, spitz endendes Blatt (die meisten Gräser), pfriemförmig, ein sehr schmales Blatt mit lang auslaufender Spitze (Wachholder); nadelförmig (Kiefer); borstenförmig oder borstig (Schaafschwingel, Festuca ovina); schildförmig, ein rundes Blatt mit in der Mitte der unteren Blattfläche befindlichem Stiel (Wassernabel, Hydrocotyle vulg., spanische Kresse Tropaeolum majus); dreieckig (Schwarzpappel, Populus nigra).

Zertheilung. In Rücksicht auf die Zertheilung ist das Blatt:

lappig (2, 3, 5, viel=lappig), ein rundes Blatt mit Einschnitten bis gegen die Hälfte der Blattfläche (Johannisbeere, Ribes rubrum);

buchtig, ein längliches Blatt mit Einbuchtungen zu den Seiten (Eiche);

Von den Blättern.

spaltig (2, 3, 5 ꝛc. spaltig), ein rundliches Blatt mit spitzen Einschnitten bis zur Mitte der Blattfläche (Gem. Löwenschwanz, Leonurus Cardiaca);

fieberspaltig, ein längliches Blatt mit Einschnitten bis halb zur Mittelrippe (Gem. Kreuzkraut, Senecio vulg);

leierförmig, ein fieberspaltiges Blatt mit breitem End=lappen (Acker=Rettig, Raphan. Raphanistr.);

theilig (2, 3 ꝛc. theilig), ein rundliches bis fast zur Basis in mehrere Lappen getheiltes Blatt (Wiesenstorch=schnabel, Geranium pratense);

fiebertheilig oder kammförmig, ein bis fast zur Mit=telrippe in mehrere schmale Läppchen getheiltes läng=liches Blatt (Tausendblatt, Myriophyllum).

Die Abschnitte der spaltigen und fieberspaltigen, der theiligen und fiebertheiligen Blätter können wieder getheilt sein, und so erhalten wir doppelt und dreifach spaltige und fieberspaltige, theilige und fiebertheilige Blätter (die wilden Mohnarten). Ist das Blatt vielfach in schmale Zipfel ge=theilt, so nennt man es borstig=vielspaltig oder zer=schlitzt (die untergetauchten Blätter der Wasserhahnenfüße: Ranunculus aquatilis, divaricatus, fluitans).

Bei all' den vorgedachten Blattformen ist die Blattsub=stanz der Blattfläche, selbst bei den getheiltesten Blättern, noch immer unter sich verbunden und mit dem Blattstiel oder der Mittelrippe eng verwachsen, deshalb heißen alle diese Blätter „einfache", im Gegensatz zu den „zusammenge=setzten", das sind Blätter, bei denen die Blattsubstanz nicht überall zusammenhängt, und wo der Blattstiel oder seine Fortsetzung, die Mittelrippe, mit den einzelnen Theilen der Blattfläche nicht innig verwachsen, sondern mit ihnen durch kleine Glieder oder Stielchen verbunden und also gegliedert sind, oder wenigstens so erscheinen. Die einzelnen Theile eines zusammengesetzten Blattes, heißen deshalb Blättchen. Auch die Blättchen sind in Form und Zertheilung verschieden wie die Blätter.

<small>Einfache und zusammenge=setzte Blätter.</small>

Gefingertes Blatt. Stehen die Blättchen am Ende des gemeinschaftlichen Blattstiels, so heißt das Blatt zählig oder gefingert (3, 5, 7 und mehr zählig; Klee, kriechendes Fingerkraut, Potentilla reptans; Roßkastanie, Lupine). **Gefiedertes Blatt.** Stehen die Blättchen an der Seite des gemeinschaftlichen Blattstiels oder der Blattspindel (d. h. an der Seite der Mittelrippe des Blattes), so nennt man es gefiedert (Rose, Akazie) und das Blättchen, wenn es wieder getheilt erscheint, heißt alsdann Fiederchen; unpaarig gefiedert heißt ein gefiedertes Blatt, wenn dasselbe mit einem einzelnen Blättchen an der Spitze der Spindel endet (die Regel); abgebrochen gefiedert, oder paarig gefiedert, wenn das Blättchen am Ende des Blattes fehlt (Walderbse, Orobus); rankend gefiedert, wenn die Spindel eines abgebrochen gefiederten Blattes sich als Ranke fortsetzt (Erbse, Wicke); unterbrochen gefiedert, wenn zwischen den größeren Fiederchen abwechselnd kleine stehen (Odermening, Agrimonia; knollige Spierstaude, Spiraea Filipendula).

Die zusammengesetzten Blätter, sowohl die gefingerten als die gefiederten, finden sich einfach, doppelt, dreifach zusammengesetzt und so gibt es dreizählige (Klee), doppeltdreizählige (untere Blätter des gem. Geisfuß, Aegopodium Podagraria) und einfach gefiederte (Rose), doppelt gefiederte (Kümmel), dreifach gefiederte (gebr. Kerbel, Anthriscus Cerefolium). Wenn die Vertheilung noch weiter geht, aber zugleich an Regelmäßigkeit verliert, so heißt das Blatt vielfach zusammengesetzt (Gem. Haarstrang, Peucedanum offic.).

Unterschiede der Blattfläche. In Rücksicht auf die Fläche ist das Blatt: runzelig, wenn die Oberfläche zwischen den Adern Erhöhungen zeigt (Andorn); kraus, wenn das Blatt am Rande weiter als in der Mitte ist und sich in wellenförmige Falten legt (krause Münze, krauser Ampfer); punktirt, mit Punkten übersäet (Gem. Lysimachia, Lysimachia vulg.); durchsichtig punktirt, wenn die Punkte, gegen das Licht gehalten, durchscheinen (Gem. Hartheu, Hypericum perforatum); gestreift, gefurcht, scharf, glatt s. Stengel.

Von der Blüthe.

Was die Bekleidung des Blattes betrifft, so finden hier gleiche Unterschiede statt wie beim Stengel. Das Blatt erscheint: haarig, zottig, borstig, filzig, kahl u. s. w. *Bekleidung.*

Nach seiner Substanz ist das Blatt: häutig (die Regel); fleischig (Fetthenne, Sedum); lederartig (Lorbeer, Epheu); hohl oder röhrig (Zwiebel, Schnittlauch). *Substanz.*

Schon im Knospenzustande zeigen die jungen Blätter in der Art, wie sie in der Knospe zusammengelegt sind, Verschiedenheiten von sehr beständigem Charakter, die oft ein wesentliches Kennzeichen für die Unterscheidung der Pflanzen bilden. *Knospenlage der Blätter.*

Wir finden bei der Knospenlage der Blätter folgende Hauptverschiedenheiten:

eingerollt, wenn die Seiten der Blätter nach innen gewickelt sind (Hopfen); zurückgerollt, wenn sie nach außen gerollt sind (Weide); tutenförmig, wenn sie schneckenförmig aufgerollt sind (Maiblume, Veilchen); zusammengeschlagen oder einfach gefaltet, wenn die Blätter einmal zusammenliegen (Kirsche, Linde); gefaltet (vielfach gefaltet), wenn sie der Länge nach in mehrere Falten gelegt sind (Birke, Buche); schneckenförmig, wenn das Blatt an der Spitze nach innen gerollt ist (Farnkräuter).

Die Blattknospen (auch manche frühe Blüthenknospen) fast aller unserer Bäume sind im Winter mit einer oder mehreren leder- oder papierartigen Schuppen umhüllt, die man Deckschuppen, Knospenschuppen, Knospendecken oder Knospenhüllen nennt, und die den Knospen zum Schutze gegen äußere Einflüsse, namentlich gegen die Kälte dienen. Sie gewähren, da sie an Zahl, Form, Färbung und Bekleidung mehrfach verschieden sind, ein wichtiges Kennzeichen zur Unterscheidung der Bäume und Sträucher im Winter. Die Knospenschuppen fallen im Frühjahr bei Entwickelung des Zweiges (resp. der Blüthe), als sog. Ausschlagsschuppen ab. *Deck- oder Knospenschuppen.*

Von der Blüthe.

Bei den höheren Gefäßpflanzen, den Phanerogamen zei- *Blüthenknospen.*

gen sich, nachdem die Pflanze eine gewisse Entwickelung oder Reife erlangt hat, am Stengel Knospen, die mit den Blattknospen große Aehnlichkeit haben, sich aber von diesen dadurch unterscheiden, daß sie nicht Blätter und Zweige, sondern die zur Fortpflanzung nöthigen Organe, die meist noch mit Hüllen versehen sind, hervorbringen; sie werden Blüthenknospen genannt.

Vollständige und unvollständige Blüthe.
Wenn die Blüthenknospe sich entwickelt, zeigen sich ein bis vier Kreise verwandelter Blätter, die Blüthenkreise. Sind vier Kreise vorhanden, so nennen wir den untersten Kreis die Kelchblätter oder den Kelch, den folgenden die Blumenblätter oder die Blumenkrone, den dritten die Staubblätter oder die Staubgefäße und den vierten die Stempelblätter (Fruchtblätter) oder den Stempel. Alle vier Kreise erscheinen in der Regel dicht an einander gefügt, so daß die untersten die äußeren, die obersten die inneren Kreise werden. Die beiden oberen oder inneren Kreise der Blüthe sind die Geschlechtsorgane der Pflanze, das Staubgefäß das männliche, der Stempel das weibliche Organ; die beiden unteren oder äußeren Kreise dienen nur dazu, die Geschlechtsorgane zu umhüllen und zu schützen. Es kann daher einer dieser Kreise und es können selbst beide fehlen, ohne daß die Blüthe dadurch unfruchtbar wird.

Eine Blüthe, welche alle vier Kreise enthält, heißt eine **vollkommene** oder **vollständige**, wo sich einer oder mehrere nicht ausgebildet haben, eine **unvollkommene** oder **unvollständige**. Ist von den beiden untersten Kreisen nur einer vorhanden, so erhält dieser den Namen **Blüthenhülle**, perigonium, der häufig gefärbt und blumenkronartig erscheint (Tulpe); fehlen beide Kreise, so heißt die Blüthe **nackt** (Esche, Wasserstern); eine Blüthe mit beiden oberen Kreisen (Staubgefäß und Stempel) heißt **Zwitterblüthe**, fehlt einer der oberen Kreise, so heißt sie **eingeschlechtlich** und wird sie in diesem Falle, wenn nur die Staubgefäße vorhanden sind, eine **männliche**, wenn nur der Stempel ausgebildet ist, eine **weibliche Blüthe** genannt. Finden sich beide eingeschlechtliche Blüthen, männliche und weibliche, auf einer und derselben Pflanze, so heißt die Pflanze **einhäusig, monöcistisch** (Birke, Mais, Gurke), dagegen **zweihäusig, diöcistisch**, wenn immer nur ein Geschlecht auf einem Pflanzen-Individuum vertreten ist (Weide, Pappel, Dattelpalme). — Fehlen der Blüthe beide obere Kreise, Staubgefäß und Stempel, so nennt man sie **unfruchtbar** (die äußeren Blüthen des gem. Schneeballs, der Kornblume).

Je vollständiger die Blüthe ist, um so höher organisirt zeigt sich die Pflanze. Die niedrigste Entwickelungsstufe unter den Phanerogamen nehmen die Pflanzen mit nackten eingeschlechtlichen Blüthen ein, deren Blüthen nur einen Blüthenkreis haben. Hierher gehören die Gymnospermen (S. 7), die dadurch noch unentwickelter erscheinen, daß ihre weiblichen Blüthen nicht einmal einen vollkommen ausgebildeten Stempel besitzen. — Diejenigen Phanerogamen dagegen, deren Blüthen alle vier Kreise enthalten, bilden die am Höchsten entwickelte Pflanzengruppe; zu ihnen gehören die meisten Dicotyledonen. <small>Blüthe der Gymnospermen.</small>

Das Blatt, aus dessen Achsel die Blüthe hervorgeht, heißt Blüthenstützblatt und wird, wenn es sich in Form, Größe oder in der Färbung wesentlich von den übrigen Blättern unterscheidet, **Deckblatt, bractea,** genannt. Stehen mehrere Brakteen unterhalb der Blüthe sternförmig oder dicht beisammen, so bilden sie eine **Hülle, involucrum** (die meisten Dolden, die Compositen u. a. m.). <small>Deckblatt.</small>

Bei den Compositen wird die Hülle auch „gemeinschaftlicher Kelch" oder „Hauptkelch" genannt und falls dem sog. Hauptkelch wieder andere Brakteen anliegen, heißen diese „Außenkelch".

Eine Hülle ist auch das Näpfchen, **cupula,** der Cupuliferen (Eiche, Haselnuß). Die Cupula entsteht aus einem oder mehreren Kreisen von Deckblättern, die untereinander verwachsen und mit der reifenden Frucht sich weiter entwickeln.

Die Deckblätter der Gräser und Halbgräser tragen die Namen **Spelzen** und **Bälge.** —

Alle Blüthenkreise sind nur verwandelte Blätter, und ist auch die Blattform namentlich bei der Blumenkrone und bei der Blüthenhülle (Perigon) häufig noch vorhanden, nur daß die Blumen- und Perigon-Blätter in der Regel kleiner und zarter als die Stengelblätter und faßt immer gefärbt erscheinen. <small>Blüthenkreise.</small>

Im Uebrigen zeigen sich die einzelnen Blätter oder Theile <small>Einblättriger Kelch und</small>

einblättrige Blumenkrone.

der Blüthenkreise häufig mit einander zu einem Ganzen verwachsen; dies ist namentlich beim Kelch der Fall. Das Verwachsen ist in der Regel so vollständig, daß die Theile entweder gar nicht oder nur an ihren frei gebliebenen oberen Zipfeln noch erkennbar sind. Einen dergestalt ganz oder theilweise verwachsenen Kelch nennt man einen einblättrigen und eine derartige Blumenkrone eine einblättrige Blumenkrone.

Stellung der Blüthenkreise.

In der Stellung an der gemeinschaftlichen Blüthenaxe wechseln die einzelnen Blüthenkreise regelmäßig mit einander ab, so daß in die Lücken des ersten Kreises, der Kelchblätter, die Blätter des zweiten, der Blumenkrone, und in die des zweiten Kreises die Theile des dritten, die Staubgefäße, und zwischen diese wieder die Theile des Stempels treten; mithin haben die Kelchtheile und die Staubgefäße einerseits und die Blumenblätter und die Stempeltheile anderseits gleiche Richtungen.

Blätterzahl der Blüthenkreise.

Regelmäßig wie die Stellung der einzelnen Blätter oder Theile der Blüthenkreise ist ursprünglich ihre Zahl und ihre Form. Als Zahl ist bei den Monocotylen die Drei, bei den Dicotylen die Fünf, die Norm; öfters verdoppelt sich die Zahl (bei der Tulpe 6 statt 3 Perigonblätter und Staubgefäße, bei der Nelke 10 statt 5 Staubgefäße); andere Zahlen entstehen durch Verkümmerung (bei den Cruciferen durch Nichtentwickelung eines Blattes die Zahl 4 statt 5, beim Ruchgrase durch Verkümmerung eines Staubgefäßes 2 statt 3); andere Zahlen durch Verdoppelung der verminderten Zahl u. s. w.

Form der Blüthentheile.

In der Form sehen wir namentlich bei den Blüthenhüllen oft eine große Abweichung von der ursprünglichen Regelmäßigkeit der einzelnen Theile und wir sprechen deshalb von regelmäßigen und unregelmäßigen Kelchen und Blumenkronen.

Präfloration.

Schon vor ihrer vollen Entwickelung zeigt sich eine Verschiedenheit der Blüthenhüllen in der Art, wie sie in der Knospe zusammengelegt sind, in ihrer Zusammenfaltung,

Von der Blüthe. — Blüthenstand. 25

praefloratio. Von den verschiedenen Arten der Präfloration sind namentlich folgende die häufigsten und wichtigsten:

klappenartig, wenn die Kelch- oder Blumenblätter sich nur mit ihren Rändern berühren (Malven);

gedrehet, wenn sie zusammengedrehet sind (Oleander, Immergrün);

übereinanderliegend oder dachziegelförmig, wenn sie sich gegenseitig decken (Ranunkel);

geknittert, wenn sie unregelmäßig zusammengelegt sind (Mohn).

Die Blüthe, flos, erscheint an der Pflanze entweder einzeln oder zu mehreren an einem gemeinschaftlichen Blüthenstiel vereinigt; den letzteren Fall bezeichnet man als Blüthenstand, inflorescentia. Den Stiel, welcher die Inflorescenz trägt, nennt man Blüthenstengel, die Axe der Inflorescenz, den gemeinschaftlichen Blüthenstiel und die Stiele der einzelnen Blüthen „Blüthenstielchen". Die Blüthen, sowohl die einzelnen als die Inflorescenz von Blüthen, befinden sich entweder an der Spitze des Stengels oder Schafts (Mohn, Mohrrübe, Tulpe, Hyacinthe), oder in den Achseln der Blätter (Pfennigkraut, Lysimachia Nummularia; Weiden), oder an der Spitze des Stengels und in den Blattachseln zugleich (Acker-Gauchheil, Anagallis arv.; Gänsefuß, Chenopodium). Bei der Inflorescenz, also dem mehrblüthigen Blüthenstiel, erscheinen die Blüthen — ähnlich wie die Blättchen des zusammengesetzten Blattes — entweder an der Spitze des gemeinschaftlichen Blüthenstiels und dann haben wir bei gleich hohen Blüthenstielchen eine Dolde, umbella, (doldige Wasserviole, Butomus umbellatus; Priemel, Kirsche), oder an den Seiten des gemeinschaftlichen Blüthenstiels, der auch hier, wie beim gefiederten Blatt, Spindel genannt wird.

Blüthenstand.

Dolde.

An der Spindel können die Blüthen sitzend oder gestielt sein.

Sind die Blüthen sitzend, so haben wir eine Aehre spica, wenn die Spindel dünn ist (Wegerich);

Aehre.

Kätzchen. — **Kätzchen**, amentum, nennt man die Aehre, wenn sie eingeschlechtlich ist; so namentlich die männlichen, wie die weiblichen Aehren der Weiden, Pappeln, Birken und Erlen, und die männlichen Aehren der Eichen und Buchen, der Haselnuß und der Wallnuß. Auch die männlichen und weiblichen Aehren der Kiefer und anderer Zapfenbäume gehören hierher, deren weibliche Kätzchen sich bei der Samenreife zu einem Zapfen, conus oder strobilus, durch Verholzung der Deckblättchen ausbilden.

Blüthenkolben. einen Kolben oder **Blüthenkolben**, spadix, wenn die Spindel dick und fleischig ist (Mais, Rohrkolben, Kalla). Das große gefärbte Deckblatt, welches den Kolben vor seiner Entwickelung zuweilen einhüllt, heißt Blüthen- oder Blumenscheide, spatha (Kalla, Aron);

Köpfchen. ein **Köpfchen**, capitulum, wenn die Spindel kurz bleibt und hiedurch eine mehr oder weniger runde Aehre entsteht (Klee). Nimmt hier die Spindel einen ausgebreiteten und flachen Raum ein, d. h. wird sie mehr oder weniger scheibenförmig mit horizontaler Lage, so erhält sie den Namen Blüthen- resp. Fruchtboden, receptaculum (Gänseblümchen und alle Compositen). Auf dem Blüthenboden erscheinen die einzelnen Blüthen mit oder ohne Deckblättchen, die man Spreublättchen nennt. Ein Fruchtboden mit Spreublättchen heißt spreuig (Karde, Dipsacus; Ferkelkraut, Hypochoeris), ohne Spreublättchen nackt (Bocksbart, Tragopogon). Der nackte Fruchtboden ist häufig mit kleinen Vertiefungen versehen und wird alsdann als „vertieft", „punktirt", „grubig" oder „wabig" bezeichnet (Löwenzahn, Leontodon; Eselsdistel, Onopordon).

Sind die Blüthen der Spindel gestielt, so haben wir:

Traube. eine **Traube**, racemus, wenn die Stielchen an der Seite der Spindel gleich lang sind (Johannisbeere, Maiblume);

Doldentraube. eine **Doldentraube** oder **Ebenstrauß**, corymbus, wenn die Stielchen der Spindel je weiter nach unten um so länger, und je mehr nach oben um so kürzer werden, so daß sämmtliche Blüthen eine ziemlich gleiche horizontale

Lage erhalten (doldiger Milchstern, Ornithogalum umbellatum; ebenstraußige Wucherblume, Chrysanthemum corymbosum). — Nach diesem Blüthenstande wird eine große Gruppe der Compositen **Corymbiferen** genannt.

Gleich wie die zusammengesetzten Blätter, sowohl die gefingerten als die gefiederten, einfach oder mehrfach zusammengesetzt erscheinen, ebenso finden wir bei der Inflorescenz außer dem bisher betrachteten **einfach** zusammengesetzten Blüthenstande auch einen **mehrfach** zusammengesetzten, indem sich die Blüthenstiele und Stielchen verzweigen.

Sind die Blüthenstielchen verzweigt, so haben wir: eine **Rispe**, panicula, wenn die Verzweigung sich um eine gemeinschaftliche Blüthenare in der Art bildet, daß sie die Form einer Pyramide erhält (Rispengras, Poa; Hafer).

Rispe.

Ist die Rispe vielfach verzweigt und gedrängt, so heißt sie **Strauß**, thyrsus (Flieder, Syringa vulg.). Ist die gemeinschaftliche Blüthenare in der Regel kürzer als die Nebenzweige, so haben wir eine **Spirre**, anthela (die meisten Simsen und Binsen z. B. Juncus glaucus, Scirpus maritimus); zeigen sich die meisten Aeste der Verzweigung in gleicher Höhe, so haben wir eine **Trug-** oder **Afterdolde**, cyma (Hornkraut, Cerastium).

Ein **Wirtel, Quirl**, verticillus, findet sich häufig bei den Labiaten; er wird von kleinen Chymen oder sitzenden einfachen Dolden gebildet (Salbei, Quendel, Bienensaug, Lamium). Wirtel heißt auch ein um den Stengel gestellter Kreis einfacher Blüthen (Tannenwedel, Hippuris).

eine **zusammengesetzte Dolde**, umbella composita, gemeinhin ebenfalls Dolde genannt, entsteht, wenn sowohl die gemeinschaftlichen Blüthenstiele unter sich als auch die besonderen bis zu einer gleichmäßigen Höhe sich verlängern, so daß sämmtliche Blüthen eine gleiche horizontale Lage erhalten. Die zusammengesetzte Dolde besteht also aus mehreren gleich hochgestellten einfachen Dolden, welche Döldchen heißen (Mohrrübe und überhaupt die meisten nach dieser Inflorescenz benannten Doldengewächse, Dolden oder Umbelliferen). Die hüllenartigen Deckblätter der Dolde werden **Hülle**, die des Döldchen **Hüllchen** genannt; ihre Anwesenheit oder

Zusammengesetzte Dolde.

ihr Fehlen ist für die Characterisirung und Unterscheidung der Umbelliferen von großer Wichtigkeit; —

Zusamengesetzte Aehre. eine zusammengesetzte Aehre, spica composita, wenn an der gemeinschaftlichen Blüthenaxe die Blüthenäste sich dergestalt verkürzen und zusammendrängen, daß der Blüthenstand das Ansehen einer Aehre erhält (Weizen, Roggen, Gerste). —

Wenn die phanerogamen Pflanzen sich durch ihren Blüthenstand schon wesentlich von einander unterscheiden, so beruht doch der Hauptgrund ihrer unendlichen Mannigfaltigkeit in der Verschiedenheit der Blüthe selbst und deren einzelner Kreise. Die Unterschiede zwischen vollständiger und unvollständiger und zwischen Zwitter- und eingeschlechtlicher Blüthe sind bereits hervorgehoben; wir haben nunmehr die einzelnen Theile oder Kreise der Blüthe näher zu betrachten.

Kelch. Der Kelch, calyx, der untere Kreis der Blüthenhüllblätter, ist in der Regel kleiner und einfacher als der obere, die Blumenkrone, und meistens ungefärbt d. h. grün. Seine Blätter sind sehr häufig mehr oder weniger untereinander verwachsen; er ist also meist einblättrig. Die zusammengewachsenen Blätter des einblättrigen Kelches sind öfters auch noch mit den nächsten oder mit allen übrigen Blüthenkreisen verwachsen. Verwächst der Kelch auch mit dem Stempel d. h. mit dessen unterem Theile, dem Fruchtknoten, so erscheint er mit seinen Zipfeln oberhalb der Frucht als eine Art Krone derselben (Apfel, Birne, Hagebutte). Ein solcher Kelch heißt *Ober- und unterständiger Kelch.* oberständig und ist die Frucht, im Vergleich zu ihm, unterständig; wogegen derjenige Kelch, welcher frei an der Blüthenaxe steht und mit dem Fruchtknoten nicht verwachsen ist, unterständig genannt wird, und ist die Frucht alsdann oberständig (Kirsche, Erdbeere).

Unterschiede des Kelchs: nach der Form. Der Kelch ist in Form und Zertheilung vielfach verschieden. Nach seiner Form und Gestalt ist er:
röhrig (Lippenblume), kreiselförmig (Glockenblume), aufgeblasen (Klappertopf, Rhinanthus; blasiges Leim-

Von der Blüthe. — Kelch.

kraut, Silene inflata), höckerig (Trauben = Gamander Teucrium Botrys) gespornt (Rittersporn) u. s. w.

Nach seinem Rande und seiner Zertheilung ist er *Nach Rand und Zertheilung.* ganzrandig und ungetheilt, verwischt, wenn die Kelchzipfel verschwindend klein sind (Kümmel, Pastinake und überhaupt die meisten Umbelliferen); zähnig (2=, 3=, 4= 2c. zähnig; Lippenblumen); spaltig (Erbse); theilig (Ehrenpreis, Veronica); blätterig (Cruciferen). Zweilippig heißt der Kelch, wenn sich an seinen Einschnitten zwei Hauptabtheilungen unterscheiden lassen (Helmkraut, Scutellaria; Bohne). —

Außerdem bietet der Kelch in Rücksicht auf seine Bekleidung und Oberfläche Unterschiede ähnlicher Art wie das Blatt und der Stengel.

In Bezug auf seine Dauer ist der Kelch abfallend, *Nach der Dauer.* wenn er vor der Fruchtentwickelung abfällt (Kirsche, Pflaume); dies ist namentlich bei den mehrblättrigen Kelchen der Fall (Cruciferen) und geschieht mehr oder weniger zeitig, zuweilen schon, wenn sich die Blüthe aufschließt (Mohn); oder er ist bleibend, wenn er selbst nach der Bildung der Frucht sich noch vorfindet (Erdbeere, Fingerkraut), und ist er in diesem Falle häufig mit der Frucht verwachsen (unser Kernobst, die Familie der Compositen, Umbelliferen), oder er hüllt sie auch ganz oder theilweise ein (Taubenkropf Cucubalus, blasiges Leimkraut, Labiaten); im letzteren Falle hat sich der Kelch, auch ohne mit dem Fruchtknoten verwachsen zu sein, dennoch mit ihm weiter entwickelt. — Bei den meisten Compositen setzt sich der Kelch in Form eines Haarkreises fort, Federkrone oder Federkelch, pappus, genannt (Distel, Löwenzahn).

Mitunter zeigt sich am Grunde der Blüthe ein doppel= *Doppelter Kelch.* ter Kelch, der entweder durch eine wirkliche Verdoppelung des unteren Blüthenhüllkreises oder dadurch entstanden ist, daß ein Kreis von Bracteen den Kelch stützt (Fingerkraut, Malve). —

Die Blumenkrone, corolla, der zweite Blüthenkreis *Blumenkrone.*

der vollständigen Blüthe und der obere der Blüthenhüllen zeigt sich in der Regel mehr entwickelt und anders gefärbt als der Kelch, d. h. nicht grün.

Farbe der Blumenkrone. Die Farbe der Blumenkrone ist bei manchen Pflanzen veränderlich. Wechselt die Farbe an einer und derselben Pflanze und Blüthe während der Zeit des Auf- und Verblühens (Lungenkraut Pulmonaria, buntblumiges Vergißmeinnicht Myosotis versicolor), so ist dieser Farbenwechsel regelmäßig und beständig und giebt einen feststehenden Character der betreffenden Pflanze ab. Sehr unbeständig dagegen und für die Characteristik der Pflanze unwichtig ist der Wechsel der Blüthenfarben unter den Individuen mancher Pflanzenarten (Gem. Kreuzblume Polygala vulg.; gebr. Beinwell Symphitum offic.). Namentlich finden sich bei vielen blau und bei manchen roth blühenden Pflanzen vereinzelt weißblühende Exemplare (Glockenblume, Disteln). Eine große Mannigfaltigkeit in den Blüthenfarben wird bekanntlich durch die Kultur erzielt (Rosen, Nelken, Stiefmütterchen).

Einblättrige und mehrblättrige Blumenkrone. Die Blätter der Blumenkrone bleiben entweder frei und alsdann heißen sie Blumenkron-, oder Blumenblätter, petala (Rose, Veilchen), oder sie verwachsen mehr oder weniger mit einander zu einer „einblättrigen" Blumenkrone (Labkraut, Bienensaug).

Regelmäßige und unregelmäßige Blumenkrone. Sowohl die mehrblättrige als die einblättrige Blumenkrone kann in ihrer Form regelmäßig (Rose, Labkraut) oder unregelmäßig sein (Veilchen, Bienensaug).

Unterschiede der einblättrigen und regelmäßigen Blumenkrone. Bei der einblättrigen und regelmäßigen Blumenkrone unterscheiden wir eine röhrige (die Blüthen der Köpfchen vieler Compositen z. B. Disteln und die Mittelblüthen der Köpfchen der Corymbiferen), kugelförmige (Heidelbeere), glockenförmige (Glockenblume), trichterförmige (Winde), präsentirteller- oder tellerförmige, wenn die Röhre walzenförmig lang und der Rand flach ausgebreitet ist (Primeln), radförmige, wenn die Röhre ganz kurz und der Saum ebenfalls flach ist (Labkraut, Ehrenpreis, Hollunder). —

Unterschiede der einblättrigen unregelmäßigen Blumenkrone. Bei der einblättrigen, unregelmäßigen Blumenkrone zeigt sich die Unregelmäßigkeit nicht nur an dem oberen Theile der Blumenkrone, dem Saume, sondern zuweilen auch an dem unteren. In Bezug auf die Unregelmäßigkeit des unteren Theiles nennt man die Blumenkrone gespornt, wenn sie eine spornförmige Verlängerung zeigt (Leinkraut, Linaria), oder buckelig, wenn die Ausdehnung die Form eines Höckers hat (Löwenmaul, Antirrhinum). — In Bezug auf die Unregelmäßigkeit des Saumes ist die Blüthe:

zungenförmig, wenn der Saum nach einer Seite zungenförmig verlängert ist (Löwenzahn, Habichtskraut, Hieracium, und die Randblüthen der Corymbiferen);

zweilippig, wenn der Saum in zwei unregelmäßige Abschnitte sich theilt; und alsdann wird der obere die Oberlippe, der untere die Unterlippe genannt und die Oeffnung des Blumenkronsaumes heißt Schlund (Quendel und überhaupt die meisten Lippenblumen, Labiaten). Ist der Schlund besonders groß, so nennt man die Blumenkrone rachenförmig (Wiesen-Salbei, Salvia pratensis; Knabenkraut, Orchis) und die Oberlippe Helm; ist der Schlund durch eine wulstige Ausbildung der Unterlippe, den sogenannten Gaumen, geschlossen, so heißt die Blumenkrone maskirt (Löwenmaul, Leinkraut); fehlt die Oberlippe oder ist sie unscheinbar, so heißt die Blumenkrone einlippig (Günzel, Ajuga; Gamander, Teucrium). —

Bei der mehrblättrigen und regelmäßigen Blumenkrone liefert die Form der Blumenblätter, ihr Rand, ihre Spitze und ihre Basis vielfache Unterschiede, die denen der Stengelblätter gleichen. Läuft die Basis des Blumenblattes lang und schmal aus, so nennt man den schmalen unteren Theil den Nagel, den breiten oberen die Platte, (Nelke, Levkoje). *Mehrblättrige regelmäßige Blumenkrone.*

Oefters nehmen die Petala eine ganz besondere Form an. So erscheinen sie an der Basis zuweilen höckerig oder gespornt und wenn dies bei allen Blättern der Fall ist (Akelei, Aquilegia), haben wir auch hier eine regelmäßige mehrblättrige Blumenkrone. Nur wo die Petala derselben *Mehrblättrige unregelmäßige Blumenkrone.*

Blüthe unter sich in der Form verschieden sind, nennt man die mehrblättrige Blumenkrone unregelmäßig (Veilchen, Erbse).

Sind die Blumenblätter der Regel nach größer und ansehnlicher als die Kelchblätter, so erscheinen sie doch ausnahmsweise auch kleiner als der Kelch, der in diesem Falle fast immer gefärbt ist (Trollblume Trollius, Nießwurz Helleborus, Schwarzkümmel Nigella, Eisenhut Aconitum).

Nectarium. Oefters befindet sich am Grunde der Blumenblätter (und auch der Perigonblätter) eine Drüse, Honigdrüse, nectarium, genannt (Hahnenfuß, Ranunculus), welche zweilen mit einer Schuppe bedeckt ist (kriechender Hahnenfuß).

Verschiedene Arten der mehrblättrigen Blumenkrone. Unter den mehrblättrigen Blumenkronen sind namentlich folgende zu unterscheiden:

rosenartige, wenn sich 5 breite, nach unten zugespitzte regelmäßige, festsitzende Petala zeigen (Fingerkraut, Erdbeere, Rose).

malvenartige, wenn 5 gleiche Blumenblätter an der Basis vermittelst der in eine Säule verwachsenen Staubfäden zusammenhängen (Eibisch, Althaea; Malve);

kreuzförmige, vier gleiche in einen Nagel auslaufende Petala, deren horizontale Platten ein Kreuz bilden (die Kreuzblüthler oder Cruciferen, z. B. Raps, Hederich, Levcoje);

nelkenartige, 5 gleiche Blumenbl. mit langen Nägeln, (Nelke, Seifenkraut, Saponaria).

schmetterlingsartige, eine unregelmäßige Blumenkrone mit 5 Blättern, von denen das obere, breiteste die Fahne, die beiden seitenständigen die Flügel und die beiden unteren das Schiffchen oder der Kiel genannt werden; letztere sind stets aneinander gelegt, in der Regel mehr oder weniger zusammengewachsen und hüllen die Geschlechtsorgane ein (Erbse und alle sog. Schmetterlingsblüthler, Papilionaceen).

Perigon. Die beiden unteren Blüthenkreise, Kelch und Blumenkrone, werden, wie schon erwähnt, häufig durch einen vertreten: die Blüthenhülle oder das Perigon. Das Perigon, welches mit dem Kreise der Staubgefäße in gleicher Richtung steht und daher nichts weiter als ein Kelch ist, un-

Von der Blüthe. — Staubgefäße.

terscheidet sich von diesem durch das Nichtvorhandensein der Blumenkrone und dadurch, daß es in der Regel gefärbt und blumenkronartig auftritt, wogegen der Kelch nur ausnahmsweise so erscheint. Im Uebrigen zeigen sich beim Perigon ähnliche Unterschiede, wie bei der Blumenkrone, resp. beim Kelch.

Die beiden oberen Kreise der Blüthe, die **Staubgefäße und der Stempel**, gewähren als Fortpflanzungsorgane sehr wichtige Charaktere für die Unterscheidung und Gruppirung der phanerogamen Gewächse. Linné hat auf sie sein berühmtes Pflanzensystem, das sogenannte Sexualsystem gegründet. *Fortpflanzungsorgane.*

Die Geschlechtskreise der Blüthe erscheinen kleiner und unansehnlicher als ihre Hüllen und weichen in ihrer Form am Meisten von der ursprünglichen Blattform ab. Daß sie zu dieser ursprünglichen Form zurückkehren können, zeigt uns die Erscheinung der sog. **gefüllten Blüthen**. In diesem Falle jedoch, wo Staubgefäße und Stempel sich in Blumenblätter umwandeln, verlieren sie ihre Eigenschaft als Fortpflanzungsorgane und wird die Blüthe unfruchtbar.

Wenn aber nicht sämmtliche Staubgefäße und Stempel in Blumenblätter sich umwandeln (z. B. bei den meisten gefüllten Nelken), bleiben auch die gefüllten Blüthen fruchtbar, erzeugen indessen eine geringere Zahl von Samenkörnern als die nicht gefüllten.

Die **Staubgefäße, Staubblätter**, stamina, bilden den dritten Kreis der vollständigen Blüthe und den unteren oder äußeren der Geschlechtskreise. Sie sind das **männliche Geschlechtsorgan** der Pflanze und in der Blüthe rings um das weibliche Geschlecht, den Stempel, gestellt. *Staubgefäße.*

An jedem vollständigen Staubgefäß unterscheiden wir einen oberen, sackförmigen Theil, den **Staubbeutel**, anthera, welcher den Blüthenstaub, pollen, einschließt, und einen unteren, meist fadenförmigen, den **Staubfaden**, filamentum, welcher die Anthere trägt. Fehlt das Filament, so heißt die Anthere **sitzend** (Osterluzei, Aristolóchia), entwickelt sich die Anthere nicht, so haben wir ein unfrucht- *Theile des Staubgefäßes.*

bares Staubgefäß; (in vielen weiblichen Blüthen zeigen sich solche Rudimente der Staubgefäße und auch in manchen Zwitterblüthen finden wir neben fruchtbaren Staubgefäßen unfruchtbare z. B. Gnadenkraut, Gratiola).

Zahl der Staubgefäße.

Die **Zahl der Staubgefäße** stimmt in den meisten Blüthen mit der Zahl der Blumen-, resp. Perigonblätter überein und sind bei den Staubgefäßen die Normalzahlen der Blüthentheile, 3 bei den Monocotylen und 5 bei den Dicotylen, ebenfalls vorherrschend, denen die Verdoppelungen 6 und 10, oder weitere Multiplicationen entsprechen. Durch theilweise Verkümmerung entstehen aber namentlich auch bei den Staubgefäßen die verschiedensten anderen Zahlen und so sehen wir bei diesem Blüthenkreise die Anzahl seiner ursprünglichen Theile sich vermindern bis zur Eins (Tannenwedel) und sich vermehren bis zu einer Vielheit, die ohne Schwierigkeit nicht mehr zu zählen ist (z. B. Seerose, Nymphaea, und die Ranunculaceen). Nach der Anzahl der Staubgefäße hat Linné die meisten Hauptabtheilungen des Pflanzenreichs (die ersten 13 Klassen seines Systems) gebildet.

Verschiedenheit der Staubgefäße nach Größe und Stellung.

Wenn sich die Staubgefäße in ihrer Menge sehr verschieden in den Blüthen zeigen, so variiren sie auch charakteristisch durch Größe und Stellung. **Nach ihrer Größe** sind sie **gleich**, wenn sie alle dieselbe Größe und Gestalt haben (Tulpe), oder **ungleich**, wenn das eine oder andere oder beides nicht der Fall ist; oder **unregelmäßig**, wenn sich in ihrer Verschiedenheit keine Ordnung ermitteln läßt (Roßkastanie). — Bei den **ungleichen** haben wir namentlich zwei sehr charakteristische Fälle zu beachten:

1) wenn die Zahl der Staubgefäße 4 ist und von ihnen zweie (entweder die beiden inneren, oder die beiden äußeren) länger als die anderen sind; in diesem Falle heißen sie **zweimächtig, didynamisch** (Bienensaug und überhaupt die meisten Labiaten); die 14. Klasse des Linné'schen Systems und

2) wenn die Blüthe 6 Staubgefäße enthält, von denen

Von der Blüthe. — Staubgefäße.

die 4 innern lang und die 2 äußeren kurz sind; hier nennt man sie viermächtig, tetradynamisch (Raps, Levkoje und alle Cruciferen); Linné's 15. Klasse.

Stehen die Staubgefäße frei an der Blüthenaxe und sind sie weder mit dem Kelch noch mit dem Ovarium verwachsen, so heißen sie unterweibig, hypogynisch, oder bodenständig (auf dem Blüthenboden befestigt) (Ranunkel); verwachsen sie mit dem Kelch und stehen auf ihm, so heißen sie umweibig, perigynisch oder kelchständig (Rose); verwachsen sie mit Kelch und Ovarium und erscheinen auf dem Ovarium befestigt, so heißen sie oberweibig, epigynisch oder stempelständig (Doldengewächse). — Dasselbe, was hier vom Stande der Staubgefäße gesagt ist, gilt auch von der Befestigung der Blumenkrone; auch sie kann hypogynisch, perigynisch und epigynisch in der Blüthe erscheinen. — Stand und Befestigung der Staubgefäße resp. der Blumenkrone mit Rücksicht auf Kelch und Fruchtknoten (die sog. Insertion) gewähren sehr wichtige Charaktere für die Gruppirung der Phanerogamen. *(Insertion der Staubgefäße resp. der Blumenkrone.)*

Wie die Blätter des Kelchs, sowie der Blumenkrone mit einander verwachsen können, so kommt auch ein Zusammenwachsen der Staubgefäße vor, indem theils die Staubfäden, theils die Antheren sich vereinigen. *(Verwachsen der Staubgefäße unter sich.)*

Verwachsen die Staubfäden und zwar zu einer Röhre, so heißen die Staubgefäße einbrüderig, monadelphisch (Malven); Linné's 16. Klasse;

Verwachsen sie in zwei Theile oder Bündel, so nennt man die Stamina zweibrüderig, diadelphisch (Erdrauch, Fumaria, 2 Bündel zu je 3 Staubgefäßen; Kreuzblume, Polygala, 2 zu je 4; die meisten Papilionaceen, ein Bündel mit 9 Staubgefäßen und einem einzelnen, z. B. Erbse); Linné's 17. Klasse;

Bilden sich mehrere Bündel, so werden die Staubgefäße vielbrüderig genannt, polyadelphisch (Hartheu, Hypericum; Orange, Citrone); Linné's 18. Klasse.

Verwachsen die Staubbeutel oder Staubkölbchen miteinander, so heißen sie vereintkölbige oder syngenesische (alle Compositen); Linné's 19. Klasse.[1])

Staubfaden. Der Staubfaden, das Filament, ist, wie sein Name besagt, in der Regel dünn und fadenartig, variirt aber mehrfach in Form und Bekleidung; und so erscheint er haarförmig (Gräser), pfriemförmig (Tulpe), bartig, mit büschelförmigen Haaren besetzt (Wollkraut oder Königskerze Verbascum) u. s. w. Oefters sind die Staubfäden mit der Blumenkrone ganz oder theilweise verwachsen (Labiaten). —

Staubbeutel. Der Staubbeutel, die Anthere, besteht meist aus zwei Fächern, in welchen sich der Blüthenstaub befindet. Zwischen den Fächern liegt in der Regel ein mittlerer Theil, das Mittelband, connectivum, genannt, welches nichts anderes als die Fortsetzung des Filaments ist, aber in verschiedener Ausdehnung erscheint. Zuweilen ist das Connectiv sehr breit und fadenförmig gestreckt und trägt an beiden Enden die Antherenzellen (Salbei).

Die Antherenfächer springen bei völliger Reife auf und zwar in der Regel der ganzen Länge nach, zuweilen aber bloß an der Spitze (Nachtschatten, Solanum), oder mit einer Klappe (Sauerdorn, Berberis). Die Staubbeutel öffnen sich nach innen (d. h. nach dem Inneren der Blüthe, dem Stempel zugewendet), und dies ist die Regel, oder nach außen (Schwertlilie, Iris). Sie unterscheiden sich nach der Stellung am Filament: gipfelständig oder aufrecht (Tulpe), wagerecht oder aufliegend (Lilie) etc.; nach der Form: eiförmig, linienförmig, herzförmig, niedenförmig u. s. w.; und nach der Zahl der Fächer: einfächerig, zweifächerig (die Regel), oder vierfächerig.

Blüthenstaub. Der Blüthenstaub oder Pollen ist eine eigenthümliche Modification des Zellgewebes der Anthere und be-

---

[1]) Nach Schleiden sind hier die Antheren nicht mit einander verwachsen, sondern nur zusammengeklebt.

Von der Blüthe. — Stempel.

steht aus einer Menge kleiner Körnchen, Pollenkörnchen genannt, die in Form und Oberfläche mannigfache und charakteristische Unterschiede bieten. Die Pollenkörner der reifen Antheren sind in der Regel mehl- oder staubartig und gelb gefärbt, und verstäuben, nachdem sich die Anthere geöffnet, um von der Luft dem Stempel behufs dessen Befruchtung zugeführt zu werden. Ausnahmsweise bildet jedoch der Pollen eine zusammenhängende, wachsartige, schleimige Masse, die alsdann nur durch den Saugrüssel der Insekten zum weiblichen Blüthentheile befördert wird (die meisten Orchideen).

Der Stempel, pistillum, das weibliche Geschlechtsorgan, ist der vierte Kreis der vollständigen Blüthe und steht als ihr höchster und innerster auf der Spitze der Blüthenaxe. Das einzelne Blatt des Stempels wird Fruchtblatt, carpellum, genannt und aus seiner Form und Structur ersehen wir, daß es aus der ursprünglichen Blattform durch ein nach oben erfolgtes Zusammenschlagen und Zusammenwachsen des Blattes entstanden ist. Deshalb erscheint es hohl und seine Höhlung ist nach unten am größten und bauchig, nach oben geht sie spitz zu und läßt nur eine kleine Oeffnung. Wo sich die Blattränder vereinigt haben, bildet sich eine Vermehrung des Zellgewebes, die den Namen Mutterkuchen oder Samenleiste, placenta, führt und aus der sich das Pflanzenei (Eichen) oder die Samenknospe entwickelt. Der untere bauchige Theil des Stempels heißt daher Fruchtknoten oder Eierstock, ovarium, germen, der obere schmale Theil wird Staubweg oder Griffel, stylus, und die freie Oeffnung des Stempels, die meist anschwillt und oft sich theilt, wird Narbe, stigma, genannt. Die Narbe dient dazu, die Pollenkörner der männlichen Blüthe aufzunehmen und festzuhalten und ist zu diesem Zweck auf ihrer Oberfläche meist mit Drüsen, Haaren, Warzen oder einer klebrigen Feuchtigkeit versehen.

Der Stempel und seine Theile.

Das Pollenkorn, auf der Narbe angelangt und befestigt, treibt ein oder mehrere einzellige, lange Schläuche (Pollenschläuche), die durch den Staubweg in das Innere des Ovariums bis zum Eichen bringen. In jedem Eichen befindet sich eine große Zelle, das Keim-

Befruchtungsproceß.

säckchen oder der Embryosack genannt, welcher zwei Keimbläschen enthält. Letztere, durch den Pollenschlauch befruchtet, entwickeln sich zum Keim oder Embryo. Mit der Ausbildung des Embryo wächst das Eichen zum Samen und der Fruchtknoten zur Frucht. —

Weibliche Blüthe der Gymnospermen. Bei den Gymnospermen (S. 7 u. 23) zeigt sich die weibliche Blüthe nicht als ein verwandeltes Blatt in Gestalt eines Stempels, dessen Fruchtknoten das Eichen einhüllt, sondern als einfaches Eichen, welches ohne Umhüllung (Ovarium) entweder einzeln oder zu mehreren, oft als Aehre oder Kätzchen, an der Spitze des Stengels erscheint und in der Regel mit einem Deckblatt gestützt ist. Das Eichen zeigt oben eine Oeffnung, durch welche der Pollenschlauch eindringt. Die Gymnospermen haben also im Gegensatz zu allen übrigen Phanerogamen keine Stempel, sondern nackte Eierchen und dem zu Folge keine Früchte, sondern nackte Samen. Zu ihnen gehören unsere Zapfenbäume, Coniferen. Bei den Tannenarten werden die Deckschuppen bei den Eierchen bei Ausbildung der Eichen zum Samen holzartig und gewähren der zu einem Zapfen verholzten Aehre (S. 26) das Ansehn einer Frucht. Bei der Eibe, Taxus, werden die Schuppen des nackten Eichens fleischig und geben, indem sie den Samen beerenartig einhüllen, demselben das Aeußere einer Beere. Aehnlich bilden sich die zu drei gestellten weiblichen Blüthen des Wachholder zu einer falschen Beere aus.

Einfacher Stempel. Mit Ausnahme der Gymnospermen zeigen alle Phanerogamen in ihren Zwitter= oder weiblichen Blüthen als obersten Blüthenkreis ein oder mehrere Fruchtblätter. Bildet sich nur ein Fruchtblatt aus, so heißt der Stempel einfach. (Gräser, Halbgräser, Papilionaceen). Dieser einfache Stempel entsteht also — wie beim dritten Blüthenkreise die einmännige Blüthe, monandria — durch Verkümmerung oder Nichtentwickelung der übrigen Theile.

Mehrfacher oder zusammengesetzter Stempel. Bilden sich mehrere Fruchtblätter aus, und verwachsen sie mit einander, so nennt man den Stempel mehrfach oder zusammengesetzt (Raps, Mohn). In diesem Falle erkennen wir aus der Zahl der in der Regel freibleibenden Staubwege oder aus der Zahl der Narben und aus der Zahl der Zwischenwände des Ovariums die Anzahl der Blätter, welche den Stempel gebildet haben.

Stempelgruppe. Haben sich mehrere Fruchtblätter ausgebildet, **ohne** zu verwachsen, bleiben also die Fruchtblätter frei, so haben wir in der Blüthe eine Anzahl einfacher Stempel, eine Stempelgruppe (Bienensaug, Vergißmeinnicht, Hahnenfuß, Nießwurz, Fingerkraut, Himbeere).

Von der Blüthe. — Stempel.

Wir müssen also beim 4. Blüthenkreise ins Auge fassen, daß der Stempel — um nach Analogie der beiden ersten Blüthenkreise, des Kelches und der Blumenkrone, zu sprechen — zwar auch einblättrig und mehrblättrig erscheint, daß aber der einblättrige Stempel häufig nur aus einem einzigen Blatte besteht (einfacher Stempel) und daß er, wenn er von mehreren zusammengewachsenen Blättern — gleich dem sog. einblättrigen Kelch und der einblättrigen Blumenkrone — gebildet ist, alsdann mehrfacher oder zusammengesetzter Stempel genannt wird.

Wenn mehrere Fruchtblätter zu einem Stempel zusammenwachsen, so geschieht dieß stets an den Seiten, wo sie sich gegenseitig berühren, und es entstehen auf diese Weise im Innern des gemeinschaftlichen Fruchtknotens Scheidewände. Die Scheidewände verbleiben entweder, und sind dann nach Entwickelung des Fruchtknotens zur Frucht noch sichtbar (Apfelsine, Raps, Tulpe, Herbstzeitlose, Colchicum), oder sie schwinden mehr oder weniger (Mohn). Im ersteren Falle ist der Fruchtknoten des mehrfachen Stempels im Inneren fächerig und befinden sich die Placenten (Samenleisten), mit den Eierchen an der Centralsäule der Fächer (Herbstzeitlose), im letzteren Falle ist der Fruchtknoten hohl, und erscheinen die Placenten wandständig und somit auch die Eierchen und die späteren Samen (Mohn). Zuweilen verschwinden die Scheidewände gänzlich und bleiben in der Mitte nur die Placenten im verwachsenen Zustande als eine nur an der Basis befestigte Säule stehen (Primeln und Nelken). —

Fruchtknoten des zusammengesetzten Stempels.

Das Eichen, ovulum, ist mit einem oft sehr kurzen Stiel, Nabelstrang, funiculus, auf der Placenta befestigt. Der Nabelstrang, welcher dem Eichen den Nahrungssaft zuführt, bezeichnet dessen Basis und breiten sich an der Stelle, wo sein Gefäßbündel die Haut des Ovulums durchbricht, Gefäße aus, welche den Nabelfleck oder Nabel, chalaza, bilden. Zuweilen legt sich das Eichen um und verwächst mit dem Nabelstrang der Länge nach, und hierdurch verlängert sich der Nabelfleck und umgibt theilweise das Eichen, wie dieß am reifen Samen deutlich zu erkennen ist. (Wicke).

Das Eichen.

Der Griffel oder Staubweg, stylus, ist die Spitze

Der Griffel.

des ursprünglichen Stempel- oder Fruchtblattes, welcher als ein cylindrischer Theil zwischen Fruchtknoten und Narbe auftritt. Wenn der Griffel fehlt, so heißt die Narbe sitzend (Tulpe, Mohn). Wenn er, und dies ist die Regel, vorhanden ist, so findet er sich beim einfachen Stempel ebenfalls einfach und ist nur selten, wie dies bei der Narbe öfters vorkommt, gespalten. Beim mehrfachen Stempel sind die Griffel der einzelnen Theile meist frei (Birne) und nur ausnahmsweise mehr oder weniger verwachsen (Apfel, Malve).

Die Narbe.
Die Narbe, stigma, ist der Endpunkt der Fruchtblattspitze, welcher bestimmt und zugerichtet ist, den Blüthenstaub aufzunehmen und zu dem Ende häufig sich getheilt oder gespalten zeigt. Ist die Narbe ungetheilt, so erscheint sie meistens als ein kopf- oder kugelförmiger Aufsatz des Griffels (Primel). — Die Narben des mehrfachen Stempels sind in der Regel frei, erscheinen aber auch mehr oder weniger verwachsen. (Mohn). —

Form, Oberfläche und Bekleidung des Stempels.
In Form, Oberfläche und Bekleidung variirt der Stempel in ähnlicher Weise, als wir derartige Verschiedenheiten an anderen Theilen der Blüthe und der Pflanze kennen gelernt haben. So ist der Stempel seiner Form nach: rund (Mohn), länglich (Bohne, Erbse), linienförmig (Raps), eckig (Lauch, Ampfer) u. s. w. — Der Bekleidung und Oberfläche nach: glatt (die Regel), warzig (Gurke), stachelig (Stechapfel), haarig (Löwenmaul), u. s. w.

Griffel.
Der Griffel ist nach seiner Lage: gipfelständig (die Regel), seitenständig (Erdbeere), grundständig (Frauenmantel, Alchemilla); nach seiner Verwachsung: zwei-, drei- 2c. theilig, zwei-, drei- 2c. lappig; nach seiner Richtung: gerade (die Regel), aufsteigend (Roßkastanie); nach seiner Dauer: stehenbleibend (Schwarzkümmel), abfallend (Kirsche); nach seiner Form: fadenförmig, pfriemförmig, keulenförmig, dreieckig u. s. w.

Narbe.
Die Narbe ist stumpf (Lauch), kugel- oder kopfförmig (Primel), keulenförmig (Sumpf-Weidenröschen,

Epilobium palustre), strahlich (Mohn), lappig (Tulpe), theilig (zottiges Weidenröschen, E. hirsutum), blumenblattartig (Schwertlilie), fädlich (einige Gräser, z. B. Glanzkras Phalaris), federig, auf zwei entgegengesetzten Seiten mit feinen Haaren besetzt (die meisten Gräser, so unsere Getreidearten), pinsel- oder sprengwedelförmig, oberwärts ringsum mit dichten Haaren pinselartig besetzt (manche Gräser, z. B. Bartgras Andropogon, Rohrschilf Phragmites) 2c.

Wenn, wie wir oben gesehen, die einfachen Stempel, gleich den Staubgefäßen, unter sich verwachsen können, so kommt auch ein Zusammenwachsen beider Geschlechtskreise mit einander vor (Osterluzei). Namentlich ist hier der Fall zu bemerken, wo der Griffel des Stempels mit dem Filament des Staubgefäßes, also der Staubweg mit dem Staubfaden, verwächst, wie bei den Orchideen. Man nennt die Blüthen mit zusammengewachsenen Geschlechtskreisen: weibermännige, gynandria (Linné's 20. Klasse). *Zusammenwachsen beider Geschlechtskreise.*

Von der Frucht.

Wir haben bei der Blüthe gesehen, daß von ihren Theilen die unteren, Kelch und Blumenkrone, nur als Hüllen der oberen, der Befruchtungsorgane (Staubgefäße und Stempel) dienen. Die Hüllen schützen aber die Organe für die Frucht in der Regel nur in ihrem jungen Zustande; sobald sich letztere zur Vollkommenheit entwickelt haben und die Befruchtung — welche nur ausnahmsweise schon in der Blüthenknospe vor sich geht — erfolgt ist, sterben Kelch und Blumenkrone und mit ihnen die Staubgefäße nach und nach ab, sie verwelken. Dagegen vereinigt sich alsdann alles Leben der Blüthe in dem verbleibenden inneren Blüthenkreis, in dem Stempel und zwar, da Narbe und Staubweg nunmehr auch ihre Bestimmung erfüllt haben und als überflüssige Bestandtheile des Stempels gleichfalls absterben, lediglich in seinem unteren Theile, im Fruchtknoten. Das Ovarium schwillt mehr und mehr an und entwickelt sich zur Frucht. *Entstehung der Frucht.*

Die Frucht, fructus, ist daher das zur Reife gelangte Ovarium; jedoch haben für den Fall, daß der Fruchtknoten mit anderen Blüthentheilen verwachsen war, auch diese zur Fruchtbildung ebenfalls beigetragen. Dieß ist namentlich Seitens des Kelchs der Fall, wenn er oberständig ist, also bei allen unterständigen Früchten (Rose, Apfel).

Fruchthülle. Der Theil des Ovariums, welcher das Eichen oder die Eierchen umschließt, entwickelt sich beim Reifen der Frucht zur Fruchthülle. Die Fruchthülle, pericarpium, schließt sich in der Regel gänzlich und bleibt nur ausnahmsweise mehr oder weniger geöffnet (Reseda); zuweilen verwächst sie mit dem Samen, wo alsdann scheinbar der Same ohne Fruchthülle erscheint (Gräser).

Man unterscheidet am Pericarpium drei Theile: die äußere Haut, epicarpium, die innere, endocarpium, und die dazwischen liegende Zellensubstanz, das mesocarpium oder sarcocarpium. Alle drei Theile verbleiben entweder in einem deutlich erkennbaren Zustande, so bei der Pflaume, wo das Endocarpium steinartig fest ist, das Mesocarpium den fleischigen Theil der Frucht und das Epicarpium die abziehbare Haut bildet, ferner bei der Hülse der Erbse, wo das Endocarpium aus einer pergamentartigen zähen Haut besteht, und so überhaupt bei unserem Steinobst und bei den Hülsenfrüchten; — oder aber die Theile der Fruchthülle verwachsen mit einander und lassen sich nicht mehr trennen.

Jedes einfache Pericarpium zeigt an der Stelle, wo das Fruchtblatt zusammengewachsen ist, eine Nath, die Bauchnath (Pflaume), und oft finden wir auch an der entgegengesetzten Seite, am Rücken des Pericarpiums, eine Nath, die Rückennath genannt, welche der Mittelrippe des Fruchtblattes entspricht (die Hülse der Erbse). Bleibt das Pericarpium bei seiner Reife geschlossen, so nennt man es: nicht aufspringend (die Pflaume und fast alle fleischigen Früchte), trennt es sich bei seiner Reife an einer oder an beiden Nä=

Von der Frucht. 43

then und spaltet und öffnet sich, so heißt es: aufspringend (Erbse, Raps). Die Theile eines aufspringenden Pericarpiums nennt man die Klappen. In der Regel springen die Pericarpien der Länge nach auf und nur ausnahmsweise in die Quere (Gauchheil, Wegerich). Zuweilen öffnen sich die Pericarpien nur theilweise und mit Löchern (Mohn).

In Bezug auf Form, Oberfläche und Bekleidung und auf die Substanz variiren die Früchte in ähnlicher Weise, wie wir derartige Verschiedenheiten an anderen zusammengesetzten Organen der Pflanze kennen gelernt haben. {Form, Oberfläche, Bekleidung und Substanz der Früchte.}

Nach ihrer Form ist die Frucht: rund (Apfel), birnförmig (Birne), eiförmig (Pflaume), linienförmig (Raps), geschnäbelt (Nadelkerbel, Scandix), aufgeblasen (Blasenstrauch, Colutea), sichelförmig (Sichelklee, Medicago falcata), schneckenförmig (Luzerne), kantig (Ampfer, Tulpe), geschwänzt oder geschweift (Waldrebe, Clematis), geflügelt (Rüster, Ahorn, Birke), gekrönt, mit den oberständigen Kelchzipfeln versehen (Apfel, Mispel), zwei- oder vierhörnig (Wassernuß) u. s. w.

Nach ihrer Oberfläche und Bekleidung erscheint die Frucht: glatt (Erbse, Pflaume), runzelig (Citrone), warzig (Gurke), stachelig (Stechapfel), behaart (Pfirsiche), filzig (Quitte) u. s. w.

Nach der Substanz ist die Frucht: trocken (Gräser), häutig (Gänsefuß), saftig (Wein), fleischig (Apfel), steinartig (Haselnuß). —

Eine Frucht entsteht der Regel nach nur aus einer Blüthe; ausnahmsweise bilden mehrere Blüthen eine Frucht. Im ersteren Falle sprechen wir von echten Früchten, im letzteren von falschen oder Scheinfrüchten. {Echte und falsche Früchte.}

Die echte Frucht, welche also nur aus einer Blüthe hervorgegangen, ist mithin der zur Fruchtreife gelangte obere Kreis der Blüthe. Bei diesem obersten Blüthenkreis müssen wir uns vergegenwärtigen, daß derselbe — mit Ausnahme der Gymnospermen, die keine Ovarien und also auch keine {Verschiedene Arten der echten Frucht.}

Früchte, sondern nur Samen haben — entweder aus nur einem Fruchtblatte (einfacher Stempel) oder aus mehreren zu einem Stempel verwachsenen Fruchtblättern (mehrfacher Stempel), oder aus mehreren freien Fruchtblättern besteht, die wir als „Stempelgruppe" bezeichnet haben. Entsprechend diesen verschiedenen Stempelbildungen erscheint in der Regel auch die Frucht; so daß aus einem einfachen Stempel auch eine einfache Frucht (Kirsche, Waizenkorn, die Hülse der Erbse); aus einem mehrfachen Stempel auch eine mehrfache Frucht (Apfel, Mohnkopf, die Schote des Raps) und aus einer Stempelgruppe eine Gruppe von Früchten entsteht (Bienensaug, Hahnenfuß, Nießwurz). Ausnahmen, wirkliche oder scheinbare, treten öfters durch die Veränderungen ein, welche bei der Entwickelung des Ovariums zur Frucht vor sich gehen. So bilden sich in einem einfachen Ovarium zuweilen Scheidewände aus, die aber nur falsche Scheidewände sind (Wallnuß); und in einem mehrfachen Ovarium können wieder Scheidewände schwinden, wie z. B. bei der Eichel, wo von ursprünglich drei Fächern mit je zwei Eierchen immer nur ein Fach mit einem Samen sich ausbildet. — Bei der Stempelgruppe verwachsen öfters die Ovarien bei ihrer Ausbildung zur Frucht miteinander, und dieß ist der Fall, wenn die Stempelgruppe bei ihrer Fruchtausbildung fleischig wird, so die Brombeeren und die Erdbeeren. Die Brombeer- und Erdbeer-Frucht ist also eine zu einer Beere verwachsenen Gruppe von Früchten, die man im Vergleich zur echten Beere — welche wir bald kennen lernen werden — eine Scheinbeere nennen kann, die aber immerhin eine echte Frucht und keine Scheinfrucht ist. Die Bildung der Erdbeere ist übrigens verschieden von der der Brombeere. Bei der letzteren (Brombeere und Himbeere) werden die Pericarpien der einzelnen Ovarien fleischig und verwachsen mit einander, bei den Erdbeeren bleiben die Pericarpien trocken und klein und sind in den fleischig sich ausbildenden Fruchtboden eingefügt.

Von der Frucht.

Die Früchte variiren, wie wir gesehen, in Form, Oberfläche und Substanz, sie unterscheiden sich aber auch wesentlich dadurch, daß sie bei ihrer Reife entweder die Samen umschlossen halten (Schließfrüchte im Allgemeinen), oder daß sie die Samen freilassen, indem sich das Pericarpium ganz oder theilweise öffnet (die sog. aufspringenden Früchte).

Verschiedene Bezeichnungen für die Fruchtarten.

Je nachdem nun die Früchte aufspringend oder geschlossen, trocken oder fleischig erscheinen, haben wir für die verschiedenen Arten derselben besondere Bezeichnungen. So unterscheiden wir:

1) bei den geschlossenen und trockenen Früchten:

Geschlossene und trockene Früchte.

das Schalfrüchtchen oder die Caryopse, caryopsis, ein einfaches dünnhäutiges, mit dem Samenkorn verwachsenes Pericarpium (die Gräser);

die Schlauchfrucht, utriculus, ein einfaches, häutiges, mit dem Samen nicht verwachsenes, sondern ihn schlauch- oder beutelartig einschließendes Pericarpium (Gänsefuß);

das Schließfrüchtchen oder die Achene, achenium, eine einfache, nicht lockerhäutige, sondern ziemlich harte, den Samen fest umschließende, mit dem Kelch gekrönte unterständige Frucht (Compositen);

die Nuß, nux, eine ein- oder mehrfache, harte oberständige Frucht (Segge, Carex; Haselnuß, Eichel).

Zu den geschlossenen trockenen Früchten ist auch die sog. Spaltfrucht zu rechnen, eine mehrfache Frucht, die bei der Reife sich in ihre einzelnen Theile trennt, ohne die Samen frei zu lassen. Dergleichen Spaltfrüchte sind:

die einfache Spaltfrucht oder das Doppel-Achenium, aus zwei Fruchtblättern gebildet, die sich bei vollkommener Reife von dem gemeinschaftlichen Fruchtträger trennen und oben an seiner Spitze hängend bleiben (Mohrrübe und alle Doldengewächse); und

die mehrfache Spaltfrucht, welche aus einem Kreise zusammengewachsener Fruchtblätter entsteht, deren meist einsamige Früchtchen mit dem Griffel sich bei der Reife von der gemeinschaftlichen Fruchtsäule ablösen (Storchschnabel, Geranium; Malve).

Geschlossene und fleischige Früchte.

2) bei den geschlossenen und fleischigen Früchten:

die Steinfrucht, drupa, eine einfache, saftige oder fleischige Frucht mit steinartigem Endocarpium (Kirsche, Pflaume, Wallnuß);

die Apfelfrucht, pomum, eine mehrfache, fleischige Frucht, deren Pericarpium aus der innigen Vereinigung des Ovariums mit dem Kelche entstanden und deren Endocarpium pergamentartig ist (Apfel, Birne, Quitte);

die Beere, bacca, eine ein- oder mehrfache saftige oder fleischige Frucht, deren Endocarpium weder steinartig noch pergamentartig wird (Stachelbeere, Weinbeere, Heidelbeere — aber nicht Brombeere und Erdbeere, wie oben ausgeführt ist).

Aufspringende Früchte.

3) Bei den aufspringenden Früchten:

die Balgkapsel, folliculus, eine häutige oder lederartige einfache Frucht, meist zu mehreren gruppirt, die mit der Bauchnath aufspringt und keine Rückennath zeigt (Sinngrün, Vinca; Hundswürger, Cynanchum; Päonie);

die Hülse, legumen, ein einfaches Pericarpium mit Bauch- und Rückennath, das zu beiden Seiten sich öffnet (Erbse und die meisten Papilionaceen und Hülsenfrüchte). Gliederhülse nennt man die Hülse, wenn sie in einsamige Fächer geschieden ist und nicht der Länge nach aufspringt, sondern meist in einzelne Stücke zerfällt (Kronenwicke, Coronilla; Esparsette);

die Schote, siliqua, eine trockene, zweifächerige Frucht, die sich mit Klappen öffnet und eine Scheidewand trägt, an deren Rändern die Samen befestigt sind (Raps und die meisten Cruciferen). Gliederschote heißt die Schote,

Von der Frucht.

wenn sie gleich der Gliederhülse in einzelne Stücke zerfällt und nicht der Längenach aufspringt (Acker-Rettig).
Die Kapsel, capsula, ein trockenes, meist mehrfächriges Pericarpium, das (in der Regel) an der Spitze (Stechapfel, Nelke, Tulpe) oder an den Seiten (Glockenblume), oder in der Mitte (Wegerich, Gauchheil) oder mit Löchern aufspringt (Mohn).

Außer den gedachten, nur aus einer Blüthe entstandenen sog. echten Früchten, finden wir noch Früchte, die aus der Vereinigung von Früchten (oder Samen) mehrerer Blüthen, also von Früchten (Samen) einer Inflorescenz hervorgegangen sind, und welche falsche oder Scheinfrüchte genannt werden. Dahin gehören der Tannenzapfen, eine verholzte Samenähre; die Ananas, eine Aehre, deren einzelne Früchte in eine fleischige Masse verwachsen sind; die Feige, ein fleischiger, flaschenförmiger Fruchtboden; die Maulbeere, das Fruchtköpfchen eines weiblichen Blüthenköpfchens, gebildet aus Hautfrüchten, deren jede in einen saftig gewordenen Kelch eingeschlossen ist. (Die Maulbeere ist wie die Brombeere und Erdbeere eine Scheinbeere, aber zugleich eine Scheinfrucht, also gewissermaßen eine zwiefache Scheinbeere); — die Zapfenbeere ist eine fleischige, eine Beere darstellende falsche Frucht, aus mehreren nackten Blüthen entstanden, deren Samen von den zusammengewachsenen fleischigen Kätzchenschuppen umgeben sind (Wachholer). — *Falsche oder Scheinfrüchte.*

Vom Samen.

Die Entwickelung des Ovariums zur Fruchtreife ist in seinen Theilen fast stets eine gleichmäßige; mit der Ausbildung der Hülle zum reifen Pericarpium wächst gleichzeitig das Eichen zum reifen Samen. Demnach hat die reife Frucht auch reifen Samen; doch ist hier zu bemerken, daß nicht immer sämmtliche Eierchen des Ovariums zu reifen Samen sich entwickeln. Das Fehlschlagen der Samen kann von äußeren Einflüssen herrühren, oder durch die Natur der *Entwickelung des Eichen zum Samen.*

Pflanze bedingt sein. Zu den äußeren Einflüssen sind namentlich die des Klima's und der Witterung zu zählen, und selbstverständlich hört die Verkümmerung der Samen durch äußere Einflüsse mit dem Schwinden dieser Einwirkungen auf. Dagegen ist das Fehlschlagen der Samen, welches in der Natur der Pflanze liegt und durch die regelmäßige Entwickelung der Frucht bedingt ist, ein beständiges. So bildet sich bei der Haselnuß und bei der Mandel, Kirsche u. s. w. von zwei Eierchen in der Regel nur eins aus, bei der Eichel, wie schon erwähnt, von sechs Eierchen ebenfalls nur eins.

Zahl der Samenkörner.

Die Zahl der Samenkörner in der Fruchthülle hängt selbstverständlich von der Zahl der Eierchen im Ovarium ab; und ist bei den verschiedenen Pflanzenarten sehr verschieden. Von der Zahl Eins (Gräser, Halbgräser, Eiche, Steinobst) vervielfältigt sich das Vorkommen des Samens in den Früchten der verschiedenen Pflanzen bis zu einer erstaunenswerthen Mehrheit; so zeigt die Mohnkapsel viele Tausende von Samen, die Kapsel des Taback hunderttausende.

Der Same, semen, also das in Folge der Befruchtung zur Reife gelangte Ovulum erscheint an der Samenleiste (Placenta) entweder unmittelbar angeheftet, oder durch den Nabelstrang befestigt.

Nabel.

Wenn sich der Same bei der Reife von der Placenta trennt, so zeigt er an der Stelle, wo die Trennung geschehen, einen Fleck oder eine Narbe, die den Namen Nabel, hilum, führt. Die Größe oder Länge des Nabels hängt, wie wir beim Ovulum gesehen, davon ab, ob und wie weit das Eichen mit dem Nabelstrang verwachsen war.

Samenmantel.

Der Nabelstrang zeigt zuweilen eine fleischige oder häutige Ausdehnung, welche den Samen umgiebt und Mantel, arillus, genannt wird. Am deutlichsten erscheint der Mantel in der Gattung Evonymus, Pfaffenhütchen, als eine saftige, orangenfarbige Haut, die den Samen umschließt; ferner bei der Muskatennuß, wo er fleischig und tief gelappt die Nuß netzförmig umgibt; unter dem Namen Muskatenblüthe ist

Vom Samen. 49

er als eines unserer beliebtesten Gewürze bekannt. In der Gattung Polygala, Kreuzblume, erscheint der Mantel unvollständig als eine mehrlappige Schuppe.

Bei den Samen zeigen sich ebenfalls in Rücksicht auf Form, Oberfläche und Bekleidung und bezüglich ihrer Befestigung und Richtung sehr wesentliche Unterschiede. *Verschiedenheiten der Samen.*

Nach der Form sind die Samen: **rund** (Erbse), **eiförmig** (Pflaume), **nierenförmig** (Bohne), **würfelförmig** (Platterbse), **linsenförmig** (Linse), **flach** (Tulpe), **geflügelt** (Fichte), **feilstaubartig, fein wie Sägespähne** (Orchideen) u. s. w. *Nach der Form.*

Nach der Oberfläche und Bekleidung sind die Samen: **glänzend** (Roßkastanie), **glatt** (Gemeiner Gänsefuß), **grubig** (Mohn), **punktirt** (Vielsamiger Gänsefuß), **wollig** (Baumwolle, Gossypium), **schopfig,** mit einem Büschel Haaren versehen (Weidenröschen, Epilobium). *Oberfläche u. Bekleidung.*

Nach ihrer Befestigung sind die Samen: **sitzend** (Schwarzkümmel), **gestielt** (Erbse), **nistend,** wenn sie frei und ohne Ordnung in der Masse des Pericarpiums liegen (Stachelbeere, Seerose). *Befestigung.*

Nach der Richtung oder Lage ist der Same: **aufrecht** (die Regel), **hängend** (Karde, Dipsacus), **in der Mitte befestigt** (Saubohne). *Richtung oder Lage.*

Der Same besteht aus dem **Samenkern,** nucleus, und der **Samenhaut** oder **Samenschale,** epispermium, oder integumentum. Der Samenkern enthält den **Keim** oder **Keimling,** embryo, und häufig noch einen andern Körper, den **Eiweißkörper** oder das **Eiweiß,** albumen. *Bestandtheile des Samen.*

Der Keim oder Embryo ist schon die vollständige Pflanze, nur im jüngsten und zusammengezogensten Zustande. Man unterscheidet an ihm bereits Haupt= und Nebenorgan der Pflanze; als ersteres zeigt sich der Entwurf der Wurzel, das **Würzelchen,** radicula, und der Ansatz zum aufsteigenden Theile der Pflanze, das **Federchen,** plumula; das Ne= *Keim oder Embryo.*

benorgan vertreten ein oder zwei, selten mehrere Samenlappen, cotyledones.

Eiweißkörper. Der Eiweißkörper ist ein Nahrungsmagazin für die junge Pflanze (den Embryo), er enthält die Nahrungsstoffe für den Keim; wo er fehlt, vertreten die Samenlappen ganz dessen Stelle. Der Eiweißkörper ist entweder fleischig (Euphorbiaceen), hornartig (Kaffee) oder mehlig (Gräser). Er besteht größtentheils aus nährenden Stoffen und ist stets unschädlich, selbst in den giftigsten Pflanzen.

Das Würzelchen. Die Radicula des Embryo wird entweder selbst zur Wurzel, indem sie sich verlängert, verdickt und veräſtelt (bei den Dicotyletonen), oder sie treibt aus ihrem Innern mehrere Wurzelfasern (bei den Monocotyledonen). —

Das Federchen. Die Plumula zeigt sich im reifen Samen entweder schon entwickelt, oder sie wird erst später während des Keimens sichtbar. Bei den meisten Monocotylen, wird sie gänzlich vom Samenlappen umschlossen, bei den Dicotylen liegt sie zwischen den Samenlappen. —

Samenschale. Die Samenschale besteht in der Regel aus zwei Häuten, die äußere, meist gefärbte, testa, und die innere, tegmen. Die Testa ist die wichtigste der Häute und oft die allein erkennbare, sie ist meist trocken und entweder dünn und zarthäutig, oder hart und krustenartig. Die Samenhäute dienen zum Schutz der in dem Samen enthaltenen jungen Pflanze bis zur Zeit des Keimens. Sobald das Samenkorn anschwellt und der Pflanzenkeim sich entwickelt, zerreißt die Schale und aus dem Innern des Samen sproßt eine Pflanze, die der, von welcher sie stammt, in Bau, Verrichtung und Eigenschaften vollkommen gleich ist.

Ist der Keim aus dem Samenkorn getreten, so bedarf er, wie alles Lebendige, weiterer Nahrung, so wie des Lichts und der Wärme. Nahrung giebt ihm die Erde, Licht und Wärme, wie allen organischen Wesen, die Sonne. Wie aber die Pflanzen verschieden sind in allen ihren Theilen, wie sie in Gestalt und Eigenschaften eine Mannigfaltigkeit bieten,

die an das Unendliche grenzt, so sind sie in Bezug auf ihre
Nahrung und das Bedürfniß nach Licht und Wärme eben=
falls äußerst verschieden, wie die folgenden Abschnitte zeigen
werden.

Zweiter Abschnitt.

Vom Stoff, von der Ernährung und vom Wachs= thum der Pflanze.

1. Von den Pflanzenstoffen.

Wenn die Pflanze für ihren wunderbaren Reichthum an Formen, Farben und Eigenschaften doch nur einen Ur= sprung, die Zelle, hat, aus deren Einfachheit alle Bildungen und Gestalten hervorgegangen sind, so zeigt auch die chemische Zusammensetzung der Gewächse in ihren Grundstoffen eine große Einfachheit. Vier Elementar=Körper: Kohlenstoff, Wasserstoff, Sauerstoff und Stickstoff sind es, die im großen Ganzen die Materie der Pflanze bereiten und bilden; es sind dieselben Elemente, aus denen auch der thie= rische Körper besteht, nur daß im letzteren der Stickstoff, bei den Pflanzen der Kohlenstoff überwiegend auftritt. — Au= ßer diesen vier den Pflanzen= und den Thierorganismus bil= denden Elementarstoffen, die man deßhalb auch die orga= nischen nennt und die sämmtlich in jedem organischen Körper (also auch in jeder Pflanze) vorkommen und ihm unbedingt nothwendig sind, finden sich beim thierischen, wie beim pflanz= lichen Organismus noch eine Anzahl unorganischer oder anorganischer Elemente. Dies sind bei den Pflanzen im Allgemeinen: Schwefel, Phosphor, Calcium, Ma= gnium, Aluminium, Silicium, Kalium, Natrium und Eisen. Der Schwefel findet sich schon in dem Bil= dungsstoffe der Zelle, dem Protoplasma, und erscheint als

*Elementar=
stoffe der
Pflanze.*

ein nothwendiger Bestandtheil aller Pflanzen. Auch die anderen genannten anorganischen Elemente haben in den Pflanzen eine fast allgemeine Verbreitung. Außer ihnen giebt es noch einige andere, die einem mehr oder minder großen Kreis von Pflanzen angehören und für deren Gedeihen ebenfalls nothwendig erscheinen. Dies sind Chlor, wichtig für die Salzpflanzen, Jod und Brom, in einigen Meer-Algen; und in vereinzelten Fällen: Mangan, Zink und Kupfer. Es sind mithin im Ganzen 15 anorganische Elemente in den Pflanzen aufgefunden, deren Vertheilung aber sehr verschieden ist und die immer nur einen verhältnißmäßig geringen Bestandtheil der Pflanze bilden. — Beim Verbrennen der Pflanze bleiben die anorganischen Elemente als Asche zurück, wogegen die organischen Elemente gasförmige Verbindungen, namentlich mit dem Sauerstoff der Luft eingehen und hauptsächlich als Kohlensäure und Wasser sich verflüchtigen.

Die einzelnen Elementarstoffe, organische wie anorganische, erscheinen in der Pflanze nie für sich allein und selbstständig, sondern stets chemisch verbunden mit einem oder mehreren anderen Stoffen; Verbindungen, die sich lösen, umbilden und wieder ändern, je nachdem es das Wachsthum der Pflanze erfordert.

Verbindungen des Kohlenstoffs mit anderen organischen Elementen. Zu den wichtigsten Verbindungen der Elementarstoffe der Pflanze gehören außer dem Wasser (Wasserstoff mit Sauerstoff) die des Kohlenstoffs: theils mit Sauerstoff oder Wasserstoff, binäre Verbindungen; theils mit Wasserstoff und Sauerstoff, ternäre Verbindungen; theils mit Wasserstoff, Sauerstoff und Stickstoff, quaternäre Verbindungen.

Ist das Wasser für den saftigen Theil des Pflanzenkörpers der Hauptbestandtheil — und sein Antheil an der Zusammensetzung des Pflanzenkörpers ist so bedeutend, daß krautartige Pflanzentheile 50—70, ja bis zu 90 Prozent Wasser (dem Gewichte nach) enthalten, und daß selbst in dem frischen (grünen) Holze der Wassergehalt 30—50 Prozent

Von den Pflanzenstoffen.

beträgt; — so bildet der Kohlenstoff mit seinen Verbindungen die Grundlage für den festen Theil der Pflanze.

Die binären Verbindungen des Kohlenstoffs haben — so überaus wichtig auch die Kohlensäure für die Ernährung der Pflanze ist — für die Zusammensetzung des Pflanzenkörpers keine hervorragende Bedeutung, ungleich wichtiger sind die ternären und quaternären Verbindungen, die den Hauptbestandtheil für den festeren Theil der Pflanze bilden. *Binäre Verbindungen.*

Wir betrachten zunächst die ternären Verbindungen (Kohlenstoff, Wasserstoff und Sauerstoff), die man, weil sie keinen Stickstoff enthalten, die stickstofffreien Verbindungen nennt. Sie zerfallen, je nach der Menge des in ihnen enthaltenen Sauerstoffs in folgende drei Gruppen: 1) Dextrine, bei denen der Sauerstoff in seinem Verhältniß zur Wasserbildung auftritt. Diese Verbindungen werden deshalb auch Kohlenhydrate genannt, weil sich in ihnen der Kohlenstoff mit den Elementen des Wassers gebunden zeigt. 2) Pflanzensäuren, bei denen der Sauerstoff im Ueberschuß auftritt. 3) Pflanzenfette, wo er geringer oder gar nicht vorhanden ist. *Ternäre Verbindungen.*

Zu den Dextrinen gehört: *Dextrine:*
Die Holzfaser oder der Zellstoff, auch die Cellulose genannt, welche die Wandung der Zellen und der Gefäße und das ganze Pflanzengerippe bildet. Der Zellstoff ist somit der wesentliche Bestandtheil aller festen und trockenen Pflanzentheile und bedingt den Bau und die Structur der Pflanze. Unlösbar, wie er ist, gibt er der Pflanzenfaser und dem Holze die große Dauerhaftigkeit. Die Bastfasern des Hanfes und Flachses und die Samenhaare der Baumwollenstaude bestehen fast nur aus Zellstoff, worauf die vorzügliche Verwendbarkeit dieser Pflanzen für die Industrie beruhet. Von der Schwefelsäure wird der Zellstoff in Stärke umgewandelt; behandelt mit Salpetersäure bringt er eine explodirende Wirkung hervor, welche bei der Baumwolle (Schießbaumwolle) mit vorzugsweiser Kraft auftritt. *Zellstoff.*

Stärkemehl. Dieselbe Verbindung von Kohlen-, Wasser- und Sauerstoff erzeugt einen anderen wichtigen Pflanzenkörper: die Stärke, amylum, welche sich in der Regel in kleinen Körnchen als Stärkemehl in den Zellen des Parenchyma abgelagert findet und mittelst Jodtinctur, die sie blau färbt, leicht zu erkennen ist. Das Stärkemehl gehört zu den nahrhaftesten Theilen der Pflanze und findet sich vorzüglich in den Samen der Getreidearten und Hülsenfrüchte und in vielen Wurzeln und Knollen, namentlich in der Kartoffel. Durch Schwefelsäure wird das Stärkemehl in Traubenzucker umgewandelt, ein Proceß, der im Großen zur Gewinnung des Spiritus ausgeführt wird. (Kartoffel-Spiritusfabriken.)

Gummi. Weitere wichtige Kohlenhydrate sind der Gummi und der Zucker. Der Gummi kommt bei allen Pflanzen als Mischungsbestandtheil des Zellsaftes vor, bei manchen Pflanzen in solcher Menge, daß er ausschwitzt; so bei den Kirschbäumen und namentlich bei den Acacia- und Mimosaarten, von denen er als arabischer Gummi gewonnen wird. — Der

Zucker. Zucker findet sich bei vielen Pflanzen theils im vollkommen krystallisirten Zustande als sog. Rohrzucker (so beim Zuckerrohr, bei der Runkelrübe, beim Zuckerahorn), theils körnigkrystallinisch als Traubenzucker (in den Weintrauben und anderen süßen Früchten). Durch Gährung zerfällt der Zucker in Kohlensäure und Alkohol und hierauf beruht die Production des Weins und die Bereitung anderer geistiger Getränke.

Pflanzensäure. Die Pflanzensäuren kommen meist in Verbindung mit Basen als Salze in den Pflanzen vor und finden sich hauptsächlich in den fleischigen Früchten, namentlich in den unreifen. Beim Reifen der Früchte nimmt der Zuckergehalt zu und die Säure ab. — Von den Pflanzensäuren sind hervorzuheben: die Essigsäure, im Safte der meisten Pflanzen; die Oxal- oder Kleesäure, in Verbindung mit Kali als oxalsaures Salz im Safte der Sauerklee- und Ampferarten, und in Verbindung mit Kalk als oxalsaurer Kalk fast überall in saftigen Pflanzen; die Apfel-

Von den Pflanzenstoffen.

säure, besonders in unseren Obstarten und in den Beeren der Eberesche; die Citronsäure, in den Orangen und anderen Früchten (Johannis= und Stachelbeere, Heidel= und Preißelbeere, Erd= und Himbeere); die Weinsäure, vorzüglich in den Weintrauben; endlich die Gerbesäure, auch Gerbestoff oder Tannin genannt, im Pflanzenreiche sehr verbreitet, findet sich vorzugsweise in der Rinde, (namentlich der Eiche), in manchen Blättern (Theestrauch) und in den Galläpfeln. Sie ist zur Bereitung der thierischen Haut in Leder überaus wichtig, weil sie mit dem thierischen Leim in den Häuten eine der Fäulniß widerstehende Verbindung eingeht. Mit Eisenoxydsalzen gibt die Gerbesäure einen blauschwarzen Niederschlag, der zur Bereitung der Dinte und zum Schwarzfärben benutzt wird.

Zu den **Pflanzenfetten** gehören die **fetten und flüchtigen Oele** und die **wachs= und harzartigen Stoffe**. Sie bestehen fast nur aus Kohlen= und Wasserstoff, indem bei ihnen der Sauerstoff entweder fehlt oder nur in einem sehr geringen Verhältniß vorhanden ist; hierauf beruht auch die große Brennbarkeit dieser Substanzen. Die **fetten Oele** finden sich namentlich in vielen Früchten und Samen (Oliven, Raps, Lein, Mohn). Aus **Wachs** besteht der reifartige Ueberzug mancher Stengel, Blätter und Früchte (Acker-Brombeere, Kohlblätter, Pflaume, Weinbeere, Apfel). Die **ätherischen** oder **flüchtigen Oele** verleihen vielen Pflanzen den höchst charakteristischen Geruch; sie finden sich bei allen sogenannten aromatischen Gewächsen, namentlich in ihren Blüthen, Blättern und Fruchthüllen. Die **Harze** sind in den Pflanzen sehr verbreitet, besonders zeichnen sich unsere Nadelhölzer durch starken Harzgehalt aus. Verwandt mit den Harzen sind die klebrigen Stoffe, zu denen die Pflanzenmilch gehört; aus der Milch der exotischen Euphorbiaceen und Urticeen wird das Kautschuck (Federharz) gewonnen. —

Pflanzenfette.

Nicht minder wichtig wie die stickstofffreien Verbindungen

Quaternäre Kohlenstoff=

Verbindungen.

des Kohlenstoffs sind seine stickstoffhaltigen. Von ihnen, die also aus Kohlenstoff, Wasserstoff, Sauerstoff und Stickstoff bestehen, ist zunächst die Gruppe von Stoffen zu nennen,

Proteïn.

welche unter dem Namen Proteïn (Proteïnstoff oder Eiweißstoff) zusammengefaßt wird, nämlich: das Legumin oder der Käsestoff (in den mehligen Samenlappen der Hülsenfrüchte); der Kleber oder Faserstoff (mit dem Stärkemehl der Hauptbestandtheil unserer Getreidekörner) und das Albumin oder Pflanzeneiweiß (in den Pflanzensäften). Aus Proteïn besteht auch der Bildungsstoff der Zelle (das Protoplasma und der Zellkern oder Cytoblast). — Von der Menge des Proteïns und des Stärkemehls hängt die größere oder geringere Nährkraft unserer pflanzlichen Nahrungsmittel ab. Durchschnittlich enthält:

	Proc. Proteïn.		Proc. Stärkemehl.		Proc. Wasser.	
die Kartoffel	2	,,	25	,,	72	,,
der Reis	3½	,,	91	,,	5	,,
der Hafer	11	,,	68	,,	18	,,
die Gerste	14	,,	69	,,	16	,,
der Roggen	15	,,	67	,,	17	,,
der Waizen	20	,,	64	,,	15	,,
die Erbse	29	,,	52	,,	16	,,
die Bohne	31	,,	52	,,	14	,,
die Linse	33	,,	48	,,	16	,,

Hieraus ist ersichtlich, daß unsere Hülsenfrüchte, unser Getreide und der Reis ungleich nahrhafter sind als die Kartoffel.

Farbestoff.

Zu den stickstoffhaltigen Stoffen gehört ferner das Chlorophyll oder Blattgrün, welches sich in Gestalt kleiner Körnchen in den Zellen findet und die Ursache der grünen Farbe der Blätter und der krautartigen Theile der Pflanze ist. Die übrigen Farbestoffe der Pflanze sind gleichfalls hierher zu zählen. Rothe Farbestoffe finden sich in den Wurzeln (z. B. Färberröthe oder Krapp, Ackersteinsame ꝛc.), im Holze (Fernambukholz), in den Blättern (einige Ampfer-

Von den Pflanzenstoffen. 57

arten), in den Blüthen (Päonie, Klatschrose) und in den Früchten (Liguster). Desgleichen finden sich in den verschiedenen Pflanzentheilen **gelbe** (Wau, Färber-Ginster, Färber-Scharte, Saffran) und **blaue Farbestoffe** (Indigo, Färberwaid, Heidelbeere, Brombeere).

Die **Pflanzenalkaloïde**, ebenfalls stickstoffhaltige Kohlenverbindungen, bilden den eigentlich wirksamen Stoff der Gift- und Arzeneipflanzen, wenn sie auch an Quantität nur einen höchst geringen Bestandtheil der Pflanze ausmachen. Sie sind unter den Pflanzen vielfach verbreitet und daher in ihrer Anzahl sehr erheblich. Zu den bekanntesten und wirksamsten gehören: das **Chinin** der Chinarinde, das **Coneïn** des gefleckten Schierlings, das **Solanin** der Kartoffel, das **Atropin** der Tollkirsche, das **Aconitin** des Eisenhut, das **Strychnin** der Brechnuß, das **Morphin** der Opiumpflanzen und das **Nikotin** des Tabaks.

Pflanzenalkaloïde.

Von den übrigen Verbindungen der Elementarstoffe der Pflanze sind hervorzuheben:

Andere Verbindungen der Pflanzen-Elementarstoffe.

Die **Kohlensäure** (Kohlenstoff und Sauerstoff) und das **Ammoniak** (Wasserstoff und Stickstoff), die sich frei in den Nahrungssäften der Pflanzen finden; — die **Kieselsäure** (Silicium und Sauerstoff), für alle grasartigen Gewächse, namentlich zur Bildung des Halms, der Blätter und der Blüthendecken, und für die Schachtelhalme nothwendig; auch dient sie zur Erhärtung der Zellenmembran, besonders bei den Monocotylen; — das **Kochsalz** (Chlor und Natrium), ein wesentlicher Bestandtheil der Salzpflanzen; — die **kohlensauren Alkalien**, chemische Salze, deren Basen Natron, (Natrium und Sauerstoff) oder Kali (Kalium und Sauerstoff), in Verbindung mit Kohlensäure die Soda und die Pottasche liefern; — der **Kalk**, der als kohlensaure Kalkerde (Calcium-Oxyd) oder mit Pflanzensäuren verbunden (oxalsaurer Kalk) vielfach in den Pflanzen vorkommt; — die **Talkerde** (Magnesium-Oxyd) bildet, wie Kieselsäure und Kalk, Ablagerungen in der Substanz der Zellenwand und trägt, gleich der Kiesel-

58 Stoff, Ernährung und Wachsthum der Pflanze.

säure und dem Kalk, zur Festigkeit und Härte der Zellenwandungen wesentlich bei; — der Schwefel, für die Bereitung des Eiweißes und anderer Stickstoffsubstanzen unentbehrlich, ist in Verbindung mit anderen Elementarstoffen als schwefelsaures Salz im Pflanzenreiche allgemein verbreitet; — der Phosphor, der als phosphorsaures Salz namentlich in dem Samen sich zeigt; — schließlich das Eisen, das einen Bestandtheil des Chlorophylls bildet, und als Eisensalz in allen grün gefärbten Pflanzentheilen zu finden ist.

2. Von der Ernährung der Pflanzen.

Nahrungsstoffe. Im Vorstehenden haben wir die Elemente kennen gelernt, welche den Pflanzenstoff bilden, es sind dieselben, welche folgerecht auch zur Ernährung der Pflanze nöthig sind. Denn nur mit der Nahrung kann der Körper einer Pflanze, wie jeder organische, die Stoffe, welche er zu seiner Entwickelung und Erhaltung gebraucht, in sich aufnehmen. *Beschaffenheit derselben.* Diese Stoffe müssen, um in die Pflanze als Nahrung eingehen zu können, in einem gasförmigen oder flüssigen Zustande sein, weil, wie schon bei der Pflanzenzelle hervorgehoben ist, die Zellen ohne eigentliche Oeffnungen sind und nur durch Einsaugung fremde Körper in sich einzuführen vermögen. Deshalb können die festen Elementarstoffe der Pflanze, z. B. die Metalle, der Schwefel, Phosphor, Kiesel, Kalk, nur in Verbindung mit anderen Elementen als Säuren oder Salze, die im Wasser sich lösen, in den Pflanzenkörper zu seiner Ernährung eintreten.

Die organischen Elemente, die hervorragendsten Nahrungsstoffe. Wenn, wie wir gesehen, von den Elementen, aus denen der Pflanzenstoff besteht, die organischen: der Kohlenstoff, Wasserstoff, Sauerstoff und Stickstoff, quantitativ und qualitativ die wichtigsten sind, so folgt hieraus, daß die organischen Elemente auch bei der Ernährung der Pflanze die hervorragendste Stelle einnehmen. Der Bedarf und der Verbrauch der organischen Elementarstoffe Seitens des großen Pflanzenreichs ist in Wahrheit unberechenbar, und dennoch wird nie ein

Von der Ernährung der Pflanze. 59

Mangel dieser Stoffe eintreten, weil das zweite große organische Reich, das Thierreich, dem ersteren, auf dessen Fortbauer seine eigene beruhet, unausgesetzt die Nahrungsstoffe bereitet und liefert. In wunderbarer Wechselwirkung stehen Leben und Tod der beiden organischen Mächte der Schöpfung zu einander; denn nicht nur, daß das Thier mit dem Verzehren der Pflanze, also durch den Tod des pflanzlichen Individuums sich die Lebensexistenz verschafft und daß wiederum der todte Körper des Thieres das Leben der Pflanze fördert, sondern der ganze Lebensproceß der beiden organischen Reiche ist darauf gegründet, daß die absorbirten Nahrungsstoffe des einen Theils für den anderen zu Lebensstoffen werden.

Die vier organischen Elemente werden der Pflanze hauptsächlich in den Verbindungen: Wasser, Kohlensäure und Ammoniak (auch Salpetersäure) zugeführt. Neben dem Wasser also, welches die Pflanze in der Erdoberfläche findet und das ihr durch Niederschläge aus der Atmosphäre zugeht, sind die Bildungen von Kohlensäure wegen des Bedarfs an Kohlenstoff und die des Ammoniaks wegen des Stickstoffs für die Pflanze von der höchsten Wichtigkeit. Kohlensäure und Ammoniak liefert aber vorzugsweise das Thier durch die verbrauchten Nahrungs- und Lebensstoffe. Der Sauerstoff der Luft, welchen der thierische Körper einathmet, wird chemisch verbunden mit dem Kohlenstoff der in seinem Innern aufgehäuften Kohlenstoffverbindungen, als **Kohlensäure** ausgeathmet. Diese gasförmige Kohlensäure bleibt frei in der atmosphärischen Luft, so weit sie nicht von den Wasserdünsten der Luft eingesogen (absorbirt) und als Niederschläge dem Erdboden mitgetheilt wird. So saugt die Pflanze durch ihre Wurzel mit der Feuchtigkeit der Erde absorbirte, und durch ihre Blätter die in der Luft und deren Wasserdünsten befindliche gasförmige resp. absorbirte Kohlensäure ein. Im Pflanzenkörper zersetzt sich demnächst mit Einwirkung des Lichts die Kohlensäure; der Kohlenstoff bleibt als Nahrung zurück und der Sauerstoff entweicht durch die Poren der

Wasser, Kohlensäure und Ammoniak, die wichtigsten Verbindungen der organischen Elemente.

Zersetzung der Kohlensäure.

Blätter und theilt der Atmosphäre neue Lebensluft für Thiere und Menschen mit.

Die überaus wichtige Erscheinung im Pflanzenleben, die Kohlensäure der Luft einzusaugen und dafür Sauerstoff auszuhauchen, zeigt sich nur an den grünen Theilen der Pflanze, also namentlich bei den Blättern; alle nicht grün gefärbten Theile, wie die Rinde des Stammes, die Wurzel, die Blumenblätter und die Staubgefäße, sowie die Früchte zur Zeit der Nachreife, nehmen Sauerstoff auf und hauchen Kohlensäure aus. Uebrigens tritt dieses Phänomen, das für die Erhaltung alles organischen Lebens von der hervorragendsten Bedeutung ist, nur bei Tageslicht ein; bei Nacht ist der Proceß umgekehrt, die Pflanze haucht alsdann Kohlensäure aus und nimmt Sauerstoff auf.

Die der Pflanze nöthige Kohlensäure wird übrigens nicht nur durch den Athmungsprozeß des thierischen Körpers, einen inneren Verbrennungsproceß, bereitet, sondern überhaupt durch jeden anderen Verbrennungsproceß, weil das Brennen der Körper, ihr Verzehrtwerden durch die Flamme, darauf beruht, daß der Sauerstoff der Luft mit dem Kohlenstoff des brennenden Körpers sich chemisch zur gasartigen Kohlensäure verbindet. Auch die Fäulniß und das Verwesen organischer Stoffe ist nur ein langsamer Verbrennungsproceß und liefert Kohlensäure; außerdem aber, neben Wasser und anderen Stoffen, namentlich noch Ammoniak, diese wichtige Verbindung von Wasserstoff und Stickstoff. Somit ist der Zersetzungsprozeß organischer Körper durch Verwesung und Fäulniß für die Pflanzenwelt von höchster Wichtigkeit, weil er Kohlenstoff und Stickstoff, diese beiden der Pflanze unentbehrlichen Elemente, in solchen chemischen Verbindungen zubereitet, wie sie der pflanzliche Körper als Nahrungsstoff in in sich aufnehmen kann.

Humus, ein Pflanzennahrungs-Reservoir.

Durch Verwesung und Fäulniß werden die organischen Körper schließlich in eine erdige Substanz umgewandelt, die man Humus nennt. Der Humus besitzt die physische Eigenschaft, aus der Atmosphäre Wasser, Kohlensäure und Ammoniak einzusaugen und festzuhalten, und wird hierdurch zu einem fortwährenden Reservoir der wichtigsten Nahrungsstoffe für die Pflanze. Da überdieß — wie wir bald näher beleuch-

Von der Ernährung der Pflanzen.

ten werden — die Kohlensäure ein Hauptmittel ist, die mineralischen Bestandtheile des Bodens zu zersetzen und zu löslichen Nahrungsstoffen für die Pflanze umzuwandeln, so ist der Humus ein Beförderer und Träger aller Nahrungsstoffe der Pflanze, sowohl der organischen als anorganischen. Von dem Humusgehalt des Bodens ist deshalb, und zwar nicht wegen seiner chemischen Eigenschaften, die kaum in Anschlag zu bringen sind, sondern wegen seiner vorzüglichen physischen Eigenschaft, die Fruchtbarkeit des Bodens wesentlich bedingt. — Wo die Natur allein waltet, bereitet sie selbst genügenden Humus, indem die dem Boden verbleibenden und dort verwesenden Pflanzenreste hinreichenden Humus für die Vegetation liefern; wo aber neben dem Walten der Natur auch der Mensch auftritt und erntet, also die Pflanzen dem Boden entnimmt, muß er durch künstlichen Humus, durch den Dünger, den Boden wieder fruchtbar und tragbar machen.

Außer den organischen Elementarstoffen, welche zur Ernährung und zum Wachsthum der Pflanze nöthig sind, müssen von den erwähnten anorganischen Elementen noch diejenigen in der Nahrung enthalten sein, welche das Bedürfniß der Pflanze erfordert. Die anorganischen Stoffe entnimmt die Pflanze dem Boden, auf dem sie wächst; der Boden muß sie also enthalten, woraus folgt, daß Pflanzen, die gewisser anorganischer Stoffe zu ihrer gesunden Nahrung bedürfen, auf Bodenarten, in denen sich diese Stoffe nicht finden, entweder gar nicht keimen, oder in ihrer Entwickelung mehr oder weniger verkümmern. Die für die Pflanze nothwendigen anorganischen Stoffe müssen aber im Boden nicht nur vorhanden sein, sondern sich dort auch in einem solchen Zustande befinden, daß sie die Pflanze als Nahrung in sich aufnehmen kann. Zu dem Ende muß das Gestein des Bodens sich bereits zersetzt haben, damit Luft und Wasser überall in das zerbröckelte Gestein eindringen können und es, mit Einfluß des Sauerstoffs und der Kohlensäure der Luft, so wie der Kohlensäure des Wassers, Verbindungen eingehen

Anorganische Nahrungsstoffe.

kann, die im Wasser sich lösen. Die höhere Pflanzenwelt erfordert überall einen bereits zubereiteten Boden, und diesen verschafft ihr der in der Natur nie stillstehende Verwitterungsprozeß der Gesteine. Und so ist es nicht die Kraft und die Thätigkeit des Menschen allein, die da cultivirt, sondern es ist im unendlich höheren Maße die Natur selbst, welche mit einer Rastlosigkeit ohne Grenzen arbeitet und schafft zur Cultivirung der Erde.

Ernährungsorgane der Pflanze. Die Pflanze nimmt ihre flüssige Nahrung hauptsächlich durch die Wurzel, die gasförmige hauptsächlich mit den Blättern auf. Letztere besteht in gasförmigem Wasser, Kohlensäure, Ammoniak und Salpetersäure; die Pflanze erhält also durch die Blätter fast nur organische Nahrungsstoffe. Dieselben organischen Stoffe und fast alle anorganischen gehen ihr, vom Wasser absorbirt, oder in Wasser aufgelöst, durch die Wurzel zu. Die Wurzel ist somit das wichtigste Ernährungsorgan der Pflanze.[1]

Roher und assimilirter Nahrungssaft. Der Nahrungsstoff, welchen die Pflanze von außen aufnimmt, ist indessen in seinem rohen Zustande noch nicht fähig, die Pflanze zu ernähren; er wird hiezu in den Zellen der Pflanze noch zubereitet (assimilirt). Den unzubereiteten Nahrungsstoff nennt man den rohen, den zubereiteten den assimilirten Nahrungssaft.

Eingang des rohen Nahrungssaftes in die Pflanze. Die Wurzel ist zur Aufnahme des rohen Nahrungssaftes ganz besonders gebaut und vorgebildet; in der Regel sehr verzweigt oder aus vielen Fäden bestehend, sind die Verästelungen und einzelnen Fäden mit Fäserchen und Härchen überdeckt, die geeignet sind, die ernährende Flüssigkeit in sich einzusaugen. Diese Einsaugung geschieht durch die sog. Endosmose. Die Zelle nämlich hat als Pflanzenbläschen mit der Thierblase die Eigenschaft gemein, daß flüssige und gas-

---

[1] Einige tropische Orchideen, die nur mit Haftorganen an andere Pflanzen befestigt sind und also ihren Nahrungsstoff nur durch die Blätter und blattartigen Organe aufnehmen können, möchten den Beweis liefern, daß die Blätter auch Wasser und die in ihm befindlichen anorganischen Lösungen einzusaugen vermögen.

Von der Ernährung der Pflanzen.

artige Körper in ihre Wandung eindringen, obgleich sie ohne sichtbare Oeffnung ist. Dieser Vorgang des Eindringens fremder Flüssigkeiten und Gase in die Zelle, oder des Einsaugens derselben durch die letztere, heißt Endosmose, ihr Ausscheiden aus der Zelle Exosmose und der Austausch von Flüssigkeiten und Gasen durch eine permeable d. h. für Flüssigkeiten durchdringbare, aber nicht durchlöcherte Wand wird Diffusion oder Diosmose genannt. — Der rohe Nahrungssaft der Pflanze bringt vermittelst der Endosmose zunächst in die äußersten Zellen der Wurzelhaare und Wurzelfasern, geht von Zelle zu Zelle weiter, steigt schnell aufwärts durch die Gefäße und vertheilt sich zuletzt in endosmotischer Weise durch alle Zellen des Zellgewebes der Blätter und blattartigen Bestandtheile der Pflanze. Den in die Zellen eintretenden Strom nennt man den endosmotischen, den austretenden den exosmotischen.

<small>Aufsteigen des rohen Nahrungssaftes.</small>

Sind die rohen Nahrungssäfte in die zu ihrer Aufnahme geeigneten Zellen gelangt, so werden sie durch verschiedene, namentlich chemische Processe umgewandelt und den bereits vorhandenen organischen Verbindungen verähnlicht, assimilirt. Diese Umänderung, Assimilation, ist dem Verdauen der Nahrung im thierischen Körper vergleichbar, aber durchaus nicht dasselbe. Die Momente der Assimilation beziehen sich hauptsächlich auf die Entwässerung des rohen Nahrungssaftes durch Verdunstung (Transpiration), auf die Zersetzung der Kohlensäure und Fixirung des Kohlenstoffes und auf die Bildung der Kohlenstoffverbindungen: der Cellulose, der Stärke, des Gummi, des Zuckers, der Pflanzensäuren und Pflanzenfette, des Eiweißes, des Blattgrüns u. s. w. Als Transpirationsorgane dienen hauptsächlich die Blätter, durch deren Spaltöffnungen der Wasserdunst, der sich in den Intercellulargängen angesammelt hat, ausscheidet. Die Pflanze dunstet fortwährend Wasser aus, so lange die sie umgebende Atmosphäre nicht vollständig mit Wasserdünsten schon gesättigt ist. Die Größe der Verdunstung hängt

<small>Assimilation desselben.</small>

64 Stoff, Ernährung und Wachsthum der Pflanze.

aber nicht nur von der Feuchtigkeit der Luft, sondern auch von der Intensität des Lichts und der Wärme und von dem Umfange und der Menge der Blätter ab. Ist die Verdunstung größer als die neue Zufuhr an Wasser, so welkt die Pflanze.

Das Welken ist eine Folge des gestörten Gleichgewichts der Spannung der Zellenmembran. Die Zelle verliert bei zu großer Verdunstung durch Exosmose von ihrem Inhalte mehr als sie durch Endosmose Zufuhr erhält, die Spannung der Membran läßt also nach, die Zelle erschlafft und mit dem Erschlaffen der Zellen tritt folgerecht das der betreffenden Pflanzentheile (Blatt, Stengel) ein.

Strom des assimilirten Nahrungssaftes.

Die assimilirten Nahrungssäfte werden durch den im Pflanzenkörper während der Vegetationszeit ewig beweglichen Saftstrom zu den Verbrauchsstätten und den Ablagerungs

Nahrungsreservestätten in der Pflanze.

orten für die Reservestoffe geführt. Dergleichen Reservestätten finden sich in den Stämmen, Wurzelstöcken, Zwiebeln und Knollen der ausdauernden Gewächse und in allen Samen. Durch die Assimilationsprocesse, welche während der ganzen Vegetationsperiode der Pflanze ununterbrochen vor sich gehen — am stärksten zur Zeit des kräftigen Wachsthums der Pflanze und bei Erneuerung der Blätter im Frühjahr — werden die Stoffe zur Ernährung und zum Wachsthum der Pflanze geliefert. Ein Strom roher Nahrungssäfte steigt im Pflanzenkörper beständig auf, während ein anderer Strom zubereiteter Nahrungssäfte in abwärts gehender Richtung sich überall verbreitet.

3. Vom Wachsthum der Pflanze.

Bildung neuer Zellen.

Die Grundlagen aller Wachsthumserscheinungen der Pflanze sind: das Wachsen der Zellen durch Vergrößerung und Verdickung der Zellwände, und die Bildung neuer Zellen. Letztere erfolgt in zweierlei Weise: entweder durch freie Bildung von jungen Zellen, sog. Tochterzellen, innerhalb einer alten — wo alsdann die Tochterzellen bei ihrer Entwickelung die Mutterzelle zerreißen und zerstören —; oder aber, und dies ist der häufigste Fall, dadurch, daß sich die Zelle theilt und so aus einer Zelle zweie oder mehrere her

Vom Wachsthum der Pflanze.

vorgehen. In beiden Fällen sondert sich zunächst aus dem assimilirten Nahrungssafte in der Zelle eine schleimige, zähflüssige Masse ab, welche man Protoplasma oder Plasma nennt. Das Protoplasma ist ein Gemenge organischer Substanzen, unter denen eiweißartige in der Regel den Hauptbestandtheil bilden. Fast immer umzieht sich das Protoplasma mit einer Haut (Zellhaut) und in seinem Innern bildet sich ein Kern aus, der Zellkern oder Cytoblast. Nur bei den Schleimpilzen finden sich Zellen, die lediglich aus Plasma bestehen und die sich mit keiner Zellhaut umgeben und keinen Zellkern enthalten.

Protoplasma.

Durch die Bildung neuer Zellen erfolgt bei den niedrigsten Pflanzen, den einzelligen, deren Vermehrung, bei den übrigen mit Vergrößerung des Zellgewebes deren Wachsthum. Bei den Lagerpflanzen wächst der Thallus allseitig, bei den Pflanzen mit Axe und Seitenorgan wächst die Pflanze mit bestimmten, für das Haupt- und Seitenorgan entgegengesetzten Richtungen. Stengel und Wurzel wachsen an ihren Spitzen, die Blätter dagegen an ihrem Grunde, d. h. es entwickelt sich zuerst die Blattspitze und dann die Basis. Somit wächst der Stengel von unten nach oben und ebenso die Wurzel, nur in umgekehrter Lage; das Blatt aber von oben nach unten.

Da der Strom der assimilirten Nahrungssäfte, wie wir gesehen, von oben nach unten herabsteigt, so wachsen Stengel und Wurzel nicht nur an ihren Spitzen, d. h. in die Länge, sondern auch in ihrem Umfange, also in die Dicke. Bei den dicotyledonischen Bäumen ist dieses Wachsthum leicht zu verfolgen, weil sich das in jedem Jahre neu gebildete Holz als besondere Schicht erkennen läßt. Der rohe Nahrungssaft nimmt hier seinen aufsteigenden Weg durch das junge Holz, den Splint, der absteigende, assimilirte Nahrungssaft geht durch die Bastzellen zwischen Rinde und Holz und an diesen Stellen erfolgt deshalb die Neubildung der Zellen und mit ihr das Wachsen des Stammes.

Vegetationspunkte und Vegetationsschichten.

Aus dem Umstande, daß die höher organisirten Pflanzen nur an bestimmten Punkten wachsen, folgt, daß die Bildung neuer Zellen in ihrem Pflanzenkörper nicht überall gleichmäßig stattfindet, sondern auf bestimmte Stellen beschränkt ist. Diese Stellen werden als Vegetationspunkte und Vegetationsschichten bezeichnet.

Die Vegetationspunkte finden sich in den Endknospen des Stengels und der Zweige und in den Spitzen der Wurzel; durch sie verlängern sich die betreffenden Pflanzentheile.

Die Vegetationspunkte des Stengels und der Zweige sind frei, die der Wurzel dagegen sind stets von älteren Zellenschichten bedeckt, die eine Hülle bilden, welche Wurzelhaube genannt wird. Die Wurzelhaube dient zum Schutze der Vegetationspunkte der Wurzel.

Die Vegetationsschichten liegen zwischen dem Holze und der Rinde oder Oberhaut und dienen zur Verdickung der betreffenden Pflanzentheile.

Bildungsgewebe.

Beide, die Vegetationspunkte und die Vegetationsschichten, erhalten vorzugsweise ihre Befähigung zur Bildung neuer Zellen durch ein besonderes Gewebe, welches den Namen Bildungsgewebe führt. Das Bildungsgewebe der Vegetationspunkte ist parenchymatischer Natur und heißt Urparenchym; das Bildungsgewebe der Vegetationsschichten wird Cambium genannt. Das Cambium ist im Wesentlichen ein Fasergewebe (Prosenchyma), welches mannigfaltig im Pflanzen körper vertheilt sein kann. Wenn übrigens die specifischen Bildungsgewebe die Erzeugung neuer Zellen vorzugsweise bewirken, so haben doch auch andere Zellgewebe, namentlich bei saftigen und fleischigen Organen, dieselbe Befähigung.

Vernarbungs- oder Korkgewebe.

Im Gegensatze zu den Bildungsgeweben stehen die Vernarbungs- oder Korkgewebe. Wenn jene sich lange im frischen, lebensfähigen Zustande erhalten, um immer wieder neue Zellen zu erzeugen, so sterben diese schnell ab, verlieren ihren Zellsaft, verdicken ihre Membran in Korksubstanz und dienen zum Schutze ihrer Nachbarzellen. Vermittelst der

Korkgewebe bildet sich die Oberhaut, Epidermis, der Pflanze resp. die Rinde. Wenn der Kork in dickeren Lagen vorkommt, trennen sich zuweilen die dünnwandigen von den dickwandigen Schichten und blättern als abgestorbene Epidermis ab (z. B. bei den Birken und Kirschbäumen); zeigt sich der Kork schon im Innern der Rinde, so werden die äußeren Theile dadurch getödtet und fallen als Borke ab (Weinstock, Platane). Kleine Korkwucherungen kommen zuweilen auf der Oberfläche der Rinde, als sog. Korkwarzen vor (so bei der Birke, der Buche u. s. w.).

Das Korkgewebe ist zugleich das Vernarbungsgewebe der Pflanze und hierdurch von höchster Wichtigkeit. Es vertrocknen nämlich an frischen Wundflächen in der Regel die obersten Zellschichten und bilden sich alsdann unter ihnen in den noch saftführenden Zellen neue Zellen, die zur Erzeugung des Korks dienen. —

Die Dauer des Wachsthums der Pflanze ist nicht, *Dauer des Wachsthums.* wie beim Thiere, auf die Jugendzeit beschränkt; die Pflanze wächst, so lange sie lebt. Ueber die Lebensdauer der Pflanze wird im zweitfolgenden Abschnitt das Nähere gesagt werden.

Dritter Abschnitt.

Vom Einfluß des Bodens, der Wärme und des Lichts auf die Vegetation.

Im vorigen Abschnitte haben wir die Stoffe kennen gelernt, aus denen die Pflanze besteht und die sie zu ihrer Ernährung und zu ihrem Wachsthum nöthig hat. Diese Stoffe entnimmt die Pflanze hauptsächlich dem Boden, auf dem sie wurzelt, und es ist deshalb die Beschaffenheit des Bodens für sie von höchster Wichtigkeit. Außerdem aber üben Wärme und Licht auf die Gewächse einen sehr wesentlichen Einfluß;

68 Einfluß des Bodens, der Wärme u. des Lichts.

denn ohne Wärme und ohne Licht kann, mit Ausnahme einiger Algen und Pilze, keine Pflanze gedeihen. Und wie der Boden in seiner unendlich mannigfachen Zusammensetzung höchst verschieden auf die Pflanze einwirkt, ebenso ist der Einfluß der Wärme und des Lichts, bei den vielfachen Abstufungen ihrer Intensität, auf die Vegetation ein sehr mannigfacher.

1. Vom Einfluß des Bodens auf die Pflanze.

Physikalische Beschaffenheit des Bodens.

Bei Betrachtung des Bodens und seiner Eigenschaften finden wir vor Allem, daß derselbe Feuchtigkeit enthalten muß, um für die Vegetation brauchbar zu sein. Ohne Wasser kann sich keine Pflanze entwickeln, weil eine jede des Wassers als wesentlichen Nahrungsstoffes bedarf und weil außerdem das Wasser das Lösungsmittel aller anderen Nahrungsstoffe bildet. Ohne Wasser ist der Boden eine Wüste, in der jedes Pflanzenleben unmöglich ist; mit Hülfe des Wassers aber können die unfruchtbarsten Bodenstriche in fruchtbare und selbst üppige umgewandelt werden. Von dem Wassergehalt des Bodens hängt daher zunächst seine Fruchtbarkeit ab.

Wassergehalt.

Ganz wasserfreier Boden, also Wüstenland, findet sich nur in der heißen Zone, in unserem Klima erhält selbst der unfruchtbarste Sandboden, sobald er nur einige Festigkeit besitzt und nicht vom Winde hin und her geweht wird, durch Regen und Thau so viel Feuchtigkeit, daß mindestens die Flechte ihn bedeckt. Ein etwas feuchterer Boden ernährt schon die Borstengräser, das Haidekraut und die Kiefer, und ein mit Wasser hinreichend getränktes Erdreich ist befähigt, die schönste Vegetation von Laubholz und Blattpflanzen hervorzurufen. Ist das Wasser im Boden überwiegend, so daß es denselben zu sehr kühlt und „kaltgründig" macht, so nimmt die Vegetation in ihrer Ueppigkeit ab und es stellen sich die Halbgräser ein, die sog. „sauren Gräser". Mit weiterer Zunahme des Wassers entstehen Sümpfe und mit ihnen die specifischen Sumpfpflanzen. Wird der Boden gänzlich vom Wasser bedeckt, so erscheinen die Wasserpflanzen. Denn selbst im bloßen Wasser und ohne alles Erdreich hat die Pflanzenwelt ihre Vertreter, wogegen in dem bloßen Erdreich ohne die geringste Wassermenge keine Pflanze wächst.

In höchst charakteristischer Weise zeigt die heiße Zone in den drei Erscheinungen der beständigen Vegetation, des Wechsels der Vegetation und der Vegetationslosigkeit, wel-

Einfluß des Bodens auf die Vegetation. 69

chen mächtigen Einfluß der Wassergehalt des Bodens auf die Vegetation übt. Eine beständige üppige Vegetation weisen die Länderstriche auf, welche das ganze Jahr hindurch genügend mit Feuchtigkeit versehen sind; hier herrscht ein ewiger Sommer in den Niederungen und ein ewiger Frühling auf den Höhen. Einen Wechsel der Vegetation finden wir dagegen an Orten, wo alljährlich mit eintretender größerer Hitze die Feuchtigkeit des Bodens schwindet und gänzliche Dürre eintritt. Hier ruft alsdann die Trockenheit des Bodens ganz dieselben Erscheinungen hervor, wie bei uns die Kälte: die Bäume verlieren ihre Blätter und die ganze Vegetation stirbt ab; bis die eintretende Regenzeit wie mit einem Zauberstabe die Natur von Neuem belebt. — Volle Vegetationslosigkeit wegen beständigen Wassermangels zeigen die Wüsten der heißen Zone. —

Weil von dem Wassergehalt des Bodens das Leben der Pflanze vorzugsweise bedingt ist, so sind diejenigen Bodenarten, welche geeignet sind Wasser einzusaugen und festzuhalten, die trag- und fruchtbarsten. Am stärksten besitzt der Humus, wie wir gesehen, die Eigenschaft Wasser zu binden, und deshalb ist derjenige Boden, welcher mit Pflanzenresten genügend versorgt ist, ganz besonders tragbar (z. B. gerodeter Waldboden). Nach dem Humus besitzt der Thon die größte Kraft, Wasser anzuziehen und festzuhalten, weshalb sich thonhaltiger Boden für die Entwickelung der Pflanzenwelt ebenfalls vorzugsweise eignet. Ist der Boden zu stark mit Humus oder Thon versetzt, so wird er naß und kalt und verliert hierdurch an Fruchtbarkeit (z. B. der Torfboden, der fast nur aus pflanzlichen Ueberresten besteht, und zu wenig gemischter Thonboden).

Wenn der Wassergehalt des Bodens zunächst seine Fruchtbarkeit bedingt, so hängt dieselbe ferner davon ab, in wie weit die Atmosphärilien das Erdreich durchdringen, seine Bestandtheile zersetzen und in solche umwandeln können, die sich im Wasser lösen und hierdurch der Pflanze als Nahrungsstoff zugänglich werden. Die zweite Bedingung für die Tragbarkeit des Bodens ist also die, daß die atmosphärische Luft in ihn eindringen kann. Deshalb muß er porös und locker sein. In der Kultur wird zu diesem Zweck der Boden mit Pflug, Spaten und Hacke bearbeitet; auch trägt der Dünger ungemein zur Lockerung des Bodens bei. Die Natur wirkt

Porosität.

in dieser Beziehung unausgesetzt durch Bereitung des natürlichen Humus und durch den Verwitterungsproceß des Gesteins. Auch hat sie bereits vor Bildung der Erdrinde durch das großartigste Gemenge der Mineralien in Feuer- und Meeresfluthen den bie jetzige Erdkruste bildenden Niederschlag zur Aufnahme der Pflanzenwelt fähig gemacht. So finden wir die Mineralien in der Erdoberfläche überall vertheilt und gemischt. Der Quarz (Kiesel) kommt in der Sandform in jedem Boden vor; ebenso der Kalk, oft in der feinsten Vertheilung; und allgemein verbreitet ist die Thonkrume. Außer diesen Mineralien, denen man noch das Eisen (Eisenoxyd und Eisenoxydul) als fast jedem Boden angehörig hinzurechnen kann, zeigen sich in der festen Erdrinde, mit alleiniger Ausnahme des Wüstenlandes, überall pflanzliche Ueberreste als Humus. Die gebräuchliche Bezeichnung der Bodenarten, als: Sandboden, Kalkboden, Thonboden u. s. w. ist mithin nicht so zu verstehen, daß der Boden aus reinem Sand, Kalk, Thon bestehe — denn dergleichen Bodenarten giebt es nicht — sondern sagt nur, daß im Boden derjenige Bestandtheil, nach welchem er benannt ist, vorherrschend auftritt. —

Die Porosität des Bodens gewährt übrigens für die Vegetation noch den großen Vortheil, daß sich das Wurzelwerk der Pflanzen in dem lockeren Erdreich ungehindert ausbreiten und auf das Kräftigste entwickeln kann. Je mehr aber die Wurzel sich verbreitet und ausbildet, je leichter kann sie die Pflanze ernähren und je besser gedeihet diese.

Bodenwärme. Zu den erörterten nothwendigen Eigenschaften des Bodens: Wassergehalt und Porosität, tritt als dritte für die Vegetation überaus wichtige hinzu: die Bodenwärme.

Die Quelle der Bodenwärme ist eine doppelte: die Sonne, oder vielmehr die Eigenschaft des Bodens, von der Sonne erwärmt zu werden; und die chemische Wärme. Letztere wird durch Zersetzung der Bodenbestandtheile — der organischen (humosen) und der anorganischen Stoffe desselben — hervorgerufen. Die bedeutendste chemische Wärmequelle

Einfluß des Bodens auf die Vegetation.

des Bodens ist die Oxydation und Zersetzung der humosen Stoffe, woraus wiederum der große Vortheil des Humus für die Fruchtbarkeit des Bodens hervorleuchtet.

Die Bodenwärme ist in der Regel höher als die Temperatur der Luft, namentlich bei humusreichem Boden[1]) und sie wirkt auf die Pflanze unabhängig von der letzteren. Die Wärmecapacität des Bodens wird bedingt sowohl durch die Kraft seines Gesteins, Wärme zu binden, als durch die Porosität seiner Bestandtheile und durch die Farbe. Je lockerer ein Boden ist und je schwärzer in der Färbung, um so mehr ist er befähigt Wärme aufzunehmen. Auch hier zeigt sich wieder der Nutzen des Humus, weil die schwarze Farbe der Humuserde die Wärmecapacität des Bodens ungemein fördert.

Die drei physikalischen Eigenschaften des Bodens: Wassergehalt, Porosität und Wärmecapacität üben auf das Pflanzenleben den größten Einfluß; wo sie im richtigen Gleichgewicht, d. h. ohne einander zu benachtheiligen, sich finden, haben wir den fruchtbarsten Boden und die üppigste Vegetation; wo aber eine vorwiegend zum Nachtheil der anderen auftritt, verliert der Boden entweder an seiner Tragbarkeit oder an seiner allgemeinen Befähigung, die Pflanzen zu ernähren, indem sich auf ihm nur eine einseitige, für die specifische Beschaffenheit des Bodens geeignete Pflanzendecke bildet. —

Die physikalische Beschaffenheit des Bodens hängt wesentlich von der Zusammensetzung seines Erdreichs ab, also von seinen chemischen Elementen. Sand (Quarzsand) macht den Boden porös und ist zur Lockerung der Erdrinde das wichtigste Gestein. Kalk besitzt die größte Kraft Wärme zu binden; er steigert die Wärmecapacität des Bodens und bewirkt im verwitterten Zustande eine Lockerung der Erde,

Einfluß der Bodenbestandtheile auf die physikalische Beschaffenheit des Bodens.

---

[1]) Nach den in einem Garten zu Tübingen angestellten Beobachtungen stieg die Wärme des Bodens (im Sonnenschein bei eingesenktem Thermometer) von $+9°$ im Januar bis $+50°$, im Juli, bei einer Lufttemperatur (im Schatten) von resp. $-3°$ und $+21°$.

ähnlich wie der Sand. Thon zieht, wie wir gesehen, Feuchtigkeit an, ebenso wie die Humuserde, die überdies den Boden lockert und seine Wärmecapacität erhöht.

Die erwähnten vier Bodenbestandtheile: Sand, Kalk, Thon und Humus — die wichtigsten und verbreitetsten der Erdrinde — geben in ihren verschiedenen Mischungen die mannigfachsten Bodenarten und wirken hierdurch auf das Gedeihen der Pflanzenwelt in der unterschiedlichsten Weise. Je günstiger die Mischung ist, je vollkommener sie die für die Vegetation vortheilhaften physikalischen Eigenschaften der Porosität, Wärme und Feuchtigkeit hervorruft, um so trag- und fruchtbarer ist der Boden.

Bodenarten. In Bezug auf die Bestandtheile der Erdkrume, theilt man den Boden in folgende Gruppen:

Sandboden, in welchem der Quarzsand überwiegend auftritt;

Thonboden, in welchem die Thonerde vorherrscht;

Lehmboden, ein inniges Gemisch von Thon, Kieselmehl und Eisenoxydhydrat im Gemenge mit 35—60 pCt. Sand und außerdem sehr häufig mit einigen Prozenten kohlensaurer Kalkerde;

Kalkboden, mit vorherrschender kohlensaurer Kalkerde;

Mergelboden, eine innige Mischung von wenigstens 15 pCt. Kalk und höchstens 75 pCt. Thon; dabei fehlt nie Quarzsand; und

Humusboden, welcher zum größten Theile aus abgestorbenen und mehrfach verkohlten Pflanzenresten besteht.

Alle diese Bodenarten enthalten stets eine gewisse Menge Eisenoxyd und Eisenoxydul; übersteigt der Gehalt an Eisen 7 pCt., so nennt man den Boden eisenschüssig. So gibt es einen eisenschüssigen Sandboden, eisenschüssigen Thonboden u. s. w.

Die vorgenannten sechs Bodengruppen sind eine jede wieder mannigfach verschieden in ihrer Zusammensetzung und erhalten hiernach besondere Bezeichnungen. So theilt man

Einfluß des Bodens auf die Vegetation.

den Sandboden ein: in sog. reinen Sandboden (namentlich an Meeresküsten und Flußufern); er ist fast ganz unfruchtbar, wenn er nur oder zum größten Theil aus Quarzkörnern besteht; in

Thonsandboden mit 10—20 pCt. Thon;
Lehmsandboden mit einigen Procenten Lehm;
Kalksandboden, ein mehrere (bis 10) pCt. kohlensaure Kalkerde enthaltender Quarzsand;
Mergelsandboden mit einigen Procenten Thon und Kalk; und
Humussandboden mit 4—10 pCt. Humus. —

Ebenso wird der Thonboden in reinen Thonboden, in Sand-, Lehm-, Kalk-, Mergel- und Humusthonboden eingetheilt; und in ähnlicher Weise der Lehmboden, der Kalkboden, der Mergel- und der Humusboden.

Von allen Bodenarten sind der Lehm- und der Mergelboden wegen der günstigen und gleichmäßigen Mischung ihrer Bestandtheile am fruchtbarsten. Von den übrigen Bodengruppen erscheinen die sog. „reinen" Bodenarten stets als die unfruchtbarsten, weil sie am wenigsten und ungleichmäßigsten gemischt sind. Der reine Kalkboden ist noch unfruchtbarer, wie der reine Sandboden, weil er heiß und deßhalb noch trockener ist; der reine Thonboden bildet eine feste, für die Pflanzenwelt kaum zugängliche Erdmasse und der reine Humusboden erzeugt die Moor- und Torferde, die nur einem sehr kleinen Theile der Pflanzenwelt zusagen. —

Die physikalische Beschaffenheit des Bodens hängt, wie *Untergrund.* gezeigt, zunächst von den Bestandtheilen der Bodenkruste ab, sie ist aber auch durch deren Untergrund bedingt. Obergrund und Untergrund stehen in engen Beziehungen zu einander, gleichviel ob sie geognostisch von derselben Beschaffenheit, oder ob sie von einander verschieden sind. Das erstere ist der Fall, wenn der Obergrund aus dem verwitterten Gestein der Unterlage besteht und wird er alsdann als angestammter oder primärer Boden bezeichnet. Der

Untergrund des angestammten Bodens kann ebenfalls schon verwittert sein, oder er ist bloß zerklüftet, oder noch zusammenhängender Fels. Bei nicht angestammtem Boden bilden Ober- und Untergrund häufig zwei verschiedene Schichten, wie wir dies namentlich im angeschwemmten Land finden.

Der Untergrund kann auf den Obergrund vortheilhaft oder nachtheilig einwirken, je nachdem er dessen physikalische Beschaffenheit verbessert oder verschlechtert. Wenn z. B. der Untergrund sandig ist, so zieht die Wassermenge der oberen Schicht leicht ein und der Obergrund wird trockener. Dies ist günstig für den Obergrund, wenn er Entwässerung bedarf, ungünstig, wenn er Bewässerung nöthig hat. Je gröber der Sand der Unterlage ist, je schneller und vollständiger verlaufen sich die oberen Wassertheile; deshalb ist ein grobsandiger oder kiesiger Untergrund für die Vegetation stets nachtheilig. Gleich ungünstig mit entgegengesetzter Wirkung ist eine feste Thonunterlage, die das Wasser nicht durchläßt und den Obergrund naß und kalt erhält.

Bedeutung des Obergrundes. Ist der Untergrund des Bodens, namentlich wegen seines Einflusses auf den Obergrund, für die Vegetation ebenfalls von erheblicher Wichtigkeit, so bildet doch der Obergrund immerhin die eigentliche Vegetationskrume und ist er deshalb für alle Pflanzen, besonders diejenigen mit nicht tief gehenden Wurzeln, also für die gesammte Kräuterwelt, von ungleich größerer Bedeutung. Von seiner Beschaffenheit, aber auch von seiner Mächtigkeit, die sehr verschieden ist, hängt die Frucht- und Tragbarkeit des Bodens vornehmlich ab. Denn je mächtiger die Vegetationskrume ist, je mehr Nahrungsstoff kann sie aufnehmen und je reichlicher findet die Wurzel Raum sich auszubreiten[1]). Die geringste Mäch-

---

[1]) Bei der Benutzung des Bodens für Kulturpflanzen ist es die Hauptaufgabe des Landwirths, die Mächtigkeit der Ackerkrume — welche in der Regel 14 Zoll nicht übersteigt — durch Tiefpflügen und Untergrundpflügen (Tiefkultur) zu heben. Die Tiefkultur hat sich stets als sehr lohnend erwiesen; muß aber mit Umsicht ausgeführt werden, um eine Verschlechterung der Ackerkrume (wenn auch nur für die nächsten Jahre) zu vermeiden.

Einfluß des Bodens auf die Vegetation.

tigkeit der Vegetationskrume finden wir auf angestammtem Boden, da, wo die Verwitterung noch wenig vorgeschritten ist. Auch auf zähem Thonboden (Kleiboden) ist die Vegetationskrume häufig sehr flach. Die größte Mächtigkeit (bis zu 2 Fuß) hat sie im Laubwalde und bei allem angeschwemmten Land.

Die physikalische Beschaffenheit des Bodens hängt demnach ab: 1) von seinen chemischen Bestandtheilen, 2) von der Mächtigkeit seiner Vegetationskrume und 3) von seinem Untergrund; außerdem aber 4) von seiner Lage. Ob der Boden horizontal gelegen ist, oder ob er sich mehr oder weniger neigt und abdacht, davon ist nicht nur seine Kraft, Wasser festzuhalten, sondern auch seine Erwärmung abhängig. Abschüssiger Boden verliert die ihm zugeführten Wassermengen schnell und seine Erwärmung durch die Sonne ist stärker oder schwächer, je nachdem er mehr nach Süden, also der Sonne zugekehrt, oder mehr nach Norden, von der Sonne abgewendet, gelegen ist. Auch der an sich horizontale Boden kann doch im Vergleich zu dem ihn umgebenden Nachbarlande tief oder hoch liegen und ist er im ersteren Falle feuchter und kälter, im letzteren trockener und wärmer.

Bodenlage.

Für die Kultivirung des Bodens ist es die wichtigste Aufgabe, seine physikalische Beschaffenheit zu reguliren. Nasses Land wird durch Gräben, Furchen und durch Drainage entwässert und hierdurch wärmer und fruchtbarer gemacht. Trockene Wiesen werden durch Ueberrieselungen im Wachsthum gefördert. Eine zu wenig gemischte Bodenart wird durch Zusätze des mangelnden Minerals verbessert; so wird ein übersättigter Thonboden durch Sand und Kalk gelockert und erwärmt; ein magerer Sand- und Kalkboden wird durch Mischung mit thonhaltigem Erdreich fetter und bindiger; den sauren Humusboden aber wandeln Kalk und Mergel in fruchtbaren, milden Humus um. —

Die physikalische Beschaffenheit des Bodens, die einen so mächtigen Einfluß auf die Vegetation ausübt, hängt, wie dargethan, wesentlich von den chemischen Elementen des Bodens ab. Wenn die chemische Beschaffenheit der Erdkrume schon wegen dieses indirecten Einflusses auf die Pflanzenwelt von größter Wichtigkeit ist, so wirken ihre chemischen

Chemische Beschaffenheit des Bodens.

Eigenschaften auch direct auf die Vegetation ein. Dies zeigt die einfache Erwägung, daß die Nahrung der Pflanze **anorganische Stoffe**, die sie wesentlich dem Boden entnehmen muß, nöthig hat; so würde z. B. ein Boden, der kein Eisen enthielte, kein Blattgrün erzeugen. Der an sich unbestreitbare **directe Einfluß der chemischen Elemente des Bodens** für das Leben der Pflanze verliert aber durch den Umstand erheblich an Wichtigkeit, daß die Pflanzen nur einen verhältnißmäßig sehr geringen Theil anorganischer Stoffe zu ihrem Leben bedürfen und daß die anorganischen Elemente, welche auf das Pflanzenleben einwirken, in ausgedehntester Vertheilung in der Erdoberfläche vorkommen; daß also die Pflanze auf **jedem** Boden Bestandtheile ihrer anorganischen Nahrung findet. Ob diese Bestandtheile überall ausreichend für das Bedürfniß **jeder** Pflanze in **jedem** Boden vorhanden sind, dies festzustellen ist mit den größten Schwierigkeiten verknüpft. Lediglich bei den sog. **Salzpflanzen** steht es bis jetzt unbestritten fest, daß sie nur auf solchem Boden gedeihen, der Chlornatrium enthält. Einige dieser Salzpflanzen verlangen einen so stark mit Kochsalz versetzten Boden, daß nur specifische Salzpflanzen auf ihm noch gedeihen (z. B. Glasschmalz, Salicornia herbacea); viele Salzpflanzen dagegen (z. B. Milchkraut, Glaux maritima, Meerstrands-Dreizack, Triglochin maritimum) beanspruchen nur einen sehr geringen Salzgehalt des Bodens, so daß auf ihm auch jede andere Vegetation, für welche der Boden sonst geeignet ist, erscheint. Ob nun nach Analogie der Salzpflanzen und im gleichen Sinne es auch **Kalkpflanzen, Sand- oder Kieselpflanzen, Thon- oder Lettenpflanzen** giebt, darüber hat die Wissenschaft noch nicht abgeschlossen und müssen noch weitere Forschungen entscheiden. Diejenigen Botaniker, welche schon auf Grund der bisherigen Ermittelungen der chemischen Beschaffenheit des Bodens auch einen entscheidenden **directen** Einfluß auf das Gedeihen vieler Pflanzen zuschreiben, theilen die Pflanzen in dieser Rücksicht ein: in **bodenfeste, bo-**

Einfluß des Bodens auf die Vegetation.

denholde und bodenvage. Bodenfeste Pflanzen sind hiernach solche, die nur auf einer bestimmten Bodenart vorkommen, z. B. kalkfeste nur auf Kalkboden; bodenholde diejenigen, die einen gewissen Boden vorzugsweise lieben, und bodenvage heißen alle, denen jede Bodenbeschaffenheit in chemischer Beziehung gleich ist. Hat nun aber die Wissenschaft über diese wichtige Frage auch noch nicht entschieden, immerhin können wir von Sand=, Kalk=, Thon= und Humus=Pflanzen sprechen, weil es eine große Anzahl von Pflanzen gibt, die vorzugsweise nur auf der einen oder auf der anderen Bodenart sich finden. Ob aber hier die chemische oder die physikalische Eigenschaft des Bodens, oder ob beide zugleich und in welchem Verhältniß auf das Leben und Gedeihen der fraglichen Pflanzen einwirken, dies zu ermitteln treten Schwierigkeiten in den Weg, die näher zu beleuchten hier zu weit führen würde, die aber von solcher Erheblichkeit sind, daß sie fast unüberwindlich erscheinen. Unverkennbar wirkt die physikalische Beschaffenheit des Bodens vorzugsweise auf das Leben und Gedeihen der Pflanze ein. So finden wir manche Pflanzen vorwiegend auf hartem festgetretenen Boden (z. B. die sog. Wegepflanzen), andere nur auf lockerem (die Acker= und Gartenunkräuter); viele Pflanzen verlangen einen warmen und trockenen Boden (die Pflanzenwelt der sonnigen Anhöhen), andere einen ganz nassen (die meisten Halbgräser und Simsen). Von den letzteren, den wasserbedürftigen Pflanzen, zeigen sich manche überhaupt nur in nassen Jahren und bleiben in trockenen Sommern gänzlich aus. Einige Pflanzen sind so wählerisch, daß sie nur auf einem ihnen ganz besonders zusagenden Boden wachsen, und auf dieser Eigenthümlichkeit beruht ihr seltenes und zerstreutes Vorkommen.

Ueberaus wichtig für das Leben der Pflanze ist mithin die Beschaffenheit des Bodens, sowohl seine physikalische als seine chemische, von welcher letzteren die erstere wesentlich bedingt ist. Der Boden muß also vor Allem geprüft und berücksichtigt werden, wenn wir uns einen richtigen Einblick in das Leben der Pflanze verschaffen wollen.

2. Vom Einfluß der Wärme auf die Vegetation.

Einfluß der Wärme im Allgemeinen. Die Wärme wirkt, wie der Boden, auf das Leben und Gedeihen der Gewächse so wesentlich ein, daß sie deren Existenz bedingt. Innerhalb einer gewissen Wärmetemperatur gehen alle Lebensverrichtungen der Pflanze vor sich, unterhalb derselben und darüber hinaus hört ihre Lebensthätigkeit auf.

Jede Pflanze bedarf also zu ihrem Leben und zur Vervollkommnung ihres Lebensprocesses einer bestimmten Wärme, und da das Bedürfniß der einzelnen Pflanzenarten hier ein sehr verschiedenes ist, so übt die Intensität der Wärme auf das Vorkommen und die Verbreitung der Pflanzen-Species den bedeutendsten Einfluß.

Wärmequellen. Der Wärmequellen für die Pflanze giebt es drei: die Eigenwärme, die Bodenwärme und die Temperatur der Luft.

Eigenwärme. Die Eigenwärme wird hervorgerufen durch die wärmeentbindenden chemischen Processe, welche im Pflanzenkörper vor sich gehen; sie entwickelt sich in den Zellen mit der Oxydation und Zersetzung des Nahrungsstoffes, des rohen, wie des assimilirten.

Die Eigenwärme wird namentlich beim Keimungsproceß der Samen frei und sie wirkt auf die Entwickelung des Pflanzenkeims, also auf das Entstehen der neuen Pflanze wesentlich ein. Sobald die Zellen des Samenkorns bei eindringender Feuchtigkeit mit Einfluß der Außen-Wärme anschwellen, beginnen die chemischen Zersetzungen und Neubildungen in dem aufgehäuften assimilirten Nahrungsstoffe und entwickeln eine chemische Wärme (Eigenwärme), welche die durch die Außenwärme empfangene Temperatur der Zellen erheblich steigert. Beim Malzen der Gerste z. B. sehen wir, daß durch die frei werdende chemische Wärme die Temperatur der Sa-

Einfluß der Wärme auf die Vegetation.

men wesentlich erhöhet wird. In dieser erhöhten Temperatur bildet sich der Keim und die junge Pflanze erhält ihr Dasein. —

Die Bodenwärme hat ihre Quellen in der chemischen *Bodenwärme.* Zersetzung der Bodenbestandtheile und in der Erwärmung der Erde durch die Sonnenstrahlen. Wir haben die Bodenwärme bereits oben als eine der wichtigsten physikalischen Eigenschaften der Vegetationskrume kennen gelernt.

Die Bodenwärme ist zunächst nöthig und entscheidend *Einfluß der Bodenwärme* für das Keimen der Samen. Ohne Wärme entwickelt sich *auf den Keim.* kein Samenkeim, doch bedürfen die Samen der verschiedenen Pflanzenarten zur Belebung ihres Keimes einen verschiedenen Wärmegrad sowohl im Minimum als im Maximum. Unsere Getreidearten z. B. keimen bei $4°$ R., der Kürbis erst bei $10°$; und das Temperatur-Maximum ist für das Getreide $32°$, für den Kürbis $37°$. Aus dem vergleichsweise niedrigen Temperatur-Maximum für unser Getreide ergiebt sich die Zweckmäßigkeit der Bestellungszeiten im Frühjahr und Herbst, wie denn in der Ebene der heißen Zone unser Getreide nicht kultivirt werden kann. —

Gelangen Samen zur Aufnahme von Wasser bei einer für sie zu hohen Temperatur, so wird die Keimkraft entweder gänzlich zerstört, oder der Keim entwickelt sich zu geil und die junge Pflanze erhält keine Consistenz; ist die Temperatur zu niedrig, so faulen die Samen. Innerhalb der Keimungstemperatur aber entwickelt sich der Keim, je höher die Temperatur bis zu einer gewissen Grenze ist, um so lebhafter. So keimt der Weizen bei $4°$ Wärme in 6 Tagen, bei $8°$ in 3 Tagen, bei $12°$ in 2 Tagen und bei $14°$ in $1^3/_4$ Tagen.

Von der Bodenwärme hängt ferner die erste Vege- *Einfluß der Bodenwärme* tationserscheinung im Jahre ab. Ist die Erde frei von *auf den Beginn der* Frost, so dringt das Wasser als roher Nahrungssaft in die *Vegetation.* Wurzel, steigt in die Pflanze auf bis zu den Knospen, dehnt deren Zellen aus, belebt das Bildungsgewebe und bewirkt so das Anschwellen der Knospen. Je früher und schneller der Boden nach den Wintertagen sich erwärmt, um so zeitiger entwickeln sich die Pflanzen. Deshalb ist auf Bodenstellen von verschiedener Wärme das Erscheinen der Vegetation ein ungleichzeitiges. So sehen wir Individuen einer und derselben Pflanzenart oft zu verschiedenen Zeiten sich belauben, obgleich sie nicht weit von einander stehen und dieselbe Lufttemperatur haben. Der Grund hiervon liegt bei nicht tief wurzelnden Pflanzen lediglich darin, daß der Boden, auf dem die Pflanzen wachsen, in seiner Temperatur verschieden ist. Bei den Bäumen hängt das frühere Ausschlagen auch von dem Tiefgang der Wurzel ab; bei den Bäumen derselben Art werden immer diejenigen am frühesten sich entwickeln, welche einen wärmeren Boden und ein tieferes Wurzelwerk haben.

Einfluß der Bodenwärme auf Ernährung und Wachsthum.

Wie das Keimen der Samen und der Beginn der Vegetation von der Bodenwärme bedingt ist, so hängt von ihr auch die fernere Ernährung und das Wachsthum der Pflanze ab. Wärme dehnt die Körper aus, folglich auch die Zellenmembran und je gespannter die Membran ist, um so dünner und permeabler ist sie; um so leichter können also Flüssigkeiten und Gase in die Zelle eindringen und von ihr wieder ausgeschieden werden. Die Wärme der Zelle und ihrer Membran wird beeinflußt von der Wärme des eintretenden rohen Nahrungssaftes, und dessen Temperatur hängt wieder ab von der Wärme des Bodens, der ihn liefert. So befördert die Bodenwärme den Stoffwechsel im Pflanzenkörper und mit ihm die Ernährung und das Wachsthum der Pflanze.

Die Bodenwärme wirkt mithin vorzugsweise auf das Entstehen und auf die Erhaltung des Lebensprocesses der Pflanze.

Temperatur der Luft.

Verschieden von dem Einflusse der Bodenwärme ist der der Sonnenwärme oder der Lufttemperatur auf die

Einfluß der Wärme auf die Vegetation. 81

Vegetation. Wenn die **Bodenwärme** auf den unterirdischen Theil der Pflanze, auf die Wurzel, und deshalb vorzüglich auf die Ernährung der Gewächse einwirkt, so übt die **Luftwärme** ihren Einfluß auf die oberirdischen Pflanzentheile, besonders auf Blätter und Blüthen. Sie fördert bei jenen die Verdunstung, bei diesen die schnelle Entwickelung der Blüthe zur Frucht und demnächst das Reifen der Früchte. Der Verdunstungsprozeß der Pflanze ist wesentlich fördernd für ihr Wachsthum. Je wärmer die Luft, je größer ist die Verdunstung, und je mehr Wasser die Pflanze verdunstet, um so mehr nimmt sie durch die Wurzel wieder auf. So befördert die Höhe der Lufttemperatur die Lebhaftigkeit des Saftstroms und hiermit die Ernährung und das Wachsthum der Pflanze.

Von der Entwickelung der Blüthen und vom Reifen der Früchte ist die Ausbildung reifer Samen bedingt, mithin hängt von der Höhe der Lufttemperatur die **Samenbildung** ab, also die Fähigkeit der Gewächse, sich fortzupflanzen.

Manche mit Kultur=Samen aus südlichen Gegenden bei uns eingeführte wilde Pflanzenarten eines wärmeren Klimas gedeihen anscheinend auf unserem Boden, weil sie die zum Keimen und zu ihrem ferneren Leben genügende Bodenwärme finden; aber Früchte und Samen kommen bei der niedrigeren Lufttemperatur unseres Klimas nicht zur Reife. Deshalb pflanzen sich diese südlichen Gewächse bei uns nicht fort und können sich nicht einbürgern (z. B. Färber=Waid, Isatis tinctoria L., Sommerflockenblume, Centaurea solstitialis L. und andere). —

In England, wo, wie auf allen Inseln und an allen Küsten, wegen des Einflusses des Meeres das Klima sich von dem der Continente darin unterscheidet, daß der Abstand der Temperatur im Sommer und Winter ein geringerer ist, wo also der Winter weniger kalt und der Sommer weniger heiß ist als bei uns, wächst der Lorbeer im Freien, wogegen kein Weinbau dort betrieben werden kann. Der Grund hiervon ist der, daß der Lorbeerbaum zu seinem Gedeihen eine höhere Wärme, als unser Boden zur Winterzeit besitzt, nöthig hat und diese in England noch findet, daß dagegen der Weinstock, der bei einer geringeren Bodenwärme bestehen kann, für das Reifen seiner Beeren eine Hitze verlangt, welche der Sommer Englands nicht gewährt. —

Die Quellen der Lufttemperatur sind erstens die Quellen der Wärme, welche die Sonnenstrahlen entwickeln, und zweitens Lufttemperatur.

die ausstrahlende Wärme des Bodens. Da nun die letztere bedingt ist durch die Höhe der Bodenwärme und diese wieder hauptsächlich von dem Grade der Erwärmung durch die Sonnenstrahlen abhängt, so erscheint die Sonne als fast einzige Quelle der Lufttemperatur.

Die Sonne wirkt durch ihre Strahlen, die aber an sich keine Temperatur besitzen und erst, wenn sie auf einen Körper fallen, Wärme erzeugen. Je höher nun die Sonne steht und je senkrechter ihre Strahlen fallen, um so kräftiger wirken sie. Daher hat unter den Tageszeiten der Mittag, unter den Jahreszeiten der Sommer und unter den Erdzonen die zwischen den Wendekreisen gelegene, die tropische Zone, die heißeste Temperatur.

Einfluß der Jahreszeiten und des Klimas. Je wechselnder und vorübergehender die Einwirkung der Sonnenstrahlen ist, um so geringer ist natürlich ihr Einfluß auf die Luft= und Bodenwärme und folgerecht auch auf die Vegetation. Bei dem schnellen Wechsel von Tag und Nacht ist deshalb der Einfluß der verschiedenen Tageszeiten auf das Leben und Gedeihen der Pflanzenwelt von keiner erheblichen Bedeutung. Anders zeigt sich der viel andauerndere Einfluß unserer Jahreszeiten auf die Vegetation. So besitzen wir eine verschiedene Frühlings=, Sommer= und Herbst=Flora; und die Flora des Sommers ist wegen der erhöhten Temperatur unsere reichste und üppigste. — Noch erheblicher als der Einfluß der Jahreszeiten in unserm Klima wirkt der durchgreifende Einfluß der Sonne in den verschiedenen Erdzonen auf die Pflanzenwelt. In den Tropen, wo ewiger Sommer ist, finden wir die üppigste Vegetation der Erde und die größte Pracht der Gewächse. Diese Ueppigkeit und Pracht nimmt ab, je mehr wir uns vom Aequator entfernen, und sie verliert sich mit dem Sinken der Temperatur mehr und mehr, je näher wir den Polen kommen, bis sie schließlich in den kalten Polargegenden ihren Abschluß in den genügsamsten und unansehnlichsten Vertretern der Pflanzenwelt, in den Flechten, findet.

Einfluß der Wärme auf die Vegetation. 83

Aehnlich wie das allgemeine Klima wirkt auf das Leben der Pflanze das „örtliche Klima", welches durch die Höhe des Bodens und durch dessen Lage in Bezug auf Meer und Wald bedingt ist. So nimmt in den Alpen, je höher wir steigen, mit dem Sinken der Wärme die Vegetation ab, und die kalten Berggipfel mit ihren Gletschern und Schneespitzen zeigen eine Pflanzenwelt, die der der Polargegend fast gleicht. — Wie der Einfluß des Meeres das Klima der Küsten und Inseln bedingt, haben wir oben bei dem Beispiele von England bereits hervorgehoben. Die aufsteigenden und sich verbreitenden Wasserdünste des Meeres verhindern ebenso die trockne hohe Kälte des Winters als die Hitze des Sommers. — Auch die Wälder kühlen durch den Verdunstungsproceß der Blätter die Atmosphäre ab, und wirken hierdurch wesentlich auf die Temperatur der Gegend und durch sie auf die Pflanzenwelt ein.

Oertliches Klima.

Das Klima, das allgemeine wie das örtliche, beeinflußt denn auch dergestalt das Leben der Pflanze, daß von ihm die Vertheilung der Gewächse über die Erde hauptsächlich bedingt ist, wie wir das Nähere im Abschnitt 5, Kapitel 3, sehen werden. —

Einen, im Vergleich zu dem überwiegenden Einfluß des Klimas überaus geringen, fast unmerklichen übt auf das Leben und Gedeihen der Pflanzen die Witterung, sofern der durch sie hervorgerufene Wechsel der Temperatur schnell vorübergehend ist, d. h. wenn das ungünstige Wetter nur wenige Tage währt.[1]). Die Pflanze besitzt eine wunderbare Kraft, der Ungunst des Wetters zu widerstehen. Selbst

Einfluß der Witterung.

---

[1]) Wie gering eine vorübergehende ungünstige Temperatur auf das Gedeihen der Pflanze einwirkt, haben auch die Tage vom 23. bis 25. Mai 1867 erwiesen, an welchen bei einem plötzlichen Sinken der Temperatur bis auf Null Grad ein großer Schneefall Bäume und Felder dergestalt bedeckte, daß starke Aeste brachen und das Getreide wie in Schwaben darniederlag. Dessenungeachtet hatten wir, obgleich der Apfelbaum noch in Blüthe stand, eine reiche Obst- und Kornernte. —

durch den Frost werden die meisten Pflanzen sofort noch nicht beschädigt; sobald sie nur langsam wieder aufthauen, hat das Gefrieren der Pflanze in der Regel keine nachtheiligen Folgen.

Durch den Frost wird die Zelle, sowohl ihr Inhalt als die Membran, zusammengezogen. Eine nur mäßige und allmälige Erhöhung der Temperatur hat ein langsames Sichwiederausdehnen der Zelle zur Folge, welches eine allmälige Erweiterung der Zellhaut nach sich führt, wodurch die Membran nicht leidet; eine plötzlich eintretende erhöhte Wärme dagegen dehnt den Zelleninhalt zu schnell und zu mächtig aus, zerreißt die Membran und tödtet die Zelle.

Wenn aber die Ungunst des Wetters andauert, oder der Wechsel der Temperatur sich schnell und mehrfach wiederholt, so ist die Witterung ebenfalls von wesentlichem Einflusse auf die Vegetation. Kalte Frühjahre, kalte und nasse Sommer können auf die Pflanzen, und namentlich auch auf die Kulturen, so nachtheilig einwirken, daß sie Blüthen- oder Fruchtbildung hindern und gänzliche Misernten zur Folge haben.

Ungünstiges Wetter und Frost wirken übrigens auf die einzelnen Theile der Pflanzen verschieden ein. Junge Pflanzentheile erfrieren leichter, weil die Membran ihrer Zellen dünner und deren Inhalt wasserreicher ist. Trockene Samen, deren Zellen eine sehr geringe Spannung haben, können eine Kälte bis zu 40° ertragen, wogegen eingeweichte Samen meist schon bei 0° erfrieren. Am Nachtheiligsten zeigt sich ungünstiges Wetter für die Pflanzen zur Zeit der Befruchtung, weil die Zelle des Blüthenstaubes leicht durch Nässe und Kälte leidet und so die Befruchtung der Pflanze gehindert wird. Mit Recht beobachtet daher der Landwirth und der Obstzüchter die Beschaffenheit des Wetters zur Blüthezeit. Freilich steht es nicht in des Menschen Macht, die Pflege großer Kulturen gegen die Ungunst des Wetters zu schützen.

Wir wollen hier noch der auffallenden Erscheinung erwähnen, daß die Pflanzen in Thälern und niederen Gegenden leichter erfrieren, als auf den Höhen, und daß an kalten Tagen die Nord- und

Ostwinde weniger schädlich auf die Pflanze einwirken als die West=
winde. Die Ursache möchte darin zu suchen sein, daß die stärkere Ver=
dunstung (auf den Höhen und bei trockenen Winden) eine Verminde=
rung des Wassergehaltes der Zelle und eine geringere Spannung der
Membran herbeiführt; wogegen in niederen Gegenden und bei den feuch=
ten Westwinden die Zellenmembran der Pflanzen ausgedehnter und
deshalb leichter zerstörbar ist. — Eine ähnliche Erscheinung sehen wir
in unseren Gewächshäusern an den Warmhauspflanzen, deren Zel=
len bei dem großen Feuchtigkeitsgehalt der Luft stets gespannt und
somit gegen Frost sehr empfindlich und dem Erfrieren leicht aus=
gesetzt sind.

3. Vom Einflusse des Lichts.

Wie Leben und Natur der Pflanzen von der Beschaffen=
heit ihres Bodens und von der sie umgebenden Temperatur
abhängen, ebenso übt das Tageslicht auf die Entwickelung
und das Gedeihen der Gewächse einen, ihre Existenz bedin=
genden, durchgreifenden Einfluß. Die Bedeutung des Lichtes
für das pflanzliche Leben erfordert deshalb ebenfalls unsre
ganze Aufmerksamkeit.

Die Quelle des Tageslichts ist die Sonne, und *Quelle des Lichtes.*
von ihrer Stellung ist, wie die Intensität der Wärme, ebenso
die Kraft des Lichtes bedingt. Je höher die Sonne steht
und je senkrechter sie ihre Strahlen sendet, um so intensiver
ist das Licht und um so stärker ist seine Wirkung.

Den wichtigsten Einfluß des Lichtes auf das Pflanzen= *Einfluß des Lichts auf die Kohlensäure.*
leben haben wir bereits kennen gelernt (S. 59); es ist die
Eigenschaft des Lichtes, die Kohlensäure im Pflanzenkörper
zu zersetzen, so daß der Sauerstoff frei wird und der Koh=
lenstoff die zur Ernährung der Pflanze nöthigen neuen Ver=
bindungen eingehen kann. Von der Einwirkung des Lichts
hängt somit die Assimilation des rohen Nahrungssaftes und
der Stoffwechsel in der Pflanze wesentlich ab. Je größer
diese Einwirkung ist, um so mehr entwickelt sich die Pflanze.
Und so wird z. B. die Ueppigkeit der Vegetation in den
Tropen, welche zwar zunächst — wie wir gesehen — eine
Folge der erhöhten Temperatur ist, doch zugleich wirksam
befördert durch die größere Intensität und Kraft des dorti=
gen Sonnenlichtes.

Einfluß des Lichts auf Farbenbildung.

Ein anderer wichtiger Einfluß des Lichtes auf die Pflanze ist der auf die Farbenbildung. Ohne Licht bleicht die Pflanze; nur das Tageslicht vermag die Farbenstoffe zu beleben. Es erzeugt das erquickende Grün der Blätter und seine Kraft ruft die Pracht und den Farbenreichthum der Blüthen hervor.

Allgemeines Bedürfniß der Pflanzen nach Licht.

Wohlthätig wirkt das Licht auf die ganze organische Schöpfung, und das Bedürfniß der Pflanze nach Licht ist so groß, daß sie sich überall dem Lichte zuneigt. Nach ihm wendet sich das Blatt, um mit seiner breiten Fläche möglichst viele Lichtstrahlen aufzufangen und einzusaugen, und nach dem Lichte strebt die Blüthe selbst bei Pflanzen, die an sich den Schatten lieben.

Je mehr Licht, um so mannigfacher und üppiger ist die Vegetation. Die wilde Ackerflora zeigt sich im Frühjahr da, wo die Felder noch nicht bestellt sind, oder im Herbst nach der Maht am reichsten, sie bedarf des vollen Lichtes und deshalb sehen wir sie im Sommer, wenn hohe Saaten die Felder bedecken, hauptsächlich nur an den Rändern der Kulturen. Aus gleichem Grunde ziehen die Waldkräuter den Saum des Waldes entlang und nur, wenn nach Abforstung eines Haues wieder volles Licht auf seinen Boden fällt, regt sich dort überall von Neuem ein buntes Pflanzenleben. Dann erscheinen oft Gewächse in großer Ueppigkeit, die gänzlich geschwunden zu sein schienen und unter dem Drucke des Holzbestandes kümmerlich ihr Dasein gefristet hatten.

Bei dem großen Einflusse des Lichts auf das Gedeihen der Vegetation ist es Aufgabe der Kultur, den Pflanzen möglichst viel Licht zu gewähren. Obstbäume dürfen nicht gedrängt stehen, um sich nicht gegenseitig zu beschatten. Auch sind dichte Laubkronen, in deren Inneres die Lichtstrahlen wenig eindringen, für die Obstzucht ungünstig. Die Spaliere liefern den besten und größten Fruchtertrag, weil bei ihnen das Licht auf Blätter, Blüthen und Früchte am vollkommensten einwirkt. — Mit Recht fürchtet der Landmann den Schatten der Bäume für seine Saaten.

Verschiedenes Bedürfniß der Pflanzen nach Licht.

Wenn im Allgemeinen das Licht die Vegetation erheblich fördert, so ist doch das Bedürfniß nach ihm bei den einzelnen Pflanzen wiederum verschieden. Wie der Bedarf an

Feuchtigkeit und Wärme durch die Natur der Pflanze bedingt ist, so der des Lichts. Es gibt Pflanzen, die der vollen Einwirkung des Lichts bedürfen, und die um so weniger gedeihen, je mehr sie Schatten haben. Zu ihnen gehören die meisten unserer Baumarten, besonders die Obstbäume, wie überhaupt unsere Kulturpflanzen, ferner alle charakteristischen Wiesen-, Acker- und Wegepflanzen und die der lichten Höhen und Abhänge, der Raine und Triften. Im Gegensatze zu ihnen finden wir Pflanzen, die des Schattens bedürfen; so die Buche, die Waldkräuter und viele Kryptogamen, besonders Pilze und Moose. Das Bedürfniß nach Schatten ist dabei sehr verschieden und die meisten charakteristischen Schattenpflanzen können dennoch eine zu starke Beschattung nicht vertragen. Der Hochwald mit seinem tiefen Schatten läßt Sträucher und Kräuter nicht aufkommen, wogegen der Mittel- und Niederwald, wo das die Lichtstrahlen wenig hindernde, strauchartige Unterholz vorherrscht, eine reiche Waldflora zeigen.[1])

Im Uebrigen gibt es auch eine nicht unerhebliche Anzahl von Pflanzen, die unbekümmert um Licht und Schatten leben, und die wir sowohl im Walde und in der Beschattung der Saaten, als auf lichten Höhen, auf Wiesen und Wegen finden. Zu ihnen gehören die meisten der sogen. gemeinen Pflanzen.

---

[1]) Die wichtige Kultur des Chinabaumes und des Kaffeebaumes hängt wesentlich von der richtigen Beschattung ab; beide an sich schattenbedürftige Pflanzen gedeihen bei einer zu starken Beschattung nicht. —

Vierter Abschnitt.

Von der Entwickelungszeit der Pflanzen, von ihrer Blüthezeit und ihrer Dauer.

Die Pflanzen, verschieden in Gestalt, Form und Eigenschaften, verschieden in ihren Bedürfnissen nach Nahrung, Licht und Wärme, sind es auch bezüglich der Zeit ihrer Lebensentwickelung und Wiederbelebung, sowie der Zeit der Blüthe und der Zeit ihres Todes.

1. Von der Entwickelungszeit.

Eintritt der Keimentwickelung. Das Leben der im Samen eingeschlossenen jungen Pflanze beginnt mit der Entwickelung des Keimes. Das Samenkorn bedarf zu seiner Belebung, wie wir gesehen, des Wassers und der Wärme, es bedarf aber auch der Luft. Zunächst erweicht das Wasser die Samenhäute, bringt in das Innere des Kerns, dehnt die Zellen aus und löst die dort abgelagerten Nahrungsstoffe auf. Dieses Erweichen und Auflösen wird durch die Wärme befördert und zur Vollendung gebracht. Alsdann beginnt durch das Einwirken der atmosphärischen Luft der Lebensprozeß des Embryo. Der Sauerstoff der Luft verbindet sich mit dem im Embryo angehäuften Kohlenstoff und entweicht als kohlensaures Gas. Dies ist derselbe Prozeß wie das Athmen des thierischen Körpers, und wie das Thier und der Mensch bei ihrem Entstehen der atmosphärischen Luft bedürfen, ebenso ist für die junge Pflanze die Luft die Vorbedingung zum Leben. Deshalb können Samen, welche zu tief in der Erde liegen, und zu

Von der Entwickelungszeit der Pflanzen.

denen die Luft nicht bringt, ihre Keime nicht entwickeln. Sie ruhen in der Mutter Erde bis günstigere Umstände ihre Lage bessern. Geschützt von der einfachen, an sich leicht zerstörbaren Hülle ruhen viele Samen oft Jahre, Jahrhunderte und selbst Jahrtausende, ohne die Keimfähigkeit zu verlieren, ein wunderbares Zeugniß von der Kraft der gesunden Natur.

Die **Dauer der Keimfähigkeit** ist bei den einzelnen Samenarten sehr verschieden. Wenn mehlige Samenkörner, die über 100 Jahre in Herbarien lagen, noch keimfähig sich erwiesen (die in Mumiensärgen gefundenen Weizenkörner noch nach 2000 Jahren), so verlieren ölige Samen meist in sehr kurzer Zeit ihre Keimkraft. So muß der Same des Kaffeebaumes ganz frisch in die Erde gelangen, wenn er aufgehen soll, und es können unsere importirten Kaffeebohnen, obgleich es an sich ganz unverletzte Samen sind, nicht mehr zum Keimen gebracht werden. Auch die Samen vieler Wasserpflanzen verlieren sehr bald ihre Keimkraft, wenn sie nicht nach eingetretener Reife ins Wasser gelangen. Für die Samen der Landpflanzen zeigen sich übrigens Nässe und Feuchtigkeit sehr nachtheilig, wogegen sie Kälte und Hitze in einem hohen Grade ertragen können. Unsere Getraidekörner halten eine Kälte bis zu 30° R. und eine Hitze bis zum Siedepunkte des Wassers aus, ohne ihre Keimkraft zu verlieren.

Dauer der Keimfähigkeit.

Wasser, Wärme und Luft wirken auf die Belebung des Samenkeims gleichmäßig ein, können jedoch nicht immer den Keim sofort hervorrufen. Das Samenkorn bedarf nach seiner Reife häufig noch einer Zeit, bevor es, selbst unter den günstigsten Verhältnissen, keimen kann; diese Zeit nennt man die Zeit des Nachreifens, oder die Samenruhe. Nur wenige von unseren einheimischen Samen keimen sofort und bedürfen fast gar keiner Ruhe, die meisten ruhen eine längere Zeit, viele den Winter über, andere gehen erst im zweiten Jahre, einige erst im dritten auf.

Samenruhe.

Zu der Samenruhe tritt noch der Umstand hinzu, daß die **Dauer der Entwickelung des Keims** bei den Samen eine verschiedene ist. Bei manchen Samen entwickelt sich der Keim sehr schnell (bei der Kresse schon in zwei Tagen, bei den meisten Gräsern in einer Woche), andere Samen erfordern zur Ausbildung des Keims eine lange Zeit (unser Steinobst ein Jahr, die Rose und Haselnuß selbst zwei Jahre). Der Grund dieser verschiedenen Dauer der Keimentwickelung liegt theils in der chemischen Zusammensetzung des Samenkerns, theils in der Beschaffenheit der Samen- und Fruchtschale. Samen, die überwiegend fette Oele enthalten, keimen lang-

Dauer der Keimentwickelung.

samer als solche, in denen das Stärkemehl vorherrscht. Deshalb keimt unser Getreide verhältnißmäßig schnell. Eine harte oder zähe, nicht aufspringende Fruchtschale, in die das Wasser nur langsam eindringen kann, erschwert erheblich das Keimen des eingeschlossenen Samen, ein gleiches Hinderniß setzt die Härte der Samenschale dem Keime entgegen (Steinobst, Rose, Haselnuß). Auch wirkt der Boden nicht unwesentlich auf das frühe oder späte Keimen der Samen ein. Größere Feuchtigkeit, höhere Wärme und reichliche Zufuhr an Sauerstoff befördern die Keimkraft. — Stoffe, welche wegen ihres großen Gehalts an Sauerstoff das Keimen befördern und in alten Samen die Keimkraft wecken, sind Chlore, Mennige und andere oxydirte Metallkalke.

Eintritt der Belaubung im Frühjahre.

Verschieden, wie die Entwickelung des Samenkeims der Pflanzen ist bei den ausdauernden Gewächsen der Wiederbeginn der Vegetation im Frühjahr. Wenn wir Birke, Roßkastanie und Buche und die meisten Sträucher schon im vollen Frühjahrslaube sehen, sind Eiche, Akazie und Platane, sowie der Weinstock noch blattlos wie im Winter. Der Grund dieser ungleichzeitig beginnenden Neubelaubung liegt vornehmlich in dem unterschiedlichen Wärmebedürfnisse der Pflanzen.

2. Von der Blüthezeit.

Eintritt der Zeit für die Fähigkeit zum Blühen.

Sobald die Pflanze ihre Blüthe treibt und die Fruchtbildung beginnt, ist sie auf der Höhe ihrer Entwickelung angelangt. Die Zeit für die Fähigkeit zum Blühen und Fruchttragen tritt daher bei der Pflanze erst ein, nachdem sie bereits eine gewisse Kraft und Vollkommenheit erlangt hat. Pflanzen von langer Lebensdauer, die zu ihrer Entwickelung mehrere Jahre nöthig haben, blühen deshalb nie in den ersten, sondern immer erst in späteren Lebensjahren. Von unseren Waldbäumen blühet und fruchtet die Kiefer im 16. Lebensjahre, Tanne und Buche kaum vor dem 50. Bei Pflanzen mit zweijähriger Dauer, den sog. zweijährigen (z. B. unsere Rübenarten), ist die Zeit der Blüthe das zweite Jahr, und wenn ausnahmsweise eine zweijährige Pflanze schon im ersten Jahre Blüthen zeigt, gelangen doch die Früchte nicht mehr zur Reife. Einjährige Pflanzen, deren kurzes Leben eine schnelle Entwickelung erfordert, gebrauchen selbstverständlich

Von der Blüthezeit der Pflanzen.

im Vergleich zu den zwei- und mehrjährigen eine geringe Zeit, um Blüthen und Früchte hervorzubringen.

Wenn der frühere oder spätere Eintritt der Fähigkeit, Blüthen zu erzeugen, von der schnelleren oder langsameren Entwickelung der Pflanze abhängt, so finden wir bei den meisten unserer heimathlichen Gewächse noch einen anderen wesentlichen Unterschied in der Productionszeit der Blüthen, welcher mit dem Laufe unserer Jahreszeiten in Verbindung steht, und der lediglich in der Eigenthümlichkeit der betreffenden Pflanzenarten seine Erklärung findet. Nur wenige unserer einheimischen Pflanzen blühen zu allen Zeiten des Jahres, und auch im Winter, sofern es die Temperatur gestattet, z. B. das Gänseblümchen, die Vogelmiere, das gem. Kreuzkraut. Bei Weitem die meisten unserer Pflanzenarten bringen Blüthen und Früchte nur zu ganz bestimmten Zeiten des Jahres hervor, und man theilt sie deshalb nach dieser ihrer Blüthezeit ein: in Frühjahrs-, Sommer- und Herbstpflanzen; denen man, streng genommen, auch Winterpflanzen hinzufügen muß, da z. B. Haselnuß, Kellerhals, Schneeklöckchen schon im Februar oder Anfang März, bei sehr gelindem Winter selbst schon im Januar, ihre Blüthen treiben. — Die Blüthezeit, efflorescentia, ist in Beginn und Dauer bei den Pflanzen so constant[1]), daß sie für die einzelnen Pflanzenarten ein charakteristisches Merkmal abgibt und deshalb genau zu beachten ist.

In Anbetracht des verschiedenen Eintritts der Blüthezeit bei den einzelnen Pflanzenarten lassen sich sog. Pflanzen- oder Blüthenkalender einrichten, in welchen die Pflanzen nach den Monaten ihres Aufblühens geordnet sind.

Da die Blüthen mancher Pflanzen sich zu gewissen Stunden des Tages öffnen und schließen (Bocksbart, Löwenzahn, Winde u. a.), so hat man nach dem periodischen Oeffnen und Schließen der Blüthen auch eine Pflanzen- oder Blumenuhr zusammengestellt.

Bei den ausdauernden Gewächsen zeigt sich noch eine Verschiedenheit der Blüthezeit im Vergleich zur Blattbildung.

---

[1]) Der frühe oder späte Eintritt der Jahreszeiten, welcher auf die Vegetation wesentlich einwirkt, übt auch auf die Blüthezeit der meisten Pflanzen seinen Einfluß.

So entwickeln sich die Blüthen mancher Pflanzenarten schon vor den Blättern, sie heißen **frühzeitige** oder **vorlaufende** (Herbstzeitlose, Haselnuß, Aprikose, Zitterpappel), andere Blüthen erscheinen mit den Blättern züglich, „**gleichzeitige Blüthen**" (Hyacinthe, Flieder, Apfelbaum, Birke), und wieder andere zeigen sich erst nach eingetretener Belaubung, die sog. **späten** Blüthen (die meisten Kräuter und Stauden, die Rosen, Linden, die Akazie). —

3. Von der Dauer.

Lebensdauer der Pflanzen. Die Lebensdauer der Pflanzen ist außerordentlich verschieden. Von der überaus flüchtigen mancher Algen und Pilze steigt sie bis zu einer Höhe, welche nach menschlichen Begriffen an die Ewigkeit grenzt. Während das Leben vieler Pilze nur nach Tagen und Wochen zählt, und selbst eine große Anzahl der Gefäßpflanzen einen Sommer nicht überdauert, erreicht die Kiefer schon ein Alter von 3—400 Jahren, Eiche und Linde werden gegen 1000, der Taxusbaum selbst 3000 Jahre alt, und das Alter des Affenbrodbaums (Baobab) wird auf 5 bis 6000 Jahre geschätzt.

In Rücksicht auf die Lebensdauer theilt man die Pflanzen ein in:

Einjährige Pflanzen. **einjährige**, mit dem Zeichen ⊙, welche in dem Jahre ihres Erscheinens ihre volle Entwickelung erreichen und beenden, also in einem und demselben Jahre keimen, blühen, Früchte tragen und sterben, (fast alle unsere Ackerunkräuter);

Zweijährige. **zweijährige**, ⊙, die im ersten Lebensjahre Wurzel und Laub und im zweiten die Blüthe und Frucht entwickeln, und nach dem Reifen der Frucht absterben (das Wintergetreide, unsere Rübenarten); und

Mehrjährige. **mehrjährige** oder **ausdauernde**, (perennirende), deren Lebensdauer über zwei Jahre währt und die in der Regel, nicht wie die ein- und zweijährigen Pflanzen, nur einmal, sondern wiederholt blühen und Früchte tragen. — Die mehrjährigen Pflanzen zerfallen wieder in:

ausdauernde krautartige Gewächse, Zeichen ♃, bei denen alljährlich der oberirdische Stengel abstirbt und nur der unterirdische Stengeltheil (Wurzelstock, Zwiebel, Knolle), fortlebt (viele unserer wilden Gräser, namentlich die meisten Wiesengräser; der Spargel, die Maiblume und alle Zwiebel- und Knollengewächse) und

holzartige Gewächse ♄, wo auch der oberirdische Stengel (Stamm) sich so lange am Leben erhält, als überhaupt die Pflanze dauert (die Bäume und Sträucher).

Bei der Eintheilung der Pflanzen in ein-, zwei- und mehrjährige muß übrigens bemerkt werden, daß auch hier die Natur, wie überall, Uebergänge zeigt. So finden wir bei manchen einjährigen Pflanzen, daß sich Samenkörner auch schon im Herbst entwickeln, und alsbann die junge Pflanze überwintert und so zur zweijährigen wird (z. B. das Stiefmütterchen, Viola tricolor, der lackblättrige Schotendotter, Erysimum cheiranthoides). Von zweijährigen Pflanzen dauern Exemplare zuweilen mehrere Jahre aus, namentlich können durch Abschneiden der Stengel zweijährige Pflanzen, und selbst einjährige zu mehrjährigen ausgebildet werden (Erysimum strictum, Reseda lutea und odorata).

Uebergänge.

Fünfter Abschnitt.

Von der Fortpflanzung, Vermehrung und von der Verbreitung der Pflanzen.

Die Gewächse vervielfältigen und verbreiten sich durch neue Individuen, welche entweder von der Mutterpflanze durch bestimmte Organe erzeugt werden (Samen, Sporen) oder die dadurch entstehen, daß einzelne Theile einer Pflanze sich loslösen und zu selbstständigen Individuen sich ausbilden. Den ersten Fall, die Vervielfältigung der Pflanzen durch Samen oder Sporen nennt man Fortpflanzung, der andere, die Vervielfältigung durch integrirende Theile der Mutterpflanze, heißt Vermehrung. Die niedrigsten Kryptogamen vervielfältigen sich nur durch Vermehrung, alle übrigen, höher organisirten Gewächse durch Fortpflanzung und viele unter ihnen zugleich durch Vermehrung.

Unterschied der Begriffe Fortpflanzung und Vermehrung.

94 Fortpflanzung, Vermehrung u. Verbreitung der Pflanzen.

Urzeugung. Der Grund der Entstehung eines neuen pflanzlichen Individuums ist, so weit unsere Kenntnisse reichen, stets eine bereits vorhandene Pflanze. Nach den Erfahrungen der Wissenschaft bildet sich kein organischer Körper von selbst, ein jeder stammt vielmehr von einem anderen, gleich organisirten ab. Die Annahme, daß niedere Pflanzen und Thiere aus gewissen fremden Stoffen sich selbst erzeugen können, die sog. Urzeugung, generatio spontanea oder aequivoca, bleibt, so lange sie nicht durch Beobachtungen erwiesen ist, reine Hypothese. —

1. Von der Fortpflanzung.

Die Fortpflanzung der Gewächse erfolgt durch besondere Organe, welche bei den höher organisirten Pflanzen, den Phanerogamen, die Blüthe bilden. Die Blüthe erzeugt nach eingetretener Befruchtung den Samen, und letzterer enthält, — wie wir im Abschnitt 1, S. 49 gesehen — bereits die vollständige junge Pflanze mit Wurzel-, Stengel- und Blatt-Ansatz. Der Same entwickelt sich deshalb, wie auch seine Lage sein möge, stets nur an der Stelle, wo sich der Ansatz zur Wurzel, die Radicula, befindet.

Fortpflanzung der Kryptogamen. Den Kryptogamen fehlen Blüthen und Samen. Sie pflanzen sich durch ein- oder mehrzellige Körperchen fort, Keimkörner oder Sporen genannt.

Sporen. Die Spore besteht aus einer einfachen, homogenen Masse einer oder mehrerer Zellen, und sie entwickelt sich zur neuen Pflanze, indem stets diejenige Stelle, die den Boden berührt, gleichviel welche, nach unten zur Wurzel und die entgegengesetzte nach oben zum Stengel sich ausbildet. Die Spore unterscheidet sich also vom Samen sowohl durch ihre Structur als durch ihre Entwickelung und sie hat mit dem Samen nur das gemein, daß sie die Art fortpflanzt. — Die Sporen liegen entweder frei in der Substanz der Pflanze (bei den niederen Lager- oder Tallus-Pflanzen), oder sie sind in *Sporangien.* besondere Behältnisse, Sporangien genannt, eingeschlossen (bei den höher entwickelten Thalluspflanzen und bei allen blattbildenden Kryptogamen). Die Sporangien schließen die Sporen in ähnlicher Weise ein, wie die Fruchthüllen die Samen, und man nennt sie deshalb auch Keimfrüchte.

Von der Fortpflanzung. 95

Die **Phanerogamen** unterscheiden sich von den Kryptogamen vor Allem darin, daß sie sich durch Samen und nicht durch Sporen fortpflanzen.

Fortpflanzung der Phanerogamen.

Das **Samenkorn** enthält nicht wie die Spore eine gleichartige Zellenmasse, sondern schließt einen zusammengesetzten Körper in sich, der durch die Befruchtung des Eichens im Ovarium erzeugt und bereits vollständig entwickelt ist, den Embryo (S. 49). Wenn bei den Kryptogamen der Bildungsproceß der jungen Pflanze erst durch das Keimen der Spore, also außerhalb der Mutterpflanze, hervorgerufen wird, so vollzieht sich bei den Phanerogamen der Bildungsproceß der jungen Pflanze schon in der Mutterpflanze selbst. Den Phanerogamen sind deshalb zur Bildung des im Samen eingeschlossenen Embryo besondere Befruchtungsorgane, die Blüthen, gegeben.

Das Samenkorn.

In der Blüthe erfolgt — wie oben im Abschnitt 1, S. 37 näher ausgeführt ist — die Erzeugung des Embryo durch Befruchtung des Eichens. Von dem Befruchtungsproceß hängt somit die Bildung der Samen und die Fortpflanzung der Phanerogamen ab. Das Eichen wird durch den Blüthenstaub, Pollen, befruchtet, der zu diesem Ende auf die Narbe gelangen muß, und ist deshalb das Hinüberführen des Pollen zur Narbe für die Befruchtung von höchster Wichtigkeit. Die Natur sucht die Bedeckung der Narbe durch den Pollen zunächst dadurch zu sichern, daß sie, obgleich wenige Pollenkörner zur Befruchtung des Ovariums genügen, den Blüthenstaub in solchem Ueberfluß erzeugt, daß er zur Zeit der Bestäubung zuweilen weit und breit die Luft erfüllt.

Befruchtung des Eichen.

Die Niederschläge der Atmosphäre werden öfters in der Nähe von Kiefernwaldungen durch die Menge des Blüthenstaubes gelb gefärbt, was zur Sage vom Schwefelregen Veranlassung gab.

Ferner tritt die Zwitterblüthe, in welcher Staubgefäße und Stempel unmittelbar nebeneinander stehen und deshalb der Pollen zur Narbe leicht gelangen kann, so vorwiegend auf, daß sie als Regel erscheint, denn nur bei einer verhält=

nißmäßig geringen Anzahl von Phanerogamen, also gewissermaßen ausnahmsweise, finden sich die Geschlechter getrennt in verschiedenen Blüthen.

Außerdem erleichtert und befördert die Natur die Ueberführung des Blüthenstaubes zur Narbe durch **Luftströmungen und durch Insecten**.

Einfluß der Luftströmungen auf die Befruchtung.
Vom größten Einfluß auf die Befruchtung sind die Luftströmungen und sie erscheinen für die zweihäusigen Pflanzen geradezu nothwendig.

Nichts befürchtet der von der Dattelfrucht lebende Araber mehr als Windstille zur Blüthezeit der Dattelpalme und er sucht der Calamität einer Mißernte durch künstliche Mittel so viel als möglich vorzubeugen. So pflanzt er zwischen die weiblichen Stämme männliche und werden letztere, wenn zur Zeit der Blüthe Windstille herrscht, vermittelst langer in den Baumkronen befestigter Taue zum Schwanken gebracht, um eine lebhafte Bewegung des Blüthenstaubes hervorzurufen. Auch werden männliche Blüthenrispen auf weibliche Bäume gebracht, um in dieser Weise die Befruchtung zu erleichtern.

Aber auch bei den einhäusigen Pflanzen und selbst bei denen mit Zwitterblüthen fördern die Luftströmungen ungemein die Befruchtung. Es ist eine auf genaue Beobachtungen gegründete Erfahrung, daß die Befruchtung am wirksamsten erfolgt, wenn der Blüthenstaub von einer Pflanze zur andern geführt wird, wenn also die Bedeckung der Narbe nicht von dem Pollen derselben Pflanze, sondern von einer fremden herrührt. Ein solches wohlthätiges Hinüberführen des Pollens von Pflanze zu Pflanze bewirkt die Natur hauptsächlich durch die Luftströmungen. So hängt die Körnerzahl in den Aehren des Getreides wesentlich von den Bewegungen der Luft während der Blüthezeit ab und es ist für den Ertrag der Saaten von erheblicher Wichtigkeit, daß das blühende Feld vom Winde bewegt, und der Blüthenstaub von Pflanze zu Pflanze geführt werde.

Einfluß der Insecten auf die Befruchtung.
Sind die zweihäusigen Pflanzen durch die Absonderung der Geschlechter für den Befruchtungsproceß nicht wie die übrigen Gewächse begünstigt, so giebt es selbst Pflanzen, bei denen die Befruchtung geradezu erschwert ist. Zu ihnen gehören die Orchideen, deren Pollen eine wachsartige klebrige

Von der Fortpflanzung.

Masse bildet, die sich von selbst nicht löst und durch die Luft nicht fortgeführt werden kann. Hier sind es lediglich die Insekten, welchen das Geschäft, den Pollen zur Narbe zu befördern, übertragen ist.

Lange Zeit konnte die Vanille, eine mittelamerikanische Orchidee, welche das bekannte schöne Gewürz liefert, in anderen für die Pflanze an sich geeigneten Gegenden nicht kultivirt werden, weil die Insektenart, welche die Vermittelung der Befruchtung bewirkt, dort nicht lebt. Erst seitdem es bekannt ist, daß die Uebertragung des Pollen auf die Narbe auch durch Menschenhand ausgeführt werden kann, wird die Vanille auch außerhalb ihres ursprünglichen Wohnortes mit Erfolg gebaut.

Die Uebertragung des Blüthenstaubes durch die Insekten, welche für die Pflanzen mit klebrigem Pollen den durchgreifendsten Einfluß übt, ist auch für die Befruchtung anderer Phanerogamen von großer Wichtigkeit. Die Insekten befördern mit ihrem Saugrüssel namentlich in den mit Nectarien (s. S. 32) versehenen Blüthen die Bestäubung der Narbe. Und ihre Thätigkeit wirkt auf die Befruchtung gleich den Luftströmungen wohlthätig, denn auch sie übertragen den Pollen von Pflanze zu Pflanze und verursachen in dieser Weise die wirksamste Befruchtung.

Der Pollen muß in der Regel trocken sein und trocken bleiben, um auf der Narbe die befruchtenden Schläuche treiben zu können. Mit Ausnahme des Pollens sehr weniger Wasserpflanzen leidet das Pollenkorn durch Nässe stets Schaden. Deshalb erweist sich der Regen zur Blüthezeit für die Befruchtung der Pflanzen ungünstig, und er würde noch nachtheiliger einwirken, besäßen nicht viele Blüthen die Eigenschaft, sich bei trübem und nassem Wetter zu schließen. Bei Wasserpflanzen, die vollkommen untergetaucht im Wasser leben, heben sich in der Regel die Blüthen aus dem Wasser empor und tauchen erst nach der Befruchtung wieder unter.

Nothwendige Beschaffenheit des Pollen.

Eine sehr merkwürdige Erscheinung bietet hier die in den Gewässern des südlichen Europa lebende zweihäusige Wasserpflanze, Vallisneria spiralis L., deren weibliche Blüthen den spiralförmig eingerollten Blüthenstiel zur Zeit der Befruchtung bis zum Wasserspiegel emporrollen, während die männlichen Blüthen, mit nur kurzem Stiel, sich von der Pflanze loslösen und auf der Oberfläche des

Wassers frei umherschwimmen, um den Luftströmungen und Insekten Gelegenheit zu bieten, die Bestäubung der Narben zu bewirken.

2. Von der Vermehrung.

Die Eigenschaft der Pflanzen, sich durch die Loslösung integrirender Theile zu vermehren, ist für die Verbreitung der Gewächse wichtig, wie ihre Eigenschaft sich durch Bildung von Sporen und Samen fortzupflanzen und zu vervielfältigen. An sich würde jede Pflanze befähigt sein, sich durch Theilung zu vermehren, da schon die einzelne aus dem Verbande der Pflanze genommene Zelle, falls sie in die Lage käme, fortzuleben, sich nach dem morphologischen Gesetze der Mutterpflanze weiter entwickeln und zu einer neuen gleichartigen Pflanze heranbilden würde. In der Natur sehen wir jedoch, daß die Gewächse nicht allgemein, sondern daß nur gewisse Pflanzenarten ihre Eigenschaft, sich durch integrirende Theile zu vermehren, zu ihrer Vervielfältigung benutzen. Diesen Pflanzenarten mit **natürlicher** Vermehrung fügt der Mensch noch andere hinzu, die er zu seinem Nutzen auf **künstlichem Wege** vermehrt; wie sich denn überhaupt durch Kunst fast jede Pflanze würde vervielfältigen lassen.

Natürliche Vermehrung. Was nun zunächst die **natürliche Vermehrung** der Pflanzen betrifft, so müssen hier in erster Reihe diejenigen Gewächse genannt werden, denen die Eigenschaft sich fortzupflanzen fehlt, die also nur durch Vermehrung ihre Art erhalten und vervielfältigen können. Dies sind, wie schon oben erwähnt, gewisse Arten von Algen, Flechten und Pilzen, Lager- oder Thallus-Pflanzen, die durch Theilung des Thallus sich vervielfältigen, indem jedes einzelne Stück des Lagers zur neuen Pflanze wird. Namentlich vermehren sich manche Flechten in der Art, daß die Mutterpflanze in der Mitte abstirbt und die Außenstücke zu neuen Pflanzen sich ausbilden.

An die Vermehrung niederer Thallus-Pflanzen erinnert die Art und Weise, wie sich einige phanerogame

Von der Vermehrung der Pflanzen.

Wasserpflanzen durch Vermehrung ausbreiten. Bei der Gattung Lemna, Wasserlinse, z. B. bilden sich Stengel und Blatt als eine laubartige Masse aus, welche durch Seitensprossen sich dergestalt vermehrt, daß die Vervielfältigung der Pflanze auch ohne Samen in reichem Maaße vor sich geht. Die Wasserlinsen pflanzen sich deshalb durch Samen fast gar nicht fort, und überaus selten sieht man sie blühen und Früchte tragen.

Die großartigste Erscheinung der Verbreitung einer phanerogamen Pflanze durch bloße Vermehrung bietet die erst in neuerer Zeit aus Amerika zu uns gekommene zweihäusige Wasserpflanze, Elodea canadensis. Obgleich wir in Europa nur die weibliche Pflanze besitzen, also ihre Fortpflanzung durch Samen bei uns gar nicht stattfinden kann, breitete sich die Pflanze — die schon durch einzelne Bruchstücke sich zu vermehren fähig ist — mit solcher Rapidität aus, daß sie, die im Jahre 1836 zuerst in Irland bemerkt wurde, bereits im Anfang der funfziger Jahre auf den britischen Inseln ganze Kanäle anfüllte und die Schifffahrt zu hemmen drohte. Man belegte sie deshalb mit dem abschreckenden Namen der „Wasserpest". Bald zeigte sie sich auch auf dem Continent, zuerst in Holland und Belgien. In Deutschland wurde sie im Havelgebiete zu Ende der funfziger Jahre beobachtet und in unserem Gebiete ist sie zuerst bei Magdeburg auf dem Werder in einem Ausstiche im J. 1867 entdeckt worden. Da sie bald nach dieser Entdeckung auch anderwärts in der Umgegend von M. in großer Menge aufgefunden wurde, so ist anzunehmen, daß sie schon Jahre vorher in unser Gebiet eingewandert ist. Gegenwärtig kennen wir die Elodea in fast allen Lachen, Teichen und Seen an beiden Ufern der Elbe, soweit sie unser Gebiet durchströmt.

Eine natürliche Vermehrung der Phanerogamen durch bloße Bruchstücke, wie sie namentlich die Elodea zeigt, findet sich übrigens sehr selten; ungleich häufiger ist die ihr nahe stehende Vermehrung durch **Ausläufer**, sowohl **oberirdische** (Ausläufer im engeren Sinne, Stolonen; — Erdbeere), als **unterirdische** (die sog. kriechende Wurzel; — Quecke). In diesem Falle haben die zur Vermehrung dienenden Zweige bereits Wurzeln geschlagen, ehe sie sich von der Mutterpflanze trennen und als selbstständige Individuen auftreten. *Ausläufer.*

Außer der Vermehrung durch Ausläufer finden wir bei den Phanerogamen noch eine andere, ebenfalls häufige Vermehrung, die durch **Brutknospen** (Brutknollen, Brutzwiebeln). Die Brutknospen zeigen sich entweder in der Nähe der Wurzel *Brutknospen.*

(bei den meisten Zwiebelgewächsen, wo an oder zwischen den Schuppen der wurzeltragenden Zwiebel kleine Nebenzwiebeln sich entwickeln, die sog. Zwiebelbrut), oder am Stengel in den Achseln der Blätter (Feuerlilie, Lilium belbiferum, auch öfters beim Scharbockskraut); oder an den Blättern (häufig beim Wiesenschaumkraut); oder in den Blüthen (viele Laucharten und die sog. lebendig gebärenden Pflanzen, wie der lebendig gebärende Knöterich, Polygonum viviparum, und mehrere Gräser und grasartige Gewächse, z. B. das zwiebeltragende Rispengras, Poa bulbosa). — Die Brutknospen trennen sich sehr leicht von der Mutterpflanze und entwickeln sich zu neuen selbstständigen Individuen mit ganz denselben Eigenschaften, wie sie die Pflanze besitzt, von der sie stammen. Die Brutknospen erscheinen bei manchen Pflanzen so zahlreich, daß diese fast nur durch Brut sich vervielfältigen und wenige oder gar keine Samen hervorbringen. Dies ist namentlich bei denjenigen Zwiebelgewächsen der Fall, die nicht nur an der Wurzel, sondern auch in den Blüthen Zwiebelbrut tragen, z. B. Knoblauch, Sandlauch.

Zu den Pflanzen, die sich durch Brutknospen vermehren, gehört auch die Kartoffel, deren Knolle sogar mehrknospig ist und nicht einknospig, wie die meisten Knollen (auch Zwiebeln), z. B. die der Orchideen. Die Kartoffel ist deshalb am Leichtesten zu vermehren, weil jeder mit einer Knospe (Auge) versehene Knollentheil eine neue Pflanze liefert.

Künstliche Vermehrung. Die künstliche Vermehrung der Pflanzen durch Menschenhand erfolgt ganz dem Vorbilde der Natur gemäß. Wie in der Natur vorzugsweise Stengeltheile (Ausläufer) und Knospenbildung (Brutknospen) die Vermehrung der Pflanzen herbeiführen, so bedient sich der Mensch hauptsächlich der Stengel und der Knospen zur Vervielfältigung der ihm nützlichen Gewächse.[1])

---

[1]) Eine Vermehrung der Pflanzen durch das Blatt findet in der Kunstgärtnerei bei manchen Fettpflanzen, bei den Gloxinien und wenigen anderen Gewächsen statt.

Von der Vermehrung der Pflanzen.

Die künstliche Vermehrung mit Benutzung des Stengels geschieht durch Absenker, Stecklinge und Propfreiser, diejenige mit Benutzung der Knospen durch Oculiren.

Absenker oder Ableger sind künstlich hervorgerufene Ausläufer, die wir dadurch erhalten, daß Zweige einer Pflanze herabgebogen und in die Erde gelegt, hier Wurzel schlagen, um demnächst von der Mutterpflanze getrennt zu werden.

Absenker.

Bei einigen Pflanzen, namentlich Fettpflanzen und bei der Weide, Pappel und dem Weinstock, pflegt man die Zweige einfach abzuschneiden und als Stecklinge in die Erde zu setzen, wo sie bei der diesen Pflanzen beiwohnenden Neigung, Wurzeln zu schlagen, mit einiger Pflege sich leicht fortentwickeln.

Stecklinge.

Die Kunst des Propfens besteht darin, daß ein kleiner, dünner Zweig, Reis (Edelreis), auf einen Stamm (Wildstamm) eingefügt wird, um mit demselben zu verwachsen und auf ihm sich weiter zu entwickeln.

Propfen.

Findet in diesem Falle gewissermaßen das Ueberpflanzen eines Zweiges von einem Stamm auf den anderen statt, so besteht das Oculiren darin, daß nicht ein Zweig, sondern nur eine einzige Blattknospe (Auge) von einer Pflanze in die Rinde einer anderen eingefügt wird. — Beide künstliche Vermehrungsarten, das Propfen und Oculiren, deren wir uns besonders zur Veredelung der Obstbäume und Rosen bedienen, vermehren also nicht die Zahl der Pflanzen an sich, sondern nur die Zahl der veredelten Arten. Dieses Ueberpflanzen eines Individuums auf das andere ist aber nur bei derselben oder bei einer verwandten Art ausführbar. Vorzugsweise wählt man wilde Stämme derselben Art, um auf sie die edle zu übertragen, z. B. für edle Rosen wilde Rosenstämme, für edle Kirschen wilde Kirschbäume. Verwandte Arten können zwar ebenfalls zum Propfen und Oculiren benutzt werden, aber keinesweges jede verwandte Art. So gedeihen von unserem Steinobst Pfirsiche und Aprikose auf der Pflaume, nicht aber läßt sich der Pflaumenbaum mit der

Oculiren.

Kirsche veredeln. Auch die Birne kommt auf dem nahe verwandten Apfelbaum nicht fort, dagegen auf der Quitte. — Nur die practische Erfahrung hat bisher die zur Uebertragung tauglichen verwandten Pflanzenarten aufgefunden, wissenschaftlich hat sich der hierzu erforderliche Grad der Verwandtschaft noch nicht feststellen lassen.

3. Von der Verbreitung.

Wie schon in der Einleitung hervorgehoben, bildet die Existenz des Pflanzenreichs die Vorbedingung für die des Thierreichs; auf dem Dasein der Pflanze beruhet das ganze animalische Leben. Von höchster Wichtigkeit für letzteres ist daher die Verbreitung der Pflanzen über den Erdkreis; und so hat die göttliche Vorsehung auch in wunderbarer Weise dafür Sorge getragen, daß das vegetabilische Leben überall hin sich erstrecke und Wurzel schlage.

Productionskraft der Pflanze und Verbreitung der Pflanzenkeime.

Zunächst finden wir, daß die Pflanzen mit einer Productionskraft zu ihrer Vervielfältigung versehen sind, die an das Unermeßliche grenzt. Flechten und Algen der einfachsten Art, die Uranfänge der Vegetation, vermehren sich durch unzählbare Milliarden der kleinsten, oft für das menschliche Auge nicht mehr sichtbaren Bruchtheile und werden von Luft- und Wasserströmen über die Erde verbreitet. Ebenso erzeugen die höher organisirten Pflanzen fort und fort unzählige Milliarden von Sporen und Samenkörnern, die durch Wind und Wasserfluthen überall hin sich zerstreuen. Und nicht minder wie Luft und Wasser bringt die Thierwelt und der nie ruhende Verkehr der Menschen die Pflanzenkeime nach allen Orten.

Wenn die überaus kleinen und leichten Theilchen der niederen und die winzigen Sporen der höher organisirten Kryptogamen schon durch die leisesten Luft- und Wasserbewegungen ihre Weiterbeförderung finden, so ist das ungleich größere und schwerere Samenkorn schwieriger fortzuführen. Deshalb bedient sich die Natur hier noch besonderer Mittel,

Von der Verbreitung der Pflanzen.

um die Verbreitung zu erleichtern. Manche Samen, oder deren eng angeschlossene trockene Fruchthüllen sind geflügelt (Kiefer, Birke), andere mit Haaren oder Haarkronen versehen (Pappeln, Weiden, Weidenröschen, viele Compositen), so daß die Luft sie leicht weiter trägt; einige Samen werden durch ein elastisches Aufspringen der Fruchtkapsel fortgeschleudert (Springkraut, Impatiens noli-tangere) und manche Achenen, auch ganze Fruchtköpfe haben Häkchen, um sich überall anzuheften und fortführen zu lassen (Zweizahn, Klette). Eine große Verbreitung der Samen geschieht Seitens der Thiere durch das Verspeisen der Früchte, deren Samenkörner der Verdauung widerstehen und unverletzt durch die Excremente abgeführt werden. Besonders sind es die Vögel, welche in dieser Weise den Samen weit über das Land tragen. Und durch den Handel und Verkehr der Menschen tauschen selbst über den weiten Ocean die beiden großen Continente der Erde ihre Pflanzen gegenseitig mehr und mehr aus.

Wenn aus dem Vorstehenden sich ergiebt, daß die Verbreitung der Pflanzenkeime an sich eine allgemeine und unbegrenzte ist, so werden doch der Entwickelung dieser Keime und somit der Verbreitung der Pflanzenarten durch die den verschiedenen Pflanzen eigenthümlichen Lebensbedürfnisse sehr bestimmte Grenzen gestellt. Wie im Abschn. 3 ausgeführt ist, üben namentlich Boden und Wärme einen sehr verschiedenen Einfluß auf das Leben der Pflanzen aus, und so genügt es also nicht, daß die Pflanzenkeime überall hingelangen, sie müssen auch den ihnen zusagenden Boden und das für sie geeignete Klima finden, um sich entwickeln und einbürgern zu können. Da der Boden, wie wir a. a. O. gesehen, in seiner mannichfachen Beschaffenheit, sowohl physikalischen als chemischen, überall auf der Erde in buntem Gemisch sich findet, so setzt er an sich den specifischen Pflanzenarten keine geographischen Grenzen. Für die Pflanzengeographie, welche sich mit der Verbreitung der Pflanzen über den Erdkreis

Verbreitung der Pflanzenarten.

beschäftigt, sind vielmehr die klimatischen Einflüsse fast die allein wichtigen.

Klima. Das Klima eines Ortes wird dadurch festgestellt, daß sowohl die mittlere Jahreswärme als die höchste und und niedrigste Temperatur im Jahre ermittelt wird. Der **Isothermen.** Durchschnitt der Temperatur des ganzen Jahres, die mittlere Jahreswärme, wird durch die Isothermen (Linien von gleicher Wärme) bezeichnet, die, weil die Wärme vom Aequator bis zu dem Polen nicht überall gleichmäßig abnimmt, mit den Parallelkreisen keineswegs zusammen fallen. Für unseren großen Continent (Europa und Asien) stellt sich z. B. heraus, daß, je mehr wir uns dem Innern des Continents nähern, um so mehr die Temperatur abnimmt, daß mithin das westliche Europa unter gleichen Breiten wärmer erscheint als das östliche, wogegen umgekehrt das westliche Asien kälter ist als das östliche.

Außer der mittleren Jahreswärme kommt ferner das Maximum und das Minimum der Temperatur bei Feststellung des Klimas in Betracht. Das Maximum wird durch **Isotheren u. Isochimenen.** die Isotheren (Linien von gleicher mittlerer Sommerwärme), das Minimum durch die Isochimenen (Linien von gleicher mittlerer Winterkälte) dargestellt. Im Allgemeinen zeigen die Curven dieser Linien, daß im Innern der Continente die Sommer heißer und die Winter kälter sind als an den Küsten und auf den Inseln. Die Folgen hiervon sind für die Verbreitung der Pflanzen überaus wichtig. So gedeihen in England, wie schon erwähnt (S. 81), wegen des wärmeren Winters noch Myrte und Lorbeer, die bei uns im Freien nicht fortkommen, während der Weinbau dort nicht mehr betrieben werden kann; und so ist im nördlichen Rußland wegen des heißen Sommers der Anbau unseres Sommer-Getreides noch in Gegenden möglich, wo wir die meisten unserer ausdauernden Pflanzen, namentlich fast alle unsere Laubhölzer, nicht mehr finden.

Vom Klima also, dem allgemeinen wie dem ört-

Von der Verbreitung der Pflanzen.

lichen (S. 83) hängt die geographische Verbreitung der Pflanzen ab.

Nach dem allgemeinen Klima stellt die Pflanzen-Geographie bestimmte Pflanzenzonen auf, nach dem örtlichen Klima bestimmte Pflanzenregionen und nach den Ländern, welchen gewisse Pflanzenfamilien eigen sind, bestimmte Pflanzenreiche und Florengebiete.

Von den Pflanzenzonen.

Die drei Erdzonen der allgemeinen Geographie — die heiße, gemäßigte und kalte Zone — reichen für die Zwecke der Pflanzengeographie nicht aus. Deshalb werden die Erdzonen pflanzengeographisch noch weiter getheilt, und zwar die heiße Zone in zwei Pflanzenzonen: die äquatoriale und die tropische; die gemäßigte Zone in vier: die subtropische, die wärmere gemäßigte, die kältere gemäßigte und die subarctische; und die kalte Zone in zweie: die arctische und die Polarzone. Es zerfallen demnach die drei Erdzonen in acht Pflanzenzonen, die wir jetzt näher betrachten wollen. *Pflanzenzonen.*

Die Aequatorial-Zone geht vom Aequator bis zum 15. Breitegrad und hat eine mittlere Temperatur von $26\frac{1}{4}$ bis $27\frac{1}{2}°$ C. Sie ist die Zone der Palmen und Bananen und hier finden wir die baumartigen Leguminosen, Euphorbiaceen, Urticeen und Gräser, die von Stamm zu Stamm sich schlingenden Lianen und die parasitische Welt der märchenhaft gestalteten Orchideen. — An sie schließt sich *Die Aequatorialzone.*

die tropische Zone, vom 15. Breitegrad bis zu den Wendekreisen mit einer mittleren Temperatur von $21°$ bis $26\frac{1}{4}°$ C. Sie ist die Zone der Baumfarn, und hier zeigen sich zahlreiche Ficus-Arten und die seltsamen Cactuspflanzen; vorwiegend erscheinen auch noch Palmen, Leguminosen, Orchideen und die Bambus-Gräser. Ueberhaupt ist die Vegetation der tropischen Zone noch sehr übereinstimmend mit der der Aequatorialzone, weshalb man beide Zonen mit *Die tropische Zone.*

dem gemeinschaftlichen Namen der Tropenländer zusammenfaßt. Sie zeichnen sich durch Pflanzenreichthum und durch die Pracht und die Größe ihrer Gewächse aus.

Den Uebergang von der Tropenflora mit ihren Riesenformen in Blatt und Blüthe zu dem einfachen, lieblichen Pflanzenschmuck der gemäßigten Zone bildet

Die subtropische Zone.
die subtropische Zone, die sich von den Wendekreisen bis zum 34. Breitegrad erstreckt und eine mittlere Temperatur von 17—21° zeigt. Sie ist die Zone der Myrten und Lorbeeren und ihr gehören noch zwei Palmenarten an: die Dattel- und die Cocus-Palme. Sie charakterisirt sich außerdem durch die Ericeen und Camelliaceen und durch den Anbau des Kaffees, des Thees, der Baumwolle, des Zuckerrohrs, des Reis und des Mais. Wie die genannten Culturpflanzen zeigen, wird in dieser Zone die Pflanzenkultur schon in erheblichem Umfange getrieben, und in manchen Ländern, wie in Ostindien, schafft die menschliche Thätigkeit zwei Kulturen im Jahre, eine Sommer-Kultur, die Reis, Indigo, Baumwolle u. s. w. liefert, und eine Winter-Kultur, die unserer heimathlichen Kultur gleicht, und Weizen, Bohnen, Tabak, Flachs und Hanf gewährt.

Die wärmere gemäßigte Zone.
Die wärmere gemäßigte Zone vom 34. bis 45. Breitegrad mit einer mittleren Temperatur von 12—17° C. ist die Zone der immergrünen Laubhölzer. In ihr erscheint noch eine Palmenart, doch nur in Zwerggestalt, und hier blühen noch Myrte und Lorbeer. Charakteristisch für diese Pflanzenzone ist die immergrüne Eiche, der Oleander und Granatbaum, der Oelbaum, die Feige, die Citrone und Orange, und in ihrem östlichen Theile finden wir die eigentliche Heimath des Weinstocks.

Die kältere gemäßigte Zone.
Die kältere gemäßigte Zone vom 45. bis 58. Breitegrad, mit einer mittleren Temperatur von $5^3/_4$ bis 12° C. zu der unser deutsches Vaterland gehört, ist die Zone der blattwechselnden Laubhölzer und sie charakterisirt sich ferner durch die grünen Matten der Wiesen und durch die Kultur

des Getreides. Außer dem Laubholz und den Gräsern sind bei uns vorherrschend: das immergrüne Nadelholz und die Familien der Compositen, der Dolden, der Cruciferen und der Papilionaceen.

Der Wechsel der Jahreszeiten in den beiden gemäßigten Pflanzenzonen wirkt übrigens auf die Mannigfaltigkeit der Pflanzenwelt wesentlich ein und die periodische Winterruhe übt einen wichtigen Einfluß auf die Vegetation. Namentlich bedürfen unsere Obstbäume der Winterruhe und dies ist der Grund, weshalb die europäischen Obstsorten in den Tropen nicht kultivirt werden können.

Die subarctische Zone — die Zone der Nadelhölzer — geht vom 58. Breitegrad bis zu den Polarkreisen mit einer mittleren Temperatur von $3^3/_4 — 5^3/_4$° C. Sie bildet den Uebergang von dem gemäßigten zum kalten Klima. In ihr hört das Laubholz fast gänzlich auf, es herrscht das Nadelholz in großen, geschlossenen Waldungen, das aber je näher den Polarkreisen, um so mehr verkrüppelt und strauchartig wird.

Die subarktische Zone.

Die kalte Zone kommt für die Pflanzengeographie nur auf der nördlichen Hemisphäre in Betracht, da im Süden jede Vegetation jenseits des Polarkreises aufhört.

Die arktische Zone der nördlichen Halbkugel, von dem Polarkreis bis zum 72. Breitegrad, hat eine Mitteltemperatur unter Null, die jedoch an den Küsten bis auf beinahe 2° C. steigt. In ihr erscheinen nur noch Sträucher: Birkengestrüpp, Wachholder, kriechende Weiden, Heidelbeeren und Haidekraut; an Stelle der Gräser treten die Halbgräser, und die Kultur erreicht hier ihre Grenze; Garten- und Getreidebau hören auf. Neben den niederen Sträuchern und Halbgräsern sind es nur Kryptogamen, welche den Boden bedecken; und für die zerstreut lebende geringe Bewohnerschaft jener Gegenden sind nährende Kryptogamen fast die alleinige vegetabilische Kost. Weite Strecken, die sog. Tundras, überzieht die Rennthierflechte, welche ganzen Heerden von Rennthieren, die

Die arktische Zone.

Wohlthäter jener armen Bevölkerung, die einzige Nahrung gewähren.

Die Polarzone. In der Polarzone, vom 73. Breitegrad bis zum Nordpole mit einer mittleren Temperatur von —17° C., zeigt sich nur noch eine schwache Spur einer dürftigen Vegetation. Die wenigen schnee- und eisfreien Stellen sind mit Flechten und Moosen und einigen kriechenden Polarweiden bedeckt.

Wenn das Klima der verschiedenen Pflanzenzonen die Vegetation im Großen und Allgemeinen bestimmt, deren Grenzen einerseits die tropischen Gewächse, andererseits die arktischen und Polarpflanzen bilden, so wirkt der Wärmegrad der Temperatur auf einzelne Pflanzen selbst in den feinsten Abstufungen und Grenzen. So finden wir z. B. in unserem Vaterlande Pflanzen, die nur noch in Süddeutschland gedeihen, andere, die noch bis Mitteldeutschland vordringen; und von den nordischen Pflanzen wieder einige, die in Norddeutschland, und solche, die erst in Mitteldeutschland ihre Grenze finden. Weitere Pflanzengrenzen bildet der Westen und Osten. Und diese kleineren durch sehr geringe Temperatur-Unterschiede hervorgerufenen Grenzen lassen sich für einzelne Pflanzenarten selbst in jedem größeren Local-Florengebiete auffinden. —

Von den Pflanzenregionen.

Aehnlich wie die Temperatur in horizontaler Richtung vom Aequator bis zu den Polen abnimmt, vermindert sich die Wärme in verticaler Richtung je mehr wir uns über den Meeresspiegel erheben und in höhere Regionen gelangen. Mit der Abnahme der Temperatur in verticaler Richtung verbinden sich dieselben Erscheinungen für die Vegetation, wie wir sie bei der Abnahme der Wärme in horizontaler Richtung kennen gelernt haben, so daß im Allgemeinen die Vegetation der Pflanzenregionen mit der der Pflanzenzonen übereinstimmt. Es entspricht hierbei eine Erhebung von 1900' je einer pflanzengeographischen Zone.

Regionen der Aequatorialzone. In der heißesten Zone, in der des Aequators, finden wir bis zur Höhe von 1900' die gleiche üppige Vegetation; sie ist die Zone, wie die Region der Palmen und Bananen. Weiter hinauf, bis zu 3800' erblicken wir die Vegetation der tropischen Zone; sie ist die Region der Baumfarne. Von da ab und bis zur Höhe von 5700' kommt die Flora der

Von der Verbreitung der Pflanzen.

subtropischen Zone, die Region der Myrten und Lorbeeren. Jetzt folgen bis zur Höhe von 7600' die Pflanzen der wärmeren gemäßigten Zone, die Region der immergrünen Laubhölzer. Hierauf zeigt sich bis 9500' die Region der blattwechselnden Laubhölzer; alsdann bis zur Höhe von 11400' die Region der Nadelhölzer. Demnächst erscheint bis zu einer Höhe von 13,300' und darüber eine der arctischen Flora ähnliche Vegetation, die Region der Alpensträucher. Ihr folgt zum Schluß jenseits der Schneelinie die der Vegetation der Polarzone entsprechende Region der Kryptogamen und Polarweiden.

Mit den 8 Pflanzenzonen vom Aequator bis zu den Polen stimmen mithin die 8 Pflanzenregionen der Aequatorialzone, vom Spiegel des Oceans bis zu den Schneekuppen der Cordilleren, im Wesentlichen überein. Die Höhe der Regionen und die Zahl derselben nimmt selbstverständlich mit der Temperatur der Zonen ab; je näher wir den Polen kommen, je mehr sinken mit der Wärme die Regionen und je geringer für die betreffenden Länderstriche wird ihre Zahl. Jede Zone zeigt über sich in verticaler Richtung immer diejenige Anzahl von Regionen, welche der Zahl der Zonen entspricht, die zwischen ihr und dem Pole liegen. So haben wir als Bewohner der kälteren gemäßigten Zone, der fünften vom Aequator, noch 3 Pflanzenzonen bis zum Nordpol und dem entsprechend über unserer niedrigsten Region noch drei höhere: die Region der Nadelhölzer, die der Alpensträucher und die der Kryptogamen und Polarweiden; welche wir auch sämmtlich in den mit ewigem Schnee bedeckten Alpen Süddeutschlands finden, wogegen den Gebirgen Norddeutschlands, die mit ihrer Höhe die Schneelinie nicht erreichen, die Vegetation der 8. Region gänzlich, und die der 7., die Alpenpflanzen, zum größten Theile fehlen. —

Regionen der übrigen Zonen.

Von den Pflanzenreichen und Florengebieten.

Bei Weitem nicht alle Pflanzen, die einer bestimmten

Verbreitungsbezirke der Pflanzen.

110 Fortpflanzung, Vermehrung u. Verbreitung der Pflanzen.

Pflanzenzone resp. Pflanzenregion angehören, sind im ganzen Umfange derselben verbreitet, die meisten Pflanzen gehören vielmehr besondern Verbreitungs=Bezirken an, die innerhalb der Pflanzenzonen und Regionen wieder ihre besonderen Grenzen haben, wie sie denn auch häufig über die ihnen eigenthümlichen Zonen und Regionen hinausgehen. Eine Beschränkung auf kleinere Verbreitungsbezirke finden wir besonders bei den höher organisirten Gewächsen, wogegen das Vorkommen der einfach organisirten Pflanzen, namentlich der Kryptogamen und Gräser, ein viel allgemeineres ist. Deshalb zeigen sich die Verbreitungsbezirke um so enger, je mehr wir uns dem Aequator, und um so weiter, je mehr wir uns den Polen nähern; und deshalb ist die Vegetation der arctischen und der Polarzone fast überall eine gleiche, wie sie denn auch mit den entsprechenden Pflanzenregionen der höchsten Gebirge im hohen Grade übereinstimmt.

Pflanzenreiche. Um im Allgemeinen die Verbreitung der verschiedenen Pflanzenfamilien, Gattungen und Arten über den Erdkreis anzudeuten, und um ein Bild der Vegationsverhältnisse der verschiedenen Länder zu geben, hat man die Erdoberfläche in 25 Gebiete oder Reiche getheilt. Von diesen pflanzengeographischen Reichen, die nach den sie characterisirenden Familien bezeichnet und nach dem Namen desjenigen Botanikers, der sich um die betreffende Flora besonders verdient gemacht hat, benannt werden, führen wir nachstehend die 3 ersten an, in welche die Vegetation von Europa fällt:

1) das Reich der Moose und Saxifrageen (Wahlenberg's Reich) umfaßt alle Polarländer und die höchsten Regionen der Gebirge der nördlichen Halbkugel;

2) das Reich der Coniferen, Doldenpflanzen und Cruciferen (Linné's Reich) erstreckt sich über Nord- und Mitteleuropa und das nördliche Asien.

3) das Reich der Lippenblumen und Nelken (De-

Von der Verbreitung der Pflanzen.

candolle's Reich) umfaßt die Länder ums schwarze und ums Mittelmeer.

Die pflanzengeographischen Reiche werden wieder in kleinere Bezirke, sog. Florengebiete getheilt, die sich innerhalb der politischen Grenzen der Länder zu halten pflegen, so z. B. die Flora von Deutschland, die Flora von Frankreich ɾc. Die Floren noch kleinerer Gebiete, die sog. Lokal-Floren, geben uns ein genaues Bild von der Vegetation gewisser Landschaften und machen uns mit den speciellsten Beziehungen der Pflanzen zum Boden bekannt.

Florengebiete.

Die Größe der pflanzengeographischen Reiche ist verschieden, wie der Umfang der Verbreitungsbezirke ihrer Pflanzenfamilien, und verschieden wie dieser ist der der Gattungen und ganz besonders der Verbreitungsbezirk der Arten. Es giebt Pflanzenspecies, die fast ohne Begrenzung auf der ganzen Erde vorkommen, z. B. der Vogelknöterig (Polygonum aviculare), und im stricten Gegensatze solche, die nur einen einzigen beschränkten Standort innehalten, z. B. Genista aetnensis, die bisher nur auf dem Aetna gefunden ist.

Verschiedene Größe der Verbreitungsbezirke der Pflanzenfamilien, Gattungen u. Arten.

Die Verbreitungsbezirke der meisten Pflanzen können wir übrigens nicht als abgeschlossen ansehen, vielmehr müssen wir, namentlich aus den Erfahrungen, die seit Entdeckung der neuen Welt uns vorliegen, annehmen, daß viele Pflanzen in dem für sie geeigneten Klima und Boden ihre Verbreitung erheblich auszudehnen vermögen. Schon jetzt kennen wir eine Anzahl von Pflanzen, welche die beiden Hemisphären, die östliche und die westliche, gegenseitig ausgetauscht haben, und die Erfahrung lehrt, daß der Austausch ununterbrochen fortgeht. — Innerhalb der Continente, wo die Verbreitung der Pflanzen am leichtesten stattfindet, ist es namentlich das Alluvium, welches durch neue Einwanderer bereichert wird. Aber auch auf dem der Ueberschwemmung nicht ausgesetzten Boden läßt sich ein Fortschreiten mancher Pflanzenarten genau nachweisen. So wandert beispielsweise das Frühlings-Kreuzkraut, Senecio vernalis, von Jahr zu Jahr von Osten nach Westen weiter.

Die Schnelligkeit, mit welcher die Pflanzen sich ausbreiten, ist übrigens sehr verschieden und von der eigenthümlichen Natur der Pflanzenspecies bedingt. Erigeron canadensis, erst im 17. Jahrh. nach Europa eingeschleppt, ist bei uns bereits allgemein verbreitet und eines der gemeinsten Unkräuter, wogegen die aus den botanischen Gärten im Anfang dieses Jahrh. ausgewanderte Galinsoga parviflora, wenn auch als lästiges und unverwüstliches Unkraut wuchernd, doch über die von ihr ursprünglich eingenommenen Standörter noch wenig hinausgegangen ist. Bei einigen Pflanzen finden wir sogar, daß sie sich in auffallender Weise auf diejenigen Gegenden beschränken, die von ihnen einmal besetzt sind, und daß sie Nachbarorte mit gleichem Klima und gleichem Boden gänzlich meiden. Die gelbe Wucherblume, Chrysanthemum segetum z. B., ein lästiges Unkraut, wo sie sich einmal angesiedelt hat, nimmt in unserem Local-Florengebiete nur verhältnißmäßig kleine Districte ein, über die sie nicht hinausgeht. Durch Aussaat wiederholt in die Nachbarschaft verschleppt, kam sie hier wohl zur Blüthe, aber sie erschien in den folgenden Jahren nicht wieder.

Sechster Abschnitt.

Vom Nutzen der Pflanzen.

Nutzen der Pflanzen im Allgemeinen. Die Pflanzen sind für das physische Leben des Menschen, wie wir schon mehrfach hervorgehoben, eine unbedingte Nothwendigkeit; denn ohne sie fehlten uns die ersten Bedingungen für die Erhaltung des Daseins: die Lebensluft und die Lebensnahrung. Die Pflanzen gewähren aber dem Menschen mehr noch als die einfachen Mittel zur Existenz, sie geben ihm zugleich ein reiches Material, sich das Leben angenehm und werth zu machen. Mit dem natürlichen Bedürfniß des Menschen, sich wohl zu fühlen, erwacht in ihm der Trieb, die Mittel, welche ihm die Natur zur Verbesserung und Verschönerung des Lebens darbietet, zu benutzen; und ist es vorzugsweise die Pflanzenwelt, in welcher er diese Mittel findet, und welche den Menschen zum Gebrauch seiner geistigen Kräfte und zur Thätigkeit auffordert und anhält. Die Pflanzen sind die ersten und wahren Begründer der menschlichen Kultur und Civilisation, und sie wirken durch die Fülle ihrer nützlichen Eigenschaften und durch die wunderbare Schönheit und Mannigfaltigkeit ihrer Formen unausgesetzt fort, den Geist des Menschen zu heben und seine Bildung zu fördern.

Die in ihrer Natur begründete Eigenschaft der Pflanze, daß sie gepflegt und allein herrschend auf ihrem Boden sich üppiger entwickelt, mußte den Menschen bald dahin führen, die Pflanzen, welche ihm Nahrung gewähren, besonders zu pflegen und anzubauen. So entstand der Ackerbau, der erste Industriezweig des Menschen und die Grundlage seiner gan-

Besonderer Nutzen.

zen geistigen und sittlichen Bildung. Der Ackerbau ist so alt und bringt so weit in die Urzeiten des Menschengeschlechts, daß die Pflanzen, welche ihn begründeten, die Getreidearten, nirgends mehr im wilden Zustande angetroffen werden und ihr eigentliches Vaterland bisher noch unermittelt ist. Der Ackerbau bestimmte den Menschen, feste Wohnsitze zu wählen, machte ihn betriebsam und wurde der Begründer der anderen Industriezweige: der Gewerke und Fabriken, des Verkehrs und des Handels. Und für alle Zweige der Industrie liefert das Pflanzenreich von allen drei Naturreichen bei Weitem das reichste Material.

Nach diesen Andeutungen über den **allgemeinen Nutzen** der Pflanzen wollen wir im Nachstehenden einen Ueberblick über den **speciellen Nutzen** geben, welchen gewisse Pflanzenarten dem Menschen gewähren.

Der **besondere Nutzen** der Pflanzen beruht auf der Verwendbarkeit ihrer verschiedenen Stoffe (Abschn. 2, Kap. 1) für die mannigfachen Bedürfnisse des menschlichen Lebens. Obean stehen hier die Pflanzenstoffe, welche dem Menschen Nahrung gewähren: mithin die Pflanzen, welche vorzugsweise Eiweißstoff (Proteïn), Stärkemehl, Zucker, Fette (Oele) oder Säuren enthalten. Ihnen schließen sich bezüglich ihres Nutzens die Pflanzen an, deren Zellstoff (Holzfaser) sich durch Festigkeit und Dauerhaftigkeit auszeichnet, und welche der Mensch, wie die Gespinnstpflanzen, zu seiner Bekleidung, oder, wie die Holzarten, zum Bau seiner Wohnung, zur Beschaffung von allerlei Geräthschaften und als Heizmaterial gebraucht. — Fast alle gedachten Pflanzenstoffe und noch andere, wie die Harze, die Farbestoffe und die Alkalien, finden eine mannigfache und vielseitige Verwendung in der Industrie, so daß es eine große Anzahl von Pflanzen gibt, welche für gewerbliche Zwecke von hervorragender Bedeutung sind. Viele Pflanzenstoffe, besonders die Pflanzenalkaloïde, dienen als bewährte Heilmittel, und werden die Pflanzen, welche uns diese Stoffe liefern, als **officinelle** bezeichnet.

Besonderer Nutzen gewisser Pflanzenarten.

Vom Nutzen der Pflanzen.

Nahrungs-pflanzen.

Wir wollen nun zunächst die Pflanzen betrachten, welche der Mensch zu seiner Nahrung bedarf.

Nahrhafte Früchte und Samen.

Unter den Nahrungspflanzen nehmen diejenigen die erste Stelle ein, deren Früchte und Samen dem Menschen zur Nahrung dienen. Von ihnen sind vor allen, als die ältesten im Gebrauche und als die wichtigsten und verbreitetsten, die zur Familie der Gräser gehörigen Getreidearten, Cerealien, zu nennen; und zwar zuvörderst unsere heimathlichen: der Waizen, der Roggen, die Gerste und der Hafer. Der Waizen, Triticum L. verlangt von allen unseren Getreidearten den besten Boden und die meiste Wärme (eine mittlere Sommerwärme von $17\frac{1}{2}^{0}$ C.) Für seinen Anbau eignet sich der gute Thon- und der Lehmboden am vorzüglichsten, im Sandboden gedeihet er nur auf fruchtbarem, morigen Sand. Seine Kultur geht in Scandinavien bis zum 63. Breitegrade, in Rußland bis 59°, in Nordamerika bis 50°. In den Tropenländern kann er erst auf einer Höhe von 6—10,000' gebaut werden. Der Waizen liefert das leicht verdaulichste und feinste Weißbrod und ist in der wärmeren gemäßigten Zone das eigentliche Brodkorn. Er wird in verschiedenen Arten und Unterarten cultivirt; bei uns ist der Anbau des „gemeinen Waizen", Triticum vulgare Vill. vorherrschend. — Der Roggen, Secale cereale L. kommt auf einem viel dürftigeren Boden fort, — er ist das Hauptgetreide für die Sandgegenden —, und er bedarf auch weniger Wärme als der Waizen. Der Roggen, dessen Anbau in Scandinavien bis zum Polarkreise möglich ist, liefert das hauptsächliche Brodkorn für die Bewohner der kälteren gemäßigten und der subarctischen Zone. — Die Gerste, Hordeum L., das Brodkorn der nördlichsten Völker und der Alpenbewohner, wird bei uns hauptsächlich zur Graupenfabrikation und als Malz bei der Bierbrauerei verwendet. Die Gerste, in verschiedenen Arten gebaut (bei uns vorwiegend die „zweizeilige Gerste" Hordeum distichon L.), verlangt von allen Getraidearten die geringste Wärme (eine mittlere

Nahrungspflanzen. 115

Sommerwärme von 10° C.) und ihr Anbau geht noch über den Polarkreis hinaus bis 70° nördlicher Breite. — Der Hafer, Avena L., — ebenfalls in mehreren Arten und Abarten cultivirt, bei uns jedoch nur der „gem. Hafer" Avena sativa L. — wird in den rauhen Gebirgsgegenden auch noch als Brodkorn benutzt, bei uns dient er weniger als Nahrung des Menschen und wird hauptsächlich nur als Grütze (Hafergrütze und Haferbrei) genossen. Sein Anbau bringt in die nördlichsten Gegenden, geht aber nicht soweit als der der Gerste.

In den südlichsten Ländern, in den Tropen und in der subtropischen Zone, sind die wichtigsten Getraidearten: der Reis, der Mais und die Mohrenhirse oder Durrha. Der Reis, Oryza sativa L. wird seit den ältesten Zeiten im tropischen Asien cultivirt und hat sich von dort auch über die Länder des mittelländischen Meeres verbreitet. — Die Kultur des Mais, Zea Mais L., ursprünglich in der tropischen Zone von Amerika, hat sich ebenfalls sehr ausgedehnt und geht selbst in die kältere gemäßigte Zone hinein. — Die Mohrenhirse, Durrha, Sorghum vulgare Pers. ist das Getraide der Neger Afrikas; sie wird theils als Brod verbacken (wie auch Reis und Mais), theils als Grütze gegessen.

Neben den Cerealien gehören zu den vorzüglichsten Nahrungspflanzen die aus dem Orient stammenden sog. Hülsenfrüchte. Sie gehören zur Familie der Papilionaceen und werden von ihnen bei uns vorzugsweise angebauet: die Bohne, Phaseolus L. in verschiedenen Arten und Spielarten; die Erbse, Pisum sativum L. und die Linse, Ervum Lens L. Die Hülsenfrüchte liefern durch ihre reifen Samen sehr nahrhafte Gemüse, und von der Erbse werden auch die unreifen Samen, von der Bohne die unreifen Früchte als wohlschmeckende Gemüse zubereitet.

Aus der Familie der Polygoneen ist der Buchweizen, Polygonum Fagopyrum L., eine, namentlich für die Sand-

8*

gegenden wichtige Nahrungspflanze, dessen Früchte hauptsächlich als Grütze und Brei genossen werden. —

Außer den genannten ein= und zweijährigen krautartigen Pflanzen, zu denen noch die Mellonen und Gurken zu rechnen sind, gibt es ferner eine Anzahl von Bäumen und Sträuchern mit wohlschmeckenden und nahrhaften Früchten. In den tropischen und subtropischen Ländern finden wir ganze Völkerschaften, die fast lediglich von Baumfrüchten leben. Zu den Bäumen und baumartigen Pflanzen, die wegen ihrer nahrhaften Früchte in den Tropen cultivirt werden, gehören vornehmlich: der Brodfruchtbaum, Atrocarpus incisa L. auf den australischen Inseln und in Ostindien; die Banane oder der Pisang, auch Paradiesfeige genannt, Musa paradisiaca und sapientum L., in der heißen Zone der alten und neuen Welt; und zwei Palmenarten: die Dattelpalme, Phönix dactylifera L. in Nordafrika und Arabien, und die Cocuspalme, Cocos nucifera L., in den Tropen der alten Welt. Beide Palmenarten bilden auch umfangreiche Waldungen, in welchen die Früchte im Großen gesammelt werden.

Früchte von großem Wohlgeschmack, wenn auch weniger nahrhaft, liefern unsere Obstbäume: der Apfel=, Birnen=, Pflaumen= und Kirschbaum, in den verschiedensten Varietäten, und der Aprikosen=, der Pfirsich und der Nußbaum; ferner in den südlicheren Gegenden: die zahme Kastanie, der Mandelbaum, die Feige und die sog. Südfrüchte: die Orange, Citrone und Apfelsine.

Zu den Obstbäumen gesellt sich die Kultur der Fruchtsträucher: der Stachelbeer=, Johannisbeer= und Himbeerstrauch und die Haselnuß, welche wir sämmtlich auch wild (die Stachelbeere wohl nur verwildert) in unseren Wäldern finden. Namentlich ist die Haselnuß ein verbreitetes Unterholz unserer Laubwälder und die Himbeere findet sich vielfach im Nadelholz und in Erlenbrüchen. Von nicht cultivirten, nur wilden Sträuchern, deren eßbare Früchte ge=

Nahrungspflanzen. 117

sammelt werden, sind zu nennen: die Brombeere, die Heidel-, die Preißel- und die Moosbeere.

Diesen Obstbäumen und Sträuchern schließt sich als ausdauerndes Kraut die Erdbeere an, die reichlich in unseren Waldungen, auf trockenen Wiesen und Rainen auftritt und in mehreren Sorten in unseren Gärten cultivirt wird.

Sind es bei den vorgedachten Pflanzen die Früchte resp. Samen, deren wir uns zur Nahrung bedienen, so gewähren andere Pflanzen dem Menschen reichliche Kost durch Wurzel, Stengel, Blatt und selbst durch die Blüthe. *Andere nahrhafte Bestandtheile verschiedener Pflanzenarten.* Als die wichtigste Nahrungspflanze ist hier vor allen zu nennen die Kartoffel, Solanum tuberosum L. mit ihren wohlschmeckenden, unterirdischen Brutknollen. Zu Ende des 16. Jahrhunderts aus Amerika nach Europa eingeführt, stieß ihr Anbau zunächst auf große Vorurtheile und wurde erst im Anfang des 18. Jahrhunderts allgemein. Am leichtesten zu vermehren (S. 100), am genügsamsten in ihren Anforderungen auf Bodenbeschaffenheit und Wärme und reich im Ertrage, ist sie in kurzer Zeit die verbreitetste und segensreichste aller Nahrungspflanzen geworden. Sie wächst ebenso auf dürftigem Sandboden, wie in fruchtbaren Landstrichen, in denen sie als Brachfrucht dem erschöpften Boden Ruhe und neue Kraft gewährt; sie gedeihet in der Ebene, wie auf den Höhen, im Süden, wie im Norden. Aus den Hochgebirgen des tropischen Amerika stammend, ist ihr Anbau gegenwärtig verbreitet über die Länder der gemäßigten Erdstriche und über die kulturfähigen Gegenden der kalten Zone; ihre Kultur steigt bis in die Polargegenden und geht selbst über den Anbau der Gerste hinaus.

Eine den Kartoffeln ähnliche Nahrung liefern die Wurzelknollen der in beiden Indien und in Süd-Europa cultivirten Batatenwinde, Convolvulus Batatas L. Die Batate wird wie die Kartoffel durch die Knollen, welche man in einzelne Stücke schneidet, doch so, daß die Augen unverletzt bleiben, vermehrt. — Ferner werden in den Tropen-

ländern wegen ihrer vorzüglichen und mehlreichen Wurzel=
nahrung vielfach angebaut: die **Yamspflanze** (Yamswurzel)
Dioscorea sativa und alata L.; der zu den Euphorbiaceen
gehörige **Manioc**= oder **Cassavastrauch**, Jatropha Manihot L. (das Mehl der Wurzel heißt Manioc und das da=
raus bereitete Brod Cassava), und auf den Südsee=Inseln:
Arum esculentum L. (Caladium escul. Vent.) Calo oder
Tarro, dort gleich der Kartoffel die Nahrung ganzer Völker=
stämme.

Pflanzen, die durch ihre fleischigen Wurzeln gute Ge=
müse liefern, sind unter den Doldengewächsen: die **Mohr=
rübe**, Daucus Carota L., die **Pastinake**, Pastinaca sativa L.
die **Zuckerwurzel**, Sium sisarum L, und die **Sellerie**
Apium graveolens L., letztere hauptsächlich als Salat ge=
nossen; und unter den Cruciferen mehrere **Kohlarten**
(Gattung Brassica), wie die **Kohlrübe** und die **weiße
Rübe**.)

Stengel=Nahrung als Gemüse gewähren der **Spar=
gel** und die **Kohlrabi**. — Hierher sind auch einige Pal=
men= und Cycas=Arten zu rechen, namentlich Sagus farinifera Gaertn. (**Sago=Palme**) und Cycas circinnalis L.,
deren markartiges Innere der Stämme den **Sago** liefert,
der bei den Indiern verschieden zubereitet und namentlich
auch zu Brod verbacken wird.

Blatt=Nahrung geben verschiedene Kohlarten; der
Weißkohl=, Grün= oder **Braunkohl**, der **Wirsing** oder
Wirsichkohl, der **Rothkohl** und der **Rosenkohl**; ferner
der zu den Chenopodeen gehörige **Spinat**. — Als Salate
zubereitet und genossen sind hierher zu rechnen; die **Lack=
tufe** oder der **Lattich**, Lactuca sativa L., und der **Kopf=
salat**, Lactuca sativa var. capitata; die **Endivie**, Cichorium Endivia L., die **Rapunzel** oder **Rapünzchen**, Valerianella olitoria Mönch., die **Gartenkresse**, Lepidium
sativum L. und die **Brunnenkresse**, Nasturtium officinale
R. Br — Den Tropenbewohnern dienen die jungen Blätter

mehrerer Palmen= und Cycas=Arten als Gemüse. Sie geben den beliebten Palmenkohl, den vorzugsweise die Areka=Palme, Areca oleracea L. und die Dattel= und Cocus=Palme liefern.

Als **Blüthen=Nahrungspflanze** ist hervorzuheben der **Blumenkohl**, Brassica oleracea var. botrytis L., der als feines Gemüse überall gebauet wird.

Unter den Kryptogamen geben mehrere Algen, Flechten und Pilze nahrhafte Speisen. So dient von den Algen die fast in allen Meeren vorkommende Lattich=Alge, Ulva Lactuca L. und an der Nordsee der Plattentang: Laminaria digitata Lam., den Küstenbewohnern zur Nahrung. Von den Flechten wird das sog. isländische Moos, Cetraria islandica Ach. in Island als Nahrungsmittel gebraucht. Von den vielen eßbaren Pilzen wollen wir hier nur diejenigen nennen, welche als die beliebtesten vorzugsweise gesammelt werden, dies sind: die Trüffel, Tuber cibarium Sibth., der Ziegenbart, Clavaria crispa Fr., die Morchel, Morchella esculenta Pers. und Helvella esculenta Pers., der Pfifferling, Cantharellus cibarius Fr., von den Agaricus-Arten: der Champignon A. campestris L. und der Reiskfer, A. deliciosus L. und einige Boletus=Arten, namentlich der Stein=, Herrn= oder Edelpilz, Boletus edulis Bull.

An diese Nahrungspflanzen, welche dem Menschen zur Speise dienen, schließen wir diejenigen an, aus denen Getränke bereitet werden.

Pflanzen für die Zubereitung von Getränken.

Hier ist vor allen als das älteste und berühmteste Kultur=Gewächs zu nennen: der edle **Weinstock**, Vitis vinifera L. Für sein ursprüngliches Vaterland gilt der Orient, von wo aus sein Anbau über die ganze wärmere gemäßigte nnd über einen Theil der subtropischen und einen Theil der kälteren gemäßigten Zone sich ausgedehnt hat. In Deutschland geht die Kultur des Weines bis 52°, in Frankreich bis 50, in Ungarn bis 49, in Rußland bis 48 und in Amerika bis 40° nördlicher Breite. Der Wein wird in zahlreichen Sorten kultivirt und als die vorzüglichsten Weingegenden der Erde gelten Süd=Europa, Frankreich, Süd= und Mittel=Deutschland, Ungarn, West=Asien und das Kapland.

Wie der Saft der Weintrauben wird auch der Saft anderer Obstarten, namentlich der Aepfel, der Stachel= und Johannisbeeren zur Zubereitung eines weinartigen Getränks verwendet, und ebenso wird aus dem Safte mancher Palmen, namentlich der Cocus=Palme, der Wein= oder Fächerpalme, Borassus flabellifer L. und der Moritzpalme, Mauritia vinifera Mart. durch Gährung der sog. Palmenwein gewonnen. Bei uns liefert der Saft der Birke ein süßes, weinartiges Getränk, das sogenannte Birkenwasser.

Von großer Bedeutung ist die Zubereitung der geistigen Getränke im engeren Sinne: des Rum aus dem Zuckerrohr, des Arrak aus dem Reis und des Branntewein aus dem Roggen, jetzt vorwiegend aus der Kartoffel.

Mit allen vorgedachten Getränken rivalisirt das aus den Getreidearten: Waizen und Gerste, namentlich aus der letzteren, durch Gährung gewonnene Bier. Der Gebrauch des Bieres ist sehr alt; die Römer nannten es cerevisia (von Ceres, Göttin des Getreides, und vis, Kraft) und Tacitus erwähnt des Gerstensaftes als des hauptsächlichsten Getränkes unserer Vorfahren. Im Mittelalter war Deutschland berühmt durch seine Brauereien. Später, als nach Einführung des Kaffees und des billigen Kartoffel=Branntweins, der Absatz des Bieres sich erheblich verminderte, ging auch die Fabrikation des Bieres, namentlich in Norddeutschland, zurück. In neuester Zeit hat die Bierbrauerei wieder einen bedeutenden Aufschwung genommen und wird selbst in Weinländern im Großen betrieben.

Andere, erst im 17. Jahrhundert bei uns eingeführte, jetzt ungemein verbreitete Getränke liefern die Samen des Kaffeebaums und die Blätter des Theestrauchs. Der Kaffeebaum, Coffea arabica L., stammt aus den Berg=

gegenden Arabiens und Abyssiniens und seine Kultur hat sich von dort nach Ost= und Westindien, Brasilien und den Afrikanischen Colonien verbreitet. Der Gebrauch des Kaffees war in den älteren Zeiten unbekannt, selbst in Arabien wurde der Kaffee erst im 15. Jahrhundert als Getränk eingeführt. In Europa entstanden die ersten Kaffeehäuser in der Mitte des 17. Jahrhunderts in Konstantinopel und London; in Deutschland, und zwar zuerst in Nürnberg, zu Ende des 17. Jahrhunderts. — Umgekehrt wie bei Einführung der Kartoffel erließen die Regierungen strenge Verbote gegen den Genuß des Kaffees; wie aber die Kartoffel sich gegen das Vorurtheil des Volkes, ebenso hat sich der Kaffee gegen das Vorurtheil der Regierungen Bahn gebrochen; und wie jene die verbreitetste Kost, so ist dieser das allgemeinste Getränk, namentlich bei den ärmeren Schichten des Volkes geworden.

Vielfach werden auch Surrogate statt des Kaffees verwendet, namentlich die fleischige Wurzel der cultivirten Cichorie, Cichorium Intybus L., die zu diesem Behufe in Stücke geschnitten, gedarrt (geröstet) und demnächst gemahlen wird und so in den Handel kommt. Die Cichorie erfordert zu ihrem Anbau guten, fruchtbaren Boden und ist ein wichtiges Product unserer Börde. — Andere Kaffeesurrogate liefern die schwedische Wicke und der Roggen.

Der Theestrauch, Thea chinensis Sims., ursprünglich im südlichen China zu Hause, verbreitete sich von dort nach Japan, Ceylon und Java. Seine getrockneten Blätter geben durch Aufguß mit heißem Wasser ein sehr beliebtes, vielfach verbreitetes Getränk, welches bei den Chinesen schon vor 1000 Jahren im Gebrauch war und nach Europa in der Mitte des 17. Jahrhunderts durch die Holländer gebracht wurde.

Aehnlich wie Kaffee und Thee, aber in ungleich geringerer Anwendung, dienen die Samen des Kakaobaumes, Theobrama Cacao L., welche unter dem Namen der Kakaobohnen in den Handel kommen, zu einem beliebten war=

men Getränk. Bei den Mexikanern ist es seit den ältesten Zeiten im Gebrauch, die Spanier lernten es dort kennen und führten es in Europa ein. Die Kakaobohne gibt theils geröstet wie die Kaffeebohne, theils zur Chokolade bereitet, ein sehr nahrhaftes Getränk. Der Kakaobaum wird an der Nordküste von Südamerika, in Mexiko und in Westindien gebauet. —

Schließlich ist hier der Kuhbaum, Galactodendrum utile Humb. zu erwähnen, eine Ficus-Art des amerikanischen Tropenlandes, dessen Milchsaft wie die thierische Milch trinkbar ist und von den Bewohnern von Venezuela als Milch genossen wird.

Pflanzen zur Hebung und Verfeinerung des Geschmacks der Speisen und Getränke. Zu den Nahrungspflanzen sind auch diejenigen zu rechnen, welche zur **Hebung und zur Verfeinerung des Geschmacks der Speisen und Getränke** verwendet werden.

Von ihnen ist in erster Linie zu nennen: das **Zuckerrohr**, Saccharum officinarum L., ein rispenartiges Gras mit hohen, starken Halmen, deren lockeres und saftiges Mark den Zucker (Rohrzucker) liefert. Das Zuckerrohr, für dessen Vaterland man Ostindien hält, wird fast in allen Tropen- und subtropischen Ländern cultivirt. Der Zucker, früher bei uns nur ein Luxusartikel, ist gegenwärtig Bedürfniß aller Haushaltungen geworden und gilt als ein nothwendiges Nahrungsmittel.

Wie wir oben im zweiten Abschnitt (S. 54) gesehen, kommt der Zucker in vielen Pflanzen vor, theils als Rohrzucker, theils als Traubenzucker, und seine Gewinnung im Großen beschränkt sich auch nicht mehr auf das Zuckerrohr. Namentlich wird in Nordamerika, besonders in Canada, aus dem Safte des **Zucker-** und des **Eschen-Ahorns**, Acer saccharinum und Negundo L., bei uns aber aus dem Safte der **Runkelrübe**, Beta vulgaris L., Zucker im Großen bereitet. Der aus der Runkelrübe gewonnene Zucker, ein

Hauptproduct unserer Börde, steht an Güte und Feinheit dem des Zuckerrohres nicht im Geringsten nach.

Neben dem Zucker bedienen wir uns einer erheblichen Anzahl von Gewürzen zur Förderung des Wohlgeschmackes der Speisen und Getränke. Gewürzhafte Eigenschaften finden sich bei verschiedenen Pflanzen theils in den Früchten und Samen, theils in Wurzel, Stengel, Blatt und Blüthe. Von den Pflanzen, die durch ihre Früchte oder Samen Gewürze liefern, sind zu nennen unter den einheimischen Gewächsen: der Kümmel, Carum Carvi L., Anis, Pimpinella Anisum L., Fenchel, Föniculum officinale All., Coriander, Coriandrum sativum L., Senf, schwarzer, Brassica nigra Koch, weißer, Sinapis alba L. — und als vorzüglichstes Gewürz für das Bier — der Hopfen, Humulus Lupulus L. — Unter den ausländischen Gewächsen mit gewürzhaften Früchten und Samen sind hervorzuheben: der Pfefferstrauch, Piper nigrum L., in Ostindien an Stangen, wie unser Hopfen, cultivirt; den schwarzen Pfeffer liefern die getrockneten unreifen Beeren, den weißen, weniger scharfen, die enthülseten Samen der reifen Beeren; — der durch seine scharfe Frucht, besonders in Spanien als Gewürz dienende Spanische Pfeffer, Caspicum annuum L.; — der Muskatennußbaum, Myristica moschata Thunbg. auf den Molukken und Antillen, dessen wallnußgroße Steinfrucht einen schwarzbraunen Samen, die Muskatennuß, enthält, der von einem fleischigen Samenmantel, die Muskatenblüthe, umschlossen ist; Muskatennuß wie Muskatenblüthe gehören zu unseren beliebtesten Gewürzen; — die Vanille, Epidendrum Vanilla L., eine schmarotzende Orchidee in den Wäldern des tropischen Amerikas, deren schotenförmige Frucht eines der wohlschmeckendsten und feinsten Gewürze liefert; — die Pompelmuse, Citrus decumana L., aus deren Frucht das Citronat bereitet wird.

Zu den Gewürzpflanzen, welche durch Wurzel, Stengel, Blatt und Blüthe unserer Nahrung Wohlgeschmack geben, gehören namentlich unsere sog. Suppen= und Küchenkräuter, vor allen die **Zwiebel**, Allium Cepa L., und andere Lauch= arten, wie der **Knoblauch**, A. sativum L., **Schnittlauch**, A. Schoenoprasum L. und der **Porre**, A. Porrum L., fer= ner die **Sellerie**, die **Petersilie**, Petroselinum sativum Hoffm., die **Fetthenne**, Sedum reflexum L., der **Thy= mian**, Thymus vulgaris L., das **Bohnenkraut**, Satureja hortensis L. und der **Majoran**, Origanum Majorana L. Hierher ist auch als gewürzhafte Zukost der **Rettig**, Ra= phanus sativus L. und der **Meerrettig**, Cochlearia Armo= racia L. zu zählen. — Von ausländischen Pflanzen sind die wichtigsten: der **Ingwer**, Zingiber officinale Rosc., in Ostindien und fast in allen Tropenländern gebaut, dessen knollenartiger Wurzelstock getrocknet ein scharfes, feuriges Gewürz liefert; der **Zimmtbaum** (Zimmtlorbeer), Laurus Cinnamomum L. der beiden Indien gibt durch Bast und innere Rinde das beliebte Gewürz, den Zimmt; die **Zimmt= Cassie**, Laurus Cassia L. den Kanehl; der **Lorbeerbaum**, Laurus nobilis L. liefert durch seine Blätter und der **Ge= würznelkenbaum**, Caryophyllus aromaticus L. durch die getrockneten Blüthen=Knospen gebräuchliche Gewürze; von dem **Kappernstrauch**, Capparis spinosa L. werden die Blüthenknospen in Essig eingemacht und kommen so unter dem Namen Kappern als ein feines Gewürz in den Handel.

Zur Hebung und Verfeinerung des Geschmackes der Speisen dient auch der **Essig**, der von verschiedenen Pflan= zen, namentlich aus den Früchten (besonders des Weins und des Getreides), dadurch gewonnen wird, daß die aus ihnen bereiteten Flüssigkeiten nach der geistigen Gährung in eine zweite, die saure Gährung übergehen. Der aus sauer ge= wordenem Wein gewonnene Essig, der **Weinessig**, ist der beste und zugleich älteste im Gebrauche; später bereitete man den Weinessig auch aus Weinhefen. Der **Getreideessig**, zu dem sauer gewordenes Bier wohl die Veranlassung gab, kam zuerst in den nördlichen Ländern auf. Vielfach wird gegenwärtig der Essig aus Branntwein (Spiritus) bereitet.

Schließlich sind hier noch die Pflanzen zu nennen, deren ölreiche Früchte und Samen das Speiseöl liefern. Dies sind: die Wallnuß, Juglans regia L., die Haselnuß, Corylus Avellana L., die Buche, Fagus sylvatica L., der Mohn, Papaver somniferum L., die Cocuspalme und namentlich der Oelbaum, Olea europaea L., aus dessen eßbaren Früchten das feinste und verbreitetste Speiseöl, das sog Baum= oder Olivenöl gewonnen wird. Der Oelbaum stammt aus dem Orient und wird seit den ältesten Zeiten in ganz Süd=Europa cultivirt. Seine Anpflanzungen sind so bedeutend, daß sie kleine Waldungen bilden. Ein dem Olivenöl fast gleich stehendes, vorzügliches Speiseöl gewinnt man auch aus den Samenkernen der Weintrauben und der Sonnenblume, Helianthus annuus L. — Den Tropenbewohnern liefern die öligen Früchte der Palmen ein vorzügliches Speiseöl; den Süd=Europäern, namentlich den Griechen, die Samen des Sesam (Sesamum orientale L.) —

An die Pflanzen, welche der Mensch zu seiner Nahrung bedarf, reihen wir diejenigen, welche er zur Ernährung der ihm so nützlichen Haus thiere nöthig hat. <small>Pflanzen zur Ernährung der Hausthiere.</small>

Viele Pflanzen, welche dem Menschen Nahrung gewähren, werden auch als Viehfutter benutzt, so von den Getreidearten namentlich Gerste und Hafer und von allen die Abfälle beim Mahlen, die sog. Kleie. Ebenso sind Kartoffeln ein vorzügliches Vieh=, namentlich Schweinefutter, und von den Rübenarten werden mehrere besonders für das Vieh gebauet. Eine gute Schweinemast geben auch die Früchte der Eichen und Buchen, die Eicheln und Buch=eckern. Ferner liefern unsere Wiesen einen großen Theil der Nahrung für das Vieh, namentlich für Pferde, Rindvieh und Schaafe, theils als Grünfutter, theils als Trockenfutter, Heu. In Gegenden, wo der Wiesenertrag für den Vieh=

stand nicht ausreicht, werden als Ersatz die sog. Futterkräuter gebauet: Wickfutter, Vicia sativa L., theils rein, theils untermischt mit Sommergetreide oder Erbsen; Klee, Trifolium L. in verschiedenen Arten, besonders der rothe oder Wiesenklee, T. pratense L.; Luzerne, Medicago sativa L.; und auf kalkhaltigem Boden die Esparsette, Onobrychis sativa L.

<small>Pflanzen für Kleidung, Wohnung, Feuerung u. zur Anfertigung der Geräthe.</small>

Nach Erwähnung der wichtigsten Nahrungspflanzen gehen wir zu denjenigen Pflanzen über, welche der Mensch zu seiner Bekleidung, zur Errichtung seiner Wohnung, zur Feuerung und zur Anfertigung allerlei Geräthe des Hauses, der Wirthschaft und des Verkehrs verwendet.

<small>Gespinnstpflanzen.</small>

Kleidung gewähren ihm die Gespinnstpflanzen, vorzugsweise der Flachs, der Hanf und die Baumwolle. Der Flachs oder Lein, Linum usitatissimum L. liefert durch seine zähen Stengelfasern die Leinwand und den Zwirn. Er stammt wahrscheinlich aus dem Orient und wird in großer Ausdehnung namentlich im mittleren Europa (bis 64º nördl. Br.) und in Nord-Amerika gebaut. — Der Hanf, Cannabis sativa L., aus der Familie der Urticeen, dessen Stengelfasern Eigenschaften wie die des Flachses besitzen, gibt ein noch dauerhafteres aber auch gröberes Gespinnst, welches zu einer groben Leinwand, namentlich zu Segeltuch, und außerdem zu Seilen und Tauen verarbeitet wird. Der Hanf ist im Orient heimisch und sein Anbau erstreckt sich über die beiden gemäßigten Pflanzenzonen. — Aehnlich, wie die Stengelfasern des Hanf geben die noch zäheren Blattfasern der zu den Liliaceen gehörigen Flachslilie, des sog. neuseeländischen Flachs, Phormium tenax Forst. ein vorzügliches Gespinnst zu groben Geweben und Stricken. Die Flachslilie wird auf der Insel Neu-Seeland und in Neu-Holland gebaut. — Die nützlichste Gespinnstpflanze ist unstreitig die Baumwollenpflanze, Gossypium L., aus der Familie der Malven, welche durch die, in einer großen Kap-

selfrucht eingeschlossenen langen Wollenhaare der zahlreichen
Samen die Baumwolle liefert. Die Baumwollenpflanze
wird in mehreren Arten und Varietäten in den Tropen und
einigen subtropischen Ländern in einem bedeutenden Umfange
cultivirt. Namentlich sind folgende drei Arten der Gattung
Gossypium von Wichtigkeit: G. herbaceum L., ein krautar=
tiges Gewächs mit einer weißen Baumwolle, das in Arabien
und Persien zu Hause ist und gegenwärtig in beiden Indien
und in Süd-Europa gebauet wird; — G. arboreum L. baum=
artig, in Ostindien, ebenfalls mit weißer Baumwolle; —
und G. religiosum L. strauchartig, in China und Hinterin=
dien, mit einer gelben Baumwolle, aus der die Chinesen den
Nanking verfertigen. Die aus der weißen Baumwolle ge=
webten Zeuge sind unter dem Namen: Kattun, Ginghan,
Musselin, Manchester, Piqué u. s. w. bekannt.

Bau=, Nutz= und Brennhölzer.

Die Pflanzen, welche der Mensch zum Bau der Wohnung,
zur Anfertigung der verschiedenen Haus=, Wirthschafts= und
anderen Geräthe und die er zur Feuerung bedarf, liefern ihm
vorzugsweise der Wald.

Unsere Waldungen — und von diesen haben wir haupt=
sächlich nur zu reden, weil sie uns den Bedarf an Bau=,
Nutz= und Brennholz fast vollständig geben — unsere
Waldungen bestehen aus Hoch=, Mittel= und Niederwald.
Der Hochwald enthält nur hohe Bäume und sein Bestand
ist entweder ein reiner, oder ein gemischter, ein lichter
oder ein geschlossener. Ein reiner Bestand besteht aus
Bäumen ein und derselben Art, und so giebt es namentlich:
Kiefern=, Fichten=, Tannen=, Eichen=, Buchen= und Birkenbestände.
Einen gemischten Bestand haben Forsten, in denen ver=
schiedene Baumarten untermischt stehen, wie denn gewisse
Arten, wie Espe, Eberesche, Linde, Weißbuche, Esche
u. s. w. hauptsächlich nur in gemischten Beständen bei uns
auftreten. Ein geschlossener Hochwald ist ein solcher,
in welchem die Bäume dicht beisammen stehen und den Bo=
den dergestalt beschatten, daß auf demselben kaum noch

Gräser gedeihen; ein lichter Hochwald gibt dagegen mehr
Licht und Luft und läßt Kräuter und selbst hin und wieder
Sträucher aufkommen. Der Forstbetrieb (Abholzung) des
Hochwaldes schwankt je nach der Baumart zwischen 80 und
150 Jahren. Der Hochwald liefert das beste und meiste Bau-
und Nutzholz; nur seine schlechten Stämme, sowie Zweige
und Wurzeln dienen als Brennholz. — Der Mittelwald
besteht aus Ober- und Unterholz, d. h. aus hohen Bäumen
untermischt mit Sträuchern oder strauchartigem Baumholz.
Er hat in der Regel gemischte und nur selten reine Bestände
und er kann licht oder geschlossen sein. Ein lichter Mittelwald gewährt den kleineren Pflanzen Licht und Luft, Schatten
und Schutz, so daß er der vorzüglichste Standort für die
Waldkräuter ist und die mannigfachste Pflanzendecke bietet.
Die Betriebzeit des Mittelwaldes ist nur bezüglich des Un-
terholzes eine bestimmte, das Oberholz wird zu verschiedenen
Zeiten, wie die Größe der einzelnen Stämme es mit sich
führt, nach und nach geschlagen. Der Mittelwald liefert
Bau-, Nutz- und Brennholz, letzteres überwiegend. — Der
Niederwald besteht nur aus Sträuchern und strauchartigen
Bäumen, im gemischten oder reinen Bestande. Seine Um-
triebszeit ist verschieden, in der Regel 10—20 Jahre. Steinige Waldabhänge mit geringer Erdkruste werden am zweckmäßigsten als Niederwald beforstet. Von den Holzarten sind
diejenigen die geeignetsten, welche einen schnellen Stock- und
Wurzelausschlag bilden, wie Weißbuche, Eiche, Birke, Haselnuß; aber nicht unsere Nadelhölzer. Der Niederwald liefert
außer Stangenholz und Rinde zum Gerben, nur Brennholz.

Die Bäume unserer Wälder bestehen theils aus immer-
grünen Nadelhölzern, theils aus blattwechselnden Laubhölzern.
Unsere Nadelhölzer sind Kiefer, Fichte und Tanne. Die
Kiefer oder Föhre, Pinus sylvestris L., geht mit der
Birke am nördlichsten von allen Bäumen, sie ist der genüg-
samste Baum und gedeihet noch auf dem magersten Sandboden.
Einer der nützlichsten Bäume überhaupt ist sie namentlich eine

Bau-, Nutz- und Brennhölzer.

Wohlthat für die Sandgegenden. Sie liefert Bau-, Nutz- und Brennholz, Kohlen, Harz, Pech und Theer (die drei letzteren Erzeugnisse werden vorzugsweise auch aus den Wurzeln gewonnen). Das Holz der Kiefer ist als Nutzholz wie als Brennholz dem der Fichte und Tanne vorzuziehen; auch ist es ein vorzügliches Bauholz, das wegen seines Harzgehaltes namentlich zu Wasserbauten geeignet ist. — Die Fichte oder Rothtanne, Pinus Abies L, häufiger in unseren Gebirgen als in der Ebene, ist wie die Kiefer sehr harzhaltig und gibt dieselben Harzproducte. Wegen ihres geraden und schlanken Wuchses ist sie mehr noch als diese zu Bauholz und zu Mastbäumen tauglich. — Die Tanne, Weiß- oder Edeltanne, Pinus Picea L., tritt bei uns ungleich seltener auf als Fichte und Kiefer und findet sich als Waldbaum nur in den Gebirgen. Die Tanne, ebenso schlank als die Fichte, wird noch stärker im Umfang und liefert deshalb die vorzüglichsten Mastbäume. Der harzfreie Stamm besitzt aber weniger Trag- und Heizkraft und gibt deshalb ein schlechteres Bau- und Brennholz als Kiefer und Fichte. Dagegen hat die Tanne ein vorzügliches Spalteholz, das sich in die dünnsten Blättchen zerlegen läßt, und vorzugsweise zum Bau der musikalischen Streich-Instrumente und zur Anfertigung von Schachteln verwendet wird.

Außer den gedachten immergrünen Nadelhölzern findet sich in unseren Wäldern mehrfach angepflanzt, gemischt oder in kleinen Beständen, die in den Alpen vielfach verbreitete Lärche (Lärchenbaum), Pinus Larix L., deren Nadeln im Herbste abfallen. Das harzhaltige Holz der Lärche ist als Bauholz, namentlich zum Schiff- und Wasserbau, und als Brennholz sehr tauglich.

Von unseren Laubhölzern ist der nützlichste und verbreitetste Baum: die Eiche, von der Nord-Deutschland zwei Arten besitzt: die Winter- oder Stein-Eiche, Quercus sessiflora Sm., in den Gebirgsgegenden, und die Sommer- oder Stiel-Eiche, Q. pedunculata Ehrb. hauptsächlich in der

Ebene, namentlich im Alluvium der Flüsse. Das Holz beider Arten ist reich an Gerbestoff und eignet sich durch seine Festigkeit und Dauerhaftigkeit vorzüglich zu Bauholz, namentlich zum Wasserbau, zum Schiffbau und zu Eisenbahnschwellen; ebenso zu Nutzholz (Möbeln) und zum Brennholz. — Nach der Eiche ist in unseren Laubwäldern vorherrschend die gemeine Buche oder Rothbuche, Fagus sylvatica L., im Gebirge noch stärker vertreten als die Eiche, aber in unserem Alluvium fast gänzlich fehlend. Sie hat ein sehr hartes Holz, das wegen seiner Brüchigkeit sich zum Bauholz wenig eignet; dagegen ist es für gewisse Zwecke ein brauchbares Nutzholz und wegen seiner Festigkeit ein vorzügliches Brennholz. — Dieselben Eigenschaften, nur in noch verstärktem Maße, besitzt das Holz der Weißbuche (Hain= oder Hagebuche), Carpinus Betulus L. Wegen seiner außerordentlichen Härte wird es namentlich zu Kammrädern, Schrauben und anderen derartigen Gegenständen verwendet, und wegen seiner bedeutenden Heizkraft gilt es als das vorzüglichste Brennholz, besonders zur Glasbrennerei. Die Weißbuche ist als Unterholz in unseren Laubwäldern sehr verbreitet, als Oberholz finden wir sie vielfach untermischt, aber selten im reinen Bestande. — Die Birke, Betula alba L., an Genügsamkeit in ihren Ansprüchen an den Boden fast der Kiefer gleich, und in ihren geringen Anforderungen auf Wärme diese noch übertreffend, ist für die Sandgegenden, wie für die Länder des äußersten Norden ein überaus wohlthätiger Baum. Das Holz der Birke ist weich, aber zähe und eignet sich deshalb zu Stellmacher= und Drechsler=Arbeiten, zu Möbeln und zu allerlei Schnitzwerk (Molden, Löffeln 2c.); auch wird es vielfach als Brennholz benutzt. Die stärkeren Zweige und jungen Stämme liefern den Böttchern die Reife; die feineren Zweige geben die Besen.

Von den anderen Laubhölzern unserer Wälder haben: die Rüster oder Ulme, Ulmus campestris L.; die Ahorn=Arten, Acer campestris, platanoides und Pseudo-platanus

L. und die Esche Fraxinus excelsior L. ein festes dauerhaftes Holz, das sich für Wagner= und Tischler=Arbeiten vorzugsweise eignet. Dagegen ist das Holz der Linde, Tilia grandifolia und parvifolia Ehrh., und der Erle Alnus glutinosa L. weich und wird deshalb vielfach zu Drechsler= u. Schnitzarbeiten verwendet. Rüstern= und Erlenholz eignen sich auch zum Wasserbau und alle gedachten Laubbäume liefern ein gutes Brennholz. — Das weichste und deshalb als Brennmaterial schlechteste Holz besitzen die Pappel= und Weidenarten; erstere werden zu groben Schnitzwaaren (z. B. Pantoffeln), letztere zum Flechtwerk benutzt. — Ein gutes Nutzholz liefern auch die in unseren Wäldern zerstreuet vorkommenden wilden Obstbäume, der Apfel= Birn= und Kirschbaum (Pyrus Malus, communis und Prunus avium L.), sowie die Eberesche, Sorbus Aucuparia L

Außer unseren Waldbäumen sind als Nutzhölzer zu nennen: der Nußbaum, Iuglans regia L., vielfach, namentlich in den südlichen Gegenden cultivirt, dessen Holz zu Drechslerarbeiten und feinen Möbeln verwendet wird; und der Mahagonibaum, Switenia Mahagoni L. Süd=Amerikas. Das Mahagoniholz ist hart, fest und leicht polirbar und wird besonders zu Fourniren für feine Möbel verarbeitet. — Das härteste und schwerste Holz haben der Buxbaum, Buxus sempervirens L., der baumartig in Italien und Südfrankreich vorkommt, und die Ebenholz=Dattelpflaume, Diospyros Ebenum Willd. Ostindiens, deren schwarzes Kernholz unter dem Namen Ebenholz in den Handel kommt. Beide Holzarten liefern die feinsten Drechslerwaaren.

Wir kommen nunmehr zu den Pflanzen, welche für die Industrie wichtig sind.

Pflanzen für Zwecke der Industrie.

Zu ihnen gehören zunächst fast alle vorstehend genannten Gewächse, namentlich die Holzarten, die meisten Nahrungspflanzen, die Gespinnstpflanzen, die Zuckerpflanzen und die Oelpflanzen. An sie schließen sich andere für die Industrie wichtige Pflanzen, besonders die Gerbestoff= und Farbepflanzen.

Holzgewächse. Die Holzgewächse liefern der Industrie ein reiches Material zum Bauen, zur Anfertigung der verschiedensten und nothwendigsten Geräthschaften, zur Gewinnung der Harzproducte und zum Heizen. Viele Gewerke und gewerbliche Anstalten, wie das Zimmer=, Schiffbauer=, Wagenbauer=, Stellmacher=, Tischler=, Drechsler- und Böttchergewerk, sowie Sägemühlen, Kohlenbrennereien, Theer=, Pech= und Kienrußhütten, Potaschsiedereien u. s. w. beschäftigen sich mit der Bearbeitung und Verwerthung des Holzes. Als Heizmaterial ist das Holz für alle gewerblichen Zweige, die der Heizkraft bedürfen, selbst in neuester Zeit, wo Stein= und Braunkohlen eine vorwiegende Verwendung finden, noch immer von großer Bedeutung. Namentlich ist die Holzkohle, trotz des Koaks, für manche Gewerbe ganz unentbehrlich, so dem Klempner und allen Feuer=Arbeitern zum Löthen, den Stahlfabriken, Messerschmieden 2c. 2c. zur Anfertigung aller feinen Stahlarbeiten; besonders wichtig aber ist die Holzkohle zur Pulverfabrikation.

Die Verkohlung des Holzes, das Geschäft der Kohlenbrennerei geschieht in Meilern (Verkohlung von Holzscheiten) oder in Gruben (Verkohlung der Zweige). Die Verkohlung beruht auf einem Destillationsproceß, welcher die flüssigen Theile (die wässerigen, säuerlichen, öligen und harzigen) ausscheidet und den größten Theil des Kohlenstoffs als Kohle zurückläßt. Die Kohle der festen Holzarten besitzt die meiste Heizkraft und ist die werthvollste (namentlich die Buchenkohle). Zur Anfertigung des Pulvers, das aus Salpeter, Kohle und Schwefel besteht, nimmt man eine weiche Holzkohle, vorzugsweise wird das Holz des Faulbaumes (Rhamnus frangula L.), der Linde, Haselnuß, Pappel und Weide hierzu verwendet. Die Verkohlung geschieht in Gruben oder Oefen, am zweckmäßigsten in verschlossenen eisernen Cylindern.

Die Nothwendigkeit des Holzes für die Bedürfnisse des Menschen rief, als mit dem überhandnehmenden Ausroden und Vernichten der Wälder Holzmangel drohete und der Werth des Holzes sich steigerte, die **Forstwissenschaft** ins Leben und führte zu einer rationellen Benutzung der Wälder durch die **Forstwirthschaft**. Die Aufgabe der Forstwirthschaft ist es, einmal: die noch vorhandenen Wälder zu erhalten und zu schützen und für eine zweckmäßige und nachhaltige Benutzung derselben dadurch zu sorgen, daß die Abforstung des Waldbodens nach bestimmten durch Holz- und Bodenart gegebenen Regeln in gewissen Zeiträumen erfolge, und daß die genutzten Stellen mit den geeigneten Holzarten wieder bestellt werden; und zweitens: neue Waldkulturen namentlich auf solchem Boden anzulegen, der, wie der dürre Sand- oder der abschüssige Gebirgsboden, zu einer anderen Kultivirung nicht geeignet ist.

Anm. Wie der Waldboden, so wird in neuerer Zeit auch der natürliche Wiesenboden der Pflege und Kultur unterworfen. Trockene Wiesen werden durch **Ueberrieselung**, nasse und sumpfige durch **Kanalisirung und Abzugsgräben** verbessert. Außerdem wird die Wiese, je nach Beschaffenheit des Bodens, durch Gyps, Kalk, Asche u. s. w. und namentlich auch durch Düngung tragfähiger gemacht.

So finden wir gegenwärtig in den bevölkerten Kulturstaaten den ganzen Boden: Feld, Wiese und Wald in Kultur. Forstwirthschaft und Wiesenwirthschaft sind neu, der Ackerbau ist uralt. Aber auch die Bewirthschaftung des Ackerlandes hat in neuester Zeit ein verändertes, man kann sagen, ein jugendliches Ansehn gewonnen, auch die **Landwirthschaft** hat sich zur **Wissenschaft** erhoben. Ackerbauschulen, landwirthschaftliche und Forst-Akademien sind gegenwärtig die Träger und Beförderer von Wissenschaften, deren Aufgabe es ist, den Nutzen der Pflanzen für den Menschen mehr und mehr zu verwerthen.

Die **Nahrungspflanzen** haben den ältesten, wichtigsten und nützlichsten Industriezweig, die **Landwirthschaft** ins Leben gerufen. Die Hauptzweige der letzteren sind der Getreidebau, der Garten- und Gemüsebau, der Obst- und Weinbau.

Nahrungspflanzen.

Außer für die Landwirthschaft sind die Nahrungspflanzen auch für viele andere Industriezweige von höchster Wichtigkeit. Das Getreide setzt Wind=, Wasser= und Dampf=Mahlmühlen in Betrieb, beschäftigt das Bäckergewerk, schafft Brauereien und Brennereien, Graupen= und Stärkefabriken.

Die Stärke, welche zu feinem Backwerk, zum Steifen der Leinen= und Baumwollenzeuge, zum Kleister, Puder und sonst vielfache Anwendung findet, wird aus dem Stärkemehl gewonnen, und nicht nur aus dem des Getreides, sondern auch aus dem Stärkemehl anderer mehlhaltiger Pflanzen, namentlich aus dem der Kartoffel.

Das Stärkemehl ist in mehrfacher Beziehung für die Industrie von Wichtigkeit. Wie wir im Abschn. 2, Kap. 1 gesehen, verwandelt sich das Stärkemehl durch Schwefelsäure in Zucker und zerfällt dieser durch Gährung in Kohlensäure und Alkohol. Hierauf beruhet die Fabrikation des zu industriellen Zwecken so nützlichen Spiritus, der gegenwärtig im Großen hauptsächlich aus der Kartoffel bereitet wird. Die Kartoffel=Spiritus=Fabrikation ist ein Haupt=Industrie= und Erwerbzweig für die Sandgegenden. Aus dem Spiritus wird, wie wir oben (S. 125) angeführt haben, im Großen auch der Essig bereitet, welcher in der Industrie, namentlich in der Färberei, zur Bleiweißfabrikation, zum Metallreinigen, in den chemischen Fabriken und sonst vielfach verwendet wird. So ist die Kartoffel nicht nur für die Ernährung des Menschen, sondern auch für seine industriellen Zwecke eine der wohlthätigsten Pflanzen geworden.

Gespinnstpflanzen. Von erheblicher Bedeutung für die Industrie sind die Gespinnstpflanzen. Das Weber= und Seiler=Gewerk, großartige Spinnereien und Webereien, und Zwirn=, Spitzen= und Bandfabriken werden durch die oben näher bezeichneten Gespinnstpflanzen in Thätigkeit gesetzt.

Zuckerpflanzen. Ueberaus wichtig für die Industrie, namentlich auch in unserer Gegend, ist der Zuckerstoff der Pflanzen, aus welchem Zuckersiedereien und Raffinerien den Zucker bereiten, der, wie oben (S. 122) erwähnt, aus dem Zuckerrohr, dem Zuckerahorn und der Runkelrübe im Großen gewonnen wird.

Pflanzenfette. Vielfache Anwendungen zu gewerblichen Zwecken finden die Pflanzenfette: die fetten und flüssigen Oele und die harzartigen Stoffe (S. 55).

Fette Oele. Die vorzüglichsten fetten Oele sind: das Baumöl,

Pflanzen für Zwecke der Industrie.

Mohnöl, Buchöl, Nußöl, sowie das Oel aus Weinkernen und Sonnenblumenkernen, welche wir oben als Speiseöle bereits kennen gelernt haben; ferner das Palmöl, aus den Früchten mehrerer Palmenarten, namentlich der Oelpalme, Elaïs guineensis L.; das Rüböl, aus dem Samen verschiedener Arten und Varietäten der Gattung Brassica (B. Napus und rapa, var. annua und oleifera L.), die unter dem Namen: Raps, Reps und Rübsen bekannt sind; das Lein- und Hanföl (aus den Samen des Lein und Hanf) und das Oel des Leindotter-Samen (Camelina sativa Crtz). Alle diese Oele, mit Einschluß der Speiseöle, liefern ein gutes Brennöl und war bei uns namentlich das Rüböl als solches im Gebrauch; seit Einführung des Leuchtgases und des Steinöls hat es seine Bedeutung als Brennöl verloren.

Von den fetten Oelen sind diejenigen, welche an der Luft leicht eintrocknen, wie Leinöl, Nußöl und Mohnöl, namentlich zur Bereitung der Firnisse und Oelfarben geeignet, wogegen die Oele, welche beständig schmierig bleiben, wie das Baumöl, Buchöl, Palmöl und Rüböl in der Seifenfabrikation, zum Einölen und zur Wagenschmiere verwendet werden.

Flüchtige Oele besitzen alle Pflanzentheile, die einen starken Geruch haben, und es gibt deshalb viele Arten derselben. Sie dienen hauptsächlich zur Zubereitung der Parfümerien, und ist das kostbarste das Rosenöl, welches aus den Blüthenblättern der Rosen vorzüglich im Orient, Persien und Ostindien bereitet wird. Zu andern wohlriechenden Oelen, Pomaden und wohlriechenden Wassern werden die Blüthen der Veilchen, Orangen, des Lavendel 2c. verwendet. Aus den Schalen der Citrone, Pommeranze und anderer ähnlicher Früchte erhält man das Citronen-, Bergamott- und das Orangeöl; Zimmtöl wird aus der Zimmtrinde, Nelkenöl aus der Gewürznelke gewonnen. Das für die Technik wichtigste flüchtige Oel ist das Terpentinöl,

<small>Flüchtige Oele.</small>

welches aus dem Terpentin bereitet wird. Den besten
Terpentin, den sog. cyprischen, liefert der Terpentin-
baum, Pistacia Terebinthus L.; in Nordafrika, Klein-Asien,
Persien, Ostindien und China zu Hause; ihm zunächst steht
der venetianische, welcher aus dem flüssigen Harze des
Lärchenbaums in Italien und Frankreich gewonnen wird.
Den gemeinen Terpentin gibt das Harz unserer Kiefer
und Fichte. Das Terpentinöl wird hauptsächlich in der
Lackfabrikation, zum Flüssigmachen der Oelfarben und
vielfach in der Heilkunst verwendet. Durch Destillation
des Oels erhält man den Terpentin-Spiritus, der Rück-
stand dient als Geigenharz, Colophonium.

*Harzpro-
ducte.*
Aus dem Harze unserer Nadelhölzer gewinnt man
außer dem Terpentin: den Theer, das Pech und den
Kienruß, Producte, die in den Theer-, Pech- und Kienrußhütten durch das sogenannte Schweelen des ausgeschwitzten
Harzes und der harzigen Holz- und Wurzeltheile bereitet
werden.

Das Harz wird auch vielfach durch eine absichtliche Verletzung
der Bäume und einen künstlich erzeugten Harzfluß gewonnen, durch
das sog. Harzscharren. Der Harzscharrer schält im Mai die
Rinde am unteren Theile des Stammes mit dem Harzmesser eine
Hand breit und einige Fuß lang ab, und verwundet auf diese Weise
an einer oder mehreren Stellen den Baum. Das fortwährend her-
ausfließende Harz wird mit dem Harzmesser von Zeit zu Zeit ab-
geschabt. Die Harzscharrer, welche großen Schaden anrichten können, sind meist vereidet. Das Verfahren ist überhaupt nur an älteren, bereits schlagbaren Bäumen in Anwendung zu bringen; jüngeren Bäumen ist der Harzverlust sehr schädlich (s. unten Abschn. 7).

Der Schellack, wichtig für die Bereitung der Lackfir-
nisse und des Siegellacks, wird aus dem Gummiharze
mehrerer ostindischer Bäume (Gummilackbaum, Croton lacciferum L., heiliger und indischer Feigenbaum, Ficus religiosa
und F. indica L.) bereitet. Die Gummilacklaus bewirkt
durch ihren Stich den Harzfluß an diesen Bäumen.

*Federharz
(Kautschuck).*
Verwandt mit den Harzen sind die klebrigen Pflanzenstoffe, zu denen der Milchsaft gehört. Aus dem Milchsaft
exotischer Bäume (namentlich Fiscus elastica, Urceola ela-

stica und Siphonia elastica Pers.) wird das Federharz
(Kautschuk, Gummi elasticum), gewonnen, welches in neue=
ster Zeit eine große Verwendung zu vielerlei Gebrauchs= und
Luxussachen findet.

Von hervorragender Bedeutung für die Industrie ist der *Gerbestoff=*
Gerbestoff (Gerbesäure), welcher theils in der Loh= oder *pflanzen.*
Rothgerberei zur Zubereitung der thierischen Häute zu
Pelzen und Leder, theils in der Färberei zur Bereitung
der schwarzen Farbe verwendet wird. Der Gerbestoff findet
sich in vielen Pflanzen und Pflanzentheilen, namentlich in
der Wurzel der Schwertlilie und Seerose; in der
Rinde der Eiche, Birke, Weide, Buche, Erle, Ulme,
Esche; in dem Holze des ostindischen Katechubaumes, Aca-
cia Catechu Willd; in den Zweigen und Blättern des
Sumpf=Porst, Ledum palustre L., des Gerber=Sumach,
Rhus coriaria L. und der Tamariske, Tamarix gallica
L., beide letzteren in Süd=Europa; in den Zweigen und
Blättern des Gambirstrauchs, Nauclea Gambeer. Hunt. von
Ostindien; in den Früchten der ostindischen Katechu=Palme,
Areca Catechu L., in den Fruchtschalen der Wallnuß und
in den Galläpfeln (Abschn. 7). — Aus den gerbestoff=
haltigen Theilen der vorgedachten ostindischen Gewächse: des
Katechubaumes, des Gambirstrauchs und der Katechu=Palme
wird das Katechu oder die Katechu=Erde (terra japonica)
bereitet, welche den meisten Gerbestoff enthält und nament=
lich in den ostindischen Gerbereien verwendet wird. In
Deutschland bedienen sich die Rothgerber als Gerbematerial
hauptsächlich der Eichenrinde, die namentlich von den jungen
Eichen (sog. Schäleichen) gewonnen wird. In den nördlichen
Ländern verwendet man zum Gerben Weiden= und Bir=
kenrinde, in Spanien den Sumach, in Italien die Ta=
mariske.

Ueberaus wichtig für die Industrie sind die Farbe= *Farbepflan=*
stoffe der Pflanzen; denn bei Weitem der größte Theil der *zen.*

namentlich in den Färbereien und Druckereien verwendeten Pigmente wird dem Pflanzenreiche entnommen.

> Anm. Auch die in neuester Zeit in Aufschwung gekommenen Anilin= und Naphtalin=Farben, von denen im Abschn. 8 die Rede sein wird, stammen aus dem Pflanzenreiche, wenn auch dem vorweltlichen.

Der verbreitetste Farbestoff im Pflanzenreiche, das Blattgrün oder **Chlorophyll**, fand bisher in der Technik keine Anwendung; nur in neuester Zeit ist der Versuch gemacht, das Chlorophyll zum Grünfärben der Seide zu benutzen. Die grüne Farbe wird überhaupt mehr aus Blau und Gelb zusammengesetzt und vegetabilisches Grün entnimmt man nur einigen Rhamnus=Arten. So wird aus den reifen Beeren des gem. Kreuzdorns, R. cathartica L. das sog. **Saftgrün**, namentlich in Tyrol und Südfrankreich, gewonnen; und aus der Rinde der chinesischen Arten: R. chlorophorus und utilis, wird das chinesische Grün, das sog. Lo=kao bereitet, welches der Seide eine schöne und echte grüne Farbe gibt.

Im Uebrigen liefern namentlich folgende Pflanzen die gebräuchlichsten vegetabilischen Farbestoffe: Die **Indigopflanzen**, Indigofera tinctoria L. uud I. Anil. werden in beiden Indien und in Südafrika gebauet. Aus ihren Blättern bereitet man ein vorzügliches Blau, das Indigo, welches in der Mitte des 16. Jahrhunderts durch die Holländer nach Deutschland gebracht wurde und seit dem 18. Jahrhundert dergestalt in den Gebrauch gekommen ist, daß es den Anbau des **Waid**, Isatis tinctoria L., fast ganz verdrängt hat. — Das **Blau= oder Kampeche=Holz**, Haematoxylon campechianum L., ein sehr wichtiges Farbe=Holz aus Mexiko, wird zum Blau=, Braun= und Schwarzfärben, und das **Brasilien= oder Fernambukholz**, Caesalpina brasiliensis und echinata Lam. zum Rothfärben und zur Anfertigung der rothen Dinte verwendet. — Aus der Wurzel der **Färberröthe oder des Krapp**, Rubia tinctorum L., in Süd- und Mittel=Europa, im Orient und in Westindien im Großen

Pflanzen für Zwecke der Industrie.

gebaut, wird ein schönes und billiges Roth bereitet, das vorzüglich zum Färben von Wolle, Baumwolle und Leinen im großartigen Umfange verwendet wird. — Die gem. Kermesbeere, Phytolacca decandra L., in Mexiko zu Hause, liefert durch ihre Früchte die zum Rothfärben verwendeten Kermesbeeren. — Zum Rothfärben dient ferner die echte Alkanna-Wurzel der weißen Lawsonie (Lawsonia alba. Lam.) und die Wurzel der Färber-Ochsenzunge (Anchusa tinctora L.), deutsche Alkanna, Schminkwurzel. — Die Färber-Distel, Carthamus tinctorius L. stammt aus Ostindien, von wo sie nach der Levante, Egypten, Süd-Europa, Ungarn und Thüringen kam; ihre gelben Blüthen geben den Saflor, welcher einen gelben und einen werthvollen rothen Farbestoff enthält; letzterer namentlich wird zum Rothfärben gebraucht. — Die Orseille oder Lackmusflechte, Roccella tinctoria Dec., auf den Küstenfelsen des mittelländischen Meeres und des atlantischen Oceans, namentlich auf den canarischen Inseln, dient nebst mehreren anderen Flechten-Arten zur Bereitung der Kräuter-Orseille und des blauen Lackmus, erstere wird vielfach als rothe Farbe, letzteres zur Bereitung des Lackmus-Papier benutzt. — Das Hartheu oder Johanniskraut, Hypericum L., besitzt in allen seinen Arten (besonders H. perforatum), viel Farbestoff, welcher zum Gelb- und Rothfärben dient. — Die Färbereiche, Quercus tinctoria Willd., Nordamerikas liefert durch ihre Rinde (Quercitronenrinde) ein schönes Gelb, das in allen Zweigen der Färberei zur Verwendung kommt. Ingleichen wird das Holz des Färber-Maulbeerbaums, Morus tinctoria L. Brasiliens und der Antillen, und das Holz des Perückenbaums, Rhus cotinus L. vielfach zum Gelbfärben gebraucht; beide Holzarten kommen unter dem Namen Gelbholz in den Handel. — Der Wau, Reseda luteola L., wild und angebauet, doch ist der letztere besser, hat in Blüthe, Blatt und Stengel einen reichlichen Stoff zum Gelbfärben, der sehr billig herzustellen ist; dennoch ist seine Anwendung in der Färberei fast gänzlich durch die Quercitronenrinde, die Picrinsäure (s. Abschnitt 8) und das mineralische Chromgelb verdrängt worden. — Vom Orleanbaum, Bixa orellana L., des tropischen Amerikas wird der Orlean oder Ruku gewonnen, den man aus der rothen, klebrigen Masse, mit welcher die vielen Samen seiner Kapselfrucht umgeben sind, bereitet. Der Orlean enthält viel Farbestoff (gelben und rothen), welcher zum Orangefärben der Seide gebraucht wird. — Der Saffran, Crocus sativus L., liefert durch die Narben des Stempels, und der Färber-Ginster, Genista tinctoria L., die Färber-Scharte, Serratula tinctoria L. und die Färber-Kamille, Anthemis tinctoria L., durch Kraut und Blüthen gelbe Farben. — Zum Schwarzfärben werden verwendet das Blauholz und viele Pflanzen und Pflanzentheile, welche Gerbestoff enthalten, namentlich die Galläpfel, besonders der Galleiche, Quercus infectoria Oliv., Kleinasiens, welche unter dem Namen der türkischen Galläpfel in den Handel kommen, und sowohl zur Färberei als zur Zubereitung der schwarzen Dinte gebraucht werden; ferner die grünen Fruchtschalen der reifen Wallnüsse, der Saft des Wolfsfuß, Lycopus europaeus L.; der Wurzelstock der Schwertlilie, Iris Pseud-Acorus L., und der Seerose, Nymphaea alba L. — Eine große Verwendung als schwarze Farbe zum Anstreichen, zur Druckerschwärze und zur Stiefelwichse findet der Kienruß (S. 136).

Pflanzenasche.

Sehr wichtig zu gewerblichen Zwecken und auch als Dungmittel ist die Asche der Pflanzen. Da in der Asche sich sämmtliche anorganische Pflanzentheile befinden, so folgt hieraus, wie wichtig die Asche, zweckdienlich vertheilt, zur Bereicherung der anorganischen Nahrungsstoffe des Bodens ist.

Zu technischen Zwecken wird die Asche durch Auslaugen und Sieben besonders zubereitet und kommt demnächst als Pottasche und Soda (S. 57) in den Handel. Die Pottasche wird in vielen Gewerben, namentlich in der

Seifensiederei, der Bleicherei, der Glasfabrikation, in Steingut- und Porzellanfabriken, beim Emailliren, in den Salpetersiedereien, in Färbereien und Zeugdruckereien, zum Schmelzen der Metalle und in der Pharmacie gebraucht. — Die Soda verwendet man hauptsächlich in der Färberei und in der Seifen- und Glasfabrikation.

Die Pottasche wird in den sog. Pottaschsiedereien aus der Asche aller Pflanzen gewonnen, mit Ausnahme der Salzpflanzen, welche letztere die Soda liefern. Die nicht holzigen Pflanzentheile geben die meiste Asche, die Kräuter daher verhältnißmäßig mehr als Sträucher und Bäume, und die Blätter und Zweige mehr als das Holz. Sehr reich an Pottasche sind die Blätter und Stiele des Tabaks, des Mais, der Erbse, Bohne, des Buchweizen, des Erdrauch, der Brennnesseln, Melde, Disteln, des Wermuth, Ginster, Heidekrauts, der Farrnkräuter und besonders das Kartoffelkraut (namentlich vor der Blüthe); ferner die Weinreben und die Weinträber. Unter den Holzarten liefern Pappel, Fichte, Tanne, Weide, Buche, Erle, Esche, Ahorn und Rüster das reinste Laugensalz.

Die Soda, ehemals ausschließlich aus der Asche der Salzpflanzen, besonders an den Meeresküsten gewonnen, wird in neuerer Zeit mit großem Vortheil auch aus dem Koch- und Glaubersalz und aus dem sog. Pfannenstein der Salinen bereitet.

Es sind schließlich noch zwei für die Industrie wichtige Pflanzen zu nennen: der Tabak und — wenn auch nur indirect für sie von Bedeutung — der Maulbeerbaum.

Der Tabak, an sich ein reiner Luxusartikel, ist dennoch für die Industrie von hervorragendem Nutzen, weil er einer großen Anzahl von Menschen Arbeit und Unterhalt gewährt. — Zur Fabrikation des Rauch-, Schnupf- und Kautabaks werden vorzugsweise die Blätter des Virginischen Tabak, Nicotiana Tabacum L. genommen; ungleich seltener wird

Tabak.

der Bauerntabak Nicotiana rustica L. angebauet. Der Tabak ist im tropischen Amerika zu Hause, von wo noch jetzt die besten Sorten eingeführt werden. In Europa ist er seit der Mitte des 16. Jahrhunderts bekannt. Gegenwärtig, wo sein Gebrauch ein allgemeiner ist, hat sich der Anbau der Tabakspflanze ungemein verbreitet und geht auf der nördlichen Halbkugel bis 55° Br., auf der südlichen bis 40° Br. — Die Güte des Tabaks ist sehr verschieden; auch wird er vielfach verfälscht, bei uns namentlich durch Runkelrüben-, Cichorien- und Kirschblätter. —

Maulbeerbaum. Der Maulbeerbaum ist der Träger eines sehr bedeutenden Industriezweiges, des Seidenbaues, da er durch seine Blätter der Ernährer der Seidenraupe ist. Er stammt aus Asien und wird in zwei Arten cultivirt. Der schwarze Maulbeerbaum, Morus nigra L., mit großen schwarzbraunen Früchten, liefert ein schlechtes Futter für die Seideraupe und wird mehr seiner wohlschmeckenden Früchte wegen gepflanzt; dagegen sind die Blätter des weißen Maulbeerbaums (Morus alba L. mit kleineren weißlichen Früchten) ein vorzügliches Futter für die Seidenraupe und sein Anbau zu diesem Zwecke ist sehr verbreitet. Die ausgedehntesten Plantagen finden sich in Ober-Italien und Süd-Frankreich. —

Officinelle Pflanzen. Von dem erheblichsten Nutzen für den Menschen ist eine große Anzahl von Pflanzen, deren wohlthätige Eigenschaften in den Officinen (Apotheken), als Heilmittel verwendet werden, und die man unter dem Namen der officinellen oder Heilpflanzen zusammenfaßt. Es weichen zwar die Pharmacopöen (Arzeneibücher) aller Zeiten und Länder in dem Gebrauche der verschiedenen Pflanzen als Arzeneipflanzen mehrfach von einander ab, und namentlich ist der medicinische Werth von Pflanzen, die als sog. Hausmittel im Publikum verwendet werden, sehr zweifelhaft; dennoch gibt es eine erhebliche Anzahl von Gewächsen, deren heilsame Wirkung feststeht und allgemein anerkannt wird.

Heilpflanzen.

Wir geben im Nachstehenden die **officinellen Pflanzen der Pharmacopöe Deutschlands** (Pharmacopoea Germanica), welche seit dem 1. November 1872 für das gesammte deutsche Reich an Stelle sämmtlicher Pharmacopöen der einzelnen Bundesstaaten getreten ist. Die Pflanzen sind nach den Familien des natürlichen Systems geordnet mit Angabe des Vaterlandes der ausländischen Gewächse und unter Hinzufügung namentlich der **abweichenden pharmaceutischen** Namen für einzelne Pflanzentheile und deren Präparate. Zum Schluß sind die stärksten Giftpflanzen, vorzüglich die unseres Vaterlandes, namhaft gemacht.

Kryptogamen.

Algen: Irländisches Moos, Fucus crispus L., an den Küsten der Nordsee, besonders Irland. Irländ. Moos, Carrageen.

Flechten: Isländisches Moos, Cetraria islandica. Ach. (Lichen islandicus L.)

Pilze: Mutterkorn, Claviceps purpurea. Tulasne (Sclerotium Clavus Dec.) — Secale cornutum. Extract.

Feuerschwamm: Polyporus fomentarius Fr. Fungus ignarius.

Lärchenschwamm: Polyporus offic. Fr. (Boletus purgans Pers.) Fungus Laricis.

Lycopodiaceen: Gem. Bärlapp, Lycopodium clavatum L. Streupulver: Lycopodium.

Farnkräuter: Gem. Waldfarn, Polystichum Filix mas. Roth. Rhizom (Wurmfarnwurzel), Rhizoma Filicis. Wurmfarn-Extract, Extractum Filicis.

Phanerogamen. Gymnospermen.

Coniferen: Gem. Wachholder, Juniperus comm. L. Wachholderbeeren, Fructus Juniperi; Wachholderbeeröl, Oleum Juniperi; Wachholder-Spiritus, Spiritus Juniperi.

Sabebaum, Juniperus Sabina L., Sabebaumspitzen (Zweigspitzen), Summitates Sabinae, Extract. Sabebaumöl, Oleum Sabinae.

Spanischer Wachholder, Juniperus Oxycedrus L., Kabe=öl, Oleum Juniperi empyreumaticum.

Gem. Lebensbaum, Thuja occidentalis L., Lebensbaum=tinktur, Tinctura Thujae.

Pinus=Arten liefern den Terpentin (Terebinthina S. 136), der in der Medicin eine vielfache Anwendung fin=det; Harz (Resina Pini), Colophonium und Pech werden zum Pflaster gebraucht.

Angiospermen. Monocotyledonen.

Gramineen (Gräser): Gem. Waizen, Triticum vulg. Vill. Waizenstärke, Amylum Tritici.

Quecken=Waizen, Trit. repens L., Queckenwurzel, Rhizoma Graminis, Quecken=Extract, Extr. Graminis.

Gerste, Hordeum L., Gerstenmehl, Farina Hordei, Malz=Extract, Extr. Malti.

Cyperaceen (Halbgräser): Sand=Segge, Carex arenaria L., rothe Quecke, Rhiz. Caricis.

Piperaceen: Kubeben=Pfefferstrauch, Piper Cubeba L. (Cubeba offic. Miquel), Indien. Frucht: Kubeben, Cubebae. Extract, Extr. Cabebarum.

Aroideen: Gem. Kalmus, Acorus Calamus L., Kalmus=Wurzel, Rhiz. Calami. Extract. Tinctur.

Palmen: Kokus=Palme, Cocos nucifera L. (S. 116). Kokusöl, Oleum Cocois. Drachen=Rotang, Calamus Draco. Willd., Ostindien; das Harz der schuppigen Früchte gibt das sog. Drachenblut, Resina Draconis.

Colchicaceen: Herbstzeitlose, Colchicum autumnale L., Zeitlosen=Samen, Semen Colchici. Essig, Acetum Colchici. Weißer Germer, Veratrum album L., weiße Nießwurz, Rhiz. Veratri, Veratrin, Veratrium.

Sabadill=Germer, Veratrum Sabadilla Retz. (Sabadilla offic. Brandt), Mexico. Sabadill= oder Läusesamen Fructus Sabadillae.

Liliaceen: (Meerzwiebel, Scilla maritima L., Strand des Mittelmeeres. Knollen, Bulbi Scillae. Essig, Acetum scilliticum. Extract.

Aloë, Aloë perfoliata L. und spicata Thunb. Afrika. Der Saft liefert eine harzähnliche, feste Masse, die Aloë. Aloë=Tinctur, Tinctura Aloës. Extract.

Asparageen: Sassapareille, Smilax Sarsaparilla L., Virginien und Mexico. Sassaparillwurzel, Radix Sarsaparillae.

Chinawurzel, Smilax China L., China und Ostindien, Rhiz. Chinae.

Drachenbaum, Dracaena Draco L., Ostindien und canarische Inseln; liefert, wie Calamus Draco, das Drachenblut.

Irideen: Aechter Safran, Crocus sativus L., Safran (die Narben), Crocus.

Florentinische Schwerdtlilie, Iris florentina L., Süd=Europa. Veilchenwurzel, Rhiz. Iridis.

Scitamineen. Brown. Kleine Kardamom=Elettarie, Elettaria Cardamomum White & Maton. Ostindien, Fructus Cardamomi. Kleine Kardamome, Cardamomum minus.

Mittlere Kardamom=Elettarie, E. Cardamomum medium Schult. Mittlere Kardamome, Card. medium.

Zittwer=Curcuma (Zittwer), Curcuma Zedoaria, Rosc., Ostindien. Zittwerwurzel, Rhiz. Zedoariae.

Gem. Gelbwurz, Curcuma longa L., China. Kurkuma, Rhiz. Curcumae.

Galgant=Alpinie, Alpinia Galanga L., Ostindien, Galgant, Galgantwurzel, Rhiz. Galangae.

Gem. Ingwerpflanze, Zingiber officinale. Rosc., Ostindien, Rhizoma Zingiberis.

Orchideen: Knabenkraut, Orchis Morio L. und andere Orchisarten liefern durch ihre Knollen den Salep, tubera Salep; Salepschleim, Mucilago Salep.

Vanille, Epidendron Vanilla L. (Vanilla planifolia Andrews) (S. 123). Vanille, Fructus Vanillae.

Dicotyledonen. Apetalae (Blumenkronlose).

Salicineen: Schwarzpappel, Populus nigra L. und andere Arten. Pappelknospen, Gemmae Populi.

Cupuliferen: Sommer= und Winter=Eiche, Quercus pedunculata. Ehrh. und sessiflora. Sm. Eichenrinde, Cortex Quercus. Eichelkaffee, Semen Quercus.

Galleiche: Q. infectoria Oliv. (S. 140). Galläpfel, Gallae.

Juglandeen: Nußbaum, Iuglans regia L. Grüne Wallnußschale, Cortex Fructus Iuglandis. Blätter, Folia Iug.

Urticeen: Gebauter Hanf, Cannabis sativa L. Indischer Hanf, Herba Cannabis Indicae. Fructus Cannabis. Ind. Hanfextract.

Gem. Hopfen, Humulus lupulus L. Hopfenmehl, Glandulae Lupuli.

Gem. Feigenbaum, Ficus Carica L. Länder am Mittelmeer. Frucht: Feigen, Caricae.

Myristiceen: Muskatennußbaum, Myristica moschata. Thunb. (S. 123.) M. fragrans. Hout. Muskatennuß, Semen Myristicae. Muskatenblüthe, Macis. Muskatenblüthenöl, Ol. Macidis.

Euphorbiaceen: Kaskarille, Croton Cascarillae. L. Tropisches Amerika. Kaskarillrinde, Cortex Cascarillae. Extract.

Purgir=Kroton, Croton Tiglium L. (Tiglium offic. Klotzsch.) Strauch Ostindiens. Krotonöl, Oleum Crotonis.

Gem. Wunderbaum (Christuspalme) Ricinus communis L. Ostindien. Ricinusöl, Ol. Ricini.

Exotische Euphorbienarten, namentlich Euphorbia resinifera Berg, liefern das Euphorbienharz zu Pflastern.

Aristolochieen: Virginische Schlangenwurz, Aristolochia serpentaria L. Nordamerika. Virginische Schlangenwurzel, Radix Serpentariae.

Heilpflanzen. 147

Europ. Haselwurz, Asarum europaeum. Radix Asari.

Laurineen; **Edler Lorbeer**, Laurus nobilis L. Frucht, Fr. Lauri.

Zimmtbaum, Laurus Cinnamomum L. (Cinnamomum Zeylanicum Breyn) und Cinnamomum Cassia, Blume. Rinde: Zeylon-Zimmt, Cortex Cinnamomi Zeylanici; Zimmtkassie, Cortex Cinnamomi Cassiae. Zimmtöl, Ol. Cinnamomi Cassiae. Zimmtwasser, Aqua Cinnamomi.

Sassafras-Lorbeer, Laurus Sassafras L. (Sassafras offic. Nees.) Nordamerika. Fenchelholz, Lignum Sassafras.

Kampher-Lorbeer, Laurus Camphora L. China und Japan. Kampher, Camphora. Kampher-Spiritus, Spiritus camphoratus.

Thymeleen: **Kellerhals**, Daphne Mezereum L. Seidelbastrinde (Kellerhalsrinde), Cortex Mezerei. Extract. Seidelbastsalbe, Unguentum Mezerei.

Polygoneen: **Rhabarberpflanze**, Rheum palmatum L. China und Sibirien. Rhabarber, Rad. Rhei. Extract.

Chenopodeen: **Wohlriechender Gänsefuß**, Chenopodium ambrosioides L. Mexico, Nordamerika, Südeuropa. Mexikanisches Traubenkraut, Jesuitenthee, Herba Chenopodii ambrosioidis.

Dicotyledonen. Monopetalae (mit einblättr. Blfr).

Primulaceen: **Gebr. Primel** (Schlüsselblume), Primula offic. Jacq. Blüthe, Fl. Primulae.

Labiaten: **Lavendel** (Spiker), Lavandula vera. Dec. (Lavandula Spica L.) Blüthe, Fl. Lavandulae. Oel. Spiritus.

Pfeffer-Münze, Mentha piperita L. Blätter, Fol. Menthae piperitae. Pfeffermünz-Wasser, -Oel; Pfeffermünz-Essenz, Spiritus Menthae piperitae.

Krause-Münze, Mentha piperita var. crispa. (Mentha crispa L.) Blätter, Fol. Menth. crispae. Wasser; Oel; Essenz.

Gebr. Rosmarin, Rosmarinus offic. L. Blätter, Fol. Rosmarini. Oel; Spiritus.

Gebr. Salbey, Salvia offic. L. Folia Salviae, Salbey-Wasser.

Majoran-Dosten (Meiran), Origanum Majorana. L. Blühendes Kraut, Herba Majoranae. Meiranöl.

Gem. Thymian, Thymus vulg. L. Blüh. Kraut, H. Thymi. Thymianöl.

Feld-Thymian (Quendel), Thym. Serpyllum L. Blüh. Kraut, H. Serpylli. Quendel-Spiritus.

Gebr. Melisse (Citronenmelisse), Melissa offic. L. Folia Melissae. Melissenwasser. Karmelitergeist, Spiritus Melissae comp.

Gelblichweißer Hohlzahn, Galeopsis ochroleuca. Lam. Herba Galeopsidis.

Scrophularineen: Gebr. Gnadenkraut, Gratiola offic. L. Blüh. Kraut, H. Gratiolae; Gottesgnadenkraut-Extract.

Rother Fingerhut, Digitalis purpurea. L. Folia Digitalis. Fingerhut-Extract, -Tinktur, -Essig.

Gem. Leinkraut, Linaria vulg. Mill. Herba Linariae.

Verbasceen: Großblumiges Wollkraut, Verbascum thapsiforme Schrad. und andere Arten. Blüthe, Fl. Verbasci.

Solaneen: Bittersüßer Nachtschatten (Bittersüß), Solanum Dulcamara L. Stengel, Stipites Dulcamarae. Extract.

Gem. Tollkraut (Tollkirsche), Atropa Belladonna. L. Radix und Folia Belladonnae. Extract. Belladonna-Pflaster, Emplastrum Belladonnae. Atropin, Atropinum.

Schwarzes Bilsenkraut, Hyoscyamus niger. L. Blätter und Zweige, Folia Hyoscyami. Bilsensamen, Semen Hyosc. Extract; Oel; Pflaster.

Virginischer Tabak, Nicotiana Tabacum. L. (S. 141.) Folia Nicotianae.

Gem. Stechapfel, Datura Stramonium. L. Folia und Semen Stramonii; Extract; Tinctur.

Spanischer Pfeffer (Beißbeere), Capsicum annuum L. u. longum Fingerh. Südamerika und Südeuropa; bei uns in Töpfen. Fructus Capsici.

Convolvulaceen: Purgirwinde, Convolvulus Scammonia. L. Orient, Syrien. Scammoniawurzel, Rad. Scammoniae.

Jalapenwinde, Ipomaea Jalapa. Persh. (Convolvulus Jalappa L.) Mexico. Jalapenharz, Resina Jalapae.

Gentianeen: Dreiblättrige Zottenblume (Fieberklee), Menyanthes trifoliata. L. Blätter (Bitterklee, Dreiblatt) Folia Trifolii fibrini. Extract.

Gelber Enzian, Gentiana lutea. L. Enzianwurzel, Rad. Gentianae. Extract.

Gem. Tausendguldenkraut, Erythraea Centaurium. Pers. Blüh. Kraut, H. Centaurii. Extract.

Apocyneen: Brechnuß- oder Krähenaugenbaum, Strychnos Nux vomica. L. Ostindien. Samen (Krähenauge, Brechnuß) Semen Strychni. Extract. Strychnin, nächst Blausäure das stärkste Gift.

Oleaceen: Gem. Oelbaum, Olea europaea. L. (S. 125.) Olivenöl, Oleum Olivarum.

Manna-Esche, Fraxinus Ornus. L. Italien. Ausfließender Saft liefert die Manna, Manna.

Sapoteen: Percha-Baum, Isonandra Gutta Hooker. Südasien. Guttapercha, Gutta Percha depurata.

Ericeen: Gebr. Bärentraube, Arctostaphylos off. Wimm u. Grab. (Arct. Uva Ursi Spreng.) Folia Uvae Ursi.

Styraceen: Aechter Storax, Styrax offic. L. Italien, Syrien. Flüssiger Storax, Styrax liquidus.

Benzoë-Storax, Styrax Benzoïn. Dryander. Benzoëharz, Benzoë. Benzoësäure, Acidum benzoicum.

Vaccineen: Gem. Heidelbeere, Vaccinium Myrtillus. L. Fructus Myrtilli.

Lobeliaceen: **Aufgeblasene Lobelie**, Lobelia inflata. L. Nordamerika. Herba Lobeliae.

Compositen: **Gem. Huflattig**, Tussilago Farfara. L. Folia Farfarae.

Gemüse-Fleckblume, Spilanthus oleraceus L. (Spilanthes oleracea. Jacq.) Südamerika. Blüh. Kraut. (Parakresse.) H. Spilanthis.

Wahrer Alant, Inula Helenium. L. Alantwurzel, Rad. Helenii. Extract.

Wermuth-Beifuß (Wermuth), Artemisia Absinthium. L. Herba Absinthii. Extract; Tinctur.

Gem. Beifuß, Artem. vulg. L. Radix Artemisiae.

Persischer u. Jüdischer Beifuß, Artem. Contra u. Judaica. L. Blüthenköpfe und Samen liefern die Zittwerblüthen (Zittwersamen). Flores Cinnae. Zittwerblüthenextr. Extr. Cinnae.

Gem. Schaafgarbe, Achillea Millefolium. L. Herba u. Flores Millefolii. Extract.

Römische Kamille, Anthemis nobilis. L. Flores Chamomillae Romanae.

Gebr. Kreisblume, Anacyclus offic. Hayn. giebt die Bertramwurzel Rad. Pyrethri.

Gem. Kamille, Matricaria Chamomilla. L. Flores Chamomillae vulgaris. Kamillenwasser, Aqua Chamomillae. Kam.-Extract, Extr. Chamomillae. Oel.

Berg-Wolverlei, Arnica montana. L. Radix u. Flores Arnicae. Arnica-Tinctur, Tinct. Arnicae.

Kletten-Arten, Lappa Tournef u. Lam. Klettenwurzel, Rad. Bardanae.

Stengellose Eberwurz, Carlina acaulis. L. Eberwurzel, Radix Carlinae.

Karbobenedictenkraut, Centaurea benedicta. L. Kraut mit Blüthen, Herba Cardui benedicti. Extract.

Gebr. Pfaffenröhrlein (Löwenzahn; Kuhblume), Taraxacum offic. Wigg. (Leontodon Taraxacum L.) Radix cum herba. Rad. Taraxaci.

Gift-Lattich, Lactuca virosa. L. Herba Lactucae. Giftlattichextr. Extr. Lact. virosae. Giftlattichsaft, Lactucarium.

Valerianeen: Gebr. Baldrian, Valeriana offic. L. Radix Valerianae. Baldrian-Wasser, -Extract, -Oel, Aqua Valerianae ꝛc. Baldriansäure, Acidum valerianum.

Rubiaceen: Cinchoneen.

Fieberrindenbaum Südamerika's: Cinchona Calisaya. Weddell, C. micrantha. Ruiz und Pav. Cinch offic. L. C. Condaminea. Humb. und Bonpl. und andere liefern die Chinarinde, und zwar: Kalisayarinde, Cortex Chinae Calisayae; braune Chinarinde, C. Chinae fuscus und rothe Chinarinde, C. Chinae ruber. Chinaextract, Extr. Chinae fuscae.

Coffeaceen: Ipecacuanhapflanze, Cephaelis Ipecacuanha. Willd. Brasilien. Brechwurzel, R. Ipecacuanhae.

Echter Kaffeebaum, Coffea arabica. L. (S. 120.) Coffeïn, Coffeinum.

Caprifoliaceen: Gem. Hollunder (Flieder), Sambucus nigra L. Flores Sambuci. Hollunderblüthenwasser, Aqua Sambuci.

Dicotyledonen. Polypetalae (mit mehrbl. Blfr.).

Umbellaten: Gewöhnliche Petersilie, Petroselinum sativum. Hoffm. Petersiliensamen, Fructus Petroselini; Wasser.

Gem. Kümmel, Carum Carvi. L. Fructus Carvi; Oel.

Große u. Gem. Bibernell, Pimpinella magna u. saxifraga L. Pimpinellenwurzel, R. Pimpinellae.

Anis-Bibernell (Gem. Anis), Pimpinella Anisum. L. Frucht, Fructus Anisi vulgaris. Anisöl, Ol. Anisi.

Fenchelsamige Rebendolde (Wasserfenchel), Oenanthe Phellandrium Lam. Fructus Phellandrii.

Gebr. Fenchel, Foeniculum offic. All. (Anethum Foeniculum L.) Fenchelsame, Fructus Foeniculi. Fenchel=Wasser; =Oel.

Gebr. Liebstöckel, Levisticum off. Koch. (Ligusticum Levisticum L.) Liebstöckelwurzel, Rad. Levistici.

Gebr. Engelwurzel, Archangelica off. Hoffm. Rad. Angelicae.

Stinkendes Steckenkraut, Ferula Asa foetida L. Persien. Gummiartiger Saft der Wurzel, genannt Stinkasant oder Teufelsdreck, Asa foetida. Stinkasant=Pflaster, Emplastrum foetidum.

Gem. Meisterwurz, Imperatoria Osthrunthium L. Meisterwurzel, Rhiz Imperatoriae.

Geflechter Schierling, Conium maculatum. L. Herba Conii. Extract; Pflaster. Coniin, Coniinum.

Gebaueter Koriander, Coriandrum sativum. L. Koriandersamen. Fr. Coriandri.

Cucurbitaceen: Koloquinten=Gurke, Cucumis Colocynthis, L., Orient und Süd=Europa. Koloquinten, Fructus Colocynthidis. Extract.

Myrtaceen: Gewürznelkenbaum, Caryophyllus aromaticus L. (S. 124), Molukken. Gewürznelken, Caryophylli. Cajaputbaum, Melaleuca Leucodendrum L., Ostindien. Cajaputöl, Oleum Cajeputi.

Granateen: Gem. Granate (Granatbaum), Punica Granatum L. Länder am Mittelmeer. Granatwurzelrinde Cortex radicis Granati.

Pomaceen: Gem. Quitte, Cydonia vulgaris Pers. Quittensame, S. Cydoniae. Quittenschleim, Mucilago Cyd.

Rosaceen: Himbeerstrauch, Rubus Idaeus L. Frucht. Himbeerwasser, Aq. Rubi Idaei. Himbeeressig.

Ruhrwurzel, Potentilla Tormentilla Sibth. Tormentillwurzel, Rhiz. Tormentillae.

Rose, Rosa centifolia L., Flores Rosae. Rosenwasser, Rosenöl (S. 135).

Amygdalineen: Mandelbaum, Amygdalus com-

munis. L. var. amara, Semen Amygdali amarum (bittere Mandeln), S. Amygdali dulce (süße Mandeln). Bittermandelwasser, Aq. Amygdalarum amarum. Mandelöl (aus süßen und bitteren Mandeln), Ol. Amygdalarum.
Kirschbaum, Prunus Cerasus L. Kirschwasser, Aq. Cerasorum. Kirschlorbeer, Prunus Laurocerasus L. am schwarzen Meere. Folia Laurocerasi. Kirschlorbeerwasser, Aq. Lauro-Cerasi.

Leguminosen: Papilionaceen. Dornige Hauhechel, Ononis spinosa L., Hauhechelwurzel, Rad. Ononidis.
Gebr. Honigklee (Melilotenklee), Melilotus offic. Desrouss. Blühende Zweige, Herba Meliloti, Melilotenpflaster.
Gem. Hornklee, Trigonella Foenum graecum L., Bockshornsame, Semen Foeni Graeci.
Gem. Süßholz, Glycyrrhiza glabra L., (Liquiritia offic. Pers), Südeuropa, Radix Liquiritiae glabrae. Süßholzextract, Extr. Liquiritiae Radicis. Lakritzensaft.
Traganth, Astragalus Creticus Lam., Ast. verus Oliv. und andere schwitzen den Gummi=Traganth aus. Traganth, Tragantha.
Drachenblutbaum, Pterocarpus Draco L., Westindien, liefert mit Calamus Draco und Dracaena Draco (S. 144. 145) das Drachenblut, Resina Draconis.
Cäsalpineen: Blauholz, Haemotoxylon Campechianum L. (S. 138), Lignum Campechianum. Campecheholzextract, Ext. Lign. Camp.
Johannisbrodbaum, Ceratonia siliqua. L., Länder am Mittelmeer. Fructus Ceratoniae.
Gem. Tamarindenbaum, Tamarindus indica L., Ostindien, Tamarindenmus, Pulpa Tamarindorum.
Senna=Kassie, Cassia senna L. (Cassia acutifolia) Afrika. Sennesblätter, Fol. Sennae.
Mimoseen: Katechubaum, Acacia Catechu. Willd. und andere ostindische Gewächse liefern das Katechu, Catechu (terra Japonica S. 137).

Nil-Acazie, Acacia Nilotica. Delile (Mimosa Nilotica L.) an den Ufern des Nils, und Acacia Seyal. Del. und A. tortilis Hayne. liefern das arabische Gummi, Gummi Arabicum; Gummischleim, Mucil. Gummi Arabici.

Terebinthaceen: **Terpentin-Pistazie**, Pistacia Terebinthus L. (S. 136), der ausfließende Terpentin, Terebinthina.

Mastix-Baum, Pistacia Lentiscus L., Länder am Mittelmeer. Der ausfließende Saft liefert den Mastix, Mastix.

Gift-Sumach, Rhus Toxicodendron L., Nordamerika. Folia Toxicodendri.

Amyrideen: Brown. (Burseraceen. Kunth.) **Myrrhenbaum**, Balsamodendron Myrrha. Kunth (Bals. Ehrenbergianum Berg), Arabien; liefert das Gummiharz Myrrhe, Myrrha. Extract.

Elemistrauch, Amyris elemifera L., Brasilien. Elemiharz, Resina Elemi.

Weihrauchbaum, Boswellia papurifera. Hochst. Afrika. Weihrauch, Olibanum.

Rhamneen: Gem. **Wegdorn** (**Kreuzdorn**) Rhamnus Cathartica L. Fructus Rhamni Catharticae.

Glatter Wegdorn (**Faulbaum**), Rhamnus Frangula L., Faulbaumrinde, Cortex Frangulae.

Rutaceen: Gem. **Garten-Raute**, Ruta graveolens L. Folia Rutae.

Zygophylleen: **Guajakbaum**, Guajacum off. L. Westindien. Pockholz, Franzosenholz, Lignum Guajaci. Guajakharz, Resina Guajaci.

Guttiferen, Juss.: **Gummiguttabaum**, Cambogia Gutta L. (Garcinia Morella. Desrouss.) liefert das Gummigutt, Gutti.

Aurantiaceen: Gem. **Citrone.** (**Limonen- oder Citronenbaum**), Citrus medica L., Indien, Klein-Asien und Südeuropa. Citronenschale Cortex Fructus Citri. Citronenöl,

Ol. Citri. Citronenſäure, Acidum citricum. — Var. Citrus Bergamia Risso. Bergamottöl, Ol. Bergamottae.

Bittere Pomeranze, Citrus vulgaris. Risso (Citrus Aurantium L.), urſprünglich in China; im ſüdlichen Frankreich im Großen angebaut. Folia, Flores, Fructus Aurantii. Pomeranzenſchale, Cortex Fructus Aurantii. Pomeranzenſchalenextract, Extr. Aurantii Corticis. Pomeranzenſchalenöl, Ol. Aur.˙Corticis. Pomeranzenblüthenöl, Ol. Aurantii Florum.

Ampelideen: Edler Weinſtock, Vitis vinifera L. Wein (S. 119).

Tiliaceen: Linde, Tilia grandifolia. Ehrh. (T. platyphyllos Scop.) und T. parvifolia Ehrh. (T. ulmifolia Scop.) Flores Tiliae. Lindenblüthenwaſſer, Aqua Tiliae.

Büttneriaceen, Brown: Gem. Kakaobaum, Theobrama Cacao L. (S. 121), Kakaobutter, Oleum Cacao.

Malvaceen: Wilde Malve, Malva sylvestris L. (Malva vulgaris Fries), Folia Malvae. Flores Malvae vulgaris. Gebr. Eibiſch, Althaea off. L., Folia Althaeae. Stockroſe, Althaea rosea Cav. Flores Malvae arboreae. Radix Althaeae.

Lineen: Gewöhnl. Flachs (Lein), Linum usitatissimum L. (S. 126), Leinſamen, S. Lini. Leinöl.

Sileneen: Gebr. Seifenkraut, Saponaria off. L., Seifenwurzel, Rad. Saponariae.

Simarubeen: Quaſſienbaum, Quassia amara L., Surinam. Quaſſiaholz, Lign. Quassiae. Extract.

Polygaleen: Bittere Kreuzblume, Polygala amara L. Blühendes Kraut, Herba Polygalae. Senega=Kreuzblume, Polygala Senega L., Nordamerika. Radix Senegae, Extract.

Kramerienſtrauch, Krameria triandra Ruiz u. Pav., Peru. Ratanhawurzel, Radix Ratanhae. Extract.

Violaceen: Dreifarb. Veilchen (Stiefmütterchen), Viola tricolor L., Freiſamkraut (Stiefmütterchenthee), H. Violae tricoloris.

Cruciferen: **Schwarzer Kohl** (Senf), Brassica nigra Koch. Schwarzer Senfsamen, Semen Sinapis. Senföl, Ol. Sinapis. Senfspiritus, Spiritus Sinapis.

Gebr. Löffelkraut, Cochlearia off. L. Herba Cochleariae.

Papaveraceen: **Klatschrose**, Papaver Rhoeas L., Flores Rhoeados.

Gebaueter Mohn, Papaver somniferum L., Mohnsamen, Semen Papaveris. Mohnöl, Ol. Papaveris. Frucht, Mohnköpfe, Fr. Papaveris. Mohnsaft, Opium. Opiumwasser, Aq. Opii. Opiumextract. Opiumpflaster.

Gem. Schöllkraut, Chelidonium majus L. Blüh. Kraut, Herba Chelidonii. Schöllkrautextract.

Menispermeen: **Handblättriger Mondsamen**, Menispermum palmatum Lam. (Cocculus palmatus Wallich; Jateorrhiza Columba. Miers), Südafrika. Kolombowurzel, Rad. Colombo. Kolomboextract, Extr. Colombo.

Wintereen: **Sternanis**, Illicium anisatum L. China, Japan, Fructus Anisi stellati.

Ranunculaceen: **Küchenschelle**, Anemone Pulsatilla L. und A. pratensis L., Blühendes Kraut, Herba Pulsatillae. Extract.

Grüne Nießwurz, Helleborus viridis L. Grüne Nießwurzel, Rad. Hellebori viridis.

Wahrer Eisenhut, Aconitum Napellus L., Eisenhutknollen, Tubera Aconiti. Eisenhutextract. Tinctur. Aconitin, Aconitum.

Giftpflanzen.

Giftpflanzen. **Pilze: Mutterkorn**, Claviceps purpurea Tulasne (Sclerothium Clavus Dec. S. 143).

Hausschwamm, Merulius lacrymans Schum. **Blutpilz**, Boletus sanguineus Pers. **Fliegenschwamm**, Agaricus muscarius L.

Coniferen: Gem. Taxbaum (Eibenbaum) Taxus baccata L. Sabe-Wachholder (Sabebaum), Juniperus Sabina L. (S. 143).

Gräser: Taumellolch, Lolium temulentum L.

Colchicaceen: Herbstzeitlose, Colchicum autumnale L. (S. 144).

Germer-Arten: Veratrum album (S. 144), nigrum L. und Sabadilla Retz.

Liliaceen: Meerzwiebel, Scilla maritima L. (S. 145).

Asparageen: Vierbl. Einbeere, Paris quadrifolia L.

Aroideen: Gefleckter Aron, Arum maculatum L.

Urticeen: Upasbaum. Antiaris toxicaria Lesch., in Java und Ostindien.

Euphorbiaceen: Alle deutschen Euphorbienarten; Jähriges und Ausbauerndes Bringelkraut, Mercurialis annua und perennis L.; Manchinellenbaum, Hippomane Mancinella L., Westindien; Purgir-Kroton, Croton Tiglium L. (S. 146); Gem. Wunderbaum, Ricinus communis L. (S. 146); Maniok- oder Cassavastrauch, Jatropa Manihot L. (S. 118); durch Auskochen verliert die Wurzel ihre giftige Eigenschaft).

Arostolochieen: Europ. Haselwurz, Asarum europaeum L. (S. 147).

Laurineen: Kampher-Lorbeer, Laurus Camphora L. (S. 147).

Thymeleen: Kellerhals, Daphne Mezereum L. (S. 147).

Plumbagineen: Bleiwurz, Plumbago europaea L., Südeuropa.

Scrophularineen: Gebr. Gnadenkraut, Gratiola off. L. (S. 148); Rother Fingerhut, Digitalis pupurea L. (S. 148); Großblumiger Fingerhut, D. grandiflora Lam.; Wald-Läusekraut, Pedicularis sylvatica L.; Sumpf-Läusekraut, P. palustris L.

Solaneen: Bitterſüß, Solanum Dulcamara L. (S. 148), die jährigen Stengeltriebe enthalten Solanin; Kartoffel, Sol. tuberosum L. (das Kraut, die unreifen Beeren und die Keime enthalten Solanin und ſind giftig); Tollkirſche, Atropa Belladonna L. (S. 148), Wurzel, Blätter und Beeren enthalten Atropin; Alraunwurzel, Mandragora offic. L. Südeuropa; Schwarzes Bilſenkraut, Hyoscyamus niger L. (Wurzel, Blätter und Samen, S. 148); Virginiſcher Tabak, Nicotiana Tabacum L. (Samen und Blätter enthalten Nicotin), (S. 149); Gem. Stechapfel, Datura Stramonium L. (Samen und Blätter enthalten Daturin). (S. 149.)

Convolvulaceen: Purgirwinde, Convolvulus Scammonia L. (S. 149); Jalapenwinde, Ipomaea Jalapa Prsh. (S. 149).

Apocyneen: Brechnuß, Strychnos Nux vomica L. (S. 149); Upasſtrauch, Strychnos Tieuté Lesch. Java; Ignaz-Krähenauge, Strych. Ignatii Lam., Philippinen; die Samen heißen Ignazbohnen.

Asclepiadeen: Gem. Hundswürger, Cynanchum Vincetoxicum L.

Ericeen: Poleiblättr. Andromeda, Andromeda polifolia L., Sumpfporſt, Ledum palustre L.

Compoſiten: Wilder Lattich, Lactuca Scariola L., Gift-Lattich, Lact. virosa Lin. (S. 151).

Stellaten: Ipecacuanhapflanze, Cephaelis Ipecacuanha Willd. (S. 151).

Umbelliferen: Gem. Waſſernabel, Hydrocotyle vulgaris L.; Giftiger Waſſerſchierling, Cicuta virosa L.; Breitblättriger Merk, Sium latifolium L; Fenchelſamige Rebendolde (Waſſerfenchel), Oenanthe Phellandrium Lam. (S. 152); Garten-Gleiße (Hundspeterſilie), Aethusa Cynapium L.; Berauſchender Kälberkropf, Chaerophyllum temulum L.; Gefleckter Schierling, Conium maculatum L. (S. 152).

Cucurbitaceen: Koloquinten-Gurke, Cucumis Colocynthis L. (S. 152); Spring-Gurke (Eselsgurke), Momordica Elaterium L. Südeuropa.

Amygdalineen: Gem. Mandelbaum, Amygdalus commun. L. (S. 153); Ahl-Kirsche (Traubenkirsche), Prunus Padus L.

Papilionaceen: Bunte Kronenwicke, Coronilla varia L. Strauchige Kronenwicke, Coronilla Emerus L.

Guttiferen: Gummiguttabaum, Cambogia Gutta L. (S. 154).

Papaveraceen: Gebr. Mohn, Papaver somniferum L. (S. 156); Gem. Schöllkraut, Chelidonium majus L. (S. 156).

Ranunculaceen: Grüne Nießwurz, Helleborus viridis L. (S. 156); Schwarze Nießwurz, Hel. niger L.; Wahrer Eisenhut, Aconitum Napellus L. (S. 156); Wolfs-Eisenhut, Acon. Lycoctonum L.

Nachdem wir die Pflanzen, welche der Mensch zu seinem Nutzen verwendet, in einem Ueberblicke vorgeführt haben, machen wir zum Schluß dieses Abschnittes noch auf eine nicht unerhebliche Anzahl von Gewächsen aufmerksam, welche wegen der Schönheit ihrer Formen, wegen der Lieblichkeit und Pracht der Blüthen oder wegen ihres Wohlgeruchs in Gärten und Parkanlagen, in Gewächshäusern und im Wohnzimmer gepflegt werden, und die dem Menschen einen unberechenbaren, wenn auch oft kaum beachteten Vortheil zur Hebung seines ästhetischen Sinnes und zur Verschönerung und Veredelung seiner Lebensfreuden gewähren. Mit ihrer Kultur beschäftigt sich gewerbsmäßig der Kunstgärtner, privatim fast jeder Mensch, reich oder arm.

Die Garten- und Zierpflanzen sind theils unserem heimischen Boden entnommen, wie Maiblümchen und Veilchen, theils stammen sie aus dem Auslande. Von den letzteren acclimatisiren sich viele vollkommen und wachsen auch bei uns im Freien, wie Tulpe, Hyacinthe und Lilie, ebenso viele Sträucher und Bäume, die neben unseren schönen Strauch- und Baumarten die Zierden von Parkanlagen bilden. Andere ausländische Pflanzen, denen unser Klima zu rauh ist, werden in Gewächshäusern gezogen, und zwar diejenigen, denen nur unser Winter zu streng ist, in den sog. kalten Häusern, wie Ericeen, Kamellien und die schönen Orangen-, Myrten- und Granatbäume; diejenigen aber, welche aus den Tropen stammen, werden das ganze Jahr über in den warmen Häusern, in denen eine höhere Temperatur und Feuchtigkeit auch im Sommer künstlich erhalten wird, auf das Sorgfältigste gepflegt. Hierher gehören die parasytischen Orchideen mit ihren mährchenhaften Gestalten, die tropischen Farne und die Palmen. — Die Gewächshäuser dienen aber auch als Treibhäuser, um einen vorzeitigen Frühling zu schaffen und uns Tulpen, Hyacinthen, Maiblumen u. s. w. zum Schmuck des Winterzimmers zu liefern.

Wenn es das Geschäft des Kunstgärtners ist, die Zierpflanzen zu vermehren oder sie zur früheren Blüthe zu bringen, so ist es ferner seine Aufgabe, Zierpflanzen durch Kunst zu ziehen. Letzteres geschieht theils durch eine künstlich erzielte Vergrößerung der Blüthe und Vervielfältigung ihrer Farbe, wie z. B. beim Stiefmütterchen, Viola tricolor; oder durch eine künstliche Vermehrung der Blumenblätter zur Erzeugung der sog. gefüllten Blüthen (Rosen, Nelken, Levkojen, Malven, Georginen, Astern u. s. w.). — Wir geben das Nähere über die Bildung der gefüllten Blüthe im folgenden Abschnitt.

Siebenter Abschnitt.

Von den Krankheiten und Mißbildungen der Pflanzen.

Die Pflanzen haben zu ihrem Leben Luft und Nah- *Entstehungs-*
rung und, mit sehr geringen Ausnahmen, auch Wärme und *grund von Krankheiten*
Licht nöthig. Sobald Mangel oder auch Ueberfluß dieser *bildungen.* *und Miß-*
Lebensbedingungen je nach dem Bedürfnisse der einzelnen
Pflanze eintritt, werden deren Lebensfunctionen gestört und
Krankheiten oder Mißbildungen hervorgerufen. Auch darf
die Nahrung keine nachtheiligen Substanzen enthalten, d. h.
Boden und Luft, von denen die Pflanze ihre Nahrung entnimmt, müssen von schädlichen Stoffen frei sein. So erkrankt
in den Umgebungen von Fabriken, welche ungesunde Dämpfe
verbreiten, die Vegetation, sofern nicht die Dämpfe in hohe
Luftschichten geleitet und hierdurch zerstreut und unschädlich
gemacht werden.

Welchen bedeutenden Einfluß Boden, Wärme und *Einfluß des*
Licht auf das Leben der Pflanze ausüben, ist im Abschnitt *Bodens, der Wärme und*
3 dargethan. Der Boden muß in seiner chemischen und *des Lichts auf die Gesund-*
physikalischen Beschaffenheit dem Lebensbedürfnisse der Pflanze *heit der Pflanze.*
entsprechen; fehlen ihm die erforderlichen Eigenschaften, ist
er zu kalt oder zu warm, zu naß oder zu trocken, zu humus-
reich oder zu humusarm, und besitzt er nicht die für die Pflanze
unentbehrlichen Nahrungsstoffe, so treten Mßbildungen, Ver-
kümmerungen und Krankheiten auf. — Ebenso einleuchtend
ist es, daß die Pflanze durch eine ihr nicht zusagende Lufttemperatur, sei sie zu hoch oder zu niedrig, in ihren Lebensfunctionen beeinträchtigt wird, und sich entweder nicht zur
Vollkommenheit entwickelt, z. B. keine Früchte reift (S. 81
u. 84). oder gänzlich erkrankt und abstirbt. Gleich Boden und
Wärme wirkt das Licht auf Leben und Gesundheit der
Pflanze ein. Pflanzen, die des vollen Tageslichts bedürfen,

verkümmern im Schatten, wogegen die sog. Schattenpflanzen ohne Beschattung nicht gedeihen.

Wenn der Pflanze das zur Chlorophyllbildung nöthige Licht mangelt, tritt eine Krankheit ein, welche man Bleich- oder Gelbsucht nennt. Da übrigens derartig erkrankte Pflanzentheile weicher und wohlschmeckender werden, so wird ein solcher kränkelnder Zustand zuweilen absichtlich durch die Kultur herbeigeführt oder befördert (Kopfsalat, Weißkohl).

Gestörte Lebensfunctionen der Zellen. Das Leben der Pflanze beruht auf dem Leben der Zellen, deshalb muß eine Pflanze erkranken, sobald deren Zellen in ihren Lebensfunctionen gestört sind.

Die Störung der Lebensthätigkeit der Zelle kann sowohl durch innere, als durch äußere Ursachen hervorgerufen werden. Von innen entsteht sie durch eine schlechte oder gestörte Ernährung, d. h. durch eine nicht geeignete Zufuhr des rohen Nahrungssaftes, oder durch eine beeinträchtigte Assimilation desselben (S. 63); — von außen durch Verletzung der Zellenmembran.

Ungeeignete Zufuhr des rohen Nahrungssaftes. Der rohe Nahrungssaft muß in seiner Zusammensetzung den Bedürfnissen der Pflanze entsprechen und ihr in geeigneter Menge und regelmäßig zugehen. Namentlich ist die Regelmäßigkeit des Nahrungszuflusses für die Gesundheit der Pflanze wesentlich. Die meisten Pflanzen gewöhnen sich an constanten Ueberfluß oder constante Dürftigkeit in ziemlich ausgedehnten Grenzen, wogegen eine unregelmäßige Zufuhr der Nahrung, die zwischen Mangel und Ueberfluß wechselt, allen Pflanzen schädlich ist.

Eine gleichmäßige Speisung, sie sei in Fülle oder kärglich, hat bei vielen Pflanzen nur auf die Größenbildung Einfluß und keinen auf die Gesundheit. So erscheint z. B. der große Wegerich, Plantago major L., an kiesigen Flußufern und auf magerem Sandacker klein und winzig, wogegen er sich auf fruchtbarem Boden groß und üppig und seinem Namen entsprechend entwickelt. Besonders gewöhnen sich die Kulturpflanzen mit Leichtigkeit an Ueberfluß und Mangel, und sie ertragen wegen der Eigenschaften des mit Humus versehenen Kulturbodens (S. 60), trockene Jahre sogar besser als nasse. In trockenen Sommern liefert das Getreide zwar wenig Stroh, aber, wenn die Thaubildung nicht gefehlt hat, einen verhältnißmäßig guten Körnerertrag. In nassen Jahren schießt das Getreide in die Höhe, die Pflanze wuchert, allein der Fruchtertrag

Krankheiten u. Mißbildungen aus inneren Ursachen. 163

ist wegen der mit der Näffe verbundenen Kühle ein geringer (S. 84).

Eine verhältnißmäßig größere Zufuhr an Nahrung gewährt die Wurzel dem oberirdischen Pflanzentheil, wenn dieser durch Beschneiden oder sonst in seinem Volumen vermindert ist. Deßhalb sind die Triebe geköpfter oder beschnittener Bäume von besonderer Ueppigkeit und erhalten Blätter von ungewöhnlicher Größe. Hierauf beruht die Kunst des Gärtner, durch Ausschneiden von jungen Zweigen und durch Abbrechen von Blüthen und jungen Früchten, größere Blüthen oder größere Früchte zu erzielen.

Allzu großer Ueberfluß oder Mangel an Nahrung führen jedoch Mißbildungen und Krankheiten herbei. Wenn sich der Nahrungssaft vorzugsweise einem gewissen Theile der Pflanze zuwendet, so nimmt dieser in ungewöhnlicher Weise an Umfang zu, oder es entstehen Auswüchse. Bei den meisten unserer Nahrungspflanzen sind derartige Mißbildungen durch die Kultur wesentlich befördert. Die fleischige Wurzel der Rübenarten und Knollengewächse, der angeschwollene Stengel des Kohlrabi, die zur fleischigen Masse umgewandelte Blüthe des Blumenkohls und die großen und schönen Früchte unserer Obstbäume sind Mißbildungen resp. der Wurzel, des Stengels, der Blüthe und der Frucht, die durch die Kunst erzielt sind. In diesem Abweichen von der Natur ist auch der Grund zu suchen, weshalb die Kulturpflanzen leichter erkranken und unsere Obstbäume nicht das Lebensalter erreichen als die wilden Sorten.

Mißbildungen durch Nahrungsüberfluß.

Der Ueberfluß an Nahrungsstoff, welcher für einzelne Pflanzentheile durch Vermehrung und Erweiterung des Zellengewebes Mißbildungen erzeugt, verursacht auch Krankheiten, namentlich wenn er in solcher Reichhaltigkeit der Pflanze zugeht, daß der Saftstrom die Häute sprengt. So entstehen Saft=, Gummi= und Harzfluß der Pflanzen durch überreiche Nahrung wie durch äußere Verletzungen.

Krankheiten durch Nahrungsüberfluß.

Der Mangel an Nahrungsstoff kann, wie der Ueberfluß, auf einzelne Theile oder auf die ganze Pflanze einwirken. Zeigt er sich an einzelnen Pflanzentheilen, so entstehen an den betreffenden Stellen durch Verkümmern und Vertrocknen der Zellen und des Zellenge=

Folgen von Nahrungsmangel.

11*

webes Lücken und Höhlungen. Auf diese Art werden Wurzeln, namentlich fleischige, hohl; ebenso Stengel und Früchte (taube Nüsse). Leidet die ganze Pflanze, so welkt sie und stirbt.

Gestörte Assimilation des rohen Nahrungssaftes. Zur Ernährung der Pflanze ist außer der regelmäßigen und genügenden Zufuhr eines für sie geeigneten rohen Nahrungssaftes auch die ungestörte Umwandlung desselben in assimilirten Nahrungssaft nöthig. Die Momente der Assimilation beruhen, wie wir im Abschn. 2 Kap. 2 gezeigt haben (S. 63), hauptsächlich auf der Entwässerung des rohen Nahrungssaftes durch Verdunstung und auf Zersetzung der Kohlensäure.

Zu starke oder zu schwache Verdunstung. Die Verdunstung darf keine übermäßige und keine ungenügende sein. Eine zu starke Verdunstung führt leicht ein zu schnelles (geiles) Wachsthum herbei, oder macht, falls die Zufuhr an Nahrung nicht ausreicht, die Pflanze welken und verdorren (S. 64). Eine zu geringe Verdunstung wirkt nachtheilig auf den Stoffwechsel und auf die Bewegung des Saftstroms im Pflanzenkörper. Deshalb ist eine heiße, trockene Atmosphäre, welche den Verdunstungsproceß zu sehr fördert, für das Pflanzenleben ebenso nachtheilig, wie eine mit Feuchtigkeit übersättigte, namentlich naßkalte Luft, welche die Transpiration der Blätter hindert. Letzteres ist auch der Fall, wenn die Poren der Blätter durch Staub oder durch Pilzbildungen bedeckt und verstopft werden. Bäume an staubigen Chausseen und Wegen wachsen kümmerlich und verlieren die Blätter frühzeitig im Jahre. Der Rußthau, welcher aus mikroscopischen Pilzen namentlich der Gattung Cladosporium besteht, bildet förmliche schwarze Ueberzüge besonders auf der Oberseite der Blätter und ist den Pflanzen wegen Behinderung der Verdunstung und des Einsaugens von Kohlensäure sehr schädlich.

Mangel an Tageslicht. Das zweite wichtige Moment der Assimilation des rohen Nahrungssaftes ist die Zersetzung der Kohlensäure behufs Bildung der für die Ernährung der Pflanze noth-

Krankheiten u. Mißbildungen aus inneren Ursachen. 165

wendigen Kohlenstoffverbindungen (Cellulose, Eiweiß, Stärke, Chlorophyll u. s. w.). Wie wir gesehen (S. 59), geschieht die Zersetzung der Kohlensäure durch Einwirkung des Tageslichts. Die Gesundheit der Pflanze hängt somit wesentlich auch davon ab, daß sie dem Lichte genügend ausgesetzt ist, weshalb keine Pflanze, mit Ausnahme weniger niederer Kryptogamen, an Orten gedeihen kann, wohin das Tageslicht nicht bringt.

Störungen in der Ernährung der Pflanze führen Störungen und Stockungen in ihrem Wachsthum herbei. Die Folgen hiervon sind Mißbildungen mannigfacher Art im Pflanzenwuchs. Bei den Bäumen entsteht durch die Störung des regelmäßigen Wachsthums eine unregelmäßige Holzbildung, welche man Maser nennt, und die wegen ihrer meist schönen Zeichnung ein Schmuck der Möbel bildet und deshalb oft künstlich befördert wird. *Folgen von Störungen in der Ernährung der Pflanz-*

Wenn vielfach Krankheiten und Mißbildungen durch ungeeignete oder beeinträchtigte Ernährung der Zellen entstehen, so ist der Grund zu Erkrankungen der Pflanze, welche durch eine äußere Verletzung der Zellen hervorgerufen werden, noch ungleich häufiger. *Krankheiten und Mißbildungen der Pfl. wegen äußerer Verletzungen.*

Aeußere Verletzungen der Pflanzen werden herbeigeführt durch Naturkräfte, durch Menschen und Thiere und durch Pflanzen.

Stürme, große Schneefälle, Hagelschlag und Frost vernichten die Pflanzen oder machen sie durch Verletzungen krank. Bei den Nadelhölzern tritt nach dem Bruch der Zweige aus der Wunde der Harz und es bildet sich die Krankheit des Harzflusses. In die splitterig gebrochenen Aeste des Laubholzes setzt sich Feuchtigkeit und macht sie faulen; auch können auslaufende Säfte Krebsschäden hervorrufen. Gefährlich sind namentlich unseren Obstbäumen die Verwundungen, weshalb die verletzte Stelle, wenn der Baum nicht erkranken soll, gegen die Einflüsse der Atmosphäre durch Bepflasterung geschützt werden muß. Große *Verletzungen durch Naturkräfte.*

Kälte sprengt durch plötzliches übermäßiges Zusammenziehen der Zellenmembran die Rinde der Bäume und als Folge hiervon zeigen sich Saftergüsse oder krebsartige Krankheiten.

Verletzungen durch den Menschen. Auch der **Mensch** obgleich es in seinem höchsten Interesse liegt, die Pflanzen zu pflegen und wirthschaftlich zu nutzen, richtet durch Unverstand und Habsucht großen Schaden an. So sind besonders in früheren Zeiten, wo eine rationelle Bewirthschaftung der Waldungen noch unbekannt war, durch Ausrodungen und Verwüstungen der Wälder ganze Landstriche durch Menschenhand verödet. Einen traurigen Beweis hierfür liefert in unserer Nähe das einst so schöne Eichsfeld. Darum ist es eine wichtige Aufgabe des Staats durch gute Einrichtungen und Gesetze dafür zu sorgen, daß die Waldungen nur wirthschaftlich benutzt und nicht beschädigt und verwüstet werden. Große Vorsicht erheischt das Harzscharren (S. 136), und ist dasselbe bei jüngeren Beständen als ein irrationelles Verfahren verwerflich, weil es dem Baum Nahrungssäfte entzieht, die Krankheit des Harzflusses hervorruft, und einen gesunden, kräftigen Holzbestand in einen kranken und werthlosen umschafft.

Verletzungen durch Thiere. Die größten Verletzungen erleidet die Pflanze durch die Thiere, von denen die meisten mit ihrer Nahrung auf das Pflanzenreich angewiesen sind. Die Größe des Schadens, welchen Thiere, die von Vegetabilien leben, den Pflanzen zufügen, ist aber sehr verschieden. Fast unübersehbar ist der Schaden durch die Insecten, verschwindend klein im Vergleich zu dem Nutzen, den sie schaffen, ist der durch die Vögel.

Vögel. Die Vögel, weil sie fast nur Früchte und Samen verspeisen, fügen der Pflanze keine Verletzungen zu, welche Krankheiten hervorrufen. Ueberdies verzehren sie nie sämmtliche Samen und Früchte der Pflanzen, sei es auch nur einer beschränkten Localität; sie verfahren naturgemäß wirthschaftlich auch dadurch, daß sie, wie wir oben (S. 103) gesehen, zur Verbreitung der Samen wesentlich beitragen. Und weil die meisten von ihnen auch Insecten verzehren, viele sogar nur von Insecten leben, so sind die Vögel, mit geringen Ausnahmen, für das Pflanzenreich keine schädlichen, sondern im Gegentheil überaus nützliche Thiere. Deshalb sind sie die Freunde und Wohlthäter des Menschen, der nicht nur aus Dankbarkeit, sondern schon aus reinem Interesse sie hegen und ihnen nicht nachstellen sollte.

Der Schaden, welchen die von Pflanzen lebenden Säuge- thiere, wie Hirsche, Rehe, besonders das Schwarz- wild, namentlich aber die Nagethiere: der Hase, das Kaninchen und die Feldmaus durch Abfressen der Blätter und Zweige und durch Benagen der Rinde und Wurzel den Pflanzen zufügen, ist sehr erheblich; dennoch steht er in keinem Vergleich zu dem unermeßlichen Schaden und den Krankheiten, welche die Pflanzen durch das Heer der Insecten zu erleiden haben. Die Insecten verschonen keinen Theil der Pflanze, nicht Wurzel noch Stengel, Rinde und Holz, nicht Blatt noch Blüthe, nicht Frucht noch Samen. Als die den Pflanzen gefährlichsten Insecten erscheinen die Käfer, denn sie schaden ebenso in ihrer ersten Entwickelung als gefräßige Larven, wie, nach der Metamorphose, als ausgebildete Kerbthiere; und sie zerstören alle pflanzlichen Organe von der Wurzel bis zum Samen.

Säugethiere.

Insecten.

Käfer.

Der Engerling, die Larve des Maikäfers, zernagt die Wurzeln unserer Ackerkulturen, und der Drahtwurm, die Larve des Saat-Schnellkäfers, die des Getreides, besonders des Hafers. — Groß ist die Zahl der verschiedenen Käferlarven, welche in der Rinde, dem Holze und dem Marke der Bäume und Sträucher leben. Ueberaus schädlich unter ihnen sind die Holzfresser, die sich vorzugsweise einfinden, wenn die Bäume bereits erkrankt sind und dies namentlich wieder durch den Schaden, welchen Käfer, wie Rüssel- und Laubkäfer, oder der Raupenfraß ihnen zugefügt haben. Die schönsten Nadelwälder werden in dieser Weise vernichtet, indem der große braune Kiefern-Rüsselkäfer (Hylobius Pini L.; Corculio Pini Ratzeburg) durch Benagen der Knospen die Bäume krank macht und demnächst der Borkenkäfer (Bostrychus) und der Bastkäfer (Hylesinus) das Zerstörungswerk vollenden. — Die Laubkäfer, und unter ihnen vornehmlich der Maikäfer (Melolontha), fressen die jungen Blätter der Laubbäume und vernichten das Frühlingsgrün ganzer Wälder dergestalt, daß sie kahl und erstarrt dastehen, wie mitten im Winter.

Verderblich wie die Laubkäfer den Bäumen sind die Blattkäfer den jungen Blättern der Kräuter und deshalb gefährliche Feinde der Ackerkulturpflanzen. Von den Blattkäfern ist die Gattung der Erdflöhe (Haltica) die gefährlichste. — Viele Käfer leben von den Blüthen der Pflanzen und verhindern die Frucht- und Samenbildung; viele, wie die Samenkäfer, Samenstecher und andere Rüsselkäfer sind den Samen der Hülsenfrüchte und dem Getreide schädlich, zu ihnen gehört das verderblichste Insect unserer Kornböden, der Kornwurm (Calandra). Manche Rüsselkäfer legen in die jungen Früchte der Obstbäume und Haselnüsse ihre Eier, aus denen sich die zerstörenden Obstmaden entwickeln.

Schmetterlingsraupen. Ungemein schädlich wie die Käfer und ihre Larven sind die Larven der Schmetterlinge, die Raupen. Auch sie zerstören Wurzeln, Stämme, Blätter, Früchte und Samen.

Die Larve der Wintersaateule, die Erdraupe, zernagt die Wurzeln der Wintersaat, des Getreides, der Kartoffeln und anderer krautartigen Gewächse. Gefährlich für die Wurzeln der Futtergräser ist die Raupe der Graseule, für die Wurzeln des Getreides die Saatmotte und für die Wurzeln des Raps der Pfeifer. — Den Stämmen, besonders der Weiden und Pappeln, ist der Weidenbohrer verderblich. — Unermeßlichen Schaden verursachen die Raupen an den Blättern und krautigen Stengeltheilen der Pflanzen. Die Raupe des Weißlings vernichtet die Kohlfelder, die Raupen von Spannern und Faltern die Blätter der Obstbäume, und Eulen und Spinner sind namentlich den Waldbäumen schädlich. Die Raupe des Kiefernspinners und der Nonne (Fichtenspinner) verheeren ganze Kiefern- und Fichtenwälder. — Auch Früchte und Samen werden von den Raupen nicht verschont. Die Raupe des Apfel-Wicklers überfällt die Früchte der Obstbäume, besonders der Aepfel- und Birnbäume und die Raupe der Kornmotte frißt die Getreidekörner aus.

Zweiflügler. Wie die Schmetterlingsraupen, so sind auch die Larven mancher Zweiflügler (Fliegen) den Pflanzen sehr schädlich; so die Made der Zwiebelfliege den Zwiebeln, die der Kohlfliege den jungen Wurzeln des Kohls, die der Radieschenfliege den Radieschen, die Made der Lattichfliege den Blüthen der Salatarten, und andere mehr.

Grabflügler. Von den Grabflüglern schadet die Maulwurfsgrylle den Wurzeln mancher Pflanzen; noch schädlicher ist die Feldgrylle, am Verderblichsten aber ist die Wander- oder Zugheuschrecke, deren mächtige Schwärme, wo sie hinfallen, in wenigen Stunden Bäume und Felder kahl fressen.

Hautflügler. Unter den Hautflüglern (Aderflüglern) sind

die Larven der Holzwespen den Stämmen (namentlich den Nadelhölzern und Weiden), die der Halmwespen besonders den Weizenhalmen und die der Blattwespen den Blättern und Nadeln schädlich. Dagegen machen die Gallwespen eine Ausnahme unter den pflanzenzerstörenden Insecten, weil sie den Pflanzen nur geringen Schaden zufügen, einige von ihnen aber dem Menschen großen Nutzen stiften.

Durch das Weibchen der Gallwespen werden an den Pflanzen die sogenannten Gallen dadurch hervorgerufen, daß sich in Folge eines Stiches mit der Legröhre in das Pflanzengewebe, wohin das Weibchen ihr Ei legt, Anschwellungen durch Andrang des Pflanzensaftes bilden. Von den vielen Arten der Gallwespe sind besonders zu nennen: die Färber-Gallwespe, welche auf den jungen Zweigen der Galleiche Kl. Asiens die zum Färben und Gerben vielfach gebrauchten Galläpfel hervorruft (S. 137 u. 140); die Knopperwespe bewirkt zwischen Napf und Eichel die sog. Knoppern, die ebenfalls in Färber- und Gerbereien verwendet werden; die Eichenblatt-Gallwespe bildet an den Blättern unserer Eichbäume die bekannten, aber weniger Gerbestoff haltigen Galläpfel, und die Rosen-Gallwespe verursacht durch ihren Stich an den Zweigen der Hundsrose den unter dem Namen Rosenapfel (Rosenkönig) bekannten Auswuchs.

Von großem Schaden für die Pflanzen sind viele Halbflügler, und zwar einige Wanzenarten, alle Pflanzenläuse und mehrere Schildläuse, weil sie den Stengeln, Blättern und Blüthenstielen die Säfte aussaugen und hierdurch gefährliche Krankheiten hervorrufen. Unter den Schildläusen gibt es übrigens auch einige dem Menschen sehr nützliche. Dies sind besonders die Gummilack-Schildlaus, welche durch ihren Stich am Gummilackbaum und an ostindischen Feigenbäumen das zum Schellack verwendete Gummiharz ausfließen läßt (S. 136) und die Cochenillelaus, die auf Cactus-Arten (Feigendisteln) lebt und die schöne Scharlachfarbe, die Cochenille, liefert. — Am Verderblichsten von den Halbflüglern sind die Pflanzenläuse, besonders die Blattläuse. Sie verursachen, indem sie die Zellenmembran durchstechen, das Auslaufen des Saftes und die Krankheit des Honigthaues. Vorzugsweise suchen die Blattläuse erkrankte Pflanzen auf, und da feuchtes Wetter ihre Vermehrung begünstigt, so fallen sie in nassen Tagen in großen Schwärmen auf die Pflanzen nieder, welche bei andauernd nassem Wetter durch Verhinderung des Verdunstungsprocesses bereits gelitten haben. Diese Erscheinung hat zu dem Glauben vom **Mehlthau-Regen** und vom **Befallen der Pflanzen** Veranlassung gegeben. Die Blattläuse, welche Eier legen, auch lebendige Junge gebären, und deren Weibchen sich ohne Befruchtung Jahre lang fortpflanzen können, vermehren sich bei einer ihnen zusagenden Witterung in erschreckender Weise und werden besonders durch ihre Zahl den Pflanzen schädlich. Blüthenknospen und Blüthenstiele sind von ihnen oft ganz bedeckt, die Blätter kräuseln sich nach Verwundung der Zellen zusammen und fallen ab, die **Pappelblasen-Blattlaus** und andere erzeugen Gallen, am verderblichsten aber ist die **Blutlaus**, welche das Splintholz beschädigt, so daß die Bäume erkranken und absterben. Die Blattläuse werden durch Tabaksdampf und Tabaksjauche und durch Bestreuen mit Gyps- und Kalkstaub getödtet; ihre Hauptvertilger aber sind die Vögel und größere Insekten, wie Käfer und Fliegen.

Weichthiere und Würmer. Den Pflanzen verderblich sind auch manche Weichthiere, besonders die **Acker-Schnecke**, und von den Würmern der **Regenwurm**.

Verletzungen durch Schmarotzerpflanzen. Zu den Feinden der Pflanzen aus dem Thierreiche gesellen sich Feinde aus dem eigenen Lager: die **Schmarotzer-Pflanzen**. Und wie unter den Thieren die großen dem Pflanzenleben weniger schädlich sind, als die kleinen, besonders die unermeßlichen Schaaren der Insecten, so sind von den Schmarotzer-Pflanzen die zu den Phanerogamen gehörigen größeren Parasiten, wie die Mistel, die Orobanchen, die Flachsseide u. s. w. den Pflanzen bei Weitem nicht so verderblich, als die kleinen Kryptogamen, vor allen die microscopischen Pilze.

Phanerogame Schmarotzer. Die **Mistel**, Viscum album L., wächst parasitisch auf der Schwarzpappel, Birke, Linde, Kiefer, auf Obst- und anderen Bäumen; sie entzieht dem Stamme Nahrungssaft, verurſacht Maſerbildungen des Holzes, beeinträchtigt die Fruchtentwickelung und erſchwert das Wachsthum des Baumes, bis ſie ihn tödtet. — Von den Orobanchen, die auf Wurzeln leben, ſind einige, namentlich in ſüdlicheren Gegenden, den Kulturen ſchädlich, ſo der **Hanfwürger**, Orobanche ramosa L., dem Hanf, und der **Kleeteufel**, O. minor. Sutt. dem Klee. — Von den **Flachsſeide-Arten** werden namentlich Cuscuta Epilinum Weih. dem Flachs und C. Epithymum L. den Kleefeldern oft ſehr verderblich. Der Schaden anderer phanerogamiſcher Schmarotzer, wie z. B. die **Schuppenwurz**, Lathraea squamaria L., an den Wurzeln der Waldbäume, iſt unerheblich.

Von den Kryptogamen ſind Mooſe und Flechten, welche die Baumſtämme bedecken, weniger als eigentliche Paraſiten als dadurch ſchädlich, daß ſie Näſſe an ſich ziehen und binden und hierdurch Fäulniß der Rinde und des Stammes herbeiführen; auch ſind ſie verderbliche Schlupfwinkel für die Inſekten. Gefährlich aber als Paraſiten ſind viele Pilze; zunächſt alle diejenigen, welche an den Baumſtämmen wachſen, beſonders der **Feuerſchwamm**, Polyporus fomentarius Fr. (vorzugsweiſe an Buchenſtämmen), und der **Lärchenſchwamm**, Polyp. officin. Fr. (an den Lärchen), beide zwar an ſich nützliche Schwämme (S. 143), die aber die Bäume krank machen und, je kränker ſie werden, um ſo mehr wuchern. —

Kryptogame Schmarotzer.

Die verderblichſten Pflanzenſchmarotzer ſind überaus kleine, erſt mit dem Microscop zu erkennende Pilze, welche zahlreiche, gefährliche und ſelbſt anſteckende Krankheiten unter den Pflanzen hervorrufen, wie der Roſt, der Brand, der Rußthau, der Mehlthau, die Rothfäule und andere, die nach den heimgeſuchten Pflanzen benannt ſind, namentlich die Trauben- und die Kartoffelkrankheit.

Die Roſtkrankheiten entſtehen durch microscopiſche Pilze, welche in ihren Formen, je nach den Pflanzen, auf denen ſie wuchern, wechſeln. So ſpricht man von einem Grasroſt, Puccinia graminis Pers., auf dem Getreide und

Roſt.

den Gräsern, und einem Berberitzenrost, Aecidium elongatum. Link, auf den Blättern der Berberitze, obgleich letzterer, wenn er auf das Getreide übergeht, sich als Grasrost ausbildet. Der Rost befindet sich bei den Gräsern auf den Blättern, Blattscheiden und Spelzen und vernichtet mitunter die ganze Erndte. Er erscheint Anfangs röthlich, wird zuletzt schwarz und ist, außer dem Getreide, auch den Hülsenfrüchten gefährlich.

Brand. Die Brandpilze wuchern ebenfalls vorzugsweise auf dem Getreide und zwar in den Blüthen. Der Schmier-, Faul-, Stein- oder Waizenbrand, Uredo sitophila Pers. befällt den Waizen als eine schwarze, schmierige und übelriechende Masse, und der Flug-, Ruß- oder Staubbrand, Uredo segetum Pers. erscheint als schwarzer, abfärbender Staub und ist besonders dem Hafer und der Gerste gefährlich. — Der Brand ist, wie der Rost, ansteckend, indem er sich durch seine Sporen auf Nachbarpflanzen überträgt.

Mutterkorn. Das Mutterkorn, Claviceps purpurea Tulasne (Sclerotium Clavus Dec.) erscheint in der Fruchtähre, besonders des Roggen und Waizen, als eine große, hervorragende, getreidekornähnliche Pilzmasse, die sehr giftig ist (S. 143 u. 157) und das Mehl verdirbt.

Rußthau. Mit dem Namen Rußthau bezeichnet man eine Anzahl durch microscopische Pilze (S. 164) hervorgerufene Krankheiten, denen vorzugsweise die Hülsenfrüchte ausgesetzt sind.

Mehlthau. Der berüchtigte Mehlthau wird durch viele Arten einer microscopischen Pilzgattung (Erysibe oder Erysiphe) verursacht. Der Mehlthau überzieht, wie der Rußthau, namentlich die Blätter der Pflanze, stört deren Funktionen und macht so die Pflanze krank. Besonders nachtheilig für Futterkräuter und andere Papilionaceen ist der gemeine Mehlthau, Erysibe communis. Link.

Taschenkrankheit der Pflaumen. Die Taschenkrankheit der Pflaumen, welche die Pflaume, platt, lang und saftlos macht, rührt ebenfalls von

Kranth. u. Mißb. wegen äußerer Verletzungen. 173

einem Pilze her (Exoascus Pruni). Sie erscheint in der Regel nur vereinzelt an den Früchten und verbreitet sich nicht über die ganze Erndte, wie dies mit der verderblichen Pilzkrankheit des Weinstocks der Fall ist.

Diese, die sog. Traubenkrankheit, wird durch einen microscopischen Pilz (Erysiphe Tuckeri oder Oïdium Tuckeri), der zu den Mehlthauarten gehört, hervorgerufen. Sie erscheint nach der Blüthezeit des Weinstocks zunächst an den Blättern, überzieht aber bald alle grünen Theile und namentlich auch die jungen Beeren. Der Pilzüberzug verhindert die Aufnahme von Kohlensäure aus der Luft und die Verdunstung und Assimilation des rohen Nahrungssaftes und stört hierdurch die Lebensfunctionen der Pflanze in erheblicher Weise. Die Oberhaut der Beeren verliert die Elasticität, der Saft sprengt die Haut, fließt aus und die Beeren werden faul oder vertrocknen. Die Traubenkrankheit, welche in Europa zuerst im Jahre 1850 sich zeigte, hat bereits in manchen Gegenden den Weinbau gänzlich vernichtet; so auf der Insel Madeira.

<small>Traubenkrankheit.</small>

Schon vor dem Auftreten der Traubenkrankheit hatte die Erkrankung einer anderen, noch wichtigeren Kulturpflanze, der dem Menschen fast unentbehrlich gewordenen Kartoffel, allgemeinen Schrecken bereitet. Die Kartoffelkrankheit wurde in Deutschland schon im Jahre 1830 bemerkt, ist aber erst seit dem Jahre 1845 verheerend aufgetreten. Auch sie erscheint in der Regel zunächst an den Blättern, die fleckig, dann braun und zuletzt schwarz werden, und geht erst später auch auf die Knollen über, die schließlich in Fäulniß gerathen. Die Fäule ist entweder naß und jauchig, wenn die Knollen feucht liegen, oder trocken, bröckelig und hart in trockener Lage. Die Krankheit wird durch einen kleinen Pilz (Perenospora infestans. Casp., Botrytis devastatrix Liebert, Fusisporium Solani. Mart.) hervorgerufen, nachdem Witterungseinflüsse, namentlich der Wechsel der Temperatur und anbau-

<small>Kartoffelkrankheit.</small>

ernde Nässe, die Pflanze bereits in einen leidenden Zustand versetzt haben.

Verschiedene Gefährlichkeit der Verletzungen.
Die äußeren Verletzungen, welche, wie wir nunmehr näher kennen gelernt haben, die Pflanze an allen ihren Theilen in vielfachster Weise zu erleiden hat, sind für sie um so gefährlicher, je mehr sie den Ernährungsproceß stören oder Krankheiten verursachen. Da Verletzungen der Samen und Früchte auf die Ernährung und Gesundheit der Pflanze keinen Einfluß üben, so sind sie — mit Ausnahme der Pflanzen, die hauptsächlich des Fruchtertrages wegen angebaut werden — von geringem Nachtheil. Schädlich aber für die Gesundheit der Pflanze sind Verletzungen der Blätter,

Verletzungen der Samen und Früchte.

Verletzungen der Blätter.
des Stengels (Stammes) und der Wurzel. Die Blätter sind die wichtigsten Assimilations-Organe und deshalb ist ihre Beschädigung für die Ernährung und das Wachsthum der Pflanze stets nachtheilig. Die gefährlichsten Verletzungen der Blätter werden, wie wir gesehen, durch die microscopischen Pilze und durch die kleinsten Insecten, die Blattläuse, hervorgerufen, weil sie Krankheiten wie Rost, Mehlthau, Honigthau erzeugen, die für die Pflanzen verderblicher sind, als selbst das gänzliche Abfressen der Blätter. Denn letzteres ertragen die Pflanzen, sofern sich die Blätter durch neue Triebe wieder erneuern können, in der Regel, ohne krank zu werden. Die oft gänzliche Vernichtung der jungen Blätter der Laubbäume durch Raupen- und Käferfraß verursacht nur eine vorübergehende Benachtheiligung des Wachsthums, weil der Baum durch den Johannistrieb sich von Neuem belaubt. Und da das spät erscheinende neue Blatt auch um so länger in den Herbst hinein frisch und lebensthätig bleibt, so erhält der Baum hierdurch sogar eine gewisse Entschädigung für die ihm auferlegte Entbehrungszeit im Frühjahr. Hieraus erklärt es sich, daß selbst ein von Jahr zu Jahr sich wiederholender Raupenfraß, wie er namentlich in Eichenwaldungen vorkommt, bei Weitem nicht die schädlichen Folgen zeigt, welche man nach dem Anscheine befürchten müßte.

Wie die Pflanzen den theilweisen oder gänzlichen Ver= **Verletzungen der Zweige,** luſt der Blätter ertragen können, ohne zu erkranken, ſobald **der Rinde u.** nur eine neue Blätterbildung vor ſich geht, ſo ertragen viele **des Holzes.** Pflanzen, beſonders Laubholzgewächſe, den Verluſt der Zweige ohne Nachtheil. So werden Obſtbäume beſchnitten, Pappeln und Weiden geköpft und Erlen und Birken behufs des Stockausſchlages bis zur Wurzel abgehauen, ohne daß ſie an ihrer Geſundheit weſentlich geſchädigt werden. Nur die Nadelhölzer dürfen, wie ſchon oben (S. 128) angedeutet, weil ſie nicht von Neuem ausſchlagen, weder beſchnitten, noch weniger abgehauen werden.

Gefährlich ſind dagegen Verletzungen der Rinde und des Holzes an allen Baumſtämmen, ſofern ſie nicht vernarben. Nur wenn die Verletzung im Verhältniß zur Größe und Ge= ſundheit des Stammes nicht zu bedeutend iſt, überwindet der Baum mit der allmälig eintretenden vollſtändigen Heilung der Wunde durch Bildung des Vernarbungs= und Korkge= webes (S. 67) den Schaden. Erfolgt die Vernarbung nur unvollſtändig oder wird ſie, wie dies bei Pilzwucherun= gen der Fall iſt, gänzlich verhindert, ſo geht der Zellſtoff der bloß gelegten Stellen in Verweſung über und es ent= ſteht die Krankheit des **Brandes** oder **Krebſes.**

Der Brand oder Krebs verwandelt den Zellſtoff entweder in **Brand oder** eine braune jauchige Maſſe (naſſe Fäule, oder feuchter Brand), **Krebs.** oder in ein braunes Pulver (trockne Fäule oder trockner Brand). Letzterer zeigt ſich häufig zuerſt im innerſten Holze, im Kernholz, zerſtört es und macht den Baum hohl. Dies iſt die ſog. Kernfäule, welche die Bäume äußerlich noch lange Zeit geſund erſcheinen läßt. Erſt wenn auch das Splintholz, durch welches der rohe Nahrungsſaft aufſteigt (S. 65), von der Fäulniß ergriffen iſt, ſtirbt zunächſt die Baumkrone ab, und wenn alsdann auch das Bil= dungsgewebe der Vegetationsſchichten, die Cambiumſchicht (S. 66), leidet, geht der ganze Stamm ſeinem Tode entgegen.

Am gefährlichſten für die Geſundheit und das Leben **Verletzungen** der Pflanzen ſind die Verletzungen der Wurzel. Durch **der Wurzel.** ſie verliert die Pflanze ihren Halt, die Zufuhr der Nahrung wird vermindert und geſtört, und ſie führen je nach der Größe der Verletzung entweder ſchnellen Tod, oder gefährliche

Krankheiten, wie Bleichsucht und Saftflüsse, herbei, an denen die Pflanze unrettbar verloren geht.

Neigung der Natur der Pflanzen zu Abnormitäten u. Mißbildungen.

Wenn es im hohen Interesse des Menschen liegt, den Krankheiten der Pflanzen und ihren Ursachen entgegen zu wirken, weil sie ihm, besonders bei den Kulturgewächsen, den erheblichsten Nachtheil bringen, so gewähren dagegen die Mißbildungen der Pflanzen dem Menschen überwiegend Vortheil. Deshalb sucht er die Neigung der Natur zum Variiren und zu Abnormitäten vielfach zu begünstigen und zu seinem Vortheil zu benutzen.

Bevorzugte Entwickelung des einen ob. anderen Organs.

Am häufigsten neigt die Natur der Pflanzen dahin, das eine oder andere Organ vorzugsweise auszubilden, mitunter selbst auf Kosten anderer Pflanzentheile. So ist bei manchen Pflanzen die Wurzel, bei anderen der Stengel oder das Blatt, bei vielen die Blüthe, die Frucht oder der Same vorwiegend entwickelt. Und an der Blüthe finden wir wieder bald das Deckblatt, bald den Kelch oder die Blumenkrone, bald Staubgefäße und Stempel durch Größe oder Zahl bevorzugt. Diese begünstigten Pflanzentheile erhalten selbstverständlich eine verhältnißmäßig größere Zufuhr an Nahrungssäften, als die anderen.

ipare anzen.

Eine eigenthümliche Mißbildung bewirkt bei einigen Pflanzenarten der Andrang der Säfte zu den Knospen, besonders den Blüthenknospen, dadurch, daß sich Reservestoffe ablagern und die Knospen in abnormer Weise zu fleischigen Organen umbilden, die sich später von der Stammpflanze lösen und zu selbstständigen Pflanzen werden. Die Pflanzen, bei denen sich diese Erscheinungen zeigen, werden lebendig gebärende, viviparae, genannt, und kommen am häufigsten bei Gräsern (Zwiebeltragendes Rispengras, Poa bulbosa L.), bei Halbgräsern, Simsen und bei Zwiebelgewächsen vor (Feuerlilie, Lilium bulbiferum L., und mehrere Laucharten z. B. Sand-Lauch, Allium Scorodoprasum L., s. S. 100).

Ungleichmäßige Entwickelung des Zellgewebes des Blattes.

An den Blättern mancher Pflanzen tritt eine Mißbildung dadurch ein, daß sich das Zellengewebe nicht gleichmäßig mit den Gefäßbündeln ausbildet und entweder im Wachsthum zurückbleibt, wodurch Löcher und Risse in den Blättern entstehen, oder sich schneller und üppiger entwickelt und hierdurch die Blattfläche wellig und kraus macht (Krause-Münze, Grünkohl).

Andere Abnormitäten zeigen sich bei den Blüthen der Pflanzen durch den Wechsel der Farben (s. S. 30), durch Uebergang des einen Blüthenkreises in den andern (See- und Teichrose) oder dadurch, daß die Blätter einzelner Blüthenkreise an Zahl sich vermindern oder vermehren. Bei den Compositen nehmen öfters röhrige Blüthen die Form der Zungenblüthen an (z. B. die Mittelfeld-Blüthen des Gänseblümchen und die röhrigen Randblüthen des nickenden Zweizahn, Bideus cernua. L.). *Abnormitäten der Blüthe.*

Bei den Früchten finden wir zuweilen ein Fehlschlagen der Samen, so bei der Mandel, der Kirsche, der Haselnuß, der Eichel (S. 47). *Fehlschlagen der Samen.*

Diese Neigungen der Natur der Pflanze zu Uebergängen, Abnormitäten und Mißbildungen befördert der Mensch durch die Kultur, um Vortheile daraus zu ziehen. Die vorzüglichen Eigenschaften unserer kultivirten Nahrungspflanzen beruhen, wie schon oben (S. 163) hervorgehoben auf derartigen, von der Kultur begünstigten Mißbildungen verschiedener Pflanzentheile. Unausgesetzt bemühet sich namentlich auch der Kunstgärtner, der Neigung der Natur zum Variiren und zu Abnormitäten nachzugehen, um immer neue Decorations- und Zierpflanzen zu erzielen. Das Hinneigen vieler Pflanzenarten zum Wechsel der Blüthenfarben (bei einigen Pflanzen selbst zum Farbenwechsel der Blätter) wird durch die Kunst befördert. Und so sehen wir in unseren Gärten Primeln, Rosen und Nelken in den verschiedensten Farben, weil schon in der Natur die Primel, Rose und Nelke sich verschiedenfarbig zeigen; wogegen bei Pflanzen, die in der Natur ihre Blüthenfarbe nie ändern, wie z. B. die Gattung Convallaria, Maiblümchen, auch die Kunst einen Farbenwechsel nicht erzielen möchte. — Die nahe Verwandtschaft der Blüthenkreise zueinander S. (23) und das Hinneigen zu Uebergängen von einem Kreise zum andern (Seerose) hat zur künstlichen *Begünstigung der Abnormitäten u. Mißbildungen durch die Kultur.*

Bildung der sog. gefüllten Blüthen geführt (S. 33). Vorzugsweise werden diese erzielt bei Pflanzen, deren Blüthen eine mehrblättrige Blumenkrone und zahlreiche Staubgefäße haben, wie bei den Rosaceen, Pomaceen und Ranunculaceen. Die Neigung der Corymbiferen, die röhrigen Blüthen in Zungenblüthen umzuwandeln, hat die Tausendschönchen und die sog. gefüllten Astern, Georginen und andere gefüllte Corymbiferen ins Leben gerufen. Das Fehlschlagen der Samen hat die Kultur bei manchen Früchten soweit gefördert, daß sie, wie z. B. bei den Korinthen-Weintrauben, die Samenbildung vollständig beseitigt hat. Immer aber muß zu derartigen Mißbildungen die Natur der Pflanze bereits hinneigen, wenn die Kultur ihren Zweck erreichen will. Gegen die Neigung der Natur wird die Kunst vergeblich sich bemühen, und unmöglich erscheint es z. B. aus einer von Natur trockenen Fruchthülle eine saftige oder fleischige zu erzielen. So wird z. B. die trockene Frucht des Fingerkrauts (Potentilla) oder des Benediktenkrauts (Geum) durch keine Kultur in die fleischige der nahe verwandten Erdbeere (Fragaria) oder in die saftige der Brombeere (Rubus) umgewandelt werden können.

Achter Abschnitt.

Von den fossilen und verkohlten Pflanzen, namentlich der vorweltlichen Zeit.

Bildung der Erde. Die Geschichte der Erde, die Geologie, lehrt uns, daß die jetzige Erdoberfläche mit ihren Continenten, Inseln und Meeren aus einem feurig flüssigen Balle durch allmälige Abkühlung im Laufe der Zeiten, die nicht nach Jahrtausenden sondern nach Jahrmillionen zählen, bei ewiger Umbildung, im ruhigen wie im revolutionären Wege, entstanden ist.

Bildung der Erde.

Die Geologie unterscheidet zwei große aufeinander folgende Bildungsprocesse unserer Erdrinde: den **feurigen**, aus welchem das sog. Plutonische Gebilde hervorging, und den **wässrigen Proceß**, welcher die Ablagerung der Neptunischen Erdschichten bewirkte.

Mit dem Schluß des feurigen Bildungsprocesses der Erde war der Erdball soweit abgekühlt, daß sich eine feste Erdkruste gebildet hatte; und es zeigt sich jetzt Land und Meer. Das feste Land ist ein Gemisch von Gesteinen im krystallinischen oder derben Gefüge, das hauptsächlich aus Granit und Gneiß besteht, zu denen sich Glimmerschiefer und Hornblende gesellen. Diese Mineralien bestehen aus Kieselsäure, Thonerde, Kali (auch Natron) und Eisenoxyd, und die Hornblende enthält Kalk und Talkerde. Die übrigen Mineralien der Gegenwart, in denen sich vorzugsweise Kalk, Thonerde und Kieselsäure, sowie die Metalle befinden, sind noch im tropfbar-flüssigen Zustande gelöst in den glühend heißen Wogen des damaligen Meeres.

Von jetzt ab beginnen mit zunehmender Abkühlung des Erdballs sich **Niederschläge**, **Sedimente**, aus dem Meere zu bilden, die sich schichtweise auf das plutonische Gestein ablagern. Man nennt sie sedimentäre oder neptunische Schichten, und sie zusammen geben den wässrigen Bildungsproceß der Erde, aus welchem schließlich die gegenwärtige Gestalt der Erdoberfläche hervorgegangen ist. Die Ablagerungen der Sedimente konnten nur in ruhigem Zustande des Erdkörpers vor sich gehen, woraus sich ergibt, daß während der Bildungsepochen der Erde dieselbe große, lang andauernde Zeiten der Ruhe gehabt haben muß. Wie aber noch gegenwärtig die glühend gebliebene Masse des Erdkerns von Zeit zu Zeit Erderschütterungen (Erdbeben) hervorruft, oder durch Ausbrüche der Vulkane sich Luft macht, so geschah es auch zur Bildungszeit der Erde, nur in einem ungleich verstärkteren und umfangreicheren Maße, weil die Erderschütterungen und vulkanischen Ausbrüche um so furchtbarer wirken

mußten, je weniger die geringere Mächtigkeit der festen Erd=
kruste den andringenden Gluthen des Erdinnern Widerstand
zu leisten vermochte. Die gegenwärtigen Gebirge und die
unregelmäßige, oft senkrechte Lage der Sedimentärschichten
geben Zeugniß von den großartigen Erschütterungen und Re=
volutionen, denen die Erde im Laufe der Zeiten ausgesetzt
gewesen ist.

*Gebirgs=
arten.* Das Gestein der plutonischen Gebilde wird Urgebirge
genannt und dasjenige der neptunischen Schichten unter dem
Namen des Flötz=Gebirges zusammengefaßt, zu dem noch
die jüngsten Schichten als aufgeschwemmtes Land (Dilu=
vium und Alluvium) hinzutreten. Das Flötzgebirge be=
steht hauptsächlich aus Thonerde, kohlensaurem Kalk und
Quarzkörnchen oder Sand, und finden wir in seinen Schich=
ten die Kohlen= und Erzlager und das Steinsalz.

*Bildungspe=
rioden des
Flötz.* In der Bildung des Flötz unterscheidet man drei Pe=
rioden: die erste und älteste, die Paläozoische Periode
umfaßt die primären Schichten, die zweite, die Meso=
zoische Periode enthält die secundären und die dritte,
die Neozoische Periode die tertiären Schichten.
Jede dieser Perioden zerfällt wieder in verschiedene For=
mationen.

*Fossile Pflan=
zenreste der
verschiedenen
Perioden und
Formatio=
nen.* Verfolgen wir die Spuren der vorweltlichen Vegetation
durch die verschiedenen Erdschichten bis zum Urgebirge, so
finden wir im letzteren noch keine Spur eines untergegange=
nen organischen Körpers, weil in dem ersten Bildungsproceß
der Erde, in dem feurigen, jedes organische Leben unmöglich
war. Erst nachdem sich der Erdball soweit abgekühlt hatte,
daß Land und Meer sich schieden und die gemäßigtere Tem=
peratur die Bildung und das Leben organischer Wesen ge=
stattete, erschienen diese, zunächst im einfachsten Organismus.

*Silurische
Formation.* Von pflanzlichen Gebilden finden wir in der untersten
Formation der Primären Schichten, in der silurischen,
nur Kryptogamen und zwar nur Wasserpflanzen (ei=
nige Meeresalgen). Denn die feste, steinige Erdkruste, der

jebe Porosität fehlte, konnte Landpflanzen noch nicht ernähren. Als sich aber mit der Zeit eine poröse Erdkrume, theils aus verwittertem Gestein des Urgebirges, theils aus den ersten Niederschlägen des Meeres gebildet hatte, erscheinen in der nun folgenden Formation, in der **devonischen**, die ersten Landpflanzen. Auch sie haben eine noch sehr einfache Organisation, es sind fast nur **Gefäßgryptogamen**, untermischt mit Phanerogamen der niedrigsten Bildung, mit **Gymnospermen**, bestehend aus einigen Cycadeen und wenigen Nadelhölzern. Devonische Formation.

Einen gewaltigen Aufschwung der Vegetation finden wir in der jetzt folgenden dritten Gruppe der Paläozoischen Periode, in der **Steinkohlenformation**, nicht nur durch Weiterentwickelung des Pflanzenorganismus sondern namentlich auch in dem massigen Auftreten und in der Ueppigkeit der damaligen Pflanzenwelt. Zu den Kryptogamen und Gymnospermen haben sich höher organisirte Gewächse, die **Monocotyledonen** gesellt, die Pflanzenform ist vermannigfacht, die Zahl der Arten bedeutend gestiegen und die Vegetation überragt mit ihren Riesengestalten und in ihrer Fülle die Pflanzenwelt aller kommenden Erdperioden, auch der gegenwärtigen. Vorzugsweise sind es die astlosen, säulenförmigen **Sigillarien**, die hohen gabelig verzweigten **Lepidodendren**, die schachtelhalmartigen **Calamiten** und zahlreiche Gattungen von **Baumfarnen**, welche in riesenhaften Formen, vereinigt mit **Coniferen**, **Cycadeen** und einer nicht unerheblichen Anzahl von **Monocotylen**, unter denen sich auch krautartige befinden, die damalige Pflanzendecke bildeten, welche uns die unschätzbaren Steinkohlenlager geliefert hat. Die Dauer der Steinkohlenformartion wird auf Millionen von Jahren geschätzt. Steinkohlen- Formation.

Nach der Steinkohlenzeit nimmt die Vegetation erheblich ab, so daß in der nun folgenden letzten Formation der Paläozoischen Periode, in der **Permischen**, sich ungleich weniger Pflanzenreste zeigen; und in ihrem obersten, vorherr- Permische Formation.

schend aus Kalkstein bestehenden Ablagerungen fast gar keine sich vorfinden.

Triasformation. In der Mesozoischen Periode (den secundären Schichten) erscheint von Neuem ein großer Pflanzenreichthum. In der ersten Formation, in der Triasgruppe, herrschen die Gymnospermen (Nadelhölzer und Cycadeen) vor; von den Kryptogamen der Paläozoischen Periode sind bereits die Sigillarien und Lepidodendren gänzlich verschwunden. Die Farne treten meist in neuen Gattungen auf und zu den Calamiten haben sich noch andere Schachtelhalme gesellt.

Juraformation. Die zweite, die Juraformation, ist die pflanzenreichste dieser Periode und zeichnet sich vornehmlich durch die Cycadeen aus, welche zur Jurazeit den Höhepunkt ihres Vorkommens erreichen. Groß ist ferner der Reichthum an Nadelhölzern, besonders Araucarien, und von den Monocotylen sind vorzugsweise die gras- und rohrartigen Gewächse entwickelt. Unter den Kryptogamen sind noch besonders die Meeresalgen und die Schwämme hervorzuheben, welch letztere namentlich in der schwäbischen Alp den größten Theil der jurassischen Versteinerungen ausmachen.

Kreideformation. In der obersten Gruppe der secundären Periode, in der Kreideformation, zeigt sich abermals eine Abnahme der Vegetation. Die Zahl der Farne ist nur gering, am Meisten finden sich noch Gymnospermen. Dagegen treten zur Kreidezeit, in der auch ein Unterschied der Klimate zuerst sich bemerkbar macht, die ersten Dicotyledonen auf, in einigen Weiden, Erlen, Birken und wallnußartigen Bäumen.

Tertiärformation. Die tertiäre oder Neozoische Periode (Tertiärschichten), mit deren Beginn der Pflanzenreichthum wieder erheblich wächst, zerfällt in die untere, mittlere und obere Tertiärformation. Schon in der unteren Gruppe nähert sich die Vegetation der unsrigen und sind es namentlich die Pflanzen unserer heißen Zone, die Palmen, Bananen und

Pflanzenreste der Flötz-Perioden u. Formationen. 183

andere tropische Gewächse, welche in damaliger Zeit, wo der Unterschied des Klimas noch immer nur unbedeutend war, über die Erde weit hin sich verbreiteten. — Zur Zeit der **mittleren Juraformation** wird der klimatische Unterschied schon sichtbarer. Dicotyle Laubhölzer, namentlich **Birken, Erlen, Buchen, Ulmen** bilden, vereinigt mit **Coniferen**, ausgestreckte Waldungen, durch deren Untergang die mächtigen **Braunkohlenlager** gebildet sind. Auch das werthvolle Fossil, der **Bernstein**, gehört dieser Formation an. Der Bernstein ist ein versteinertes Harz verschiedener Nadel- und Laubhölzer, das sich theils in der Braunkohle, theils als ausgeschwemmtes Mineral an den Ostseeküsten findet.

Zur Zeit des **Diluviums** war das Klima, namentlich der nördlichen Hälfte des Continents der alten Welt, noch immer viel wärmer als gegenwärtig. Die quaternären Bildungen dieser jüngsten vorweltlichen Erdepoche zeigen übrigens eine Flora der gegenwärtigen so ähnlich, daß sämmtliche damalige Pflanzen-Gattungen auch jetzt noch vertreten sind, und nur die Arten nicht mehr vorhanden zu sein scheinen. Diluvium.

Mit den postdiluvianischen Bildungen, mit dem **Aluvium**, tritt die gegenwärtige Pflanzenwelt auf. Zugleich zeigt sich auf der Erde ein durchgehender und constanter Unterschied der Klimate, indem die Erwärmung der Erde (von unten Seitens des Erdinnern und von oben durch die Sonnenstrahlen), mit der Abkühlung der Erde auf ihrem Umlauf durch den Weltraum nunmehr dergestalt im Gleichgewicht sich befindet, daß, soweit unsere historische Zeit reicht, eine Veränderung der Klimate im Großen und Ganzen nicht wahrzunehmen ist. Alluvium.

So constant aber auch das Klima jetzt erscheint, die Pflanzendecke des Bodens ändert sich fort und fort, weil die Erdkrume in ewiger Umbildung begriffen ist und bleibt. Zunächst sind es mechanische Einwirkungen und chemische Processe, welche Gestalt und Beschaffenheit der Fortdauernde Veränderung der Erdoberfläche u. der Pflanzendecke.

Erdoberfläche unausgesetzt verändern, wenn auch für den Augenblick oft kaum sichtbar. Und da, wie wir gesehen, die Pflanze vom Boden vorzugsweise abhängig ist, so ändert sich mit der Erdkruste zugleich die Pflanzendecke, wenn auch wiederum für die Beobachtung unmerklich. Größere Zeitabschnitte gewähren jedoch oft überraschende Einblicke in die fortdauernd umbildende Thätigkeit der ewig schaffenden Natur, und es lassen sich selbst für unsere historische Zeit erhebliche Umgestaltungen der Pflanzendecke vielfach nachweisen. So ergeben Nachgrabungen, daß z. B. in Dänemark, wo gegenwärtig die Buche den Waldbaum bildet, vordem die Eiche dominirte.

Einwirkung der Pflanzen auf die Veränderung des Bodens. Neben den mechanischen Einwirkungen, besonders durch Fluthen und Stürme, und mit den chemischen Zersetzungs- und Umbildungsprocessen der anorganischen Stoffe der Erdkruste wirkt auf Gestalt und Beschaffenheit des Bodens wesentlich auch die Pflanze ein. Von großer Wichtigkeit sind hier mehrere niedere Algenarten, welche, früher für Infusionsthierchen gehalten, jetzt unter der Bezeichnung: Infusionspflanzen zusammengefaßt werden. Sie erscheinen vorzugsweise am Boden aller süßen, besonders stehenden Gewässer als gelbliche oder grünliche Ueberzüge und incrustiren sich namentlich mit Kieselerde (Kieselsäure). Sie vermehren sich so schnell und stark, daß in wenigen Jahren sich fußdicke Lager fossiler Kieselpflänzchen bilden können. Schon in den vorweltlichen Zeiten haben diese Infussionspflänzchen zur Erhöhung und Trockenlegung des Bodens ungemein viel beigetragen.

Torfbildung. In ähnlicher Weise wie die winzigen Infusionspflanzen verändern andere gesellig auftretende Gewächse Form und Beschaffenheit des Bodens. Von ihnen sind, namentlich für die gemäßigte Zone, die Torf bildenden Pflanzen ganz besonders wichtig. Sie verwandeln mit der Zeit stehende Gewässer und weite Sumpfstrecken in festen Torfboden, der fähig ist, hohe Bäume und ganze Waldungen zu tragen; und umgekehrt vermögen sie trockene Wälder in Torfmoore umzuschaffen. Die Zahl der Pflanzen, welche auf Torfmooren wachsen, ist nicht unerheblich; zunächst aber wird die Vermoorung durch verschiedene Moosarten, Halbgräser und Binsen herbeigeführt. Vor allen ist das Torfmoos, Sphagnum, die vorzüglichste Torf bildende Pflanze. Die Eigenschaft, Feuchtigkeit einzusaugen und zu binden, welche das Torfmoos vorzugsweise unter den Moosen besitzt, erhält den Boden unausgesetzt naß, eine Hauptbedingung zur Entstehung des Torfes. Zugleich hat das Torfmoos die Eigenthümlichkeit, nach oben fortzuwachsen, während die unteren Pflanzentheile absterben und vertorfen. In dieser Weise findet eine fortwährende Erhöhung der von Sphagnum-Arten gebildeten Torfmoore statt, weil auf den abgestorbenen Schichten die perennirenden Stengel alljährlich neue Moosdecken erzeugen. — Der von Torfmoosarten vorzugsweise gebildete Torf heißt **Moostorf**. Er unterscheidet sich von den anderen Torfarten (dem Wiesen-, Heide- und Waldtorf) besonders durch diese seine Eigenschaft, sich beständig zu erneuern, während die anderen Torfarten einer Wiedererzeugung unfähig sind und nach der Ausbeutung steril bleiben.

Der **Wiesentorf** bildet sich aus Halbgräsern und Binsen, der **Heidetorf** aus den Heidekräutern (Erica tetralix und Calunna vulgaris) und der **Waldtorf** aus den Wurzeln und Stämmen der Waldbäume. Diesen letzteren finden wir in Torfmooren von großer Mächtigkeit, in denen die Wälder wie begraben ruhen. Und noch gegenwärtig kann man an manchen Orten die Vernichtung der Hochwälder durch zunehmende Vertorfung des Bodens beobachten. Es verkrüppeln alsdann zunächst die Bäume, weil Flechten und Moose die Stämme umwuchern und Feuchtigkeit anziehen. Nach und nach sterben die Bäume ab, der Waldboden wird humusreicher, und Moose, Farnkräuter, Halbgräser und kriechende Sträucher, wie Moosbeere und Sumpfheide, breiten sich mehr und mehr auf dem immer feuchter werdenden humosen Waldboden aus. Das Wurzel- und untere Stengel-werk verfilzt sich, neue Triebe steigen nach oben, und so wächst der durch die abgestorbenen Pflanzentheile gebildete Torf höher und höher, bis er den Wald begraben und dann auf ihm, so lange die Bedingungen der Torfbildung dauern, weiter und weiter wächst.

Verschiedene Arten des Torfs. Wenn man den Torf je nach den Pflanzen, welche ihn bilden, als Moos-, Wiesen-, Heide- und Waldtorf bezeichnet, so scheidet man ihn, je nach den Veränderungen, welche er erlitten, in Rasen-, Moor- und Pechtorf. Der Rasentorf bildet die oberste Decke der Moore und besteht aus einem verfilzten, noch ziemlich lockeren Gewebe der abgestorbenen Pflanzen. Unter ihm liegt der Moortorf mit mehr zersetzten Pflanzentheilen und dunklerer Farbe, und als unterste Schicht tiefer Moore erscheint der Pechtorf, eine schwarz gefärbte feste Torfmasse, in welcher sich die Structur der Pflanze fast gänzlich verloren hat.

Bestandtheile des Torfs. Der Torf besteht aus verkohlten Pflanzenresten, untermischt mit vielen erdigen Theilen. Die Verkohlung der abgestorbenen Pflanzentheile ist die Folge eines unvollkommenen Verwesungsprocesses, welcher in dem nassen Moore beim Abschluß der atmosphärischen Luft durch Einfluß der Nässe und des Druckes bewirkt wird.

Vorweltliche Torfbildung. Eine Vertorfung der Pflanzendecke, wie sie noch immer vor sich geht, sobald die Bedingungen zur Torfbildung auftreten, hat unstreitig in vorweltlichen Zeiten ebenfalls stattgefunden, und bei der damals größeren Feuchtigkeit der Luft und der üppigeren Vegetation unter noch günstigeren Bedingungen. Deshalb möchte namentlich die Braunkohle der Tertiärschichten vielfach durch Vertorfung entstanden sein.

Verbreitung der Braun- und Steinkohlen u. ihre Beschaffenheit. Die Braunkohle, wie die Steinkohle bestehen, worauf schon der Name hindeutet, gleich dem Torfe, aus verkohlten Pflanzentheilen. Derartige verkohlte Pflanzenreste finden sich in fast allen Neptunischen Schichten; sie werden aber nur in denjenigen ausgebeutet, in welchen die Mächtigkeit der Lager den Bergbau lohnt. Große, zum Ausbau geeignete Kohlenflötze besitzen, wie schon erwähnt, die mittlere Tertiärschicht und die Steinkohlenformation. Die in den Tertiärgebilden oft in großer Mächtigkeit auftretenden **Braunkohlen** pflegen zwischen Thon- und Sandlagern zu liegen und enthalten häufig noch andere Zersetzungsproducte vegetabilischer Substanzen, namentlich **Bitumen** oder **Erdöl** (Steinöl, Petroleum). Im reinsten Zustande ist das Erdöl klar und dünnflüssig und wird **Naphtha** genannt, verdickt und dunkel heißt es **Erdtheer** oder **Erdpech** (Asphalt). Das Steinöl quillt entweder in flüssiger Gestalt aus der Erde hervor, besonders in sandigen Gegenden, oder es bildet pechartige Ueberzüge. Die **Braunkohle** ist matt braunschwarz, faserig und holzartig, oder derb und erdig. Die **Steinkohle** dagegen ist schwarzglänzend, hat eine schiefrige, erdige oder fasrige Textur und einen muscheligen Bruch. Stein- wie Braunkohlen bestehen aus Kohlenstoff, Wasserstoff und Sauerstoff und sind mit Erden und Eisenkiesen (auch wohl anderen Metalloxyden) gemischt. — Die **Steinkohlenflötze** finden sich hauptsächlich zwischen Schichten von Sandstein und zwischen Schieferton, die eine Menge Versteinerungen und Pflanzenabdrücke enthalten. In Europa besitzt **England** die bei Weitem reichsten und mächtigsten Steinkohlenlager, auf dem Continente ist **Belgien** das reichste Kohlenland. **Deutschland** hat vortreffliche Steinkohlen in dem an Belgien grenzenden Kohlenbecken bei **Aachen** (Eschweiler), in **Westphalen** (auf beiden Seiten der Ruhr), im Kohlenbecken der **Saar** (bei Saarbrück), im niederschlesischen Becken (die Umgegend von **Waldenburg**), bei **Zwickau** in Sachsen, und namentlich in **Böhmen**, das nach Belgien das reichste Kohlenland des Continents ist.

Die Stein- und Braunkohlen haben sich ähnlich wie der Torf durch einen langsamen und unvollkommenen Verwesungs- oder Verbrennungsproceß bei Abschluß der atmosphärischen Luft

Bildung der Stein- und Braunkohle.

unter dem Druck der aufliegenden Gesteinsschichten und mit Einwirkung der aus dem Erdinnern bringenden Hitze gebildet. Je bedeutender der Druck und je größer die Hitze, um so mehr mußte die verkohlte Pflanze zusammengepreßt werden und von ihrer Structur verlieren, und um so fester erscheint die Kohle. Aus diesem Grunde zeigt die ungleich tiefer liegende Steinkohle ein viel festeres Gebilde als die Braunkohle.

Nutzen der fossilen und verkohlten Pflanzen. Der Nutzen der fossilen und verkohlten Pflanzen und ihrer Zersetzungs-Producte ist von der hervorragendsten Bedeutung. Torf, Braun- und Steinkohlen sind ein vorzügliches Brennmaterial und ersetzen mehr und mehr das mit Verminderung der Waldungen bei zunehmender Bevölkerung immer theurer werdende Holz; das Erd- oder Steinöl hat als Erleuchtungs-Material das Brennöl unserer Oelpflanzen so gut als verdrängt; das Erdpech gibt mit Sand vermischt das vorzügliche Asphalt-Pflaster; und aus dem schönen fossilen Harz, dem Bernstein, werden kostbare Schmucksachen verfertigt.

Braun- und Steinkohlen liefern durch Destillation noch andere sehr werthvolle Producte. Aus der Braunkohle werden die Parafimkerzen gefertigt und die Steinkohle gewährt das allgemein verwendete helle Leuchtgas.

Aus der Steinkohle wird ferner der Steinkohlentheer und aus diesem werden in neuester Zeit prächtige Farbestoffe gewonnen. Es sind dies die Anilin- und Naphthalin-Farben, die Picrin- und die Rosolsäure. Sie werden vorzugsweise aus folgenden vier Bestandtheilen des Steinkohlentheer dargestellt: aus dem Anilin, dem Naphthalin, dem Benzol und der Carbolsäure. Behandelt mit verschiedenen Agentien (besonders Metalloxyden, Chlorkalk, Salpeter- und Schwefelsäure) liefern sie die schönsten Farbestoffe. Das Anilin gibt violette, rothe und blaue, das Naphthalin gelbe und rothe Farben, die Picrinsäure hat ein vorzügliches Gelb, das namentlich zum Färben der Seide verwendet wird. Die Rosolsäure dient zum Rothfärben in Zeugdruckereien.

Die Entdeckung der Farben des Steinkohlentheers (Theerfarben, chemische Farben oder Anilin-Farben genannt) hat in den Färbereien und Zeugdruckereien eine große Veränderung im Gebrauch der Farbestoffe hervorgerufen und viele vegetabilische und animalische Farben bereits verdrängt.

Neunter Abschnitt.
Von der Eintheilung der Pflanzen.

Das Pflanzenreich besteht aus einer unberechenbaren Zahl sehr verschiedener pflanzlicher Individuen, die in einem bunten Gemisch uns umgeben. Wollen wir in diesem Reichthum der mannigfaltigsten Formen uns zurecht finden, in diesem Gewirr von Aehnlichkeiten und Verschiedenheiten, von Uebereinstimmungen und Gegensätzen, so müssen wir die Pflanzen ordnen. Hierbei finden wir, daß gewisse Individuen in ihren Organen vollkommen miteinander übereinstimmen, andere mehr oder weniger voneinander abweichen. Individuen, welche durch Wurzel, Stengel, Blatt und durch ihre Fortpflanzungsorgane sich vollständig gleichen, werden als eine Art, species, zusammengefaßt. Eine jede Art pflanzt sich durch ihre Samen resp. Sporen eigenartig fort. *Pflanzen-Art.*

Oefters zeigen Individuen derselben Art gewisse, außerwesentliche Unterschiede in Größe, Form, Bekleidung, Farbe u. s. w. Solche, nur unwesentlich von der Stammart abweichende Pflanzen werden als eine Abart, Varietät, varietas, bezeichnet. Die Varietäten pflanzen sich nicht, wenigstens nicht auf die Dauer, durch Samen mit ihren variirenden Eigenschaften fort, sondern fallen schließlich in die Stammart zurück. Sicher wird die Varietät nur fortgepflanzt durch Blatt-Knospen. Deshalb können unsere edlen Obstsorten, die nur Varietäten sind und sich durch die Samen mit ihren eigenthümlichen Vorzügen nicht fortpflanzen, nur durch Oculiren und Pfropfen vermehrt werden. *Abart, Varietät.*

Verschiedene Pflanzen-Arten, die im Bau ihrer Fort- *Gattung.*

pflanzungs-Organe (Blüthen- und Fruchttheile, Sporangien und Sporen) übereinstimmen, bilden eine **Gattung**, genus.

Familie. Mehrere nahe verwandte Gattungen werden wieder in Familien zusammengefaßt.

Pflanzen-System. Die Familien, oder schon die Gattungen, lassen sich in Abtheilungen oder Ordnungen und diese wieder in Hauptabtheilungen oder Klassen zusammenstellen. In dieser Weise erhalten wir ein System, welches sämmtliche Pflanzen der Erde umfaßt, eintheilt und gliedert.

Geschichte der Botanik. Die Alten kannten noch keine Eintheilungsmethode der Gewächse, bei ihnen war die Kenntniß der Pflanzen und eine wissenschaftliche Behandlung der Pflanzenkunde noch wenig vorgeschritten. Der große Grieche Aristoteles und sein Schüler Theophrast hatten sich zwar in geistvoller Weise schon eingehend mit der Pflanzenkunde beschäftigt, allein nach ihnen ruhte jede weitere wissenschaftliche Forschung. Nur der Grieche Dioscorides, der im ersten Jahrhundert nach Christus als Arzt in Rom lebte, schrieb seine berühmte Heilmittellehre (Materia medica), doch ist dieses Werk, in welchem über 600 Arzeneipflanzen beschrieben sind, mehr ein arzeneiwissenschaftliches, als ein botanisches. Dennoch blieb fünfzehn Jahrhunderte hindurch die Materia medica zugleich das Hauptwerk für die Botanik. Erst zur Zeit der Reformation waren es deutsche Gelehrte: Otto Brunfels, Leonh. Fuchs, Hieron. Bock (gen. Tragus) und Theodor v. Bergzabern (Tabernaemontanus), sowie der Schweizer Conrad Geßner, die Niederländer Lobelius und Dodonaeus, und der in der Grafschaft Artois geborene Charles de l'Ecluse (Clusius), welche der botanischen Wissenschaft wieder einen Aufschwung gaben. Sie beobachteten die einheimischen Pflanzen, vermehrten ihre Kenntniß auf Reisen und gaben werthvolle botanische Werke mit vorzüglichen Abbildungen heraus.

Die ersten Pflanzensysteme. Mit der größeren, nun stets wachsenden Zahl bekannter Pflanzen entstand das Bedürfniß, dieselben zu ordnen und zu classificiren. Hatte man bis dahin die Pflanzen nur nach ihren nützlichen und schädlichen Eigenschaften eingetheilt, so begann man jetzt, sie nach den Verschiedenheiten einzelner Organe, wie nach Wurzel, Stengel, Blatt u. s. w. zusammenzustellen. Schon damals wies Conrad Geßner auf die Blüthe und die Frucht der Pflanze als die sichersten Unterscheidungszeichen und als die größten Merkmale für die Verwandtschaft hin. Er ist somit der erste Botaniker, welcher auf die Eintheilung der Pflanzen mit natürlicher Ordnung aufmerksam machte. Ein vollständiges Pflanzensystem stellte demnächst der Italiener Cesalpino auf, in welchem er auf Blüthe, Frucht und Samen besonders Gewicht legt, aber zugleich auch auf die Dauer des Stengels. Sein System, wie andere, die nun folgten, erhielten jedoch noch keinen allgemeinen Eingang. Größeren Erfolg hatte im Anfang des 18. Jahrhunderts der Franzose Pitton de Tournefort, der alle bis dahin bekannte Pflanzen (gegen 10,000) systematisch zusammenstellte. Sein Hauptverdienst ist, daß er die Gattungen scharf characterisirte und besondere Gattungsnamen einführte, wodurch er die damals so schwerfällige Pflanzenbenennung (Nomenclatur) sehr vereinfachte. Sein System ist ein natürliches und hauptsächlich auf den Bau der Blumenkrone gegründet, wobei er jedoch den Fehler beging, auf die Dauer des Stengels, wie Cesalpin, ein Hauptgewicht zu legen und die Kräuter von den Holzgewächsen zu trennen.

Dreißig Jahre nach ihm trat der Schwede Karl Linné (geb. 1707 † 1778) mit seinem berühmten Sexualsystem auf, in welchem er die Gewächse in 24 Hauptabtheilungen, Klassen, und die Klassen in Ordnungen theilt. Sein System ist kein natürliches, sondern ein künstliches, weil es bei den Klassen und Ordnungen lediglich die Geschlechtsorgane beachtet und im Uebrigen auf den Bau der Pflanze keine Rücksicht nimmt. Wegen seiner Einfachheit ist es leicht verständlich, weshalb es sich schnell verbreitete und eine allgemeine Anerkennung fand. Linné vollendete zugleich das von Tournefort begonnene Werk, die Nomenclatur zu vereinfachen, indem er der mit einem Hauptwort bezeichneten Pflanzengattung ein bestimmtes Beiwort zur Benennung der Art hinzufügte. Auch führte er eine feststehende Kunstsprache (Terminologie) ein.

So war durch Linnés Fleiß und Genie mit Aufstellung eines bequemen Systems und mit Einführung einer einfachen Nomenclatur und einer zweckentsprechenden Kunstsprache das Studium der Pflanzen ungemein erleichtert; und es ist das unsterbliche Verdienst dieses großen Naturforschers, das Studium der für den Menschen so überaus wichtigen Naturwissenschaften allgemein zugänglich und populär gemacht zu haben. Linné hat den Weg bereitet zu dem gewaltigen Aufschwunge, welchen die Naturwissenschaften in unserem Jahrhundert genommen haben. —

Linnés Sexualsystem, so viel Vorzüge es durch seine Einfachheit hat, leidet jedoch als künstliches System an dem Uebelstande, daß es verwandte Pflanzen oft unnatürlich von einander trennt. So wichtig auch die Geschlechtsorgane und namentlich die Staubgefäße, auf welche Linné die Hauptabtheilungen seines Systems, die Classen, vorzugsweise gründet, für die Bestimmung und Unterscheidung der Pflanzen sind, sie allein geben keinen so durchgreifenden Character, daß sie als alleinige Eintheilungsnormen dienen können. Nur ein System, welches den ganzen organischen Bau der Pflanze berücksichtigt, ist vermögend dem fortschreitenden Entwickelungsgange und den natürlichen Abstufungen im Pflanzenreiche genügend Rechnung zu tragen, und eine Eintheilung und Ordnung der Gewächse aufzustellen, in welchem die Verwandtschaften der Pflanzen zu einander in ihren verschiedenen Graden zur Geltung kommen.

Jussieu's natürliches System. Diesen Weg schlug ein Zeitgenosse Linnés, der Franzose Bernard de Jussieu ein. Er studirte 40 Jahre hindurch die gegenseitige Verwandtschaft der verschiedenen Gewächse und ordnete nach der von ihm aufgestellten natürlichen

Jussieu's natürliches System.

Methode den Königl. Garten zu Trianon. Sein Neffe Anton Lorenz von Jussieu richtete den Botanischen Garten zu Paris nach derselben Methode ein und schrieb 1789 sein berühmtes Werk: Genera plantarum secundum ordines naturales disposita, durch welches er der Begründer des natürlichen Pflanzensystems geworden ist. Die Methode, die Pflanzen nach Verwandtschaften in natürliche Ordnungen einzutheilen und zu beschreiben, welche nach Jussieu andere berühmte Botaniker, wie Decandolle und Endlicher, in den von ihnen aufgestellten Systemen ebenfalls einschlugen, hat mit der Zeit den Vorrang vor dem Linné'schen Sexualsysteme erhalten; denn sie allein beruht auf wissenschaftlicher Begründung und nur sie hat einen wissenschaftlichen Werth. Dennoch wird sich neben dem natürlichen System auch das Linné'sche erhalten, weil es zum Bestimmen mancher Pflanzen vortheilhaft benutzt werden kann. So lassen sich z. B. Pflanzen, deren Blüthen nur 1 oder 2 Staubgefäße enthalten (Linné's erste und zweite Klasse), sehr leicht nach dem Linné'schen System auffinden, wogegen wieder andere Pflanzen, wie namentlich die große Zahl der Linné'schen 5. Klasse (Blüthen mit 5 Staubgefäßen), ungleich schneller nach dem natürlichen System bestimmt werden können.

Wir wollen nun im Nachstehenden beide Systeme, das Sexualsystem wie das natürliche, ausführlich darlegen. *Vergleichende Uebersicht beider Systeme.*

Linné theilt die Pflanzen zunächst in Klassen, unter vorzugsweiser Berücksichtigung der Staubgefäße (ihrer Zahl, Größe und Verwachsung) und die Klassen wieder in Ordnungen, mit Rücksicht namentlich der Theile des weiblichen Organs (Stempel und Narbe, Frucht und Same), und der Zahl der Staubgefäße. Die Ordnungen zerfallen in Gattungen und die Gattungen in Arten.

Jussieu theilt die Gewächse zunächst nach dem Samenlappen (Cotyledo) in drei Hauptabtheilungen:

I. Acotyledones (ohne Samenlappen d. h. überhaupt ohne Samen), die Kryptogamen (Linné's 24. Klasse);

II. Monocotyledones, mit einem Samenlappen;

III. Dicotyledones mit 2 oder mehreren Samenlappen (II. und III. die Phanerogamen, Linné's 1.—23. Kl.). —

Von diesen drei Hauptabtheilungen zerfallen die beiden letzteren, die Phanerogamen, wieder in Klassen und zwar die Monocotyledonen nach Maßgabe der Insertion der Staubgefäße in drei Klassen: bodenständige, kelchständige und stempelständige (s. S. 35). Die Dicotyledonen werden zunächst, mit Rücksicht auf die An= oder Abwesenheit der Blumenkrone und ob sie ein= oder mehrblättrig ist, in drei Unter=Abtheilungen getheilt: Apetalae, ohne Blumenkrone; Monopetalae, mit einblättriger Blumenkrone; und Polypetalae, mit mehrblättriger Blumenkrone. Die Unter=Abtheilungen zerfallen, je nach der Insertion der Staubgefäße resp. der Blumenkrone (bei den Pflanzen mit einblättriger Blumenkrone) wieder in drei Klassen (bodenständig, kelchständig und stempelständig); nur die Monopetalen haben 4 Klassen, indem die stempelständigen, je nachdem ihre Antheren frei oder verwachsen sind, in zwei Klassen zerfallen. — Die letzte (15.) Klasse bilden die Dicotyledonen mit eingeschlechtlichen Blüthen. — In diese Klassen reihet Jussieu seine Pflanzen=Familien ein, die er aus der Vereinigung mehrerer nahe verwandten Gattungen — sofern sie in allen **wesentlichen** Merkmalen der Fructificationstheile übereinstimmen — gebildet hatte.

Die Linné'schen Klassen. Von den Linné'schen 24 Klassen umfassen die ersten 23 die **Phanerogamen**, die 24. Kl. die **Kryptogamen**. An das Ende seines Systems hat Linné ganz abgesondert die **Palmen** gestellt.

Von den 23 Klassen der Phanerogamen haben die ersten 20 **Zwitterblüthen**, die 21., 22. u. 23. Kl. **eingeschlechtliche (diclinische) Blüthen**.

Die ersten elf Klassen beruhen lediglich auf der **Zahl der Staubgefäße**, vorausgesetzt, daß sie von ziemlich gleicher Länge und nicht verwachsen sind. Sie heißen:

Die Linné'schen Klassen.

1. Kl. Monandria (μόνος, einzig und ἀνήρ, ἀνδρός, der Mann), mit einem Staubgefäß;
2. Kl. Diandria, mit zwei (δι —);
3. Kl. Triandria, mit drei (τρι —);
4. Kl. Tetrandria, mit vier (τετρα —);
5. Kl. Pentandria, mit fünf (πέντε);
6. Kl. Hexandria, mit sechs (ἕξ);
7. Kl. Heptandria, mit sieben (ἑπτά);
8. Kl. Octandria, mit acht (ὀκτώ);
9. Kl. Enneandria, mit neun (ἐννέα);
10. Kl. Decandria, mit zehn (δέκα); und
11. Kl. Dodecandria, mit ungefähr 12 (δώδεκα) Staubgefäßen, d. h. mit mehr als 10 und weniger als 20.

Die zwölfte und dreizehnte Klasse berücksichtigen außer der Zahl (20 und darüber) auch die Befestigung der Staubgefäße (f. S. 35). Die

12. Kl. Icosandria (εἴκοσι, 20) hat 20 und mehr Staubgefäße, die kelchständig d. h. auf dem Kelch befestigt sind, die
13. Kl. Polyandria (πολύς, viel u. ἀνήρ) hat 20 und mehr bodenständige (auf dem Blüthenboden befestigte) Staubgefäße.

Bei der vierzehnten und fünfzehnten Klasse kommt es auf Zahl und Länge der Staubgef. an (f. S. 34). Die

14. Kl. Didynamia (δι —, zwei u. δύναμις, Macht) hat vier Staubgef., von denen 2 länger (mächtiger) als die anderen sind. Die
15. Kl. Tetradynamia (τετρα u. δύναμις) hat 6 Staubgef., von denen die 4 inneren länger als die 2 äußeren sind.

Die sechszehnte, siebenzehnte und achtzehnte Klasse beruhen auf der Verwachsung der Staubfäden (f. S. 35). Die

16. Kl. Monadelphia (μονός u. ἀδελφία, Brüderschaft) hat Staubgefäße, deren Filamente zu einer Röhre

verwachsen, die einbrüderig sind. Die Staubgefäße der

17. Kl. Diadelphia sind zweibrüderig, die der
18. Kl. Polyadelphia sind vielbrüderig. Bei der
19. Kl. Syngenesia ($\sigma\nu\gamma\gamma\acute{\epsilon}\nu\eta\varsigma\iota\varsigma$, das Zusammensein) sind die Antheren der Staubgef. zusammengewachsen (s. S. 36). Bei der
20. Kl. Gynandria ($\gamma\nu\nu\acute{\eta}$, das Weib u. $\dot{\alpha}\nu\acute{\eta}\varrho$) sind Staubgefäße und Stempel vereinigt (s. S. 41).

Wenn in den gedachten 20 Klassen die Blüthen hermaphrobitisch zwitterig sind, so findet in den drei letzten Klassen der Phanerogamen eine Trennung der Geschlechter statt. Und zwar zeigen sich in der

21. Kl. Monoecia ($\mu o\nu \acute{o} \varsigma$ u. $o\acute{\iota}\varkappa o\varsigma$, das Haus) männliche und weibliche Blüthen auf ein und derselben Pflanze (s. S. 23); in der
22. Kl. Dioecia ($\delta\iota$ — und $o\acute{\iota}\varkappa o\varsigma$) sind dagegen die männlichen, wie die weiblichen Blüthen auf getrennten Pflanzen-Individuen; und in der
23. Kl. Polygamia ($\pi o\lambda\acute{\upsilon}\sigma$ und $\gamma\alpha\mu\acute{\iota}\alpha$, ehelich) finden sich Zwitterblüthen und eingeschlechtliche auf ein und demselben oder auf verschiedenen Individuen.

Die Linné'schen Klassen. 197

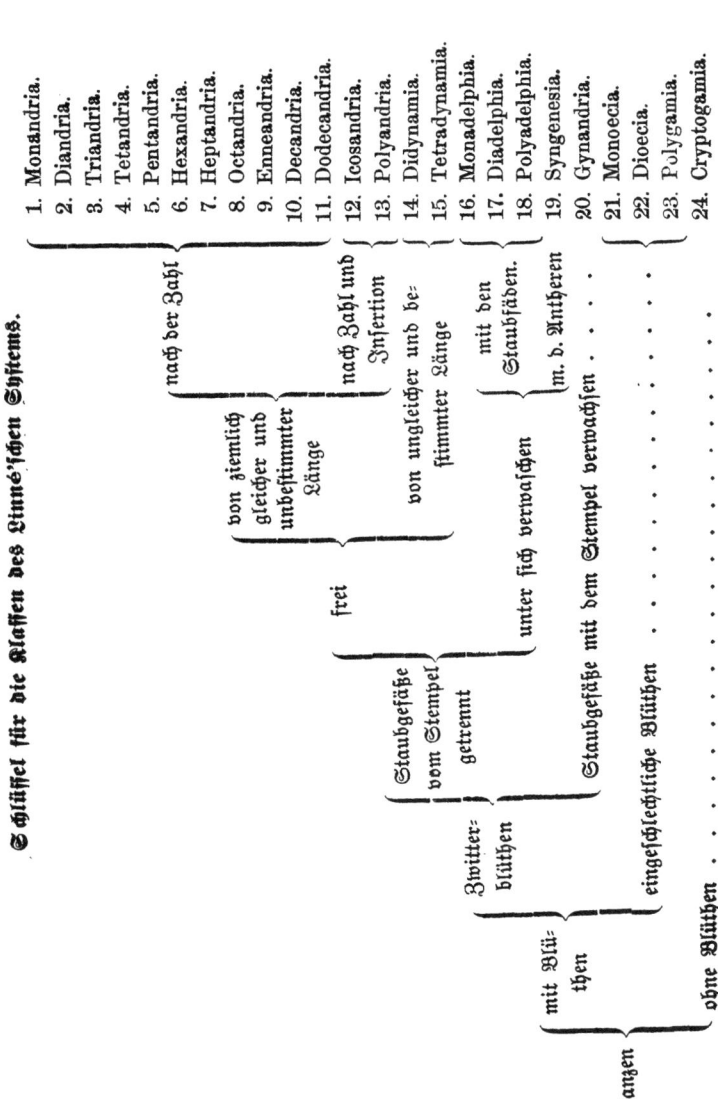

Die Linné'schen Ordnungen.

Die Eintheilung der Linné'schen Klassen in Ordnungen gründet sich auf folgende Charactere. Von den ersten 13 Klassen wird eine jede nach dem weiblichen Geschlechte in Unterabtheilungen (Ordnungen) geschieden, und zwar nach der Zahl der Stempel, oder bei einem Stempel nach der Zahl der Staubwege oder der Narben. Es werden hier folgende Ordnungen unterschieden: Mono-, Di-, Tri-, Tetra-, Penta-, Hexa-, Hepta-, Deca-, Poly-gynia ($\gamma\upsilon\nu\acute{\eta}$, Weib). — Die 14. Klasse zerfällt, je nachdem die Samen nackt (scheinbar) oder bedeckt sind, in die beiden Ordnungen: Gymnospermia ($\gamma\upsilon\mu\nu\acute{o}\varsigma$, nackt und $\sigma\pi\acute{\varepsilon}\rho\mu\alpha$, Same) und Angiospermia ($\mathring{\alpha}\gamma\gamma\varepsilon\tilde{\iota}o\nu$, Gefäß und $\sigma\pi\acute{\varepsilon}\mu\rho\alpha$). — Die 15. Klasse wird nach der Frucht, ob Schote oder Schötchen, in die beiden Ordnungen: Siliquosa und Siliculosa getheilt. — Die Ordnungen der 16., 17., und 18. Klasse werden nach der Zahl der Staubgefäße bestimmt: Pentandria, Hexandria u. s. w. — Die 19. Klasse hat 6 Ordnungen, von denen die ersten 5 Polygamia heißen, die sämmtliche Compositen umfassen. (Die Blüthenköpfe der Compositen unterscheiden sich wesentlich bezüglich der Randblüthen, und erscheinen viele von ihnen polygamisch gleich der 23. Klasse.) Diese 5 Ordnungen heißen: Polygamia aequalis, P. superflua, P. frustranea, P. necessaria und P. segregata. Die 6. Ordnung wird Monogamia genannt und hat nur Zwitterblüthen. — In der 20., 21., und 22. Klasse werden die Ordnungen wieder nach der Zahl der Staubgefäße bestimmt. — Die 23. Klasse zerfällt in 3 Ordnungen: Monoecia, Dioecia und Trioecia. (Sie ist wegen der Unsicherheit ihrer Merkmale die unbrauchbarste.) — Die 24. Klasse (die Kryptogamen) enthält 4 Ordnungen: Filices, Farne; Musci, Moose; Algae, Algen, und Fungi, Pilze.

Natürliches System.

Eintheilung der Pflanzen nach dem natürlichen System.

I. Haupt-Abtheilung. Cryptogamae, Blüthenlose Pflanzen.

- **1. Abtheilung.** Cryptogamae aphyllae, blattlose Kryptogamen.
  (Lager- oder Thallus-Pflanzen.)
- **2. Abtheilung. Crypt. foliosae, Blatt-Kryptogamen.**
  - **1. Unter-Abtheilung.** Crypt. cellulares foliaceae, Zellige Blatt-Kryptogamen. (Moosartige Kryptogamen.)
  - **2. Unter-Abtheilung.** Cryptogamae vasculares, Gefäß-Kryptogamen. (Farnkrautartige Kryptog.)

II. Haupt-Abtheilung. Phanerogamae, Blüthen-Pflanzen.

- **1. Abtheilung.** Gymnospermae. Nacktsamige Phanerogamen.
- **2. Abtheilung. Angiospermae, Verhülltsamige.**
  - **1. Unterabtheilung.** Monocotyledones, Einkeimblättrige. Monocotyledonen oder Monocotylen.
    - 1. Unterordn. Monocot. staminibus hypogynis, mit unterweibigen (bodenständ.) Staubgef.
    - 2. Unterordn. Mon. stam. perigynis, mit umweib. (kelchst.) Staubgef.
    - 3. Unterordn. Mon. stam. epigynis, mit oberweib. (stempelst.) Staubgef.
  - **2. Unterabtheilung.** Dicotyledones, Zwei- (oder mehr-)keimblättrige. Dicotyledonen, oder Dicotylen.
    - **1. Ordnung. Apetalae, Blumenkronlose.**
      - 1. Unterordn. Apetalae mit eingeschl. Blüthen.
      - 2. Unterordn. Apetalae mit Zwitterblüthen.
    - **2. Ordnung. Monopetalae, mit einblättriger Blumenkr.**
      - 1. Unterordn. Monop. corolla hypogyna, m. bodenst. Blkr.
      - 2. Unterordn. Monop. corolla perigyna, m. kelchständ. Blkr.
      - 3. Unterordn. Monop. corolla epigyna, m. stempelständ. Blkr.
    - **3. Ordnung. Polypetalae, mit mehrblättr. Blumenkr.**
      - 1. Unterordn. Polyp. stam. epigynis, m. stempelst. Stbgf.
      - 2. Unterordn. Polyp. stam. perigynis, mit kelchstb. Stbgf.
      - 3. Unterordn. Polyp. stam. hypogynis, mit bodenst. Stbgf.

Die umstehende Eintheilung gründet sich auf die von Jussieu aufgestellte natürliche Methode und entspricht im Wesentlichen (jedoch in umgekehrter Ordnung) dem von Koch in seiner Synopsis der Flora von Deutschland befolgten Systeme.

Wir wollen nun im nächsten Abschnitt die wichtigsten Familien des Pflanzenreichs — einschließlich aller Pflanzen-Familien Deutschlands — nach der angegebenen natürlichen Eintheilung vorführen.

Zehnter Abschnitt.

Beschreibung der wichtigsten Pflanzen-Familien,

einschließlich aller Familien Deutschlands, mit Angabe ihrer Verbreitung und ihres Nutzens, geordnet nach dem natürlichen System, unter Anführung sämmtlicher Gattungen unseres engeren Floren-Gebiets.

Anm. Die nicht in Deutschland vorkommenden Familien, Gattungen und Arten sind mit einem *, und diejenigen, welche zwar in Deutschland aber nicht in unserem Florengebiete sich finden, mit einem † bezeichnet.

Verzeichniß der in diesem Abschnitt und in dem Register gebrauchten Abkürzungen.

Al. = Alluvium (des Magdeburger Florengebiets).
Dl. = Diluvium   „   „   „
Fl. = Flöz, Flötzgebiet „   „
Bl. = Blatt oder Blätter.
bl. = blatt oder blätter am Ende eines zusammengesetzten Hauptwortes z. B. Nebenbl. = Nebenblatt oder Nebenblätter.
Blkr. = Blumenkrone.
Blkrbl. = Blumenkronblatt oder =blätter.
Blth. = Blüthe, Blüthen.
cult. = cultivirt.
Erlenbr. = Erlenbruch, Erlenbrüche.
f. = förmig, am Schluß der Adjectiva z. B. quirlf. = quirlförmig.
Fr. = Frucht, Früchte,
Frkn. = Fruchtknoten.
Geb. = Gebiet.
geb. = gebiet, am Schluß; z. B. Florengeb. = Florengebiet.
gem. = gemein.
Gf. = Griffel.
Grasgr. = Grasgraben, =gräben.
K. = Kelch.
l. = lich. am Ende der Adjectiva.
N. = Narbe.
nam. = namentlich.
ob. = oder.
offic. = officinell.
P. = Perigon.
Pfl. = Pflanze, Pflanzen.
pfl. = pflanze, am Schlusse zusammengesetzter Wörter.
regelm. = regelmäßig.
S. = Same, Samen.
Staubb. = Staubbeutel.
Staubf. = Staubfaden, =fäden.
Stbgf. = Staubgefäß, =gefäße.
sp. = spaltig.
st. = ständig, am Schluß, z. B. kelchst. = kelchständig.
th. = theilig.
u. = und.

Erklärung der abgekürzten Namen der Autoren.

Ach. Acharius.
Adans. Adanson.
Ag. Agardh.
Ait. Aiton.
All. Allioni.
Beauv. Beauvais.
Bess. Besser.
Boerh. Boerhave.
Bonpl. Bonpland.
R. Br. Robert Brown.
Camb. Cambessèdes.
Cass. Cassini.
Clairv. Clairville.
Coult. Coulter.
Crtz. Crantz.
Dec. Decandolle.
Desrous. Desrousseaux.
Desv. Desvaux.
Don. Donati.
Ehrh. Ehrhardt.
Fr. Fries.
Gaert. Gaertner.
Gaud. Gaudin.
Gmel. Gmelin.
Haenk. Haenke.
Hartm. Hartmann.
Heist. Heister.
Hoffm. Hoffmann.
Huds. Hudson.
Humb. Humboldt.
Jacq. Jacquin.
Juss. Jussieu.
Kütz. Kützing.

Lam. Lamarck.
Lindl. Lindley.
L. Linné.
Mart. Martius.
M. u. K. Mertens u. Koch.
Mill. Miller.
Murr. Murray.
Nutt. Nuttall.
Oliv. Olivier.
Pers. Persoon.
Poll. Pollich.
Rb. Reichenbach.
Salisb. Salisbury.
Schrad. Schrader.
Schreb. Schreber.
Schuhm. Schuhmacher.
Schult. Schultes.
Schweig. Schweiger.
Scop. Scopoli.
Sibth. Sibthorp.
Sm. Smith.
Thunb. Thunberg.
Tourn. Tournefort.
Trin. Trinius.
Vent. Ventenat.
Vill. Villars.
Wahlenb. Wahlenberg.
Wallr. Wallroth.
Wickstr. Wickstroem.
Wigg. Wiggers.
Willd. Willdenow.
Wimm. Wimmer.
With. Withering.

I. Haupt=Abtheilung. Kryptogamen.

Cryptogamae *L.* **Acotyledones.** *Juss.*

Gewächse ohne eigentliche Geschlechtsorgane und daher ohne Blüthen und Samen. Die Kryptogamen pflanzen sich durch Zellen, Brutzellen und durch Sporen (S. 94) fort. Sie bestehen meistens aus einfachen Zellen oder aus bloßem Zellgewebe (Zellpflanzen S. 3 u. 4), denn nur die höher organisirten haben Gefäße (Gefäß=Kryptogamen). Letztere, so wie die ausgebildeten Zell-Kryptogamen besitzen Blätter; die niederen Zellpflanzen sind ohne Blätter und ohne besondere Axe, also auch ohne Wurzel und Stengel.

1. Abtheilung. **Blattlose Kryptogamen.**
Cryptogamae aphyllae.

Blüthenlose Pflanzen, bestehend aus einer oder aus mehreren Zellen, oder aus einer fast gleichförmigen Masse von Zellgewebe, welche man Lager oder Thallus nennt (S. 6). Sie pflanzen sich durch Zellen fort, oder durch Sporen, die in oder auf der Substanz der Pflanze liegen.

1. Familie. Algen, Algae. Lindl.

Zell= oder Lager=Pflanzen mit chlorophyllhaltigen Zellen, ohne Keimschicht. — Die Algen leben nur im Wasser und zeigen sich in der verschiedensten Größe von der microscopischen Kleinheit bis zu einer, alle anderen Gewächse überragenden Länge von mehreren hundert Metern. Die kleinsten sind einzellig, andere erscheinen in gegliederten Fäden und die größeren haben blattartige Lappen (Frondes), welche aus einfachem Zellgewebe bestehen, höchst mannichfach gestaltet sind und in ihrer äußeren Structur viel Aehnlichkeit mit den Flechten zeigen. — Die Algen pflanzen sich durch Zellen oder durch Sporen fort. Letztere liegen in den Knoten der Fäden oder in Behältnissen von verschiedener

Kryptogamen. — Algen.

Form, Größe und Lage, welche Erweiterungen der Substanz der Frons sind.

Die Algen leben theils im süßen Wasser oder auf nassen Stellen, theils und hauptsächlich im Meere. Sie waren die ersten Gewächse, die auf der Erde zur Zeit ihres Bildungsprocesses erschienen (S. 180), und sie sind es, die noch gegenwärtig zur Umbildung der Erdoberfläche das Wesentlichste beitragen (S. 184). In einer großartigen Menge u. Artenzahl (über 2000) sind sie über die ganze Erde verbreitet.

Der Nutzen der Algen ist sehr erheblich. Die Süßwasser-Algen verstärken die Vegetationskrume der Erdoberfläche durch Ausfüllen der Lachen und Sümpfe und durch unausgesetztes Bereiten von Humus und Humuserde. Viele Meeres-Algen aber dienen zur Düngung, zur Nahrung und zu industriellen Zwecken.

Von den microscopischen Algen sind zu nennen: die Hefen-Alge, Cryptococcus fermentum. Kütz., aus welcher die Hefe besteht; und die Stückel-Algen, Diatomaceae, einzellige Pflanzen, die einzeln oder reihenweise in Sumpfwasser leben und deren Zellwände sich häufig durch Kieselerde inkrustiren. Diese Kieselpanzer finden wir auch fossil, oft mächtige Schichten von Kieselerde bildend. So besteht der Biliner Polierschiefer in Böhmen fast ganz aus fossilen Diatomaceen.

Unter den Süßwasser-Algen heben wir hervor die Schleim-Algen und die Faden-Algen.

Die Schleim-Algen, Nostochinae, bestehen aus rundlichen isolirten oder zu Fäden aneinander gereiheten Zellen, die in eine Schleimmasse gehüllt sind, und meist im stehenden Wasser, auf feuchter Erde, oder an nassen Steinen, Wänden und Baumstämmen leben, einige selbst auf feuchtem Schnee. Zu ihnen gehören die Gattungen Protococcus, Urkorn, und Nostoc, Schleim-Alge. — Protococcus viridis Ag. bildet grüne Ueberzüge auf feuchter Erde und auf der Wetterseite von Wänden und Baumstämmen; Protoc. pluvialis Flot. erscheint in Regenpfützen und Pr. nivalis. Ag., Schnee-Alge, zeigt sich auf den schmelzenden Schneeschichten der Alpen und Polarländer als sog. „rother Schnee". — Nostoc commune. Vauch. Erd- oder Wassergallerte, Zitteralge (Sternschnuppe), wächst auf nassen Triften und bildet im trockenen Zustande eine dünne, kaum bemerkbare Haut, die aber nach dem Regen zu einer faustgroßen Schleimmasse anschwillt.

Von den Faden-Algen, Confervae, findet sich der Bach-Wasserfaden, Conferva rivularis. L. in Bächen, Wassergräben, Teichen und Lachen und bildet im fließenden Wasser oft fluthende Rasen (Wasserheede); auf dem ausgetrockneten Boden erscheint er wie eine filzige Decke.

Die Hautalgen, Ulvaceae, wachsen theils im süßen, theils im salzigen Wasser. Von den im Meere lebenden dient die Lattich=Alge, Ulva Lactuca. L. den Küstenbewohnern als Nahrung (S. 119).

Reine Meeres=Algen sind die Tange. Die Blüthentange, Florideae, haben rothe oder violette Sporen in knotenartigen Sporangien und erscheinen in vielen Gattungen und Arten, namentlich in den Meeren des wärmeren Klimas. Sie enthalten Jod, und viele dienen als Nahrungsmittel. Hierher gehört die Gattung Sphaerococcus. Knopftang, mit kugeligen Sporangien. Sphaerococcus crispus. Ag. (Fucus crispus. L.), irländisches Moos oder Carageen, an den Küsten der Nordsee, ist officinell (S. 143) und wird in Irland von der ärmeren Volksklasse als Nahrungsmittel gebraucht. — Auch die Schwalbennester der Insel Java, welche man als Leckerbissen genießt, bestehen zum größten Theile aus einem Knopftang. Andere Arten der Gattung Sphaerococcus werden in China und Japan als Leim verwendet.

Die Lebertange, Fucoideae, mit schwarzen Sporen in kapselartigen Sporangien, kommen in großer Anzahl an allen Küsten, namentlich der kälteren Regionen, vor, und erreichen zuweilen eine ganz außerordentliche Länge. Wegen ihres Gehalts an kohlensaurem Natron dienen sie zur Soda=Fabrikation (S. 141); außerdem enthalten sie Jod=Natrium, aus dem das Jod bereitet wird. Viele von ihnen, namentlich der gemeine Blasentang, Fucus vesiculosus. L., werden von den Küstenbewohnern als Nahrung, Viehmast und besonders zur Düngung verwendet. — Eßbare Tange liefert ferner die Gattung Laminaria, Platten= oder Riementang (L. digitata und esculenta. Lam.)

Bemerkenswerth wegen seines großartig massigen Auftretens ist der Beerentang, Sargassum bacciferum. Ag. (Fucus natans L.). Er wächst in offener See, westlich von den azorischen Inseln, in so gewaltiger Menge, daß er einen Flächenraum von mehreren 1000 Qu.=Meilen einnimmt. Diese, unter dem Namen „Sargasso=See" schon den Alten bekannten Tangwiesen galten vordem als undurchschiffbar, bis sie Columbus in einer 14tägigen Fahrt durchschnitt und das Vorurtheil brach.

Zu den Algen rechnet man auch wohl eine Gruppe überaus kleiner Organismen, die selbst mit dem Microskop kaum zu erkennen sind und deren Natur sich deshalb schwer feststellen läßt. Es sind die sog. Bacterien, Vibrionen und andere, welche man unter dem allgemeinen Namen der Spaltpilze zusammenfaßt. Sie wurden früher für Pilze gehalten; auch ist die Frage, ob es pflanzliche oder thierische Organismen sind, endgiltig noch nicht entschieden. Die meisten erregen Fäulniß und Gährung, und unter ihnen möchten auch manche Träger und Verbreiter epidemischer Krankheiten zu suchen sein.

2. Familie. Flechten, Lichenes. Hoffm.

Lagerpflanzen, mit chlorophyllhaltigen Zellen und einer Keimschicht. Die Flechten leben auf dem Lande, wachsen auf Felsen, Steinen, Mauern, oder an Bäumen und auf der Erde, und zeigen sich in sehr charakteristischen Formen und Gestalten. Ihr Lager (Thallus) ist krustenartig, blattartig oder strauchartig und ist aus einer Cortical= (Rinden=)

Kryptogamen. — Flechten.

u. einer Medullar= (Mark=) Schicht zusamengesetzt, von denen die erstere gefärbt, die letztere aber farblos erscheint. Zwischen der Rinden= u. der Markschicht befindet sich eine sog. Keimschicht, die aus rundlichen chlorophyllhaltigen Brutzellen besteht. — Die Flechten ziehen ihre Nahrung lediglich aus den Dünsten der Luft; die wurzelartigen Fasern mancher von ihnen dienen nur als Haftorgane. Sie pflanzen sich durch Brutzellen und Sporen fort, die in sog. Apothecien liegen, welche bald geschlossen und kernartig, bald offen und schüssel= oder knopfförmig erscheinen.

Da sie nur von der Feuchtigkeit der Luft leben und also Feuchtigkeit nicht entbehren können, so bewohnen sie vorzugsweise die kälteren Klimate und die höheren Regionen.

Der Nutzen der Flechten ist für die Kultivirung der Erdoberfläche von eben so großer Bedeutung, wie der der Algen. Flechten und Algen sind die ersten Begründer der Vegetation. Wenn die Algen Gewässer und Sümpfe der höher organisirten Pflanzenwelt zugänglich machen, so wirken die Flechten auf Fels, Stein und Sand zu gleichem Zweck. Sie sind Hauptbeförderer des Verwitterungsprocesses der Gesteine und bereiten der porösen, verwitterten Schicht den ersten Humus. — Einen besonderen Nutzen gewähren mehrere Flechtenarten durch die in ihren Zellen enthaltene nahrhafte Flechtenstärke, so daß sie den Bewohnern der nördlichsten Gegenden als Nahrungsmittel dienen (S. 119). Auch sind manche Flechten als Heil=, andere als Farbepflanzen von hervorragendem Nutzen:

Bemerkenswerthe Arten sind:

Parmelia parietaria. Ach. Gemeine Wandflechte, mit goldgelben (befeuchtet: grünlichgelben) Thallus und mit gleichfarbigen oder orangegelben Schüsselchen; sehr gemein an Baumstämmen, Steinen, Mauern, und Bretterwänden.

Cetraria islandica. Ach. Isländisches Moos, officinell (S. 143); auch Nahrungspflanze für die Bewohner Islands (S. 119); wächst im Norden und auch bei uns auf hohem Gebirge, z. B. auf dem Brocken.

Cladonia rangiferina. Hoffm. Rennthierflechte; strauchartig, vielgabelig, mit meist unfruchtbaren Endspitzen, von grünlich=grauer, später silbergrauer Farbe, Frucht knopfig. Vom größten Nutzen für die arctischen Gegenden, namentlich als Nahrung der Rennthiere (S. 107). Wächst auch bei uns massenhaft in Kiefernwäldern.

Roccella tinctoria L. Lackmusflechte, an den Küstenfelsen des mittelländischen und atlantischen Oceans; sehr wichtig für die Bereitung der Kräuter=Orseille und des blauen Lackmus (S. 139). Die canarischen Inseln allein liefern jährlich 2000 Ct. dieser Flechte.

3. Familie. Pilze, Fungi. Juss.

Lagerpflanzen ohne chlorophyllhaltige Zellen und mit wenig ausgebildetem Thallus. Die Pilze, obgleich sie Feuchtigkeit lieben und selbst auf Flüssigkeiten vorkommen, leben doch nie im Wasser und gehören somit zu den Landpflanzen. Sie unterscheiden sich durch ihre Lebensbedürfnisse, durch die Ernährungs= und Lebensweise und durch Stoff und Farbe höchst eigenthümlich von fast allen übrigen Gewächsen. Gleich dem thierischen Körper athmen sie Sauerstoff ein und Kohlensäure aus; und zur Ernährung bedürfen sie schon vorgebildeter und organischer Stoffe, weil ihre Zellen, denen das Chlorophyll fehlt, nicht befähigt sind, den rohen Nahrungssaft zu assimiliren (S. 63). Sie leben deshalb auf faulenden, in Zersetzung begriffenen organischen Körpern oder als Parasiten der Thier= und Pflanzenwelt. Aus ihrer Lebensweise folgt, daß sie viel Stickstoff aufnehmen, so daß sie von allen Pflanzen verhältnißmäßig den meisten Stickstoff enthalten. Sie können das Licht fast ganz entbehren, sind nie rein grün gefärbt, haben meist eine sehr kurze Lebensdauer und gehen wegen ihres großen Stickstoffgehaltes sehr bald in Fäulniß über. Sehr verschieden in der Färbung, sind sie es auch in ihrer Beschaffenheit und Form. Viele sind fleischig, andere holzig, lederartig, häutig, flockig, fädig, schleimig, staubig und eine erhebliche Anzahl ist von microscopischer Kleinheit. — Die ausgebildetsten Pilze zeigen sich in der charakteristischen Form eines Regenschirms, und wird bei diesen der Stiel „Strunk" und der Schirm „Hut" genannt. Die untere Seite des Hutes erscheint mit Blättchen (Lamellen), oder mit Löchern, Röhren, Streifen, Falten.

Die Pilze pflanzen sich durch Zellen oder durch Sporen fort. Letztere befinden sich nackt oder in Sporenschläuchen entweder im Innern der Substanz oder außen, namentlich an den Lamellen.

Die Familie der Pilze ist überall in den mannigfachsten Formen verbreitet und überaus reich an Gattungen und Arten. Wie in ihrer Form, so sind sie auch in ihren Eigenschaften sehr verschieden, einige enthalten Gift (S. 157), andere dienen als Heil= und viele als Nahrungsmittel (S. 119 und 143). Groß ist das Heer der Schmarotzer, die der Pflanzen= und Thierwelt sehr schädlich werden, und unter denen wir die Erreger und Verbreiter tödtlicher Epidemien, wie bei den Spaltpilzen, zu suchen haben.

Die umfangreiche Familie wird in 4 Gruppen getheilt:

1) Staub= oder Rostpilze, Coniomycétes. Meist einzellige Pflanzen, die als Schmarotzer der Vegetation unermeßlichen Schaden bringen, und Krankheiten, wie „Rost", „Brand" u. s. w. hervorrufen. Die Gattungen Uredo, Brand und Aecidium, Rost gehören hierher (S. 172).

2) Faden=Pilze oder Schimmel, Hyphomycétes, mit einem röhrenförmigen, einfachen oder verästelten Lager und mit Sporen in den Fadengliedern ob. an deren Enden. Die verbreitetsten sind: der gem. Schimmel, Brodschimmel, Mucor Mucedo, L., mit langen, einfachen

Kryptogamen. — Pilze.

Stielchen und runden, graugrünen, später schwarzen Köpfchen; gemein auf Brod und Speisen; — und der **Pinsel-Schimmel**, Penicillium glaucum. Pers. von graugrüner Farbe, sehr häufig auf faulen Früchten. Am schädlichsten ist der **Kartoffel-Schimmel**, Botrytis devastatrix. Liebert, der Erzeuger der Kartoffelkrankheit (S. 173).

3) **Bauchpilze**, Gasteromycétes. Runde, bauchige Pilze, deren Sporen frei oder umhüllt im Innern des Lagers liegen. Zu ihnen gehören: der **Bovist**, Lycoperdon Bovista L., gemein auf trockenen Triften und Feldern; jung eßbar; — und die **Trüffel**, Tuber cibarium. Sibth., kugelige Knolle, verborgen in der Erde liegend, die sich aber durch ihren Geruch den Trüffel-Hunden verräth, kommt als leckere Speise in den Handel und wird besonders in Frankreich und Italien gesammelt. (S. 119).

4) **Hautpilze**, Hymenomycétes. Sie enthalten die größten und ausgebildetsten Pilze, die gewöhnlich mit dem Namen „**Schwämme**" bezeichnet werden. Sie sind fleischig oder derb, und tragen an ihrer Oberfläche eine sog. **Fruchtschicht**, **Keimschicht**, Hymenium, in welcher die Sporen eingesenkt liegen. Auf der Erde und an Baumstämmen wachsend, sind sie in einer großen Anzahl von Gattungen und Arten verbreitet. — Man theilt sie in 3 Untergruppen: Keulenpilze, Scheibenpilze und Hutpilze.

a) **Keulenpilze**, Clavati, sind kolben- oder walzenförmig und mit einer glatten Fruchthaut überzogen, in der die Sporen frei oder in Schläuchen liegen. Zu ihnen gehört der wohlschmeckende **Ziegenbart**, Clavaria crispa. Fr. (S. 119). In Nadelwäldern.

b) **Scheibenpilze**, Discophori, hut-, scheiben- oder becherförmig, auf der Oberfläche mit einem glatten oder gewimperten Hymenium überzogen; Sporen in Schläuche geschlossen. Als eßbare Arten sind hervorzuheben: die **Morchel**, Morchella esculenta Pers.; mit spitzem oder stumpfen, an den Strunk angewachsenen Hut mit zellartig-grubiger Oberfläche und von braun-gelblicher oder dunkelbrauner Farbe; in Laubwäldern und auf Waldwiesen; — und die **Lorchel**, Helvella esculenta Pers., der vorigen ähnlich, aber der Hut unregelmäßig gewunden und faltig; besonders in Nadelwäldern (S. 119).

c) **Hutpilze**, Pileati, hut- oder scheibenförmig, häufig gestielt. Das Hymenium erscheint auf der unteren Seite des Hutes in Blättchen (Lamellen), Röhren u. s. w. Sporen zu 4, auf der Spitze schlauchartiger Zellen. Unter ihnen sind zu nennen: der **Löcherschwamm**, Polyporus. Fr. Hut meist ungestielt und korkartig, die Fruchtschicht löcherig. P. fomentarius, Fr. liefert den **Zunder** oder **Feuerschwamm** und wird in den Officinen verwendet (S. 143); in Wäldern, namentlich an alten Buchenstämmen; P. officinalis. Fr. officinell (S. 143), in Süd-Rußland an alten Lärchenstämmen. — Der **Röhrenschwamm**, Boletus Fr., Hut gestielt, fleischig; Fruchthaut mit einer gesonderten Schicht feiner Röhren. B. edulis. Bull. **Stein-** oder **Herrenpilz**, wohlschmeckend, häufig in Wäldern (S. 119). — Der **Netzschwamm**, Merulius Fr. Hut auf der Rückseite angewachsen, mit einem netzartig-grubigen Hymenium. M. lacrymans. Schuhm. **Thränenschwamm**, **Hausschwamm**, flach, oft mehrere Fuß breit, schwammig-fleischig, rostgelb, violett werdend, am Rande weiß; giftig (S. 157), und ein gefürchteter Zerstörer des Holzgebälks der Gebäude, indem sein fadenförmiges Mycelium das Holz durchzieht und zerstört. — Der **Faltenschwamm**, Cantharellus Fr. Hut gestielt, fleischig; Fruchthaut stumpffaltig. C. cibarius Fr. **Pfifferling, Eierpilz**; dottergelb, mit Anfangs gewölbtem, dann trichterförmigen Hute; ein guter Speisepilz (S. 119) häufig in Laub= und Nadelwäldern. — Der **Blätterschwamm**, Agaricus Fr. Hut gestielt, häutig oder fleischig, Fruchthaut mit feinen Blättchen (Lamellen); eine große Gattung mit vielen eßbaren, aber auch mit giftigen Arten. A. muscarius L. **Fliegenschwamm**, sehr giftig (S. 157), Strunk und Lamellen weiß, Hut schön roth, oft mit weißen flockigen Schuppen; in Wäldern häufig. Mit Milch oder Wasser abgekocht als Fliegengift verwendet, daher sein Name. A. campestris. L. **Champignon**; sehr wohlschmeckend (S. 119); Hut und Strunk weiß, in der Jugend fast kugelig; später reißt sich der Hut vom Strunke los und hinterläßt an demselben einen Ring; Lamellen rosenroth, dann violett, zuletzt bräunlich. Auf Wiesen und in Gärten, oft in Mistbeeten gezogen.

2. Abtheilung. **Blatt=Kryptogamen.**
Cryptogamae foliosae.

Blüthenlose Gewächse mit Blatt und Axe (Wurzel und Stengel), die sich durch Sporen, welche in Sporangien liegen, fortpflanzen. Die Sporen sind aus mehreren Zellen gebildet und wachsen beim Keimen zunächst in einen fadenförmigen oder häutigen Körper aus, **Proembryo** genannt, aus welchem dann die junge Pflanze sich entwickelt.

1. Unter=Abtheilung. **Zellige Blatt=Kryptogamen.**
(Moosartige Kryptogamen).

Cryptogamae cellulares foliaceae.
(Acotyledones muscoideae.)

Blüthenlose Pflanzen mit Blatt und Axe, jedoch noch ohne Gefäße.

4. Familie. **Characeen,** Characeae. Rich.

Wasserpflanzen, deren Stengel regelmäßige Quirle von Aesten mit pfriemförmigen Blättchen tragen. Sie haben einen unangenehmen Geruch und sind meist mit einer Kruste von kohlensaurem Kalk überzogen. Ihre Sporangien sitzen in den Achseln der quirlförmigen Blättchen zu 3 – 5. — Die Characeen bilden den Uebergang zwischen den Algen — zu denen sie früher gezählt wurden — und den Moosen und haben in ihrem Habitus Aehnlichkeit mit den Schachtelhalmen.

Diese Familie hat nur die eine Gattung: Chara, **Armleuchter**, die aber in vielen Arten über die Erde verbreitet ist, am Häufigsten in der gemäßigten Zone. Die Charen befördern durch ihre festen Theile die Zunahme der Vegetationskrume; auch werden sie, wo sie in Menge vorkommen, zum Dünger verwendet.

Kryptogamen. — Leber- und Laubmoose.

Chara vulgaris. L., Gem. Armleuchter; in Wassergräben, Teichen und Sümpfen häufig, oft in gewaltiger Masse.

5. Familie. Lebermoose, Hepaticae. Juss.

Kleine, zierliche Pflanzen, deren Stengel bald mit Blättern, bald mit thallusartigen Lappen versehen ist. Die Sporangien sind büchsenartig, gestielt oder sitzend, und springen mit Klappen auf.

Die Laubmoose zeigen durch ihre Blattform sehr deutlich den Uebergang von den Lagerpflanzen zu den Moosen; sie leben an der Erde, an Bäumen und an Felsen, lieben Feuchtigkeit und sind über die ganze Erde verbreitet. Sie befördern, wie die ihnen im massigen Auftreten bedeutend überlegenen Laubmoose, die Torfbildung.

Marchantia L., Leberkraut; Stengel mit thallusartigen, breiten Lappen. M. polymorpha. L., häufig auf feuchtem moorigen Boden, früher officinell und gegen Leberkrankheiten angewendet, daher der Name Lebermoos für die ganze Familie.

Jungermannia. L., Jungermannie; die zarten, oft zweizeiligen Stengelblätter geben dieser Gattung ein moosartiges Ansehen.

6. Familie. Laubmoose, Musci. Juss.

Kleine, zierliche Pflanzen mit dichtbeblättertem Stengel und büchsenartigen, gestielten Sporangien. Die Büchsen sind mit einem Deckel versehen, der bei der Reife in der Regel abspringt. Der Rand der geöffneten Büchse ist meist mit Wimpern oder Zähnen besetzt. Im jungen Zustande ist die Büchse mit einer Haut umschlossen, deren oberer Theil beim Wachsen des Stiels losreißt und als Mütze auf der Büchse häufig verbleibt.

Die Moose lieben feuchte und schattige Orte und wachsen in ausgedehnten, oft polsterartigen Rasen an der Erde, an Baumstämmen, Mauern, Steinen und Felsen, vorzugsweise in den kälteren Zonen und Regionen. Sie ziehen Feuchtigkeit aus der Luft an und vermehren auf diese Weise den Wassergehalt des Bodens; viele, nam. die Sphagnum-Arten, tragen wesentlich zur Torfbildung bei. (S. 185).

Von den zahlreichen Gattungen dieser großen Familie führen wir an: die Gattung

Sphagnum. L., Torfmoos; Laub weißlichgrün; Büchse kugelig, ohne Haube. In Sümpfen gemein; eine für die Torfbildung überaus wichtige Pflanzen-Gattung.

Hypnum. L., Astmoos, mit zierlichem, mehrfach gefiederten Stengel; Büchse nickend. In Wäldern, an Baumstämmen und an der Erde sehr verbreitet.

Polytrichum. L.. **Widerthon**; Haube stark behaart, meist filzig. P. commune, L., Gem. **Widerthon**, in feuchten Wäldern gemein.

Barbula. Hedw. **Bartmoos**. B. muralis. Blätter in ein starkes Haar auslaufend. In Polstern auf Mauern und Dächern gemein.

2. Unter-Abtheilung. Gefäß-Kryptogamen.
(Farnkrautartige Kryptogamen.)

Cryptogamae vasculares.
(Acotyledones fiilicoideae.)

Blüthenlose Pflanzen mit Blättern oder blattartigen Organen und Axe, und mit vollkommen ausgebildeten **Gefäßen und Gefäßbündeln**.

7. Familie. Marsileaceen (Wasserfarne, Wurzelfarne) Marsileaceae. R. Br. Salvinieae. Juss.
(Hydropterides, Rhizocarpeae.)

Wasserpflanzen mit in der Jugend zusammengerollten Blättern; Sporangien in der Nähe der Wurzel, sitzend oder gestielt, mit zweierlei Arten von Sporen: größere und viel kleinere, die entweder in den Sporangien vereinigt (Marsileen) oder getrennt in verschiedenen Sporangien erscheinen (Salvinieen).

Eine kleine Familie mit nur wenigen Gattungen (Marsilea. L. **Marsilie**; Salvinia Mich., **Salvinie**; Pilularia L., **Pillenkraut**; Jsoëtes. L., Brachsenkraut), im Allgemeinen selten. In unserem Florengebiete nur Salvinia natans. Hoffm.; schwimmend am Rande von Teichen (selten).

8. Familie. Lycopodiaceen (Bärlappe), Lycopodiaceae. Swartz.

Sie stehen in der Mitte zwischen den Moosen und Farnkräutern und sind den ersteren im Aeußern ähnlich. Stengel liegend oder kriechend, mit aufrechten Aesten, dicht mit feinen, einfachen Blättern besetzt. Die Sporangien sitzen in den Achseln der Blätter und bilden zuweilen mit den deckblattartig verkürzten Blättern besonders gestielte Aehren; sie springen mit Klappen auf. Die meist sehr feinen, staubartigen Sporen mancher Arten werden in den Apotheken zu Streupulver (S. 143) und wegen ihrer schnellen Entzündbarkeit auf den Theatern als Blitzpulver verwendet.

Diese Familie hat wenig Gattungen, aber gegen 300 Arten, unter denen sich baumartige gegenwärtig nicht mehr finden. In den vorweltlichen Zeiten erschienen die Lycopodiaceen als stattliche Bäume und waren, namentlich in der Steinkohlenzeit (die hohen, schönen **Lepidobendren** (S. 181) gehören hierher) in den Wäldern mächtig vertreten.

Kryptogamen. — Farnkräuter.

Wir besitzen in unserem Florengebiet nur die Gattung Lycopodium L., Bärlapp. L., clavatum, L., G em. Bärlapp, Schlangenmoos, ziemlich häufig in und an Kiefernwäldern. L. inundatum. L., hin und wieder, namentlich in Ausstichen torfiger Wiesen. L. annotinum L. und L. Selago L., beide selten.

9. Familie. Farnkräuter (Farne), Filices. Juss.

Ausdauernde Pflanzen mit kriechendem Wurzelstock, seltener aufrecht und stammartig. Blätter (Wedel, frondes), einfach, getheilt, gefiedert oder mehrfach zusammengesetzt, jung schneckenförmig aufgerollt; Sporangien auf der unteren Seite der Blattfläche oder am Rande, gewöhnlich in runden, länglichen oder linienförmigen Häufchen, öfters mit einer feinen Haut (Schleier) überzogen. Die fructificirenden Blätter verlieren zuweilen durch die Sporangienbildung ganz oder theilweise ihre Blattsubstanz, so daß die Sporenbehälter, je nachdem das Blatt ganzrandig oder gefiedert erscheint, eine einfache (Ophioglossum) oder zusammengesetzte Aehre (Osmunda) bilden.

Die Farnkräuter lieben Wärme, Schatten und Feuchtigkeit und erscheinen deshalb am üppigsten und zahlreichsten in den Tropen; die in den feuchten Wäldern der heißen Zone auftretenden Baumfarne sind die prachtvollsten Repräsentanten dieser großen und schönen Familie.

Die Farne sind noch gegenwärtig in vielen Gattungen und Arten über die ganze Erde verbreitet, obgleich sie an Zahl und Größe den vorweltlichen sehr erheblich nachstehen. Zu den vorweltlichen Farnen, die nam. zur Steinkohlenzeit den überwiegend größten Theil der gesammten Vegetation ausmachten, gehören die säulenförmigen Sigillarien mit den regelmäßig gestellten Blattnarben am Stamme. (S. 181).

In unserem Florengebiet finden wir die Farne besonders in den Gebirgswäldern und in den Wäldern und Erlenbrüchen des Diluviums; in den Alluvialforsten sind sie selten.

Der Wurzelstock der Farnkräuter ist mehr oder weniger bitter und wird von mehreren Arten, namentlich Polystichum Filix mas (S. 143), als ein wurmabtreibendes Mittel gebraucht. Sonst zeichnen sich die Farne weniger durch einen besonderen Nutzen als durch ihre schönen Formen aus; sie sind der Schmuck des Waldes. Im Allgemeinen tragen auch sie zur Torf- und Boden-Bildung bei.

Die in unserem Florengebiet vorkommenden Gattungen dieser Familie sind folgende: Botrychium Sw., Mondraute; Ophioglossum L., Natterzunge; Osmunda L., Traubenfarn (O. regalis L. Königsfarn, der größte und schönste unserer heimischen Flora); Polypodium L., Tüpfelfarn; Polystichum, Roth., Waldfarn (P. Filix mas Roth., Gem. Waldfarn, offic.); Cystopteris Bernh., Blasenfarn; Asplenium L., Streifenfarn (A. Filix femina. Bernh., Weibl. Str., bei uns der verbreitetste Farn; in allen Gebirgs- und Diluvial-Wäldern und selbst hin und wieder im Alluvium). Blechnum L., Rippenfarn; Pteris L., Saumfarn (P. aquilina L., Adlerfarn, bei uns ebenfalls sehr verbreitet, besonders in trocknen Wäldern und Haiden).

10. Familie. Equisetaceen (Schachtelhalme), Equisetaceae. Dec.

Ausdauernde Pflanzen mit kriechendem Wurzelstock, gerieftem, hohlen und gegliederten Stengel mit quirligen Aesten; an der Basis der Stengelglieder eine gezähnte Scheide, aus zusammengewachsenen kleinen Blättchen gebildet. Die Sporangien sitzen auf der unteren Seite der schildförmigen, gestielten Schuppen einer gipfelständigen Aehre.

Die Schachtelhalme gehören vorzugsweise der gemäßigten Zone an und treten gegenwärtig nur noch krautartig auf; in den vorweltlichen Perioden waren es wahre Riesengestalten, wie z. B. die Calamiten der Steinkohlenzeit (S. 181).

Die Familie hat nur eine Gattung: Equisetum L., Schachtel- oder Schafthalm. Der geriefte Stengel enthält viel Kieselsäure, weshalb manche Arten zum Poliren des Eisens und Holzes (E. hiemale L., Winter-Schachtelhalm) und zum Scheuern der Gefäße dienen (E. arvense L., Acker-Schachtelhalm, Pferdeschwanz, Katzenwedel; gemein, namentlich auf nassen und auf Sandäckern). — E. limosum L., Schlamm-Schachtelhalm, gemein in Wassergräben und Teichen; ein vorzügliches Pferdefutter, und wird auch von Kühen und Schweinen gern gefressen.

II. Haupt-Abtheilung. Phanerogamen.
Phanerogamae *Kunth.* Cotyledoneae *Juss.*

Gefäßpflanzen mit besonderen Geschlechtsorganen und deshalb mit Blüthen und Samen. Die Eierchen (Ovula) sind entweder nackt (Gymnospermen), oder mit Fruchthüllen umgeben (Angiospermen).

1. Abtheilung. Nacktsamige Phanerogamen.
Gymnospermae.

Blüthen-Pflanzen mit nacktem Ovolum, eingeschlechtlichen (diclinischen) Blüthen und ohne Blüthenhülle.

Gymnospermen. — Cycabeen. Coniferen.

11. Familie. *Cycabeen. Cycadeae. Rich.

Bäume mit einfachem, astlosem Stamme und büscheliger Blätter-Krone. Blatt gefiedert, groß, vor der Entwickelung aufgerollt. Blüthen zweihäusig, in zapfenartiger Inflorescenz.

Eine den Tropen allein angehörige, jetzt nur noch kleine Familie, die in den vorweltlichen Erdperioden, namentlich zur Jurazeit, von großer Bedeutung war (S. 182).

Die Cycabeen sind in ihrem Aeußern den Palmen, im Bau der Blüthen und Samen den Coniferen ähnlich. Aus dem Mark einiger Arten, namentlich des gemeinen Sagobaumes, Cycas circinnalis L., wird in Ostindien Sago bereitet; die jungen Blätter werden wie Palmkohl als Gemüse gegessen (S. 119). — Bei uns wird Cycas revoluta. Thunb., aus China und Japan, öfters in Gewächshäusern gezogen, deren schön gebaute, große gefiederte Blätter als „Palmenzweige" verkauft werden.

12. Familie. Coniferen. (Zapfenbäume, Nadelhölzer), Coniferae. Juss.

Bäume mit ästigem Stamme oder Sträucher, harzhaltig. Blätter ganzrandig, nadel- oder linienförmig. Blüthen ein- oder zweihäusig, männliche und meist auch die weiblichen in Kätzchen. Samenstand eine falsche Frucht (Zapfen oder falsche Beere; S. 47).

Das Holz der Coniferen (mit Ausnahme der Ephedrineen) besteht fast lediglich aus Prosenchymzellen und hat nur in der Markkrone wenige Spiralgefäße.

Die Zapfenbäume sind in allen Klimaten zu Hause, gehören aber vorzugsweise der nördlichen Hemisphäre an. In den vorweltlichen Zeiten erschienen sie, in Gemeinschaft mit den Cycabeen, schon mit den ersten Landpflanzen (S. 181).

Der Nutzen dieser Familie ist außerordentlich groß. Sie liefert uns vorzügliches Bau-, Nutz- und Brennholz (S. 128) und die wichtigen Harzproducte (S. 136), welche in der Industrie und in der Heilkunde (S. 144) große Verwendung finden. Die Samen einiger Arten (Pinie und Zirbelkiefer) sind eßbar.

Die umfangreiche Familie der Coniferen zerfällt in mehrere Gruppen:

1) Ephedrineen; Blüthen in Kätzchen, Samenstand eine falsche Beere. †Ephedra, L., Meerträubchen.

2) Taxineen; männliche Blüthen in Kätzchen, weibl. einzeln; Same in einer falschen Beere. † Taxus, L., Taxus, Eibenbaum. T. baccata L., vielfach in Anlagen, wild im Gebirge.

3) **Cupressineen.** Blüthen in Kätzchen, Samenstand eine falsche Beere oder ein Zapfen. a) Samenstand, falsche Beere. Juniperus, L., **Wachholder.** J. communis, L., Gem. Wachholder; in Kiefernwäldern und auf Moorboden, in unserem Gebiete selten, officinell (S. 143); †J. Sabina. L., Sabebaum, in den südlichen Alpenthälern wild; bei uns in Gärten und Parkanlagen angepflanzt; offic. (S. 144). — b) Samenstand, Zapfen. *Cypressus L., Cypresse. C. sempervirens L. in Süd-Europa als Schmuck der Friedhöfe gepflanzt. *Thuja L., Lebensbaum. T. orientalis L.; aus China stammend; in Gärten und Anlagen. T. occidentalis L., aus Nordamerika; in Gärten, auf Friedhöfen noch häufiger angepflanzt, als vorige; offic. (S. 144).

4) **Abietineen.** Blüthen in Kätzchen, Samenstand ein holzartiger Zapfen. Bei uns nur die Gattung Pinus, die von Einigen, je nach der Stellung der Nadeln, in zwei oder drei Gattungen getheilt werden: a) Pinus, Nadeln in kleinen Bündeln zu 2, 3 oder 5, mit einer häutigen Scheide umgeben. Pinus sylvestris L. Kiefer oder Föhre, mit 2 Nadeln in der Scheide; ein sehr verbreiteter, überaus nützlicher Waldbaum unserer Sandgegenden. †P. Pumilio. Haenk. Krummholzfichte, auf höheren Gebirgen. *P. Pinea L., Pinie, ein malerischer Baum des südlichen Europa, dessen Samen gleich den Mandelkernen gegessen werden. † P. Cembra L., Zirbelkiefer, Arve, Nadeln zu 3 bis 5, mit gleichfalls eßbaren Samen, schöner Baum der Alpen. *P. Strobus, Weihmouthskiefer, Nadeln zu 5. In Nordamerika zu Hause; bei uns häufig in Parkanlagen angepflanzt.

b. Abies, Nadeln dicht und einzeln am Zweige stehend. Abies excelsa Dec. (Pinus Abies L.), Fichte oder Rothtanne. Nadeln einzeln und zerstreut stehend. In unseren Flötz-Wäldern, seltener im Diluvium. — †A. pectinata. Dec. (Pinus Picea L.), Tanne, Weißtanne oder Edeltanne; Nadeln einzeln stehend, zweizeilig, unterseits weiß-, 2-streifig. Im Gebirge; in unserem Localgebiete nur angepflanzt in Gärten und Anlagen.

c. Larix, Nadeln in Büscheln. Larix europaea. Dec. (Pinnus Larix L.), Lärchenbaum; Nadeln im Herbst abfallend. In den Alpen; auch bei uns als Waldbaum, meist in gemischten Beständen, mehrfach cultivirt. *L. Cedrus Rich. (Pinus Cedrus L.), Ceder vom Libanon. Vorderasien. Berühmt wegen seiner Schönheit und Dauerhaftigkeit schon in der heiligen Schrift, und von Salomo beim Bau des Tempels von Jerusalem verwendet; erreicht ein hohes Alter (über 1000 Jahre). In Süd- und Mittel-Europa öfters angepflanzt.

Monocotylen. — Gräſer.

2. Abtheilung. **Verhülltſamige Phanerogamen.**
Angiospermae.

Blüthen-Pflanzen mit Samen, die in eine Fruchthülle eingeſchloſſen ſind; Blüthen vollſt. oder unvollſt., meiſt zwitterig (hermaphroditiſch).

1. Unterabtheilung. **Monocotyledonen** (Monocotylen).
(Einkeimblättrige oder Zerſtreutfaſrige).
Monocotyledones. Juss. Endogenae. Dec.

Samenkeim von nur einem Samenlappen (Keimblatt) eingehüllt und meiſt mit Albumen verſehen. Die Radicula entwickelt ſich nicht zur Pfahlwurzel, ſondern treibt mehrere Wurzelfaſern. Stengel oder Stamm meiſt einfach, ſelten äſtig, hat weder Mark und Markſtrahlen, noch Rinde, beſteht vielmehr aus Zellgewebe mit zerſtreut dazwiſchen liegenden Gefäßbündeln, verdickt ſich durch das Herabſteigen neuer Gefäße von außen nach innen und erhärtet am Rande mehr als in der Mitte. Blätter meiſt ganzrandig, ſitzend, abwechſelnd und ſcheidig mit parallellaufenden Adern. Blüthentheile, gewöhnlich drei oder durch drei theilbar; meiſt ohne Blumenkrone und oft mit gefärbtem Kelch (Perigon).

Die Monocotylen zerfallen, je nach der Inſertion der Staubgefäße in drei Unterordnungen: 1) mit im Grunde der Blüthe befeſtigten (bodenſtändigen, unterweibigen) Staubgefäßen; 2) mit auf dem Kelch befeſtigten (kelchſtändigen, umweibigen) Staubgefäßen; und 3) mit auf dem Stempel befeſtigten (ſtempelſtändigen, oberweibigen) Staubgefäßen.

1. Unterordnung. Monocotyledonen mit bodenſtändigen (unterweibigen) Staubgefäßen.
Monocotyledones stamihibus hypoginis.

13. Familie. Gräſer. Gramineae Juss.

Kräuter (ein-, zwei- oder mehrjährige), ſelten baumartig (Bambus), mit faſriger oder kriechender Wurzel und einem in der Regel hohlen, runden, durch Knoten in Glieder getheilten Stengel (Halm). Die Blätter, ganzrandig, ſchmal, meiſt linienförmig, umſchließen den Halm mit einer oben geſpaltenen Scheide, vagina, welche meiſt einen, aus Nebenblättchen gebildeten, häutigen Anſatz (Blatthäutchen, ligula) trägt. Blüthenſtand ährig, traubig oder rispig. Blüthen zwitterig, ſelten eingeſchlechtlich (Mais), nackt d. h. ohne eigentliche Blüthenhüllen; ſtatt dieſer ſind die Geſchlechtsorgane mit zweizeilig geſtellten Deckblättern (Spelzen) verſehen. Die dem Kelch entſprechenden unteren Deckblätter werden Balg (Kelchſpelze) gluma, genannt, die oberen, mit dem Stande der Blumenkrone, heißen Spelzen (Kronenspelzen), paleae. Der Balg ist in der Regel 2=klappig, selten einklappig oder fehlend; die Balgklappen sind meist kahnförmig, gekielt, zugespitzt und ohne Granne. Von den Spelzen ist die untere ebenfalls kahnf., einfach=gekielt und häufig durch eine Fortsetzung des Mitelnervs begrannt, die obere Spelze ist zarthäutig, ohne Mittelnerven und Granne, dagegen (weil sie ursprüglich aus zwei Spelzen zusammengewachsen ist) mit 2 kielartigen Seitennerven. Balg, Spelzen und die eingeschlossenen Geschlechtsorgane bilden zusammen eine Blüthe. Der Balg schließt aber häufig auch zwei oder mehrere Blüthen ein, welche alsdann nur den einen gemeinschaftlichen Balg und jede für sich zwei Spelzen haben. Diese ährige Inflorescenz mehrerer Blüthen einer Gluma heißt Aehrchen. Als Aehrchen wird aber auch eine einzelne für sich bestehende, also in der Regel mit einem Balg versehene Blüthe bezeichnet, so daß mithin ein Gras=Aehrchen ein=, zwei= oder mehrblüthig erscheinen kann.

Die Blüthen der Gräser haben in der Regel 3 Staubgefäße, selten weniger (2 oder 1) oder mehr (6. — Reis). Die Staubbeutel liegen auf dünnen, fadenförmigen Staubfäden und sind an beiden Enden gespalten. Griffel 2, selten 1, mit 2 Narben, letztere fädlich, sprengwedelförmig oder federig (S. 41). Ovarium einfach mit 1 Eichen. Frucht eine Caryopse (S. 45). Das Albumen ist mehlartig und nimmt den größten Theil des Samen ein. Die Caryopse ist zuweilen von den bleibenden Kronenspelzen dicht umschlossen (Hafer, Gerste).

Die Gräser gehören zu den größten Pflanzen=Familien und bilden ungefähr den 20. Theil sämmtlicher Phanerogamen. Sie sind in mehr denn 3000 Arten über die ganze Erde verbreitet, gehören aber vorzugsweise unserer kälteren gemäßigten Zone an. (S. 107).

Ihr Nutzen, den sowohl ihre wildwachsende Arten (besonders auf Wiesen und Triften) als die cultivirten (Getreide, Mais, Reis, Zuckerrohr S. 114., 115., 122., 125) dem Menschen gewähren, ist unberechenbar. Als schädlich ist fast nur ein einziges Gras zu nennen: der Taumellolch, Lolium temulentum L. (S. 157), welcher hin und wieder zwischen dem Getreide auftritt, und dessen narkotisch giftige Samenkörner, wo er sich in Menge findet, das Brod verderben. Von den übrigen zwischen dem Getreide vorkommenden zahlreichen Gras=Unkräutern gewähren die meisten immerhin den Nutzen, daß sie nach der Mahd den Hauptbestandtheil der Schaafweide bilden, oder, untergepflügt, den Humusgehalt des Bodens fördern.

Die wichtigsten Gattungen der Gräser, mit Einschluß sämmtlicher unseres Florengebiets, sind folgende:

Monocotylen. — Gräſer.

1. Blüthen eingeſchlechtlich.
Zea L.', Mais. Zea Mays L., Gem. Mais (S. 115). Bei uns als Viehfutter gebauet.

2. Zwitterblüthen.
a) Aerchen einblüthig.

Andropogon. L., Bartgras. A. Ischaemum. L. An kalkhaltigen Abhängen. Im Gebiete selten.

*Sorghum. Pers., Mohrenhirſe. S. vulgare. Pers. (S. 115).

Panicum L., Fennich. P. miliaceum L., Hirſe. Bei uns in Sandgegenden zuweilen gebauet. Andere Arten ſind Acker-Unkräuter und zwar: P. sanquinale L., Blut-Fennich (in Gärten); P. glabrum Gaud. Kahler F. (auf den dürftigſten Sandäckern); P. Crus Galli. L., Hühner-F. (auf Gemüſeäckern).

Setaria. Beauv., Borſtgras. Acker-Unkräuter. S. verticillata, Quirliges Borſtgras (in Gärten); S. viridis, Grünes Borſtgras (auf Aeckern und in Gärten gemein). S. glauca, bläuliches Borſtgras (auf Aeckern ſehr häufig.)

*Saccharum officinarum L., Zuckerrohr (S. 122).

Phálaris L., Glanzgras. *P. canariensis L., Canariſches G. Die von den glatten Kronenſpelzen umſchloſſenen Samen ſind ein vorzügliches Kanarienfutter; P. arundinacea, Rohrblättriges G. An Flüſſen, Bächen, Teichen gemein.

Ilieróchloa. Gmel., Darrgras. H. dorata Wahlb., Wohlriechendes Darrgras, hin und wieder in den Alluvialforſten des Gebiets.

Anthoxánthum L., Ruchgras. A. odoratum, Wohlriechendes Ruchgras; auf Wieſen, in Wäldern gemein. Gutes Futtergras.

Alopecurus L., Fuchsſchwanz. Gute Futtergräſer und zwar: A. pratensis L., Wieſen-Fuchsſchwanz (auf guten Wieſen, namentlich Alluvial-Wieſen gemein). A. geniculatus L., Gekniether Fuchsſchwanz (auf naſſen Stellen der Wieſen und Feldwege gem.; liebt Thonboden). A. fulvus Sm., Rothgelber Fuchsſchwanz (auf naſſen Stellen der Wieſen und Waldwege häufig; liebt Moor- und Sumpfboden).

Phleum L., Lieſchgras. P. pratense L., Wieſen-Lieſchgras. Thimotheusgras; in Grasgräben gemein; gutes Futtergras.

*Oryza L., Reis. O. sativa. Gem. Reis (S. 115).

Leersia Swartz, Leerſie. L. oryzoides, Reisartige Leerſie, in Waſſergräben, Bächen; ſelten.

Agrostis L., Windhalm. A. stolonifera L. und A. vulgaris With. In Wäldern, auf Wieſen, an Wegen gemein.

Apera Beauv., Windfahne. A. spica venti, Gem. W. Getreide-Unkraut.

Calamagrostis. Roth., Reithgras. C. Epigeios, Land-R. In Wäldern, an ſandigen Orten, an Ufern ſehr häufig; gutes Pferdefutter.

Psamma Beauv., Sandried. P. arenaria., Gem. S. zur Befeſtigung der Flugſandes hin und wieder angepflanzt.

Milium L., Hirſegras. M. effusum L., Ausgebreitetes H. in Laubwäldern.

Stipa L., Pfriemgras. S. pennata L. Federiges Pfriemgras

Federgras; die Grannen sehr lang, fein federig und silberglänzend; unser schönstes Gras; auf trockenen, sandigen Wald-Abhängen; selten. S. capillata. L. Haarförmiges P.; auf trockenen, sonnigen Hügeln und an Hohlwegen unseres Flötzgebiets.

b. Aehrchen zwei- und mehrblüthig.

Phragmites. Trin. Rohrschilf. P. communis. Trin. Gem. Rohrschilf. In Teichen, Bächen, Wassergräben, an Ufern gem. Dient zum Berohren der Wände und Decken, und zur Streu.

†Arundo. L. Rohr. A. donax. L. Pfahl-Rohr; das größte Gras Europas. Im Süden angebaut.

Koeleria. Pers. Kölerie. K. cristata. Pers. Kammf. K.; an trocknen Hügeln und Grasgräben, namentlich in Sandgegenden sehr häufig; Futtergras.

Aira. L. Schmiele. A. caespitosa. L. Rasen-Schmiele; auf nassen Wiesen, in feuchten Wäldern gem.; gutes Futtergras. A. flexuosa. L.. Schlängliche S.; in Wäldern und Haiden.

Corynéphorus Beauv. Keulengranne. C. canescens. Beauv. Graue K.; auf trocknen Sandfeldern gem. Schaaffutter.

Holcus. L. Honiggras. H. lanatus. L. Wolliges H. auf Wiesen gem.; vorzügliches Futtergras.

Arrhenátherum. Beauv. Glatthafer. A. elatius. Koch. Hoher G.; Wiesen, Grasgräben, Wälder gem.; sehr gutes Futtesgras.

Avéna. L. Hafer; in mehreren Arten gebaut (S. 115). A. sativa. L. Gem. Hafer, Rispe abstehend, allseitswendig; die bei uns fast allein cultivirte Art. A. orientalis. Schreb. Türkischer H. Rispe einseitswendig, Spelzen unbegrannt; bei uns selten gebauet; A. strigosa. Schreb. Rauher H. Rispe einseitswendig begrannt; früher in den Sandgegenden cultivirt, jetzt dort verwildert zwischen dem Getreide. A. fatua. L. Wilder Hafer. Getreide-Unkraut, nur auf gutem Boden. A. pubescens. L. Haariger H. und A. flavescens. L. Gelber H.; auf Wiesen; gute Wiesengräser. A. caryophyllea Wigg. Nelken-H. und A. praecox. Beauv. Früher H. auf Sandfeldern, Haiden.

Triódia R. Br. Dreizahn. T. decumbens. Beauv. Niederliegender D.; in trocknen Wäldern, Haiden, auf moor. Wiesen.

Mélica. L. Perlgras. M. nutans. L. Nickendes Perlgras in Laubwäldern des Flötz und Diluvium häufig; schönes Gras.

Briza L. Zittergras. B. media. L. Mittleres Z.; auf Wiesen, namentlich moorigen, und in Wäldern; Futtergras.

Poa. L. Rispengras. Gute Futtergräser. P. annua. L. Jähriges R., an Wegen, auf Aeckern gem. P. nemoralis. L. Hain-R. in Wäldern gem. P. fertilis. Host. Vielblüthiges R. in feuchten Wäldern, auf feuchten Wiesen, an Ufern sehr häufig. P. trivialis L. Gemeines R. auf nassen Wiesen, in feuchten Wäldern, an feuchten Orten gem. P. pratensis L , Wiesen-R. in Wäldern, auf trockenen Wiesen, in Grasgräben, an Wegen gem.

Glyceria R. Br. Süßgras. Meist gute Futtergräser, die Feuchtigkeit und Nässe lieben. G. spectabilis Koch. Ansehnliches S.; in stehenden Wassern, Bächen, an Ufern sehr häufig; G. fluitans. R. Br. Fluthendes S., Mannagras; in fließenden und stehenden Wassern, auf nassen Wiesen gem.

Monocotylen. — Gräſer. 221

Molinia Schrank. Molinie. M. caerulea Mönch, Blaue M., auf
naſſen Wieſen, in Wäldern; Futtergras.
 Dáctylis L. Knäulgras. D. glomerata. L. Gem. K.; auf
Wieſen, in Grasgräben, in Wäldern gem.; gutes Futtergras.
 Cynosúrus L. Kammgras. C. cristatus. L. Gem. K. auf Wieſen;
anmentlich Triften; im Flöz und Diluvium; gutes Futtergras.
 Festuca. L. Schwingel. F. ovina L., Schaaf-S. auf trockenen,
ſandigen Triften, Wieſen, in trockenen Wäldern und Haiden, an
Wegen gem.; gutes Schaaffutter. F. elatior L. Hoher S. auf frucht-
baren Wieſen, in Grasgräben gem.; ſehr gutes Futtergras.
 Brachypodium Beauv. Zwenke. B. sylvaticum Röm. Wald-Z.
in Wäldern und B. pinnatum Beauv. Gefiederte Z. auf Hügeln, an
Waldrändern; Futtergräſer.
 Bromus L., Trespe. B. secálinus. L. Roggen-T.; unter Getraide. B. racemosus. L., Traubige T.; auf Wieſen. B. mollis L.
Weichhaarige T. auf Wieſen, an Wegen gem. B. sterilis. L. taube
T. und B. tectorum. L. Dach-T. auf Schutt, Mauern, an Wegen
gem.
 *Bambusa arundinacea Willd. (Arundo Bambos. L.) Gem. Bam-
busrohr; baumartig, 6—18m., das größte Gras, wächſt in Oſtindien
und wird in der Induſtrie zu verſchiedenen Zwecken verwendet, nament-
lich zu Spazierſtöcken.
 Triticum. L. Weizen; in mehreren Arten gebaut (S. 114). T. vulgare Vill. Gem. W. Bei uns in zwei Varietäten: ohne Grannen,
Winterweizen (T. hybernum L.) und mit Grannen, Sommerweizen (T.
aestivum L.) cult. T. repens L. Quecken-W., Quecke; auf Aeckern,
an Wegen, in Grasgräben, an Waldrändern gem.; überaus läſtiges
Ackerunkraut, im Uebrigen ein gutes Futtergras; offic. (S. 144).
 Secale. L. Roggen. S. cereale. Gem. R., überall angebaut, nam.
auf Sandboden (S. 114).
 Élymus. L. Haargras. É. arenarius L. Sand-H., zur Befeſti-
gung des Flugſandes an manchen Orten angepflanzt; E. europaeus. L.
Europäiſches H.; in Wäldern; bei uns nur im Flöz und ſelten.
 Hordeum. L. Gerſte. In mehreren Arten gebaut; bei uns über-
wiegend H. distichum. L. Zweizeilige G.; zuweilen auch H. vulgare.
L. Gem. G., doch nur in den Sandgegenden (S.114). H. murinum.
L. Mäuſe-G. (Mauer-G.); an Dörfern und an Wegen gem. H. se-
calinum. Schreb. Getreide-G., auf Wieſen; gutes Futtergras.
 Lolium. L. Lolch. L. perenne. L. Ausdauernder L., Rai-
gras; an Wegen, in Grasgräben, auf Wieſen gem.; gutes Futtergras.
L. Linicola. Sonder. Flachsliebender L. Unkraut unter dem Flachs.
L. temulentum. L. Taumel-Lolch; Unkraut unter dem Getreide.
 Nardus. L. Borſtengras. N. stricta. L. Steifes B., auf ſand-
moorigen, trockenen wie naſſen Stellen; befördert die Torfbildung.

14. Familie. Halbgräſer. Cyperaceae. Juss.

Ausdauernde Kräuter (nur ſehr wenige ſind einjährig z. B.
Cyperus flavesc. und fuscus), mit dem Habitus der Gräſer. Wurzel
faſerig oder kriechend. Stengel (Halm) 3eckig oder rund, mit mark-
artigem Zellgewebe angefüllt, in der Regel ohne Knoten. Blätter
grasartig mit einer ungetheilten Scheide den Halm umſchließend;

innere Fläche der Scheide mit einer Haut überzogen, die öfters über den Rand der Scheide als **Blatthäutchen** hervorragt. **Blüthenstand:** die Blüthen zunächst in **Aehrchen** (S. 218) zusammengestellt, und die Aehrchen meist wieder in **Spirren** oder in **Köpfchen**, in der Regel von einem, auch wohl mehreren Deckblättern gestützt. **Blüthen** zwitterig ob. eingeschlechtlich, nackt ob. statt des Kelches entweder einzelne Borsten, oder zahlreiche Fäden (Wollgras); die Geschlechtsorgane stets — ähnlich wie bei den Gräsern — mit balgartigen Deckblättern versehen. **Balg** einklappig oder zweiklappig und dann die eine Klappe entweder an die Spindel angewachsen (Cyperus), oder in einen häutigen, krugförmigen Schlauch umgewandelt, der später die Frucht einschließt (Carex). Die Bälge der Aehrchen stehen dachziegelf. übereinander und die untersten sind in der Regel leer. **Staubgefäße** 3; **Staubbeutel** auf dem Staubfaden aufrecht stehend, an der Spitze nicht gespalten. **Griffel** 1. **Narbe** 2—3. **Frucht** eine 3 kantige oder zusammengedrückte Nuß, bei der Gattung Carex von dem krugförmigen Schlauch eingeschlossen, also eine falsche Schlauchfrucht darstellend. Albumen mehlartig, den Samen bei der Kleinheit des Embryo fast ganz ausfüllend.

Die Halbgräser sind den Gräsern nahe verwandt und ihnen durch Wuchs und Blatt sehr ähnlich; sie unterscheiden sich jedoch leicht von diesen durch Blüthe und Frucht und selbst im jungen, nichtblühenden Zustande durch den niemals hohlen, sondern mit Mark angefüllten Halm und durch die nichtgespaltene Blattscheide.

Die Cyperaceen bilden eine sehr große über die Erde verbreitete Familie. Fast alle lieben Feuchtigkeit und Nässe, weshalb sie vorwiegend in den kälteren Zonen und Regionen sich finden.

Ihr Nutzen ist mit dem der Gräser nicht zu vergleichen. Ihre grasartigen Blätter sind hart und nicht saftreich und werden vom Vieh ungern gefressen; deßhalb sind die Wiesen, wo sie auftreten, (sog. saure Wiesen) von geringem Werth. Als Nahrungspflanze ist nur die **Erdmandel** zu nennen, Cyperus esculentus. L., die wegen ihrer fleischigen und wohlschmeckenden Wurzelknollen in Süd-Europa gebauet wird; als Industriepflanze: die **Papierstaude** Cyperus papyrus. L., in Egypten zu Hause, bei den Alten zu Papier, gegenwärtig zu allerlei Flechtwerk, zu Segeln und Stricken verwendet. Der erheblichste Nutzen der Halbgräser besteht in der Torfbildung. Der durch sie erzeugte Torf heißt **Wiesentorf** (S. 185).

Die Familie der Cyperaceen wird in mehrere Gruppen getheilt:
1. **Cypereen**, **Cyperngräser**, Blüthen zwitterig, Bälge 2 reihig.

Cypérus. L. **Cyperngras**, eine durch Schönheit des Blüthenstandes ausgezeichnete Gattung, von der in unserem Geb. nur 2 Arten vorkommen: C. fuscus. L. und flavescens. L.

2. Scirpeen, Binsen. Bälge von allen Seiten dachig.
Cládium. R. Br. Sumpfgras. C. Mariscus. R. Br. Gem. S. moor. Teiche, selten.
Rhynchóspora. Vahl. Schnabelsame. R. alba. Vahl. Weißer S. In sumpfigen torfigen Orten; nicht häufig.
Heleócharis. R. Br. Teichbinse. H. palustris. R. Br. Sumpf-T. in Sümpfen, Wassergräben gem.
Scirpus. L. Binse. S. lacustris. L. See-B., in Teichen; S. maritimus. L. Meer-B. an salzhaltigen Teichen, Wassergräben, Bächen und an Flußufern; S. sylvaticus. L. Wald-B. in sumpf. Gräben, auf nassen moorigen Wiesen.
Erióphorum. L. Wollgras. E. augustifolium, Roth. Schmalblättriges W. auf nassen sumpf. Wiesen sehr häufig.
3. Cariceen, Riedgräser. Blüthen eingeschlechtlich.
Carex. L. Segge; eine überaus artenreiche Gattung, von der C. arenaria. L. Sand-S., im Diluvium auf dürrem Sand; C. vulpina. L. Fuchs-S., in Lachen, Wassergräben, auf sumpf. Wiesenstellen; und C. hirta. L. Rauhe-S. auf sandigen Wiesen, an Grasgräben u. s. w. — die gemeinsten sind.

15. Familie. *Piperaceen, Piperaceae. Rich.

Theils mit den Aroideen, theils mit den Urticeen verwandt und deßhalb bald zu den Monocotylen, bald zu den Dicotylen gerechnet. Der innere Bau der Stengel zeigt zerstreute Gefäßbündel und spricht für die monocotyle Natur der Pfeffer-Pflanzen. Sträucher oder Kräuter; Blätter ganzrandig. Blüthenstand in cylindrischen Blüthenkolben. Blüthe nackt mit einer kleinen Deckschuppe. Frucht: eine einsamige Beere. — Gewürzpflanzen der Tropen.

Piper. L. Pfefferstrauch. P. nigrum. L. Gem. Pf. (S. 123). P. Cubeba. L. Kubeben-Pf. offic. (S. 144). P. Betle. L. Betel-Pf.

16. Familie. Aroideen, Aroideae. Juss.

Krautartige, selten baumartige Gewächse; Wurzel meist dick und fleischig; Bl. an der Basis scheidenartig; Blüthenst. ein, meist mit einer Blüthenscheide versehener Blüthenkolben; Blth. entweder eingeschlechtlich und nackt, oder zwitterig und mit einem Perigon versehen. Frucht trocken oder beerenartig, 1—3 fächerig, vielsamig.

Die Aroideen gehören vorzüglich der heißen Zone an, Europa besitzt von ihnen nur wenige Arten. Die mehlreichen Wurzeln verschiedener tropischer Aron-Arten liefern nahrhafte und gesunde Speisen.

1. Gruppe. Blüthen nackt. Arum. L. Aron. *A. esculentum. L. Tarro (S. 118); A. maculatum. L. Gefleckter Aron; an schattigen moorigen Waldstellen; giftig, nam. die Wurzel (S. 157).
Calla. L. Drachenwurz. C. palustris. L. Sumpf-D., an sumpf. moorigen Stellen unseres Diluviums.
2. Gruppe. Blüthe mit einem Perigon. Acorus. L. Kalmus. A. Calamus. L. Gem. K.; an sumpf. Stellen der Teiche und Bäche. Diluvium.

17. Familie Lemnaceen, Lemnaceae. Dec.

Perennirende Wasserpflanzen; stets in oder auf dem Wasser schwimmend. Stengel blattartig verbreitet, sonst blattlos. Perigon 1 blättrig. Fruchtkn. frei; Fr. schlauchartig. Blühen höchst selten; vermehren sich durch Seitensprossen (S. 99).

Die Lemnaceen dauern im Winter meist unter dem Wasser aus, und steigen im Frühjahr wieder an die Höhe. Sie dienen den Wasservögeln, nam. den Enten zur Nahrung und verhindern, wie überhaupt die Wasserpflanzen, das Faulen stehender Gewässer. — Die Familie hat nur zwei Gattungen: Lemna, in der gemäßigten Zone; und Pistia, unter den Tropen.

Lemna. L. Wasserlinse. L. minor. L. Kleine W. Entengrütze; in Teichen, stehendem Wasser gemein.

18. Familie. Typhaceen, Typhaceae. Juss.

Ausdauernde Sumpf- und Wasserpflanzen; Wurzelstock kriechend; Stengel krautartig; Bl. ganzrandig, lineal, scheidig; Blth. einhäusig, in dicht gedrängten, walzlichen oder kugeligen, kolbenartigen Aehren, die oberen männlich, die unteren weiblich. Perigon aus mehreren Schuppen (Sparganium) oder Borsten (Typha) bestehend; Stbgf. 2—3, Staubb. auf einem zusammengewachsenen Staubfaden; Fruchtkn. frei, 1eiig; Gf. 1; N. einfach; Frucht trocken, nicht aufspringend.

Die langen schilfartigen Blätter des Rohrkolben, nam. des breitblättrigen, werden von den Böttchern unter dem Namen Schilf oder Liesch zum Dichten der Fässer (Verliesen) verwendet.

Kleine Familie mit nur 2 Gattungen:

Typha. L. Rohrkolben (Pumpskeule). T. angustif. und T. latifolia. L.; in Teichen, Wassergräben, Ausstichen häufig.

Sparganium. L. Igelknospe. S. ramosum. L. in Teichen und Wassergräben sehr häufig; S. simplex. Huds.; ebendaselbst häufig.

19 Familie. Najadeen, Najades. Juss.

Wasserpflanzen, unter dem Wasser lebend, mit eingeschlechtlichen Blüthen; Stbb. 1, 3. sitzend; Frkn. 1eiig; N. 1, sitzend; Fr. nußartig.

Die Najadeen leben im süßen Wasser und im Meere; letztere enthalten, wie die Tange, Jod; und ihre elastischen Blätter werden zum Ausstopfen von Matratzen verwendet.

Najas. L. Najade. N. minor. L., auf dem Grunde von Teichen.

†Zostera. L. Waserriemen. Z. marina. L. auf sandigem Meeresgrunde, auch in der Nord- und Ostsee.

Monocotylen. — Potameen — Palmen.

20. Familie. Potameen, Potameae. Juss.

Wasserpflanzen; die Blätter entweder sämmtlich untergetaucht, oder die oberen schwimmend; mit Zwitterblüthen. Perigon 4theilig ob. fehlend. Stbgf. 1, 2, 4; Frkn. 4, getrennt; Fr. nuß- oder steinfruchtartig.

Die Potameen werden vom Vieh gefressen und dienen als Dünger.

Potamogéton. L. Laichkraut. P. natans, schwimmendes L. In Teichen, Lachen, Wassergräben, Bächen sehr häufig.

Zannichellia. L. Zannichellie. Z. palustr. Sumpf-Z. In Wassergräben und Bächen.

21. Familie. Juncagineen, Juncagineae. Rich.

Kräuter, feuchten und sumpfigen Boden liebend; Bl. schmal, fast schwertf.; Blüthenstand ähren- oder rispenf.; Blth. zwitterig, unansehnlich; Perigon 6blättrig, kelchartig; Stbgf. 6; Frkn. 3, 6; Fr. trocken.

† Scheuchzeria. L. Scheuchzerie.

Trichlóchin. L. Dreizack. T. palustre. L. Sumpf-D. auf moorigen und nassen Wiesen. T. maritimum. L. Meerstrands-D. auf nassen, salzhaltigen Wiesen, an salzigen Wassergr. und Bächen. — Der Dreizack wird vom Vieh gefressen.

22. Familie. Alismaceen, Alismaceae. Lindl.

Sumpf- u. Wasserpflanzen; Bl. meist breit. Blth. zwitterig, in quirlf. Trauben oder Rispen. Blüthenhüllen 3blättrig; Stbgf. 6 oder zahlreich; Frkn. 3, 6 oder viele; Fr. trocken, nicht aufspringend.

Die Alismaceen gehören meist der nördlichen Halbkugel an.

Alisma. L. Froschlöffel. A. Plantago. L. Gem. F.; in Lachen, Teichen, Wassergräben, an Ufern gem.

Sagittaria. L. Pfeilkraut. S. sagittaefolia. L. Gem. Pf. in Teichen, Lachen, Wassergräben häufig.

23. Familie. Butomeen, Butomeae. Rich.

Sumpf- und Wasserpflanzen mit einfachem Blüthenschaft; Blth. zwitterig; Perigon 6blättrig, blumenkronartig; Fr. hülsenartig, aufspringend, vielsamig.

Butomus. L. Wasserviole. B. umbellatus. L. Doldige W. in Teichen, Wassergräben, an Ufern.

2. Unterordnung. Monocotyledonen mit kelchständigen (umweibigen) Staubgefäßen.

Monocotyledones staminibus perigynis.

24. Familie. *Palmen, Palmae. Juss.

Bäume mit einfachem, selten ästigen Stamme, der mit den Ueberresten der Blattstiele oder mit Stacheln besetzt ist; zuweilen strauchartig.

Blätter sehr groß, zweigartig, mit langen Blattstielen, gefiedert oder fächerförmig, an der Krone des Stammes, vor ihrer Entwickelung gefaltet. Blüthen zwitterig oder eingeschlechtlich (ein- und zweihäusig), meist unansehnlich, dicht auf einem, in der Regel ästigen Kolben, mit einer ein- oder mehrblättrigen Blüthenscheide. Blüthenhüllen 6theilig; Stbgf. 3, 6 und mehrere. Frkn. 1 und 3fächrig, oder 3 und 1fächrig, jedes Fach mit 1 Eichen; Gf. 1; N. 3; Fr. eine 1—3samige Beere oder Steinfrucht; Albumen groß, hornartig oder fleischig.

Die Palmen gehören in einer großen Anzahl von Arten (man kennt gegenwärtig gegen 500) fast ausschließlich den Tropen an, nur wenige, namentlich die Dattel- und Cocuspalme, finden sich auch in der subtropischen Zone; eine einzige, die Zwergpalme, geht bis in die südlichen Länder Europas. Die Palmen wachsen theils einzeln und zerstreut, theils gesellig und bilden alsbann oft ganze Wälder. Sie treten vornehmlich am Meeresstrande und an Flußufern auf. Durch Schönheit und Erhabenheit der Formen und des Wuchses und durch ihre große Mannigfaltigkeit zeichnen sie sich vor allen Gewächsen der Erde aus.

Die Palmen sind aber nicht nur die Zierden des Pflanzenreichs, sie gehören zugleich zu den nützlichsten Gewächsen und gewähren den Tropenbewohnern die unentbehrlichen Lebensbedürfnisse: Nahrung, Obdach und Hausgeräth. Reichliche und vorzügliche Nahrung geben die Früchte mancher Arten (S. 116), sowie die Blattknospen u. jungen Blätter (Palmkohl S. 119) und das markartige Innere des Stammes (Sago S. 118). Aus den öligen Früchten einiger Palmen wird ein treffliches Speiseöl (S. 125) und das für die Seifensiedereien so wichtige Palmöl gewonnen. Der Saft der Blüthenkolben u. Stämme verschiedener Arten gibt den Palmwein (S. 120). Die hohen Stämme liefern überdies Bau- und Nutzholz, die Blätter dienen zum Dachdecken und ihre Fasern, sowie die der Cocusnuß, geben ein dauerhaftes Gespinnst und Flechtwerk.

Die große Familie der Palmen wird nach Bau und Beschaffenheit der Früchte in mehrere Gruppen getheilt. Wir wollen mit Angabe der beiden characteristischen Blattformen die wichtigsten Arten anführen.

1. Blätter fächerförmig.
Borassus flabellifer. L. Fächer- oder Weinpalme (S. 120) in Südasien zu Hause; eine der nützlichsten Palmenarten, liefert eßbare Früchte, Palmwein, Sago, Palmkohl, Flechtwerk und Nutzholz. — Chamaerops humilis. L. Zwergpalme. — Corypha rotundifolia Lam. Schirmpalme, ein nützlicher Waldbaum der Molukken (Sago; Palmkohl).

2. Blätter gefiedert.
Ceroxylon andicola. Humb. und Bonpl. Wachspalme, in den Anden Süd-Amerikas, schwitzt eine Menge Wachs aus, Palmwachs,

Monocotylen. — Palmen. Simsen. 227

das zu Palmlichten verwendet wird. — Areca oleracea L. Areka=
Palme (S. 119). Areca Catechu L. Catechu=Palme; die zerschnittene
Frucht in Blätter des Betelpfeffers (S. 223) gewickelt, wird von den
Bewohnern Ostindiens gekauet und gilt für ein unentbehrliches Lebens=
bedürfniß. — Cocos nucifera. L. Kokus=Palme, die nützlichste und
verbreitetste aller Palmen, bildet oft dichte Wälder. Ihre Frucht, die
Kokusnuß, wird roh und zubereitet gegessen (S. 116) liefert ein erquicken=
des Getränk (Kokusmilch) und durch ihren Kern das viel (auch in
den Officinen) verwandte Kokusnuß= oder Palmöl (S. 135 u. 144).
Aus den Schalen der Nuß werden Gefäße verfertigt, und die faserige
Fruchthülle wird zu Stricken, Bürsten u. s. w. verwendet. Die jungen
Blätter geben Palmkohl, der Saft der Blüthenkolben gewährt Palm=
wein, Palmzucker und Arak. — Elaïs guineensis. L. Oelpalme
(S. 135) liefert das meiste Palmöl und die Palmbutter. — Mauritia
vinifera Mart. Moritz=Palme (S. 120). — Sagus farinifera. Gaertn.
Sago=Palme (S. 118). — Phoenix dactylifera. L. Dattel=Palme;
in Arabien, Persien, Egypten und beiden Indien, ernährt durch ihre
Früchte (S. 116) und jungen Blätter (Palmkohl S. 119) ganze Völker=
schaften.
Calamus. L. Palmrieth, Rotang, eine durch Frucht und Habi=
tus sehr eigenthümliche Palmengattung, mit sehr dünnen, rohrähnlichen
überaus langen (bis 100 m.), ästigen und kletternden Stämmen, welche
der Länge nach mit abwechselnden, gefiederten Blättern besetzt sind.
Frucht: eine 1—3fächerige Beere, mit Schuppen gepanzert, einem
Tannenzapfen ähnlich. Die Rotange liefern das sog. spanische Rohr
und werden zu vielen technischen Zwecken verwendet, namentlich zu
Flechtwerk (Stuhlrohr), Matten, Körben, Stricken und Seilen. —
Calamus Draco. Willd. Drachen=Rotang, in den Wäldern Ostin=
diens; das Harz der schuppigen Früchte kommt als Drachenblut in
den Handel (S. 145).

25. Familie. Junceen (Simsen), Junceae. Dec.

Kräuter, ausdauernd, selten einjährig, mit schmalen grasf. Bl.
Wurzel faserig oder kriechend; Blth. meist zwitterig und in Köpfchen,
Spirren oder Rispen; Perigon 6blättrig, trockenhäutig, kelchartig;
Stbgf. 6, selten 3; Frkn. 1; Gf. 1; N. 3, fädl., behaart; Fr. eine Kap=
sel, dreifächerig und vielsamig oder einfächerig und dreisamig.

Die Junceen finden sich in allen Klimaten, doch gehört die Gattung
Juncus vorzugsweise der gemäßigten und kalten Zone an. Sie sind
den Gräsern und Halbgräsern im äußeren Ansehen sehr ähnlich und
gleich den letzteren schlechte Futterkräuter. Einige Simsenarten dienen
zum Flechtwerk.
Juncus. L. Simse. Frucht 3fächerig und vielsamig; Blatt rund,
fadenf. J. lamprocarpus. Ehrh. Glanzfrüchtige Simse, in Gräben,
an nassen Orten gemein. J. bufonius. L. Kröten=S., an feuchten
Orten, Ufern, auf nassen (nam. sandigen) Aeckern gemein.
Luzula. Dec. Hainsimse. Frucht 1fächerig, 3samig; Blatt flach,
grasartig. L. campestris. Dec. Gem. H. auf trockenen Triften (be=

sonders sandigen), in trockenen Gräben, trockenen Wäldern und Haiden gemein.

26. Familie. Colchicaceen, Colchicaceae. Dec.
Melanthiaceae R. Br.

Kräuter mit fasriger oder knolliger Wurzel; Blätter mit scheidiger Basis; Blüthen zwitterig; P. 6 sp. oder 6 blättrig; Staubgef. 6; Frkn. 1= u. mehreiig; Gf. und N. 1 oder 3; Fr. meist eine 3fächerige Kapsel.

Die Colchicaceen sind ziemlich allgemein verbreitet, finden sich aber am häufigsten am Cap der guten Hoffnung. Sie besitzen scharfe, giftige Eigenschaften, besonders in den Wurzeln und Samen und liefern kräftige Heilmittel (S. 157 u. 144).

Colchicum L., Zeitlose. C. antumnale L., Herbst=Z. auf feuchten Wiesen, zuweilen in lichten Waldungen, offic.

†Veratrum L., Germer, Nießwurz. V. album u. Sabadilla; offic.
†Tofieldia Huds., Tofielbie.

27. Familie. Liliaceen, Liliaceae. Juss.

Kräuter, selten Bäume. Wurzel, eine Zwiebel oder büschelförmig; P. blumenkronartig, 6spaltig oder 6blättrig; Staubgef. 6; Frkn. frei, 3fächerig, vieleiig; Gf.1; N. 3 ob. 1 u. 3kantig; Fr. Kapsel.

Die Liliaceen sind über die ganze Erde verbreitet, aber häufiger in der gemäßigten Zone als unter den Tropen, wo sie baumartig erscheinen. Viele zeichnen sich durch Schönheit aus und werden als Zierpflanzen cultivirt, andere dienen zu ökonomischen und arzeneilichen Zwecken.

Die Familie wird in verschiedene Gruppen getheilt:

1. Gruppe: Tulipeen; P. 6blättrig, Kapsel vielsamig. Tulipa L., Tulpe. T. sylvestris L., Wilde Tulpe, in Grasgärten, selten. *T. Gesneriana L., Garten=Tulpe, überall in Gärten cultivirt.

†Fritillaria L., Schachblume.

Lilium L., Lilie. L. Mártagon. L., Türkenbund; in Laub=Wäldern.

2. Gruppe: Asphodeleen. P. 6blättrig; Kapselfächer wenig samig. †Asphodelus L., Affodill.

Anthéricum L., Zaumblume. A. Liliago L., auf mageren, sandigen Hügeln. A. ramosum L., trockene Waldstellen, Haiden.

Ornithógalum L., Milchstern. O. umbellatum L., Doldiger Milchstern, auf Wiesen (Elbwiesen) und auf Sandäckern des Dl.

Gagea. Salisb. Gagee. G. lutea. Schult. Gelbe Gagee; in Laubwäldern, Hainen.

†Scilla L., Meerzwiebel; *S. maritima, am Strande des Mittelmeeres, offic. (S. 144).

Allium L., Lauch. A. acutangulum Schrad. Spitzkantiger Lauch, namentlich auf den Elbwiesen häufig; A. Schoenoprasum L., Schnittlauch, wild am sandigen Elbufer; in Gärten cultivirt. Cultivirt wer=

Monocotylen. — Smilacineen. Dioscorineen.

den ferner: A. sativum L., Knoblauch; A. Porrum L., Porree; A. Cepa L., Zwiebel (S. 124).

3. Gruppe. Hemerocallideen. P. 1blättrig, getheilt.
*Aloë perfoliata L. und A. spicata Thunb. offic. (S. 144).
*Hyacinthus orientalis L., Garten=Hyacinthe; in Gärten als Zier=pflanze überall cultivirt.
Muscari Tourn. Bisam=Hyacinthe. M. comosum Mill. Schopf=blüthige B. Andere Arten werden als Zierpflanzen cultivirt.
*Phormium tenax Forst., Neuseeländischer Flachs (S. 126).

28. Familie. Smilacineen (Asparageen), Smilacinae. Brown.
(Asparagorum gen. Juss.).

Ausdauernde Kräuter ob Sträucher mit kriechender Wurzel u. meist breiten, zuweilen aber kleinen u. schuppenf. Blättern; Blüthe zwitterig, selten eingeschlechtlich; P. unterständig, blumenkronartig, 6 spaltig oder 6 blättrig, oder 4—8 theilig; Staubgef. soviel als P. Zipfel; Frkn. oberständig, 3 fächerig; Gf. 1—3; Fr. eine Beere.

Die Smilacineen sind den Liliaceen nahe verwandt und finden sich vorzüglich in Asien und Nordamerika. Einige Arten sind als Arzenei=pflanzen wichtig; der Spargel liefert ein feines und vorzügliches Gemüse; und die Maiblume wird vielfach als Zierpflanze cultivirt.

Asparagus L., Spargel. A. officinalis L. Gebräuchlicher S. (S. 118). In Gärten vielfach cult.
Paris L., Einbeere. P. quadrifolia L., Vierblättrige Einbeere; in schattigen, feuchten, namentlich moorigen Waldungen, in Erlenbrüchen; giftig (S. 157).
Convallaria L., Maiblume. C. multiflora L. Vielblüthige M. in Laubwäldern und Hainen des Fl. und Dl. C. majalis L., Wohl=riechende M., in Laubwäldern sehr häufig; in Gärten vielfach cultivirt.
Majanthemum. Wiggers., Schattenblume. M. bifolium. Dec. Zweiblättrige S. in Laubwäldern des Fl. und Dl. sehr häufig.
†Smilax L., Stechwinde. *S. sarsaparilla L. und China L. (S. 145).
†Ruscus L., Mäusedorn. †R. aculeatus L., Stechender M.
*Dracaena Draco L., Drachenbaum; offic. (S. 145).

29. Familie. †Dioscorineen (Dioscoreen), Dioscorineae. Brown.

Meist kletternde Pflanzen mit schwachem Stengel und knollenartigem Wurzelstock, den Smilacineen im Ansehen sehr ähnlich, von denen sie sich hauptsächlich durch den unterständigen Fruchtknoten unterscheiden. Sie gehören mit Ausnahme von Tamus nur den Tropen an.

*Dioscorea sativa und alata L., Yamswurzel. Wegen ihrer großen und fleischigen Wurzelknollen in beiden Indien häufig angebaut. (S. 118).
†Tamus L., Schmeerwurz. †T. communis L., Gem. S.

30. Familie. Amaryllibeen, Amaryllideae. Brown.

Meist krautartige Zwiebelgewächse mit schwertförmigen Blättern und schön gefärbten Blüthen, die von häutigen Bracteen vor dem Aufblühen umhüllt sind. P. 6 theilig, oberständig, blumenkronartig; Staubgefäße 6. Staub. einwärts aufspringend; Gf. 1; N. 3lappig; Fr. eine dreifächerige Kapsel oder zuweilen eine 1—3 samige Beere.

Die Amaryllibeen gehören mehr den wärmeren Länderstrichen an und zeichnen sich durch Schönheit der Blüthen aus; mehrere Arten werden als Zierpflanzen cultivirt.

†Narcissus L., Narzisse. †N. poëticus L., Aechte N.; im Süden auf Wiesen; bei uns vielfältig als Garten-Zierpflanze.

Lencojum L., Knotenblume. L. vernum L., Frühlings-K. auf sumpfigen Waldstellen, sehr gesellig, aber bei uns nicht sehr verbreitet.

†Galanthus L., Schneeglöckchen. †G. nivalis L., Gem. S. auf feuchten Wiesen im Süden; bei uns in Gärten cultivirt.

31. Familie. *Bromeliaceen, Bromeliaceae. Juss.

Kraut- oder halbstrauchartige Pflanzen mit ausdauerndem Wurzelstock und zuweilen holzartigem Stengel; Blätter meist stachelig; Blüthen ähren-, trauben-, oder rispenartig; P. 6-theilig; Fr. eine dreifächrige, vielsamige Kapsel, selten eine fleischige Beere.

Alle Pflanzen dieser Familie gehören den wärmeren Theilen von Amerika an. Manche liefern eßbare Früchte; andere, durch die zähen Gefäßbündel ihrer Blätter, ein gutes Material zu Schnüren und Geweben.

Bromelia L., Ananas. B. Ananas L., bei uns in Gewächshäusern als feine Frucht gezogen.

Agave L., Aloë. A. americana L. In Gärten und Gewächshäusern; blühet selten und hat einen 6—10m hohen Blüthenschaft.

32. Familie. Jrideen, Jrideae. Juss.

Ausdauernde Kräuter, selten Halbsträucher, mit knolliger oder faseriger Wurzel, auch wohl Zwiebel; Blätter, mit Ausnahme der Gattung Crocus, schwertförmig und 2zeilig; Blüthen von einer 2blättrigen Spatha umgeben; P. oberständig, blumenkronartig, 6theilig; Staubgefäße 3; Staubb. auswärts aufspringend; Frkn. 3fächerig, vieleiig, Samenträger mittelpunktständig; N. 3, einfach ob. geschlitzt ob. blumenkronartig; Fr. eine Kapsel mit 3 Klappen aufspringend.

Die Jrideen finden sich vorzugsweise am Vorgebirge der guten Hoffnung, in Amerika und Südeuropa. Sie zeichnen sich durch Schönheit der Blüthen aus und werden deshalb vielfach als Zierpflanzen cultivirt; einige Arten sind officinell.

†Crocus L., Safran. C. sativus L., Aechter S., officinelle und Farbe-Pflanze (S. 140 und 145).

†Gladiolus L., Siegwurz. Mehrere Arten als Zierpflanzen cultivirt.

Iris L., Schwertlilie. I. Pseud-acorus L., Wasser=Schwertl., in Wassergr., Lachen und Teichen gem. I. germanica L., pumila L. und andere werden als Zierpflanzen cultivirt. — *I. florentina L., liefert die Veilchen=Wurzel. (S. 145.)

3. Unterordnung. **Monocotyledonen mit stempelständigen (oberweibigen) Staubgefäßen.**
Monocotyledones staminibus epigynis.

33. Familie. Orchideen, Orchideae. Juss.

Kräuter, die entweder auf der Erde wachsen mit fleischigen, knolligen oder büschelförmigen Wurzeln, oder die auf anderen Gewächsen als Parasiten oder mit Haftorganen erscheinen. Der Stengel ist meist einfach, selten ästig und oft schaftartig; die Blätter sind scheidig, einfach, ungetheilt und ganzrandig, bisweilen auf farblose Schuppen zurückgeführt; die Blüthen stehen am Ende des Stengels oder Schaftes, meist in Aehren, Trauben oder Rispen, jede mit einem Deckblatt versehen; P. oberständig, blumenkronartig, 6theilig, unregelmäßig, stehenbleibend und verwelkend, selten abfallend; die 3 äußeren Zipfel und 2 von den inneren, durch Drehung des Frkn. nach oben gestellt, bilden den Helm oder die Oberlippe, die dritte innere, nach unten gewendet, heißt die Lippe oder Unterlippe (Honiglippe), ist oft gespornt und unterscheidet sich von den übrigen Perigontheilen meist durch Form, Größe und Farbe; Staubgef. 3, auf den Frkn. eingefügt, nie sämmtlich fruchtbar, sondern von ihnen entweder die beiden seitenständigen unfruchtbar und nur das mittlere fruchtbar, oder (und zwar seltener) die seitenständigen fruchtbar und das mittlere unfruchtbar; Staubfäden mit dem Gf. zu einer Säule innig verwachsen; Staubbeutel 2=fächerig, Fächer durch ein Connectiv getrennt oder zusammengewachsen und oft durch unvollkommene Scheidewände in kleinere Behältnisse getheilt; der Blüthenstaub erscheint meist in wachsartigen oder körnigen Massen von verschiedener Form; Frkn. einfächerig, vieleiig mit wandständigen Placenten; Fr. kapselartig, meist trocken, mit 3 Klappen aufspringend; Samen außerordentlich zahlreich und klein, feilstaubartig.

Die Orchideen sind, mit Ausnahme der kältesten Regionen, über die ganze Erde verbreitet, gehören aber vorzugsweise den Tropen an. Hier erscheinen sie besonders in den feuchten Urwäldern auf den Aesten der Bäume schmarotzend oder nur angeklammert als Luftpflanzen, und zeichnen sich durch die Farbenpracht, den Duft und die wunderbare, oft märchenhafte Gestalt der Blüthe aus. In der gemäßigten Zone sind sie einfacher in Tracht und Farbe, wachsen auf der Erde und sind nur ausnahmsweise Parasiten.

Die Orchideen dienen mehr als Schmuck der Natur wie zum Nutzen doch liefern die Wurzeln mehrerer Arten den Salep (S. 146), und die Vanille gewährt uns eins der vorzüglichsten und feinsten Gewürze.

Diese große Familie zählt über 2000 Arten, und man theilt sie in verschiedene Gruppen je nach der Zahl der fruchtbaren Staubgef. und nach der Beschaffenheit des Blüthenstaubes.

Orchis L., Knabenkraut. O. maculata L., Geflecktes K., in Wäldern und auf feuchten Wiesen des Fl. und Dl. häufig.

O. latifolia L., Breitblättriges K., auf feuchten, sumpfigen Wiesen sehr häufig, doch nicht in unserem Alluvium.

Gymnadenia. R. Br., Gymnabenie. G. conopsea R. Br., Fliegenartige G., auf morigen Wiesen im Fl. und Dl., nicht häufig.

Coeloglossum. Hartm., Hohlzunge. C. viride Hartm., Grüne H., auf moorigen Wiesen in Fl. u. Dl., selten.

Platanthéra. Rich., Breitkölbchen. P. bifolia. Rich., Zweiblättriges B. in schattigen Laubwäldern des Fl. häufig, auch auf moorigen Wiesen des Dl.

Ophris L., Ragwurz. O. muscifera Huds., Fliegentragende R., in Laubwäldern selten.

Cephalanthera. Rich., Cephalanthere. C. pallens Rich. Blasse C. und C. ensifolia Rich., Schwertblättrige C., beide in Laubwäldern auf Kalkboden, selten.

Epipactis Rich., Sumpfwurz. E. latifolia All., Breitblättrige S., in Laubwäldern. E. palustris Crantz., Gemeine S., auf sumpfigen Wiesen.

Listera R. Br., Listere. L. ovata Br. Eiblättrige L., in schattigen Wäldern und Erlenbrüchen des Fl. und Dl. häufig.

Neottia L., Nestwurzel. N. Nidus avis Rich. Blattlose N. in schattigen Laubwäldern auf Wurzeln schmarotzend.

Spiranthes Rich., Blüthenschraube. S. autumnalis Rich. Herbst-B. auf triftartigen Wiesenstellen des Fl. und Dl.

Sturmia Rb., Sturmie. S. Löselii Rb., Lösels S. in moorigen Sümpfen des Dl. selten.

Cypripedium L., Frauenschuh. C. Calceolus L., Gem. F. in Laubwäldern auf Kalkboden; die schönste unserer Orchideen.

*Epidendrum Vanilla L., Vanille (S. 123, 146).

34. Familie. *Scitamineen, Scitamineae. Brown.

Ausdauernde Kräuter mit kriechendem, oft knotigen Wurzelstock, einfachem Stengel und scheidenartigen, ganzrandigen Blättern; Blüthen gipfel- oder wurzelständig, in Aehren, Trauben oder Rispen, von Deckblättern umgeben; P. 6-blättrig, blumenkronartig; Stbgef. 3, nur 1 fruchtbar; Fr. eine dreifächrige, mehrsamige Kapsel, selten eine Beere.

Die Scitamineen finden sich fast nur unter den Tropen, meist in Ostindien, selten in Amerika. Sie sind stark aromatisch und liefern vorzügliche Gewürze und stärkende Arzeneimittel.

Zingiber officinale Rosc. Ingwer. (S. 124. 145).

Elettaria Cardamomum, White. Cardamomen. (S. 145).

Monocotylen. — Bananen. Hydrocharideen.

Curcuma Zedoaria. Rosc. Zittwer u. C. longa L., Gem. Gelb=
wurz (S. 145).
Alpinia Galanga L., Galant=Alpinie, Galant=Wurzel (S. 145).

35. Familie. *Bananen=Gewächse, Musaceae. Juss.

Ausdauernde krautartige Pflanzen mit kriechendem Wurzelstock und sehr großen, einfachen Blättern, deren lange, scheidenartige Blatt= stiele durch ihre Vereinigung eine Art Stengel bilden. Die Blüthen sind groß, ähren= oder kopff. mit blumenkronartigen Deckblättern versehen; P. 6=blättrig, blumenkronartig, an der Basis mit dem Fruchtkn. verwachsen; Stbgef. 6, doch nicht alle ausgebildet. Fr. dreifächerig, entweder weich, mehlig und beerenartig oder eine aufspringende Kapsel.

Die Musaceen gehören allein den Tropen an und zählen zu ihren nützlichsten Pflanzen. Mehrere Arten der Gattung Musa gewähren, nam. durch ihre mehligen Früchte, den dortigen Bewohnern reichliche Nahrung; die großen Blätter dienen zur Bekleidung der Hütten, und die Fasern der scheidigen Blattstiele werden zu Stricken und Geweben ver= wendet.

Musa L., Banane od. Pisang. M. paradisiaca L., Gem. Pisang und M. sapientum L., Bananen=Pisang liefern durch ihre beerenartigen, mehligen Früchte (die Bananen) die Hauptnahrung für die Bewohner der heißen Zone (S. 116).

36. Familie. Hydrocharideen, Hydrocharideae. Juss.

Wasserpflanzen, mit oder ohne Stengel und mit untergetauchten oder auf dem Wasser schwimmenden Blättern. Blüthen eingeschlechtlich, selten zwitterig; K. 3=blättrig, krautig; Blkrn. 3=blättrig, regelmäßig; Stbgf. 3; Frkn. unterständig, ein— mehrfächrig; Gf. 3 ob. 6, meist 2 sp.; Fr. lederartig ob. fleischig, inwendig saftig ob. schleimig.

Die Hydrocharideen sind in Europa, Nordamerika und Ostindien zu Hause.

†Vallisneria L., Vallisnerie. V. spiralis L., Spiralförmige V. in Seen des südl. Frankreichs, Italiens, der südl. Schweiz und Süd= Tyrol. Eine durch ihre Befruchtungsweise merkwürdige Pflanze. (S. 66).

Stratiótes L., Wasserscheer. S. aloídes, L., Aloeartige W., in Teichen, ziemlich häufig.

Hydrócharis L., Froschbiß. H. Morsus ranae L. in Teichen und Wassergr. häufig, die vorige fast immer begleitend, aber viel verbreiteter und deshalb auch häufig ohne sie.

2. Unterabtheilung. **Dicotyledonen** (Dicotylen).
(Zweikeimblättrige ob. ringfasrige)
Dicotyledones. Juss. Exogenae. Dec.

Samenkeim von zwei gegenständigen Samenlappen (Keimblättern), selten von mehreren eingeschlossen; sehr selten fehlen sie gänzlich und zwar bei blätterlosen Pflanzen. Die Radicula bildet sich in eine Pfahlwurzel aus. Der Stengel (Stamm) erscheint mehr od. weniger ästig, hat Rinde, Holz u. Mark, und verdickt sich im Umfange durch Anlagen neuer Holzschichten zwischen Splint u. Rinde. Deshalb zeigt der Stamm der bicotylen Bäume und Sträucher concentrische, die Zahl der Jahre des Wachsthums bezeichnende Holzlagen (Holzringe). Blätter abwechselnd oder gegenüberstehend, selten einfach und ganzrandig, sondern meist mehr oder weniger eingeschnitten, getheilt oder zusammengesetzt, mit netzförmig verästelten Adern. Die Zahl der Blüthentheile ist gewöhnlich 5, oder durch 5 theilbar. Blüthenhüllen meist vollständig, d. h. aus Kelch und Blumenkrone bestehend.

Die Dicotyledonen zerfallen je nach der Zahl der Blüthenhüllen und der Blumenblätter in drei Ordnungen:

1) Dic. mit einer Blüthenhülle (Perigon), Blumenkronlose, Apetalae.

2) Dic. mit zwei Blüthenhüllen (Kelch und Blumenkrone) und einblättriger Blumenkrone, Monopetalae, und

3) Dic. mit zwei Blüthenhüllen und mehrblättriger Blumenkrone, Polypetalae.

1. Ordnung. **Blumenkronlose Dicotyledonen.**
Dicotyledones apetalae.

Die apetalen Dicotyledonen zerfallen wieder in zwei Unterordnungen, je nachdem die Blüthen eingeschlechtlich oder zwitterig sind.

1. Unterordnung. Apetale Dicotyledonen mit biclinischen (eingeschlechtlichen) Blüthen.

37. Familie. †Myriceen, Myriceae. Rich.

Sträucher, dicht mit harzigen Drüsen und Punkten besetzt. Blätter abwechselnd, einfach, meist gesägt. Blüthen ein= oder zweihäusig, in Kätzchen; männl.: 2 oder mehrere Stbgf., entweder vollkommen nackt, od. statt des P. 1—2 kleine Schuppen; weibl.: statt des P. 2—6 kleine, unterweibige Schuppen; Frkn. 1=fächerig, 1=eiig; N. 2, pfrieml.; Fr. trocken oder steinfruchtartig, 1=samig.

Die kleine Familie der Myriceen gehört den nördlichen Theilen von Europa und Amerika, sowie dem tropischen Amerika, dem Cap der guten Hoffnung und Ostindien an. Die Fr. von Myrica sapida Buchan. in Ostindien ist eßbar; und aus dem wachsartigen Ueberzuge der Früchte von M. cerifera L. in Nordamerika, werden wohlriechende Wachskerzen und Salben bereitet.

Monocotyledonen. — Casuarineen — Salicineen.

† Myrica L., Gagel. M. Gale L., Gem. Gagel; auf feuchten torfigen Haiden Norddeutschlands.

38. Familie. *Casuarineen, Casuarineae. Mirb.

Bäume oder Sträucher mit langen, dünnen, blattlosen, gegliederten uub wirbelständigen Aesten, die Glieder mit häutigen Scheiden versehen. Blüthen 1 ob. 2-häusig, in Kätzchen.

Die Casuarineen haben das Ansehen baumartiger Schachtelhalme und finden sich nur in den Tropen, hauptsächlich in Australien, wo sie bedeutende Wälder bilden. Sie haben ein sehr hartes, dauerhaftes Holz und manche erreichen eine bedeutende Höhe.

Casuarina paludosa. Mirb., Sumpf-Streitkolbenbaum; in Australien sehr verbreitet.

39. Familie. Betulineen, Betulineae, Rich.

Bäume oder Sträucher mit abwechselnden, einfachen Blättern. Blüthen 1-häusig, in Kätzchen; Kätzchen aus schuppenförmigen Deckblättern gebildet; männl. Blth.: P. 3- oder 4-theilig, auf dem Stiele des Deckbl. sitzend; Stbgf. 2 oder 4; weibl. Blth.: P. fehlend; Frkn. 2-fächerig, Fächer 1-eiig; N. 2, fädlich; Fr. nicht aufspringend, zusammengedrückt, bei der Gattung Betula geflügelt.

Die Betulineen sind in Europa, Nordamerika und Nordasien häufig, seltener in den Gebirgen von Südamerika. Sie bestehen aus den beiden Gattungen Betula und Alnus, gewähren einen großen Nutzen als Bau-, Nutz- und Brennhölzer und besitzen viel Gerbestoff. (S. 130. 137.)

Betula L., Birke. B. alba L. ein, namentlich in den Sandgegenden viel verbreiteter, überaus nützlicher Baum (S. 130).

Alnus Tourn. Erle. A. glutinosa. Gärtn. Gem. Erle (Eller, Else); auf nassem, moorigen Boden und an Bächen sehr verbreitet. (S. 131).

40. Familie. Salicineen, Salicineae. Rich.

Bäume oder Sträucher mit abwechselnden, einfachen Blättern und zwei an der Basis des Blattstieles befindlichen, mehr oder weniger schnell abfallenden Nebenblättchen. Blüthen 2-häusig, in Kätzchen; Kätzchen aus schuppenf. Deckblättern gebildet; anstatt des P. eine Drüse (zuweilen auch 2), oder ein fleischiger, schief abgeschnittener Becher. Männl. Blth.: Stbgef. 2—24, frei oder einbrüderig; weibl. Blthn.: Frkn. frei, 1-fächerig, vieleiig; Gf. 1; N. 2 ob. 2 sp.; Kapsel länglich, lederartig, 2-klappig; Same sehr klein mit langen, seidenartigen Haaren umgeben.

Die Salicineen, die nur aus den beiden Gattungen Salix und Populus bestehen, haben mit den Betulineen ziemlich dasselbe Vaterland,

gehen aber noch nördlicher und in die höchsten Regionen, wie die Gletscher=
Weiden (S. reticulata L. und herbacea L.), und S. arctica Br. erscheint
als die nördlichste Holzpflanze.

Der Nutzen dieser Familie ist sehr erheblich, besonders der der
Weiden, die, angepflanzt, zur Befestigung der Ufer dienen, und deren
Zweige man zum Flechten von Matten, Kiepen und Körben (S.131), die
Rinde zum Gerben (S. 137) und die Kohle zur Pulverfabrikation (S.132)
verwendet. Die Knospen mancher Pappelarten sind officinell (S. 146).

Salix L., Weide. S. fragilis L., Brech=W. u. alba L., Weiße W.
als sog. Kopfweiden überall angepflanzt; — S. amygdalina L., Man=
del=W., purpurea L., Purpur=W. u. viminalis L., Korb=W., an Fluß=
ufern und Bächen, geben das beste Flechtwerk; — S. cinerea L., Graue
W. Caprea L., Sahl=W. und aurita L., Ohr=W., vielfach in Waldun=
gen. S. repens L., Kriechende W., auf moorigen Wiesen, in Haiden.
*S. babylonica L. (bei uns nur weiblich), auf Friedhöfen und in
Anlagen.

Populus L., Pappel. P. tremula L., Zitter=P., Espe, in Wäldern
gem., oft als Unterholz, meist im gemischten Bestande. — P. alba L.,
Silber=P.; pyramidalis Rozier., Italienische P., und nigra L., Schwarz=
P., überall angepflanzt.

41. Familie. Cupuliferen, Cupuliferae. Rich.

Bäume, selten Sträucher, mit abwechselnden, einfachen Blättern
und schnell abfallenden Nebenblättchen. Blüthen eingeschlechtlich, meist
einhäusig; männl. in Kätzchen, aus Deckblättchen zusammengesetzt; P.
fehlend oder 4—5=sp.; Stbgf. 5—20 u. mehr; weibl. in Büscheln oder
Kätzchen, selten einzeln, in einer lederartigen, schuppigen Hülle (Cupula);
P. innig mit dem Frkn. verwachsen, mit gezähneltem, oft verschwinden=
den Saume; Frkn. 2—6=fächerig, in jedem Fache 1—2 Eierchen; Fr.
eine durch Fehlschlagen 1=fächerige, meist 1=samige Nuß oder Eichel, von
der ausgewachsenen Cupula ganz oder theilweise umhüllt.

Die Familie der Cupuliferen bewohnt die gemäßigten Zonen der
alten und neuen Welt und enthält unsere wichtigsten Laubbäume.

Durch ihren Gerb= und Farbestoff (Eichenrinde S. 137, Galleiche
S. 140 und Färbereiche S. 139), durch die mehligen (Kastanie S. 161)
und ölhaltigen Früchte (Haselnuß, Rothbuche S. 125) und namentlich
durch ihr dauerhaftes und festes Holz (S.129. 130) sind die Cupuliferen,
von dem hervorragendsten Nutzen. Die Korkeiche (s. unten), liefert durch
ihre schwammige, dicke Rinde den Kork, welcher zu Pfröpfen, Sohlen
2c. 2c. vielfach verwendet wird.

Fagus L., Buche. F. sylvatica L., Gem. Buche, Rothbuche, in den
Wäldern unseres Fl. in reinen wie in gemischten Beständen; seltener
im Dl., fast gar nicht im Al.

Castanea Tourn., Kastanienbaum. C. vulgaris Lam., in wär=
meren Gegenden vielf. cult., bei uns selten.

Monocotylen. — Plataneen — Urticeen.

Quercus L.. Eiche. Q. sessiflora Sm., Wintereiche, Steineiche, in den Wäldern des Fl.; Q. pedunculata. Ehrh., Sommereiche, der vorherrschende Baum unserer Alluvialforsten. *Q. infectoria Oliv. Galleiche, eine immergrüne Eiche Klein-Asiens (S. 140); *Q. tinctoria, Färbereiche (S. 139). *Q. Suber L., Kork-Eiche in Südeuropa, nam. in Spanien und Portugal.

Corylus L., Haselnußstrauch. C. Avellana L., Gem. H., in den Laubwäldern unseres Fl. und Ml. ein sehr verbreitetes Unterholz; seltener in den Alluvialforsten.

Carpinus L.. Hainbuche. C. Bétulus L., Gemeine Hainbuche, Hagebuche ob. Weißbuche; in den Laubwäldern des Fl. und Ml. vielf. als Unterholz, seltener als Oberholz, meist im gemischten Bestande; im Al. weniger verbreitet; gibt vorzügliche Hecken und Zäune, daher ihr Name Hagebuche.

42. Familie. *Plataneen, Plataneae. Mars.

Bäume mit abwechselnden, handförmig gelappten Blättern und trockenen, scheidenartigen Nebenblättern. Blüthen 1-häusig, in runden, hängenden Kätzchen; männl.: 1 Stbgf. nackt mit kleinen Schuppen; weibl.: Frkn. nackt mit 1 ob. 2 Eierchen; Fr. hart, nicht aufspringend.

Nur die eine Gattung Plátanus L. Die Platanen wachsen schnell und sind schöne, malerische Bäume, die häufig in Parkanlagen und Alleen angepflanzt werden.

P. orientalis L., aus Griechenland und Klein-Asien.
P. occidentalis L., in Nordamerika einheimisch.

43. Familie. Juglandeen, Juglandeae. Dec.

Bäume mit abwechselnden, gefiederten Blättern, ohne Nebenblätter. Blth. einhäusig, zuweilen 2-häusig; männl. in Kätzchen; P. 2—6-th.; Stbgf. mehrere; weibl. Blth. gipfelständig, einzeln oder zu 2 und 3, oder in lockeren Aehren; K. oberst., 4zähnig, abfallend; Blkr. 4-blättrig ob. fehlend; Frkn. 1-fächerig, 1-eiig; N. 2; Steinfrucht fleischig.

Die meisten Juglandeen finden sich in Nordamerika. — Das Holz unserer Gattung Juglans ist ein vorzügliches Nutzholz (S. 131). Die großen Samenkerne der Früchte werden gegessen und liefern ein treffliches Speise- und Firnißöl (S. 125. 135). Die Fruchtschalen enthalten viel Gerbestoff (S. 137) und sind, wie die Blätter, officinell (S. 146).

Juglans L., Wallnußbaum. J. regia L., Gem. W.; vielfach bei uns, nam. aber in wärmeren Gegenden cult.; wächst im Orient und Persien wild.

44. Familie. Urticeen, Urticeae. Juss.

Kräuter, Sträucher oder Bäume mit abwechselnden oder gegenüberstehenden, ganzen oder getheilten Bl. und zwei, meist hinfälligen Nebenblättchen. Blth. achselständig, 1 oder 2-häusig, selten zwitterig u.

vielehig, stehen in Rispen, Aehren oder Kätzchen, selten einzeln, stets von Bracteen begleitet. P. unterst., 4=th., selten 3, 5, 6th., bei der weibl. Blth. auch ungetheilt; Stbgf. meist 4 ob. 5; Frkn. frei, 1=fächrig, 1= eiig, oder 2=fächerig; Fr. nicht aufspringend, trocken oder fleischig.

Die Urticeen sind über die ganze Erde verbreitet; die milchenden gehören aber fast ausschließlich den Tropen an.

Diese große Familie enthält sehr nützliche Pflanzen, von denen wir die wichtigsten im Abschn. 6 kennen gelernt haben. Wir finden unter ihnen vorzügliche Nahrungspflanzen (Brodfruchtbaum S. 116, Kuhbaum S. 122, Feigen S. 116), an Gewürzpflanzen den Hopfen (S. 123), als Nutzhölzer die Ulmen (S. 130), und viele für die Industrie wichtigen Gewächse, wie den für die Seidenzucht unentbehrlichen weißen Maulbeerbaum (S. 142), den als Farbepflanze verwendeten Färber-Maulbeerbaum (S. 139) und die durch ihr Gummiharz den Schellack (S. 136) und durch ihren Milchsaft den Kautschuk (S. 137) liefernden tropischen Ficus=Arten. Der Saft des berüchtigten Jpo oder Upas (S. 157) gehört zu den stärksten Pflanzengiften, und mehrere Urticeen sind officinell. (S. 146.)

Die Familie wird in 5 natürliche Gruppen getheilt.

1. Echte Urticeen. Urtica L., Nessel. U. urens L. u. dioica L., Kleine und Große Brennessel, gem. Garten= und Feldunkräuter; dioica auch überall in feuchten Wäldern, im Weidengebüsch, an Ufern, Bächen.

Parietaria L., Glaskraut. P. erecta M. u. K., an Mauern. In unserem Geb. selten.

2. Cannabineen. Cannabis L., Hanf. C. sativa L. Stammt aus dem Orient, wird vielf. cult., bei uns jedoch selten; findet sich an Dörfern des Dl. hin und wieder verwildert. Humulus L., Hopfen. H. Lupulus L. In feuchten Wäldern, Erlenbrüchen, Weidenwerdern, an Zäunen gem. Wird auf feuchtem moorigen Sandboden im Dl. cult.

3. Atrocarpeen. Zu ihnen gehört die große Gattung Ficus, vorzugsweise in Ostindien zu Hause. Ficus Carica L., Gem. Feige, aus dem Orient, in den wärmeren Ländern wegen der süßen Früchte vielfach angepflanzt. F. elastica, Gummibaum, wegen seiner großen, schönen Blätter ein häufiger Zimmerschmuck, liefert mit anderen Ficus=Arten Ostindiens (F. religiosa u. indica) Kautschuk.

In diese Gruppe gehören ferner: der Giftbaum Upas, Antiaris toxicaria. Lesch; der Kuhbaum; der Brodfruchtbaum und die Gattung:

Morus L., Maulbeerbaum. M. alba L., Weißer Maulbeerbaum, auch bei uns hin und wieder zur Seidenzucht angepflanzt, namentl. auf Friedhöfen.

4. Celtideen. †Celtis L., Zürgelbaum.

5. Ulmaceen. Ulmus L., Rüster, Ulme. U. campestris L., Feld=R. In Waldungen häufig, meist im gemischten Bestande, vorherrschend in den Alluvialforsten.

Monocotylen. — Myristiceen. Euphorbiaceen.

45. Familie. *Myristiceen, Myristiceae. R. Br.

Bäume mit abwechselnden, ganzrandigen, lederartigen Blättern. Blüthen mit kappenartigen Bracteen in Trauben, Knäueln oder Rispen; P. lederartig, meist filzig; männl. Blth.: Stbgf. in einen Cylinder verwachsen; weibl. Blth.: P. abfallend; Frkn. frei, 1-eiig; Fr. fleischig, 2-klappig; Same nußartig mit einem vieltheiligen Arillus; das Albumen marmorirt, talgartig-fleischig.

Die Myristiceen kommen nur in dem tropischen Amerika und in Ostindien vor. Die wichtigste Pflanze dieser Familie ist: Myristica moschata Thunbg. Muskatennußbaum, auf den Molucken. Der fleischige Arillus (Macis, Muskatenblüthe) und der Same (Muskatennuß) gehören zu den feinsten Gewürzen (S. 123) und sind officinell (S. 146).

46. Familie. Euphorbiaceen, Euphorbiaceae. Juss.

Kräuter, Sträucher oder Bäume, oft milchend. Blätter meist abwechselnd, einfach, zuweilen tiefhandf. getheilt. Blüthen 1 oder 2-häusig, stehen in Bündeln, Aehren, Trauben oder Rispen, und sind mit Deckbl. versehen, welche zuweilen eine besondere Hülle bilden; K. unterst. oder fehlend, meist mit Schuppen ob. drüsenartigen Anhängseln; Blkr. vorhanden ob. fehlend; männl. Blth.: Stbgf. frei; weibl.: Frkn. frei, sitzend oder gestielt, meist 3-fächerig, Fächer rings um den mittelpunktst. Samenträger in einen Kreis gestellt, 1—2-eiig; N. getheilt; Kapsel aus 2 bis 3, oft elastisch aufspringenden Fruchthüllen gebildet.

Die Euphorbiaceen sind allgemein über die Erde verbreitet, doch in den Tropen, besonders in Südamerika am zahlreichsten, und je mehr nach dem Norden um so mehr an Zahl abnehmend; bei uns sind die eigentlichen Wolfsmilch-Arten (Euphorbieen) vorherrschend.

Die Familie ist mit den Urticeen nahe verwandt und enthält gleich diesen sehr nützliche, fast zu gleichem Zwecke dienende Pflanzen. Als Nahrungspflanze ist für die Bewohner Südamerikas überaus wichtig der Manioc- oder Cassavastrauch, Jatropha Manihot L. (S. 118); der Buxbaum hat ein sehr festes Holz zu Drechslerarbeiten (S. 131); und zu industriellen Zwecken dienen: der Kautschukbaum, Siphonia elastica Pers. — ein 15—20m hoher Baum Südamerikas, welcher das amerikanische Federharz liefert, das noch reichlicher als das ostindische zu den bekannten Zwecken verwendet wird — und der Gummilackbaum, Croton lacciferum L., aus dessen Harz Schellack bereitet wird. (S. 136.) Andere Croton-Arten (C. Cascarilla L. und C. Tiglium L.) sind wichtige Heilpflanzen, ebenso der Gem. Wunderbaum, Ricinus communis L. (in unseren Gärten als Zierstaude cult.) und Euphorbia resinifera Berg. und andere exotische Euphorbieen geben das Euphorbienharz zu Pflastern (S. 147). Reich ist die Familie an giftigen Gewächsen, zu denen unsere Bingelkräuter und die gefürchtetste aller Giftpflanzen, der Manchinellenbaum, Hippomane Mancinella L. gehören. (S. 157).

Die große Familie der Euphorbiaceen wird in 6 Gruppen getheilt:
1) †Buxineen. †Buxus L., Buxbaum. †B. sempervirens L. in zwei Varietäten:

a) arborescens, baumartig, in Italien und Spanien; b) humilis, niedrig-strauchartig, im südl. Tyrol; bei uns in Gärten als Einfassung angepflanzt.

2) *Phyllantheen. Andrachne L. Italien.

3) *Crotoneen. Croton L., Ricinus L., Jatropa L.

4) Acalypheen. Mercurialis L., Bingelkraut. M. perennis L., in Laubwäldern und Erlenbrüchen des Fl. u. Dl. — M. annua L., in manchen Gegenden lästiges Unkraut der Gärten und der in der Nähe der Ortschaften gelegenen Aecker.

5) *Sapieen. Hippomane L.; Hura crepitans L., Gem. Sandbüchsenbaum, im tropischen Amerika; seine reife Kapsel öffnet sich mit Geräusch.

6) Euphorbieen. Euphorbia L., Wolfsmilch, eine große Gattung von gegen 250 Arten, von denen nur 33 in Deutschland und nur 8 in unserem Gebiete sich finden. E. Cyparissias L., Zypressen-W., auf trockenen Triften, an trockenen Wegen, auf Sandäckern, in Heiden, an trockenen Waldstellen gem. E. Esula L., Esels-W., in feuchten Waldungen des Al. an Flußufern, in Weidenwerdern, auf fruchtb. Aeckern, an feuchten Wegen sehr häufig; E. helioscopia L., Sonnenwendige W., ein gemeines Acker- und Garten-Unkraut; E. Peplus, Rundblättrige W., gem. in Gärten und Dorfstraßen.

47. Familie. †Empetreen, Empetreae. Nutt.

Kleine Sträucher mit immergrünen, haidekrautartigen Blättern; Blth. 1 oder 2 häusig; Blüthenhüllen aus dachziegelf. übereinanderliegenden Schuppen bestehend. Frkn. 2—3-fächerig, Fächer 1-eiig; Fr. steinfruchtartig.

Eine kleine Familie, die zerstreut besonders in Nordamerika und Südeuropa auftritt. Manche Arten sind für die Torfbildung wichtig.

†Empetrum L., Rauschbeere. †E. nigrum L., Krähenbeere; an torfhaltigen Orten.

2. Unterordnung. Apetale Dicotyledonen mit Zwitterblüthen.

48. Familie. Aristolochieen, Aristolochiae. Juss.
(Asarineen. Asarinae Kunth.)

Kräuter oder Sträucher mit abwechselnden, einfachen und gestielten Blättern, die meist mit blattartigen Nebenbl. versehen sind. Blth. in den Achseln der Bl.; P. oberst.; Stbgf. frei, auf der Spitze des Frkn., ob. mit dem Gf. u. der N. verwachsen; Frkn. 3—6-fächerig, mit mittelpunktst., vieleiigen Samenträger.

Apetale Dic. Chtineen — Santalaceen.

Aristolóchia L. Osterluzei. A. Clematitis L., Gem. O. An Dämmen zwischen Gesträuch, auf Wiesen, im Elbgebiete. *A. Sipho L. Pfeifenkopf, Pfeifenstrauch, aus Nordamerika; wegen der großen Blätter zur Bekleidung von Lauben angepflanzt. — *A. serpentaria L. Schlangenwurzel, offic.

Asarum L., Haselwurz. A. europaeum L. in Laubwäldern des Fl., officin.

49. Familie. †Chtineen, Cytineae Brong.

Parasitische Pflanzen mit einfachem, schuppigen Stengel. Blüthen 1- ob. 2-häusig ob. zwitterig, in Aehren, Köpfchen ob. einzeln; P. oberst; Staubgf. in eine Centralsäule verwachsen; Frkn. 1-fächerig, 1-eiig.

Eine kleine Familie in Südeuropa, Java und Sumatra.

†Cytinus L., Hypocist. C. Hypocistis L., Gem. H. Inseln des Adriatischen Meeres; auf Wurzeln der Cisten schmarotzend.

*Rafflesia Arnoldi. R. Br. Riesenblume. Auf Sumatra u. Java; hat die größte bekannte Blüthe (1 m. im Durchmesser), die, fast stengellos und ohne Blätter, nur von blattartigen Schuppen umgeben, gewissermaßen die ganze Pflanze bildet.

50. Familie. †Eläagneen, Elaeagneae. Rich.

Bäume oder Sträucher mit abwechselnden ob. gegenüberstehenden Bl., überall mit sehr kleinen, mehligen Schuppen bedeckt; Blth. achselst., zwitterig, oft durch Fehlschlagen eingeschlechtlich; P. unterst., inwendig farbig, 2—4-sp.; Stbgf. gleich der Zahl der P. Zipfel; Frkn. in der Röhre des P. eingeschlossen, 1-eiig; Gf. 1; N. 1; Fr. eine falsche Steinfrucht, die aus dem bleibenden, beerenartig gewordenen P. und aus einer krustigen Nuß besteht.

Diese kleine Familie findet sich bloß auf der nördlichen Halbkugel.

†Elaeagnus L., Oleaster. E. angustifolius L. u. E. argenteus Pursh., in Parkanlagen vielf. angepfl.

†Hippóphaë L. Sanddorn. H. rhamnoides L. In Fluß-Alpenthälern u. an den Seeküsten Süd- u. Mittel-Europas; bei uns in Anlagen angepflanzt.

51. Familie. Santalaceen, Santalaceae. R. Br.

Kräuter, Sträucher oder Bäume mit abwechselnden ob. fast gegenüberstehenden, ungetheilten, zuweilen sehr kleinen und schuppenartigen Bl.; die kleinen Blth. in Aehren, Trauben ob. Rispen, selten einzeln ob. doldenartig; P. oberst., 3, 4 und 5-sp. Stbgf. 4—5; Frkn. 1-fächerig, 2—4-eiig; Gf. 1; N. 1; Fr. nuß- ob. steinfruchtartig, 1-samig.

Die Santalaceen erscheinen in Europa u. Nordamerika als Kräuter ob. Halbsträucher; in Ostindien und den Südseeinseln als Sträucher u. kleine Bäume. Der Santelbaum (Santalum album L.) Ostindiens liefert ein wohlriechendes, in Asien sehr geschätztes Holz, das Sandelholz, dem auch heilende Kräfte zugeschrieben werden.

Thesium L., Thesium. T. intermedium Schrad.; Mittleres T. auf trockenen Anhöhen, in Heiden, auf Sandtriften des Fl. und Dl. T. alpinum L., Alpen-T. in Heiden des Dil.

52. Familie. *Laurineen, Laurineae. Juss.

Bäume, Sträucher, selten Kräuter, mit abwechselnden, selten gegenüberstehenden, ganzen, zuweilen gelappten Bl.; Blth. zwitterig, selten eingeschlechtlich, in Rispen ob. Dolden; P. unterst., 4—6-sp. ob. th.; Stbgef. auf dem P. befestigt, doppelt so viel als P. Zipfel; Antheren angewachsen; Frkn. frei, 1-eiig; Gf. 1; N. 1. Beere ob. selten Steinfrucht.

Die Laurineen gehören meist der subtropischen Zone an, wo manche Arten von ihnen umfangreiche, immergrüne Wälder bilden. Sie sind aromatisch in Folge eines flüchtigen Oels, das sich in allen Pflanzentheilen findet.

Diese Familie liefert vorzügliche Gewürze, so der Zimmtbaum (Laurus Cinnamomum L.) den Zimmt, die Zimmt-Cassie (L. Cassia L.) den Kanehl und der Lorbeerbaum (L. nobilis L.) gewürzhafte Blätter (S. 124). Viele Arten sind officinell, theils durch ihre Früchte (L. nobilis), theils durch die Rinde (Zimmtbaum und Zimmtkassie), theils durch ihr Holz (der Sassafras-Lorbeer, L. Sassafras L. liefert das Fenchelholz; und aus dem Holze des Kampher-Lorbeer, L. Camphora L. wird durch trockene Destillation der Kampher gewonnen. (S. 147).

Laurus L., Lorbeer. L. nobilis L., Edler L., in Südeuropa einheimisch; in Tyrol cult.

53. Familie. Thymeleen, Thymeleae, Juss.

Sträucher ob. Bäume, selten Kräuter, mit abwechselnden ob. gegenüberstehenden, einfachen u. ganzrandigen Bl.; Blth. achsel- oder gipfelst., einzeln oder in Büscheln; P. unterst., oft farbig, röhrig, mit 4-, selten 5-sp. Saume; Stbgf. doppelt so viel als Zipfel des P.; Frkn. frei, 1-fächerig, 1-eiig; Gf. 1; N. 1; Fr. trocken oder beerenartig.

Die Thymeleen sind sparsam in Europa und im Norden, aber sehr verbreitet in den höheren Gegenden von Ostindien und Südamerika, besonders am Cap der guten Hoffnung und in Neuholland.

Alle Arten sind scharf und mehr oder weniger giftig; der bei uns einheimische Kellerhals ist giftig in allen seinen Theilen, namentlich sind es Wurzel, Rinde und Samen (S. 157); auch ist die Rinde (Seidelbastrinde) officinell (S. 147).

Passerina L. **Vogelkopf.** P. annua Wickstr, Jähriger V. auf kalkhaltigen Aeckern (selten).

Daphne L. **Kellerhals**; D. Mezereum L., Gem. K., Seidelbast. In den Laubwäldern des Fl., nam. auf Kalk.

54. Familie. Polygoneen, Polygoneae. Juss.

Kräuter, selten Sträucher, mit knotig gegliedertem Stengel und abwechselnden, einfachen Bl., die in ihrer Jugend am Rande zurückgerollt, und die an ihrer Basis zu einer Tute (Ochrea) scheidenartig erweitert sind; Blth. meist in Aehren, Trauben oder Wirteln; P. unterst., 3= 5= und 6=th.; Stbgf. 4—9, an der Basis des P. eingefügt; Frkn. frei, 1-fächerig, 1-eiig; Gf. 1—3; Fr. nußartig oder fleischig, nackt ob. durch die inneren Zipfel des P. bedeckt.

Diese Familie ist in verschiedenen Gattungen über die ganze Erde verbreitet, in Europa sind die Gattungen Polygonum u. Rumex vorherrschend.

Unter den Polygoneen haben wir eine Anzahl sehr nützlicher Gewächse, die theils als Nahrungspflanzen (Sauer-Ampfer, Rumex acetosa; Gemüse-Ampfer, R. patientia L. und Buchweizen S. 115), theils als Heilpflanzen (Rhabarber, Rheum palmatum L. S. 147) reiche Verwendung finden.

Rumex L., **Ampfer.** R. conglomeratus. Murr., Geknäulter A., an Bächen und Wassergräben, gem.; R. obtusifolius L., Stumpfblättriger A., an Dörfern, Ufern, in Weidenwerdern, gem.; R. crispus L., Krauser A., auf Wiesen, in Grasgr., auf Aeckern, an Wegen, gem.; R. hydrolapathum Huds. Riesen-A., in Teichen, Wassergr., Bächen, an Ufern, gemein; R. acetosa L., Sauer-A., auf Wiesen, Rainen, in lichten Waldungen, gem.; R. acetosella L., Kleiner Sauer-A., auf trockenen Triften, Höhen, auf Sandäckern, in Heiden, gem.

Polygonum, L. **Knöterich.** P. lapathifolium L. Ampferblättriger K., an Ufern, Gräben, an Wegen, auf Aeckern, gem.; P. aviculare L., Vogel-K., auf Aeckern, Wegen, zwischen unbetretenem Straßenpflaster überreichlich, eine der gemeinsten Pflanzen der Welt; P. fagopyrum L. Buchweizen, vielfach, nam. in Sandgegenden gebaut.

*Rheum rhaponticum L., **Rhapontik** ob. Pontischer Rhabarber; am Pontischen Meere; früher für den ächten Rhabarber gehalten; eine häufige Zierstaude in Gärten.

55. Familie. Chenopodeen, Chenopodeae. Vent.

Kräuter mit abwechselnden, selten gegenüberstehenden Bl., ohne Nebenbl. und Scheiden, und mit kleinen, unansehnlichen Blth., die zwitterig ob. vielehig, auch eingeschlechtlich, meist in vielblüthigen Inflorescenzen erscheinen; P. 3—5=th., krautig, stehenbleibend; Stbgf. auf dem Grunde des P., mit dessen Zipfeln in der Regel von gleicher Zahl; Frkn. frei ob. an das P. angewachsen, 1-fächerig; 1-eiig; Gf. 1, 2—4=th.

selten einfach; N. ungetheilt; Fr. nicht aufspringend, trockenhäutig, oder eine aus dem fleischigen P. entstandene falsche Beere.

Die Chenopodeen sind in allen Theilen der Welt zu Hause, vorzüglich in den nördlichen Gegenden von Europa u. Asien.

Unter ihnen finden sich, neben einer Anzahl oft lästiger Unkräuter, sehr nützl. Pflanzen. So geben die Blätter mehrerer Arten beliebte Gemüse (Garten-Melde und besonders der Spinat S. 118); die Wurzeln einiger werden auch als Salat gegessen; von hervorragender Wichtigkeit ist die Runkelrübe, deren Wurzel unsern Zucker liefert (S. 122), als Heilpflanze dient der wohlriechende Gänsefuß (Chenopodium ambrosioides L. S. 147), und viele Arten sind Salz- und Meerstrandspflanzen, aus denen früher ausschließlich die Soda bereitet wurde. (S. 141).

Schoberia. Meyer. Schoberie. S. maritima. Meyer. (Chenopódium marit. L.), Meerstrands-S., an Salinen und salzigen Gewässern. Salsola L., Salzkraut S. Kali L. Gem. S. auf und an Aeckern, an sandigen Orten; in unserem Geb. nicht häufig.

Salicornia L. Glasschmalz. S. herbacea L. Krautiges G. an Salinen und auf stark salzhaltigen Stellen.

Polycnémum L. Knorpelkraut. P. arvense L. Acker-K., auf dürftigen Sandäckern und Triften, besonders sandkiesigen.

Chenopódium L. Gänsefuß. C. hybridum L., Bastard-G., in Gärten und Dorfstraßen, gem.; C. murale L., Mauer-G., an Dörfern sehr häufig; C. album L. Gem. G., auf Aeckern, in Gärten, an Wegen sehr gem., eines der lästigsten Unkräuter.

Blitum L. Erdbeerspinat. R. Bonus Henrícus Meyer (Chenopodium Bon. Henr. L.), Guter Heinrich; an Dörfern gem.; B. rubrum Rb. Rother E. und B. glaucum Koch, Graugrüner E. an Dörfern, Ufern, gem.

Beta L. Mangold. B. vulgaris L. Gem. Mangold γ. rapacea, Runkelrübe; auf gutem Boden, besonders in der Börde, zur Zuckerfabrikation im Großen gebauet. Spinacia L. Spinat. S. inermis Mönch. Wehrloser S. und S. spinosa Mönch. Dorniger S., beide als Gemüse cult. Hálimus. Wallr. Halimus. H. pedunculatus. Wallr. (Atriplex pedunculata L.) Stielfrüchtiger H., an Salinen und stark salzhaltigen Orten.

Atriplex L. Melde. A. hortensis L. Garten-M., als Gemüse, früher auch bei uns, gebauet, gegenwärtig in Dorfgärten u. Dorfstraßen hin und wieder verwildert; A. patula L. Schmalblättr. M. u. A. latifolia Wahlenb. Breitblättr. M., beide auf Aeckern, in Dorfstr., an Wegen, gem.

56. Familie. *Phytolacceen, Phytholacceae R. Br.

Kräuter mit abwechselnden, einfachen Bl., die oft mit durchsichtigen Punkten versehen sind; Blth. in Trauben; P. 4—5-th.; Staubgf. auf dem Grunde des P. stehend, von gleicher Zahl mit den P. Zipfeln oder zahlreich; Frkn. frei, 1—10-fächerig, Fächer 1-eiig; Gf. und N. soviel als Fächer des Frkn.; Fr. beerenartig oder trocken.

Die Phytolacceen gehören Amerika, Afrika und Ostindien an. Eine Art, die Kermesbeere dient zum Rothfärben (S. 139).

Phytolacca decandra L. Gem. Kermesbeere, aus Mexico; in Südeuropa (auch in Süd=Tyrol) verwildert.

57. Familie. Amaranthaceen, Amaranthaceae. Juss.

Kräuter oder Sträucher mit einfachen, abwechselnden ob. gegenüberstehenden Bl.; Blth. zwitterig, selten eingeschlechtlich, an der Basis meist mit 3 Deckbl., in Aehren ob. Köpfchen; P. 3—5=th., trocken=häutig, stehenbleibend; Stbgf. 3 ob. 5, unterweibig, frei oder einbrüderig. Frkn. frei, 1=fächerig, 1—mehreiig; N. ein= oder mehrfach; Fr. 1=fächerig, nicht aufspringend, oder, aber selten, kapselartig und ringsum aufspringend.

Die meisten Amaranthaceen leben unter den Tropen, namentl. in Amerika. Mehrere Arten werden als Zierpflanzen cultivirt.

Amaranthus L. Fuchsschwanz. A. Blitum L., Gem. F. In Dorfstraßen, Gärten, an Wegen; A. retroflexus L., Rauhstengliger F., in Gärten, auf Aeckern, an Wegen, Gebäuden; bei uns häufiger als voriger. A. caudatus, Rother F. und Celosia cristata L., Hahnenkamm, beides Zierpflanzen.

2. Ordnung. Dicotyledonen mit einblättriger Blumenkrone.
Dicotyledones monopetalae.

Die monopetalen Dicotyledonen zerfallen je nach der Insertion der Blumenkrone in drei Unterordnungen: 1) mit im Grunde des Kelchs befestigter (bodenständiger, unterweibiger) Blumenkrone; 2) mit auf dem Kelch befestigter (kelchständiger, umweibiger) Bltr. und 3) mit auf dem Stempel befestigter, (stempelst. oberweibiger) Bltr.

1. Unterordnung. Monopetale Dicotyledonen mit bodenständiger (unterweibiger) Blumenkrone.
Dicotyledones monopetalae corolla hypogyna.

58. Familie. Plantagineen, Plantagineae. Juss.

Ausdauernde Kräuter ob. Halbsträucher mit meist wurzelständigen, einfachen, gedrängt stehenden Bl.; Blth. sitzend, mit einem Deckbl. versehen, zwitterig, selten diclinisch, in Aehren; K. 4=th. (selten 3=blättrig), bleibend; Bltr. regelmäßig, trockenhäutig; Stbgf. 4; Frkn. frei, 1=fächerig, ob. 2—4=fächerig; Eichen 1—mehrere; Gf. 1; Fr. eine mehrsamige Kapsel oder eine einsamige Nuß.

Diese kleine Familie besteht nur aus den Gattungen Littorella und Plantago, und ist über die ganze Erde verbreitet.

† Littorella L. Strändling. †L. lacustris L. Sumpf= S. an Teichen.

Plantago L. Wegerich, Wegetritt. P. major L. Großer W., auf Aeckern, Triften, an Wegen, Ufern, sehr gem.; P. media L. Mittlerer W., auf Wiesen, Rainen, in Grasgräben, gem.; P. lanceolata L. Lancettblättriger W. auf Wiesen, in Grasgräben, an Wegen, sehr gem.

59. Familie. Plumbagineen, Plumbagineae. Juss.

Kräuter ob. Halbsträucher von sehr verschiedenem Ansehen. Bl. abwechselnd ob. gedrängt, einfach, an der Basis scheidenartig erweitert; Blth. in Aehren, Köpfchen oder Rispen; K. röhrenf., meist 5-zähnig, gefaltet, bleibend; Blkr. regelmäßig, 1-blättrig, am Rande 5-th., ob. 5-blättrig. Stbgf. 5.; Frkn. frei, 1-eiig; Gf. 5 oder 1 mit 5 N.; Fr. kapselartig, aufspringend oder nicht aufspringend.

Die Plumbagineen wachsen vorzugsweise in der gemäßigten Zone und auf Salzstellen, namentl. an Meeresküsten; nur wenige finden sich in den Tropen. Einige Arten werden als Zierpflanzen cult.

Statice L. Grasnelke. S. elongata Hoffm. (S. Armeria L.) Verlängerte G., auf trockenen Wiesen, Triften, Rainen, in Grasgräben, namentl. auf Sandboden, gem.

*Plumbago L. Bleiwurz. P. europaea L. In Südeuropa und im Orient; die Wurzel ist sehr scharf und giftig. (S. 157).

60. Familie. †Globularineen, Globularineae. Dec.

Kräuter, selten Sträucher mit meist spatelf. Wurzel-Bl.; Blth. in Köpfchen; K. und Blkr. 5-sp.; Staubgf. 4; Frkn. frei, 1-fächerig, 1-eiig; Gf. 1; N. 2-sp.; Fr. schlauchartig, nicht aufspringend.

Diese kleine Familie gehört dem gemäßigten Europa an.

† Globularia L. Kugelblume.

61. Primulaceen, Primulaceae. Vent.

Kräuter mit gegenüberstehenden, quirlförmigen oder zerstreuten Blättern; Blth. in Aehren, Trauben, Doldentrauben ob. Dolden, selten einzeln; K. 5, selten 4-th. ob. zähnig, bleibend; Blkr. regelm., 5, selten 4-sp. (bei Glaux gänzlich fehlend); Stbgf. 5, selten 4, zuweilen mit noch 5 unfruchtb.; Frkn. frei, einfächerig, vieleiig; Samenträger mittelpunktst., frei; Gf. 1; Kapselfrucht; Same schildf.

Die Primulaceen bewohnen größtentheils die nördlichen und kälteren Theile der Erde und kommen nur sehr sparsam unter den Tropen vor. — Die Blüthe der Schlüsselblume ist officinell (S. 147); andere Arten dieser Familie sind beliebte Zierpflanzen.

Trientalis A., Siebenstern. T. europaea L., Europäischer S. in einigen Wäldern unseres Fl.

Lysimachia L., Lysimachie. L. vulgaris L. Gem. L., an Ufern, im Weidengebüsch, in Erlenbrüchen, an sumpfigen Stellen, gem. — L. nummularia L., Pfennigkraut; in feuchten Waldungen, auf feuchten Wiesen, an Wassergr. gem.

Monopetale Dic. — Lentibularieen. Acanthaceen. 247

Anagallis L., Gauchheil. A. arvensis L., Acker-G., rothe Miere; auf Aeckern, in Gärten, Dorfſtr. gem.

Centunculus L., Kleinling. C. minimus L., Wieſen-K. auf feuchten Aeckern, Triften, Waldwegen.

Androsace. L. Mannsſchild. A. elongata L., Verlängerter M. auf Wiesenſtellen, graſigen Abhängen des Elb-Al. ſelten. — A. septentrionalis L., Nördlicher M.; in Haiden, ſelten.

Primula L., Primel. P. elatior Jacq., Hohe Primel, in feuchten Waldungen des nördl. Fl. und Ol. — P. officinalis Jacq. Gebräuchl. Primel, Schlüſſelblume, auf feuchten Wieſen, beſonders moorigen, an Gräben, in lichten Waldungen, namentl. häufig im Fl. und Ol.

Hottonia L. Hottonie. H. palustris L. Sumpf-H. in Waſſergr. Sümpfen und langſam fließenden Waſſern.

†Cyclamen. L. Erdſcheibe. †C. europaeum L., Alpenveilchen; in den Voralpen; mit mehreren anderen Arten häufige Topfpfl.

Samolus L. Bungen. S. Valerandi L. Valerands B., auf feuchten, ſalzhaltigen Wieſen, in Gräben.

Glaux L. Milchkraut. G. maritima L. Meerſtrands-M. an Salinen und feuchten, ſelbſt minder ſalzhaltigen Orten.

62. Familie. Lentibularieen, Lentibulariae. Rich.

Waſſer- ob. Sumpflanzen mit einfachen ob. zuſammengeſetzten, oft blaſentragenden Bl.; Blth. am Ende eines nackten Schafts, einzeln oder ähren- oder traubenf., oft mit Deckbl. verſehen; K. getheilt, ſtehenbleibend; Blkr. unregelm., 2-lippig, geſpornt; Stbgf. 2; Frkn. frei, 1-fächerig, vieleiig; Samenträger mittelpunktſt., frei; Gr. 1; Fr. Kapſel.

Kleine Familie in allen Theilen der Welt, am häufigſten unter den Tropen; mit nur zwei Gattungen:

Pinguicula L., Fettkraut. P. vulgaris L. Gem. F., auf torfigen Wieſen, in moorigen Erlenbr., nicht häufig.

Utricularia L., Waſſerſchlauch. U. vulgaris L., Gem. W. in ſtehenden ſumpfigen Waſſern. —

63. Familie. †Acanthaceen, Acanthaceae. Juss.

Kräuter ob. Sträucher mit gegenüberſtehenden, einfachen Bl.; Blth. in Aehren, Trauben, Bündeln, Rispen ob. einzeln; Blkr. meiſt unregelm., rachenf. ob. 2- ſelten 1-lippig; Stbgf. 4, zweimächtig; Frkn. frei, 2-fächerig; Kapſel 2-fächerig.

Die Acanthaceen ſind im Anſehen den Scrophularineen ſehr ähnlich, und finden ſich meiſtens unter den Tropen; Europa beſitzt nur eine Gattung:

†Acanthus L., Bärenklau; am adriatiſchen Meere.

64. Familie. Verbenaceen, Verbenaceae, Juss.

Bäume oder Sträucher, selten Kräuter. Bl. meist gegenüberstehend; Blth. in Doldentrauben, Aehren oder Köpfchen, selten einzeln; K. röhrig, bleibend; Blkr. röhrig, meist unregelm. getheilt; Staubgf. 4, gewöhnlich 2=mächtig, zuweilen 2; Frkn. frei, 2= oder 4=fächerig; Gf. 1; Fr. trocken ob. fleischig.

Gemein unter den Tropen und in Südamerika, selten in Europa. Von den Baumarten dieser Familie besitzt Tectonia grandis L. fil., Tektonie oder Theka, in Ostindien, ein sehr hartes, vorzüglich zum Schiffbau verwendetes Holz (Teakholz). Einige Arten der Verbenaceen sind beliebte Zierpflanzen.

Verbena L. Eisenkraut, Eisenhart. V. officinalis L. Gem. E.; an Dörfern, Wegen gem., früher officinell. — V. Melindres Gill. häufige Gartenpflanze.

65. Familie. Labiaten (Lippenblumen), Labiatae. Juss.

Kräuter, selten Sträucher mit 4eckigem Stengel und gegenüberstehenden Aesten; Bl. einfach, gegenüberstehend, mit zahlreichen punktf. Oelbehältnissen; Blth. in Wirteln, Köpfchen, Aehren ob. einzeln, mit Deckbl. oder nackt; K. röhrig, bleibend, regelm. 5—10=zähnig oder 5=sp. oder 2=lippig; Blkr. unregelm., oft 2=lippig; Stbgf. 4, zweimächtig, oder 2; Frkn. 4, frei, einer unterweibigen Scheibe eingefügt, 1=fächerig, 1=eiig; Gf. einfach, in der Mitte der Frkn. aus der Basis derselben hervorgehend; Fr.: 4 einsamige Nüsse vom K. eingeschlossen.

Diese große Familie ist über die ganze Erde verbreitet, findet sich aber am Zahlreichsten in der gemäßigten Zone zwischen dem 40. und 50. Breitegrad.

Alle Labiaten sind mehr oder weniger aromatisch und besitzen ätherische Oele, die theils zu Parfümerien (S. 135), besonders aber in der Heilkunde verwendet werden (S. 147). Giftpflanzen enthält diese Familie gar nicht. Wegen des Wohlgeruchs und wegen der Schönheit ihrer Blüthen werden mehrere Arten in Gärten cult., andere werden als Gewürzpflanzen gebaut (S. 124).

Die Familie zerfällt in 10 Gruppen.

I. Staubgefäße abwärts geneigt.

1. Gruppe. Ochmoideen. *Ocymum L. Basilienkraut. O. Basilicum L. Gem. B. aus Ostindien, wegen der wohlriechenden Bl. häufiges Topfgewächs.

†Lavandula L. Lavendel. L. vera. Dec. (L. spica L.) Wahrer L., Spiker; bei uns in Gärten; offic.

Monopetale Dic. — Labiaten.

II. Staubgefäße nicht abwärts geneigt.

1. Blkr. fast gleichlappig.

2. Gruppe. Menthoideen. Mentha L., Münze. †M. piperita. Pfeffer=M., bei uns, ebenso wie die Abart crispa (M. crispa L. Krause Münze) als offic. Pfl. cult. —
M. arvensis L. Acker=M., an Ufern, Bächen, Wassergräb., im Weidengeb., auf feuchten Waldwegen, feuchten Aeckern, gem.
Pulegium Mill. Polei. P. vulgare Mill. Gem. P. in Wiesenvertiefungen des Elbgeb.
Lycopus L., Wolfsfuß. L. europaeus L., Gem. W., an Ufern, Bächen, Wassergr. gem.

2. Blumenkrone zweilippig.

A. Früchte nußartig.

a) Staubgefäße zwei.

3. Gruppe. Monandreen. † Rosmarinus L., Rosmarin. R. officinalis; Südeuropa; bei uns vielf. in Töpfen; offic.
Sálvia L. Salbey. †S. officinalis L., Gebr. S., Südeuropa; bei uns in Gärten; offic. — S. pratensis L. Wiesen=S.; auf grasigen Höhen, Rainen, Triften, Wiesen, häufig; kalkliebend.

b) Staubgefäße vier.

1 α. Staubb. an einem Connectiv.

4. Gruppe. Saturineen. Origanum L., Dosten. O. vulgare L., Gem. D. in Waldungen an trockenen Stellen; zerstreut im Geb. — O. Majorana L., Mairan, aus Nordafrika, zum Küchengebrauch cultiv.; offic. —

Thymus, L. Thymian. T. vulgaris L., Gem. T., Südeuropa; als Gewürzpfl. cultiv.; offic. T. Serpyllum L., Quendel; an trockenen Stellen, nam. sandigen, der Anhöhen, Haiden, Wälder, Raine, Triften, Gräben, an Wegen, gem.; offic.

Satureja L., Pfefferkraut. S. hortensis L., Gem. P., Südeuropa, als Gewürzpfl. gebaut.

Calamintha Mönch. Calaminthe. C. Acinos Clairville. Feld=C. Kalk= und Sandboden liebend, auf Hügeln, Haidestellen, Rainen, an Wegen, in Esparsette, häufig.

Clinopodium L., Wirbeldosten. C. vulgare L. Gem. W. in lichten Waldungen und Hainen des Fl. und Dl. sehr häufig, im Al. selten.

1 β. Staubbeutel ohne Connectiv.

2 α. Staubb. an der Spitze zusammenstehend.

5. Gruppe. Melissineen. Melissa L. Melisse. †M. officinalis L., Gebräuchliche Melisse; Süd=Tyrol; offic.

2 β. Staubb. nicht a. d. Spitze zusammenstehend.

3 α Fruchtkelch nicht geschlossen.

4 α innere Stbgf. länger.

6. Gruppe. Nepeteen. Népeta L., Katzenmünze. N. Cataria L., Gem. K., an Dörfern, in Dorfgärten.

Glechóma. L. Gundelrebe. G. hederacea. L. Gem. G. In Wäldern, Hainen, an Zäunen, Dorfstr., zw. Futterkräutern, in Gräben, an Wegen, gem.

4. β. innere Stbgf. kürzer.

7. Gruppe. Stachybeen. Lamium. L. Bienensaug, Taubenessel. L. amplexicaule. Stengelumfassender B. u. L. purpureum. L. Rother B., beide auf Aeckern, in Gärten, gem. — L. album. L. Weißer B., an Hecken, Zäunen, Mauern, in Dorfstr., Gräben, an Dämmen, gem.

Galeóbdolon. Huds. Waldnessel. G. luteum Huds. Gelbe W., Goldnessel; in feuchten Wäldern u. Erlenbr. des Fl. u. Dl.

Galeopsis. L. Hohlzahn. G. Ládanum. L. Acker-H. auf Aeckern, nam. trockenen Kalk- und Sandbelsbern, häufig. †G. ochroleuca. Lam. Gelblichweißer H.; offic. — G. Tetrahit. L. Gem. H., Aecker, Wege, Wälder, gem.

Stachys. L. Ziest. S. sylvatica. L. Wald-Z., in feuchten Waldungen, Hainen, Gebüsch, sehr häufig. S. palustris. L. Sumpf-Z.; feuchte Aecker, Ufer, Erlenbr., Weidenwerder, gem.

Betonica. L. Betonie B. officinalis. L. Gebräuchl. B.; in lichten Wäldern, Hainen, auf Wiesen.

Marrubium. L. Andorn. M. vulgare. L. Gem. A., Wege, Dörfer, gem.

Ballota. L. Ballote. B. nigra. L. Schwarze B., Wege, Dörfer, sehr gem.

Leonurus. L. Löwenschwanz. L. Cardiaca. L. Gem. L.; Dörfer, gem.

Chaiturus Host. Katzenschwanz. C. Marrubiastrum. Rb. Andornartiger K.; Waldränder, Gebüsch; nur im Al.

3 β. Fruchtkelch geschlossen.

8. Gruppe. Scutellarineen. Scutellaria. L. Helmkraut. S. galericulata. L. Gem. H.; in feuchten Wäldern, Hainen, an Wassergr., in Erlenbr., auf Moorwiesen, an Torfstichen. S. hastifolia. L. im feuchten Gebüsch, auf feuchten Wiesen, in Weidenwerdern, nur im Al.

Prunella. L. Braunheil. P. vulgaris. L. Gem. Br., auf Wiesen, Triften, in lichten Waldungen, gem.

B. Früchte steinfruchtartig.

9. Gruppe. *Prasieen. Prasium L. Niccoline.

3. Blumenkrone (scheinbar) einlippig.

10. Gruppe. Ajugoideen. Ajuga. L. Günzel. A. reptans. L. Kriechender G., auf Wiesen, in feuchten Wäldern; A. genevensis. L. Haariger G. an trockenen Waldstellen, in Haiden, sandigen Grasgr.

Teucrium. L. Gamander. T. Scordium. L. Knoblauchs-G. in sumpfigen Ausstichen, unter Weidengebüsch, auf sumpf. Wiesen, an sumpf. Teichrändern, namentl. im Al.

66. Familie. Scrophularineen, Scrophularinae. R. Br.

Kräuter, selten Sträucher mit meist gegenüberstehenden Bl.; K. getheilt, stehenbleibend; Blkr. gewöhnl. unregelm.; Stbgf. 4, zwei-

Monopetale Dic. — Scrophularineen. 251

mächtig, selten gleich ob. bloß 2; Frkn. frei, 2-fächerig, mehreiig; Gf. 1; N. 1-, meist 2-lappig; Fr. eine 2-fächerige Kapsel, selten fleischig; S. zahlreich.

Die Scrophularineen sind über die ganze Erde gleichmäßig verbreitet. Sie besitzen scharfe und bittere Eigenschaften; einige Arten sind wirksame Arzneipflanzen (S. 148), mehrere sind giftig (S. 157) u. andere werden als Zierpflanzen cultivirt.

Die Familie zerfällt in 4 Gruppen, die auch wohl als selbstständige Familien betrachtet werden.

1. Gruppe. Verbasceen. Verbascum. L. Wollkraut, Königskerze. V. thapsiforme Schrad. Großblumiger W. auf Sandfeldern gem.; offic. Scrophularia L. Braunwurz. S. nodosa. L. Gem. B., in feuchten Wäldern, an Wassergr., Ufern, gem.

2. Gruppe. Antirrhineen. Gratiola. L. Gnadenkraut. G. officinalis. L. Gebräuchl. G. auf feuchten Wiesen, an Teichen, Gräben, nam. Elbgeb.; offic.

Digitalis L. Fingerhut. †D. purpurea L. Roth. F. offic. D. grandiflora. L. Großblüthiger F., in Laubwäldern des Fl. u. Ol.

Antirrhinum. L. Löwenmaul. †A. majus L. Großes L.; bei uns Gartenzierpfl. — A. Orontium. L. Feld-L.; in Gärten, auf Gemüseäckern.

Linaria. Tourn. Leinkraut. L. vulgaris. Mill. Gem. L.; Raine, Grasgr., Aecker, Wege, Wälder, gem.; offic.

Veronica L. Ehrenpreis. V. chamaedrys. L. Wald-E. in Wäldern, Hainen, auf Wiesen, in Grasgr. gem.; V. hederifolia. L. Epheublättriger E.; auf Aeckern, an Hecken, unter Gebüsch, in Erlenbr. gem.

Limosella. L. Sumpfkraut. L. aquatica. L. Wasser-S., an überschwemmt gewesenen, thonhaltigen Stellen der Ufer, an Teichrändern u. auf feuchten Waldwegen.

3. Gruppe. Rhinanthaceen. Melampyrum. L. Wachtelweizen. M. pratense. L. Wiesen-W.; in Wäldern, auf Waldwiesen des Fl. u. Ol. häufig. — M. nemorosum. L. Blauer W.; in Wäldern u. Hainen, sehr häufig.

Pediculáris. L. Läusekraut. P. sylvatica. L. Wald-L., auf nassen, moorigen Wiesen. — P. palustris. L. Sumpf-L.; auf sumpfigen Wiesen.

Rhinanthus. L. Klappertopf. R. minor Ehrh. Kleiner K. auf Wiesen gem. — R. major Ehrh. Großer K.; auf Wiesen gem.; auch auf Sandäckern unter der Saat.

Euphrasia. L. Augentrost. E. offic. L. Gebräuchl. A.; Wiesen, Triften, Haiden, Anhöhen, häufig. — E. Odontites. L. Rother A.; feuchte Aecker (Stoppelfelder), Wiesen, Weidengebüsch, sehr häufig.

4. Gruppe. Orobancheen. Orobanche. L. Sommerwurz. O. Galii Duby. Labkrauts-S.; auf Hügeln, in Wäldern; auf den Wurzeln von Galium verum und Mollugo schmarotzend; zerstreut durch das Geb.

Lathraea. L. Schuppenwurz. L. squamaria L. Gem. S.; in Laubwäldern; zerstreut d. d. Geb.

67. Familie. *Bignoniaceen, Bignoniaceae. Juss.

Bäume ob. Sträucher, letztere meist kletternd, windend ob. rankend, selten Kräuter. Blth. rispen= ob. ährenf., selten einzeln; K. 5lappig, unregelm.; Blkr. glocken=, trichter=, ob. röhrenf.; Stbgf. 5; Frkn. frei, meist 2fächerig; Fr. eine 2=klappige Kapsel; S. oft geflügelt.

Die Bignoniaceen sind nam. unter den Tropen zu Hause; zu ihnen gehören die mächtigen Schlinggewächse der tropischen Urwälder, die Lianen (S. 105). Die Sesam=Gewächse, besonders der orientalische Sesam (Sesamum orientale L.) liefern durch ihre Samen ein vorzügliches Speiseöl (S. 125); Jacandra in Südamerika das Polisander=Holz, und der Trompetenbaum (Catalpa syringaefolia Sims.) dient als Zierde unserer Gärten.

68. Familie. Solaneen, Solaneae. Juss.

Kräuter ob. Sträucher mit abwechselnden, oben oft gegenüberstehenden Bl.; K. 5sp. ob. 5th., bleibend ob. abfällig mit bleibender Basis; Blkr. 5=, selten 4=th., regelm. ob. etwas ungleich; Stbgf. 5, selten 4; Frkn. frei, 2=, selten 4fächerig, vieleiig; Gf. 1; N. einfach; Fr. Kapsel ob. Beere.

Die Solaneen finden sich, mit Ausnahme der Polarländer, fast in allen Theilen der Welt. Sie sind, obgleich viele in Wurzel, Blatt u. Frucht starke Gifte enthalten (S. 158) und alle mehr oder weniger verdächtig sind, dennoch für den Menschen eine hervorragend nützliche Familie, theils wegen ihrer heilenden Kräfte (S. 148), theils als Nahrungs=, Gewürz= u. Industriepflanzen. Vor allen zeichnet sich als Nahrungspflanze die Kartoffel (S. 117) u. als Industriepflanze der Tabak (S. 141) aus.

Lycium. L. Bocksdorn. L. barbarum. L. Gem. B., zu Hecken verwendet; findet sich bei uns überall an Dörfern verwildert.
Solánum. L. Nachtschatten. S. nigrum. L. Schwarzer N.; auf Aeckern, an Wegen, Dörfern, Schutthaufen, sehr gem. — S. Dulcamara L. Bittersüß; in Weidenwerdern, Erlenbr., im Gebüsch an Ufern, Bächen, gem.; offic. — S. tuberosum. L. Kartoffel; im Großen überall cult. S. Lycopersicon. L. Liebesapfel, Tomate; die Frucht wird als Zuthat zu den Speisen in den südlichen Ländern gegessen.
*Capsicum. L. Beißbeere. C. annuum, L. Spanischer Pfeffer; aus Südamerika (S. 123); offic. Hyoscyamus. L. Bilsenkraut. H. niger L. Schwarzes B. an Dörfern, Wegen, gem.; offic.
Nicotiana. L. Tabak. N. Tabacum. L. Gem. T., in unserem Dl. auf schwarzmoorigem Sandacker vielf. gebauet; offic.
Datura. L. Stechapfel. D. Stramonium L. Gem. S.; an Wegen, Dörfern, auf Schutthaufen, häufig; offic.

Monopetale Dic. — Boragineen.

69. Familie. **Boragineen**, Boragineae. Juss.

Kräuter, Sträucher ob. Bäume; Bl. meist abwechselnd, oft mit steifen kurzen Haaren besetzt; Blth. gewöhnlich regelmäßig, meist in einseitswendigen Wickeln stehend, die vor dem Aufblühen schneckenartig zusammengerollt sind; K. 5=, selten 4=th., stehenbleibend; Blkr. 5= selten 4=sp.; Stbgf. 5, selten 4; Frkn. frei, entweder aus 4 einzelnen, auf einer fleischigen Scheibe sitzenden Ovarien bestehend, oder einfach, meist 4=fächerig, von dem fleischigen Discus (Scheibe) umgeben; 1 Eichen in jedem Fache; Gf. 1, in der Mitte der Frkn.; Nüsse 4 ob. 2, vom K. eingeschlossen.

Die Boragineen sind in den gemäßigten Gegenden der nördl. Halbkugel sehr zahlreich, besonders im südl. Europa u. Mittelasien, seltener in Nordamerika; die Gattung Heliotropium u. wenige andere finden sich dagegen meist unter den Tropen.

Die Familie hat keine giftigen Gewächse; viele Arten enthalten schleimige Substanzen und waren früher officinell. Einige sind beliebte Zierpflanzen. Die Färber=Ochsenzunge dient zum Rothfärben (S. 139).

Die Boragineen zerfallen in mehrere Gruppen,

1. **Heliotropeen.** † Heliotrópium L. **Sonnenwende.** * H. peruvianum L. Heliotrop; wegen des gewürzhaften Wohlgeruchs eine sehr beliebte Topf= und Gartenpfl.

2. **Cynoglosseen.** Asperúgo. L. **Scharfkraut.** A. procumbens L. Gestrecktes S.; an Mauern, Wegen, in Gräben.
Echinospérmum Swartz, **Igelsame.** E. Lappula Lehm. Klettenartiger J.; Mauern, kalkhaltige Höhen u. Abhänge.
Cynoglóssum L. **Hundszunge.** C. officinale L. Gebräuchl. H.; auf Hügeln, an Wegen, häufig.
Omphalodes Tourn. **Omphalode.** †O. verna Mönch. Frühlings=O. (Garten=Vergißmeinnicht); in Süddeutschland wild; bei uns vielf. in Gärten. — O. scorpioides Lehm. Vergißmeinnichtartige O.; in Waldungen, selten.

3. **Anchuseen.** Borago. L. **Boretsch.** B. officinalis L. Gebräuchl. B.; in Gärten zuweilen cult. u. verwildert.
Anchusa. L. **Ochsenzunge.** A. officinalis. L. Gebräuchl. O., an Wegen, in Grasgräben, auf Dämmen, nam. in Sandgegenden häufig. †A. tinctoria. L. Färber=O.; im Süden wild u. als Farbepf. cult.
Lycópsis. L. **Krummhals.** L. arvensis L. Acker=K. auf Aeckern gemein.
Nonnéa. Med. **Ronnee.** N. pulla Dec.; an Wegen, auf Aeckern, nam. in Esparsette; nur im Fl.; kalkliebend.
Symphitum. L. **Beinwurz.** S. officinale. L. Gebräuchl. B. auf nassen Wiesen, an Usern, Bächen, Wassergr., im Weidengebüsch, feuchten Wäldern, gem.

4. **Lithospermeen.** Echium. L. **Natternkopf.** E. vulgare L. Gem. N.; Wege, Mauern, Aecker, sehr gem.

Pulmonária. L. Lungenkraut. P. officinalis. L. Gebräuchl. L.: in Laubwäldern des Fl. u. Ol. u. des Bode-Al.

Lithospermum. L. Steinsame. L. arvense. L. Acker-S. auf Aeckern, in Grasgr., auf Anhöhen, gem.

Myosotis. L. Mauseohr, Vergißmeinnicht. M. palustris. With. Sumpf-V.; Wassergr., Teiche, Bäche, Ufer, Sümpfe, feuchte Wälder, gem.

70. Familie. Convolvulaceen, Convolvulaceae. Juss.

Kräuter ob. Sträucher, oft windend u. milchend, mit abwechselnden Bl. ob. blattlos; K. 5=, selten 4=sp., bleibend; Bltr. regelm., 5lappig, meist der Länge nach gefaltet; Stbgf. 5; Frkn. frei, auf einer unterweibigen Scheibe; Gf. 1; Kapsel 2—4klappig.

Die Convolvulaceen, welche am zahlreichsten in den Tropen und nur in geringer Artenzahl in den kälteren Klimaten sich zeigen, besitzen größtentheils scharfe u. purgirend wirkende Eigenschaften, so daß einige Arten kräftige Arzneimittel liefern (S. 149). Andere, denen jene charakteristischen Eigenschaften der Familie fehlen, zeichnen sich als vorzügliche Wurzel-Nahrungspflanzen aus, nam. die Bataten-Winde (S. 117). Wegen der schönen Blüthen werden mehrere als Zierpflanzen cultivirt,

Convolvulus. L. Winde. C. sepium. L. Zaun-W., an Zäunen, im Weidengebüsch, gem. C. arvensis. L. Acker-W.; auf Aeckern, Rainen, in Grasgr., an Wegen, sehr gem. — *C. tricolor. L. Dreifarbige W., aus Südeuropa; in Gärten als Zierpfl. cult.

Cuscuta. L. Flachsseide; auf anderen Pfl. schmarotzend. C. europaea. L. Gem. F.; auf der großen Brennessel, Hopfen, Hanf, Weiden 2c. häufig. — C. Epithymum. L. Thymseide; auf Haide, Ginster, Quendel und kult. Klee, letzteren oft ganz vernichtend. — C. Epilinum. Weihe, Leinseide; auf Lein; in manchen Gegenden ein gefährlicher Zerstörer der Flachsfelder; in unf. Geb. selten.

71. Familie. †Polemoniaceen, Polemoniaceae. Juss.

Kraut= ob. strauchartige Pflanzen mit gegenüberstehenden, zuweilen abwechselnden Bl.; K. gesp., bleibend; Bltr. regelm.; Stbgf. 5; Frkn. frei; Samenträger mittelpunktst.; Gf. 1; N. 3=sp.; Kapsel 3=klappig.

Die Polemoniaceen sind am zahlreichsten im gemäßigten Amerika, sparsam in Europa u. Asien, und fehlen in den Tropen. Mehrere Arten werden als Zierpfl. cult.

†Polemonium. L. Sperrkraut. †P. caeruleum. L. Blaues S., Jakobsleiter; Harz u. Süddeutschland; Gartenpfl.

*Phlox. L. Flammenblume. Eine artenreiche Gattung aus Nordamerika; bei uns beliebte Zierpflanzen.

Monopetale Dic. — Gentianeen — Asclepiabeen.

72. Familie. Gentianeen, Gentianeae. Juss.

Kräuter, selten Sträucher, mit gegenüberstehenden, ganzrandigen Bl.; K. gesp., bleibend; Blkr. 4—8=sp.; Stbgf. so viel als Zipfel der Blkr.; Frkn. frei, 1= ob. 2=fächerig, vieleiig; Gf. 2, theilweise ob. ganz zusammengewachsen; N. einfach ob. doppelt; Fr. eine Kapsel, selten Beere, vielsamig, 1—2=fächerig, oft 2=klappig.

Die Gentianeen sind allgemein über die Erde verbreitet, u. zeichnen sich durch einen sehr bitteren Geschmack aus; mehrere von ihnen sind officinell (S. 149).

Menyanthes. L. Zottenblume. M. trifoliata. L. Dreiblättrige Z., Fieberklee, Dreiblatt; auf torfigen nassen Wiesen, an sumpfigen Bachufern, nam. im Dl.; offic.

Gentiana. L. Enzian. †G. lutea. L. Gelber E., auf Triften der Alpen und Voralpen; offic. — G. Pneumonanthe. L. Gem. E., auf moorigen Wiesen. — G. campestris. L. Feld=E., u. G. germanica. L. Deutscher E., auf sonnigen Anhöhen.

Erythraea Rich. Tausendguldenkraut. E. Centaurium Pers. Gem. T., auf Triften, in feuchten Ausstichen, in Wäldern, häufig. — E. pulchella. Fries. Niedliches T. auf Triften, Aeckern.

73. Familie. Apocyneen, Apocyneae. R. Br.

Bäume ob. Sträucher, oft milchend, mit gegenüberstehenden ob. quirlf., selten zerstreut stehenden Bl.; Blth. einzeln ob. in Doldentrauben; K. 5th., bleibend; Blkr. regelm. 5sp., in der Knospenlage zsgedreht; Stbgf. 5, Blüthenstaub körnig; Frkn. vieleiig, 2 einfächerige, völlig freie, selten in ein einziges, 2fächeriges Ovarium verwachsen; Gf. 2, an der Spitze durch eine gemeinschaftliche N. verbunden, zuweilen gänzlich verwachsen; Fr. eine Balgkapsel, Kapsel, Steinfr. ob. Beere.

Die Apocyneen sind vorzugsweise unter den Tropen zu Hause und besitzen in ihren Milchsäften scharfe, mehr oder weniger giftige Eigenschaften. Namentlich enthält die Gattung Strychnos ein äußerst giftiges Pflanzenalcaloid, das Strychnin (S. 57 u. 158). Die Samen des Krähenaugenbaumes, Strychnos Nux vomica L. sind offic. (S. 149). Einige Arten liefern durch ihren Milchsaft Kautschuk, nam. die ostindische Krugblume, Urceola elastica Roxb. (S. 136). Andere Arten werden als Zierpflanzen cult.

Vinca. L. Sinngrün. V. minor. L Kleines S.; in Laubwäldern des Fl. hin u. wieder; in Gärten, auf Friedhöfen häufig angepflanzt.

†Nerium. L. Oleander. †N. Oleander. L. Gem. O. Nordafrika u. Südeuropa (auch Südthyrol); häufige Zierpfl.

74. Familie. Asclepiabeen, Asclepiadeae. R. Br.

Sträucher, selten Kräuter, meist milchend u. windend, mit ganzrandigen, gegenüberstehenden, zuweilen abwechselnden ob. gequirlten Bl.;

Blth. in Dolden, Büscheln ob. Trauben; K. 5=th., bleibend; Blkr. regel=
mäßig 5=sp.; Stbgf. 5; Blthstaub in Massen vereinigt u. an einem drü=
senartigen Körper der N. befestigt; Frkn. 2; Gf. 2, an der Spitze durch
eine dicke 5=eckige N. vereinigt; Fr. 2 Balgkapseln; S. zahlreich, dach=
ziegelf. übereinanderliegend, hängend, kahl oder mit einem Büschel Haaren
versehen.

Die Asclepiadeen finden sich hauptsächl. in den heißeren Theilen
der Welt, und sind im Allgemeinen scharf, bitter u. giftig.

*Asclepias syriaca. L. Seidenpflanze; aus Nordamerika; als
Zierpfl. zuweilen in Gärten.

Cynanchum. R. Br. Hundswürger. C. Vincetoxicum. R. Br.
Gem. H.; in Laubwäldern, Gebüschen.

75. Familie. *Jasmineen, Jasmineae. Juss.

Bäume ob. Sträucher, zuweilen windend, mit meist gegenüber=
stehenden Bl.; Blth. in Trauben, Doldentrauben ob. Rispen; K. gezähnt
ob. geth.; Blkr. regelm., mit 5—8=sp. Saume, Zipfel in der Knospenlage
schraubenf. zusammengerollt; Stbgf. 2; Frkn. 2=fächerig; Gf. 1; N. 1;
Kapsel ob. Beere.

Hauptsächlich dem tropischen Indien angehörig.

*Jasminum. L. Jasmin. J. officinale. L. Gem. J.; in Südtyrol
verwildert; die wohlriechenden Blüthen liefern das Jasminöl (aber nicht
unser Pfeifenstrauch „wilder Jasmin").

76. Familie. Oleaceen, Oleaceae. Lindl.

Bäume ob. Sträucher; K. gezähnt ob. geth.; Blkr. regelm. 4=sp.
ob. 4=blättrig; Stbgf. 2; Frkn. 2=fächerig Fr. Kapsel, Beere ob. Steinfr.

Die Oleaceen bewohnen die gemäßigten Gegenden der nördl. Halb=
kugel und enthalten Nutz= u. Zierpflanzen. Von hervorragendem Nutzen
ist der Oelbaum (S. 125, 149). Von der Gattung Fraxinus liefert die
hohe Esche ein dauerhaftes Holz u. die Manna=Esche durch ihren
Saft das officinelle Manna (S. 149).

†Olea. L. Oelbaum. O. europaea. L. Gem. Oe.; Südtyrol.
Ligustrum. L. Hartriegel. L. vulgare. L. Gem. H.; in Wäldern.
Syringa. L. Flieder. S. vulgaris. L. Gem. F.; gewöhnlicher Gar=
tenzierstrauch.
Fraxinus L. Esche. F. excelsior. L. Hohe E.; in feuchten Wäl=
dern, an Bächen, Wassergr. allgemein verbreitet. — †F. Ornus. L.
Manna=Esche; Süd=Tyrol.

77. Familie. *Sapoteen, Sapoteae. Juss.

Bäume ob. Sträucher, meist milchend, mit abwechselnden, ganz=
randigen u. lederartigen Bl.; K. stehenbleibend; Blkr. regelm.; Frkn.
frei, mehrfächerig; Fr. fleischig, 1= ob. mehrfächerig, Fächer 1samig; S.
in der Regel nußartig.

Monopetale Dic. — Aquifoliaceen. Ebenaceen. Ericeen.

Hauptsächlich im tropischen Indien, Afrika und Amerika.
Achras Sapota L. u. A. mammosa L. in Südamerika, liefern durch ihre Früchte eine beliebte Nahrung des Landes.
Isonandra Gutta. Hooker. Percha=Baum, liefert durch den Milch=saft die Gutta=Percha (S. 149).

78. Familie. †Aquifoliaceen, Aquifoliaceae. Dec.

Immergrüne Sträucher mit abwechselnden ob. gegenüberstehenden, oft lederartigen, ganzrandigen ob. dornig gezähnten Bl.; Blth. einzeln ob. in Büscheln, zuweilen in Afterdolben; K. 4—6zähnig; Blkr. regelm., 4—6th.; Stbgf. 4—6; Frkn. 2—6fächerig, Fächer 1eiig; N. fast sitzend, gelappt; Steinfrucht.

Die Aquifoliaceen kommen vorzüglich in Amerika u. am Vorgebirge der guten Hoffnung vor.

†Ilex. L. Stechpalme. I. Aquifolium. L. Gem. S.; in Wäldern, auf Bergtriften; in unserem Geb. nur angepfl. in Gärten u. Anlagen.

79. Familie. *Ebenaceen, Ebenaceae. Juss.

Bäume ob. Sträucher mit abwechselnden, ganzrandigen, leder=artigen Bl.; Blth. oft polygamisch ob. zweihäusig; K. 3—6sp., bleibend; Blkr. regelm., 3—6 sp.; Frkn. mehrfächerig; Fr. Kapsel ob. Beere.

Die Ebenaceen finden sich im südl. Asien, Neuholland, Afrika und Amerika; nur eine Art wächst in Süd=Europa. Sie zeichnen sich durch ein sehr festes Holz aus.

Dióspyros. L. Dattelpflaume. D. Ebenum. Retz. Ebenholz=D.; auf der Insel Ceylon; das schwarze Kernholz des Baumes liefert das Ebenholz (S. 131). — D. Lotus. L. Italienische D., in Süd=Europa.

80. Familie. Ericeen, Ericeae. R. Br.

Sträucher ob. Bäume, selten Kräuter; Bl. oft stehenbleibend, abwechselnd, quirlf., ob. gegenüberst.; K. mehr ob. weniger tief= u. meist 5theilig; Blkr. 5= ob. 4=, selten 7 sp., zuweilen tief 5 th. ob. 5blättrig; Stbgf. doppelt, selten eben so viel als Blkronabtheilungen; Frkn. mehr=fächerig, Gf. 1; N. 1; Fr. eine Kapsel, Beere ob. Steinfr.

Die meisten Ericeen erscheinen am Vorgebirge der guten Hoffnung, in Europa u. Amerika. Sie sind im Allgem. abstringirend, nam. die Blätter der officinellen Bärentraube (S. 149) u. einige Arten sind giftig (S. 158); von anderen dagegen sind die Früchte eßbar, u. viele werden wegen ihrer schönen Blüthen als Zierpflanzen cultivirt. Außer=dem enthält die Familie eine Anzahl torfbildender Pflanzen.

Die Ericeen zerfallen in drei Gruppen, welche auch wohl als be=sondere Familien angesehen werden.

1. Gruppe. Ericineen. † Arctostáphylos. Adans. Bären=

traube. A. officinalis Wimm. Gebräuchl. B.; in Haiden des nördl. Deutschl. u. der Voralpen; offic.

Andrómeda. L. Andromede. A. polifolia. L. Poleiblätter. A.; in torfigen Sümpfen, bei uns selten.

Callúna. Salisb. Haidekraut. C. vulgaris. Gem. H. in trockenen Wäldern, Haiden, auf moorigen Wiesen, Triften, Anhöhen, gem., nam. auf Sandboden.

Erica. L. Haide. E. tetralix. L. Sumpf-H.; auf torfigen, nam. nassen u. sumpf. Wiesen u. Waldstellen im Dl.

†Azálea. L. Azalie. *A. pontica. L. aus dem Orient, wegen ihrer schönen Blüthen in vielen Varietäten als Zierpfl. cult.

†Rhododendron. L. Alpenrose. †R. ferrugineum. L. Rostfarbige A. u. R. hirsutum. L. Rauhhaarige A., beide Arten der Schmuck der Alpen. Andere Arten dieser Gattung gehören zu unseren schönsten Zierpflanzen.

Ledum. L. Porst. L. palustre. L. Sumpf-P., an sumpfigen und torfigen Waldstellen im Dl.; nicht häufig.

2. Gruppe. Pyrolaceen. Pyrola. L. Wintergrün; in Wäldern u. Haiden. Von den 7 deutschen Arten, die auch sämmtl. in unserem Geb. vorkommen, sind die meisten sehr selten, u. nur P. minor. L. Kleines W. u. P. secunda. L. Einseitswendiges W. ziemlich häufig im Fl. u. Dl.

3. Gruppe. Monotropeen. Monotropa. L. Ohnblatt; blattlose Schmarotzer. M. Hypopitys. L. Vielblumiges O. in Laubwäldern und Haiden.

2. Unterordnung. Monopetale Dycothledonen mit kelchständiger (umweibiger) Blumenkrone.

Dicotyledones monopetalae corolla perigyna.

81. Familie. *Styraceen, Styraceae. Rich.

Bäume ob. Sträucher mit abwechselnden Bl.; Blth. mit Deckbl. K. frei ob. mit dem Frkn. verwachsen; Blkr. kelchständig, 3—10th.; Frkn. 3—5fächerig, vieleiig; Steinfr. vom Kelch umgeben ob. bekleidet, 1—5fächerig.

Diese kleine Familie gehört hauptsächlich Amerika, China und dem tropischen Asien an. Die Gattung Styrax liefert die officinellen Harze, den Storax u. das Benzoëharz (S. 149).

82. Familie. Vaccineen, Vaccineae. Dec.

Sträucher ob. kleine Bäume mit abwechselnden, lederartigen, einfachen Bl.; K. oberst. 4—5zähnig ob. ungetheilt; Blkr. 4—5lappig; Stbgf. so viel ob. noch einmal so viel als Zipfel der Blkr.; Frkn. 4—5fächerig, Samenträger mittelpunktst; Gf. 1; N. einfach; Fr. Beere.

Häufig in Nordamerika. — Rinde u. Blätter sind abstringirend. Die Früchte mehrerer Arten werden roh ob. eingemacht gegessen, bie be Heidelbeere sind zugleich officinell (S. 149).

Monopetale Dic. — Campanulaceen. Lobeliaceen.

Vaccinium. L. Heidelbeere. V. Myrtillus L. Gem. H., in Wäldern (nam. Buchenwäldern) und Haiden im Fl. u. Dl. V. Oxycoccos. L. Moosbeere; an torfhaltigen, sumpfigen Stellen im Dl. nicht häufig; die Früchte werden eingemacht wie die der Preißelbeere.

83. Familie. Campanulaceen, Campanulaceae. Juss.

Milchende Kräuter, selten Halbsträucher, mit meist abwechselnden Bl., die Wurzelbl. oft anders gestaltet. Blth. einzeln, in Aehren, Trauben, Rispen ob. Knäulen; K. oberst., 5sp., stehenbleibend; Blkr. dem K. eingefügt, gewöhnlich regelm. u. 5=sp.; Stbgf. 5; Frkn. 3—5=fächerig, vieleiig, Samenträger mittelpunktst.; Gf. 1; N. 2—5=sp.; Fr. Kapsel; S. zahlreich.

Die artenreiche Familie der Campanulaceen ist hauptsächl. in Nordasien, Europa u Nordamerika zu Hause, ingleichen am Cap der guten Hoffnung, selten in den Tropen. Ihr Milchsaft ist scharf, doch werden die Wurzeln u. Schößlinge einiger Arten gegessen. Wegen ihrer schönen Blüthen sind mehrere als Zierpfl. beliebt.

Jasione. L. Jasione. J. montana. L. Berg=J.; auf unfruchtb. Hügeln, in Haiden, Grasgr. nam. der Sandgegenden, sehr häufig.

Phyteuma. L. Rapunzel. P. spicatum. L. Aehrige R.; in Wäldern des Fl. u. Dl.

Campanula. L. Glockenblume. C. rotundifolia. L. Rundblättrige G.; auf trockenen Wiesen, sandigen u. unfruchtb. Höhen, in Haiden, sehr häufig; C. rapunculoides. L. Rapunzelartige G.; in Wäldern, auf Aeckern, in Gärten, an Wegen, häufig. — C. patula. L. Abstehende G. auf Wiesen häufig.

†Specularia Heist. Spiegelglocke. S. Speculum. Dec. Schönblühende S.; unter der Saat im südl. Gebiete; bei uns als Zierpfl. in Gärten; zuweilen verwildert.

84. Familie. †Lobeliaceen, Lobeliaceae. Juss.

Milchende Kräuter ob. Sträucher mit abwechselnden Bl.; K. oberst., 5=sp. ob. ganz; Blkr. dem K. eingefügt, unregelm.; Stbgf. 5; Frkn. 2—4=fächerig, Fächer vieleiig; Gf. 1; N. mit einem häutigen Kruge ob. einem Ringe von Haaren umgeben; Fr. Kapsel.

Die Lobeliaceen finden sich vorzugsweise unter den Tropen. Sie sind sämmtlich wegen ihres sehr scharfen Milchsaftes mehr ob. weniger giftig. Das Kraut von Lobelia inflata. L. ist officinell (S. 150). Einige Arten werden als Zierpfl. gezogen.

†Lobelia. L. Lobelie. †L. Dortmanna. L. Wasser=L., unter dem Wasser in Seen u. Sümpfen Norddeutschlands.

3. **Unterordnung. Monopetale Dicotyledonen mit stempelst. (oberweibiger) Blumenkrone.**

Dicotyledones monopetalae corolla epigyna.

85. **Familie. Compositen**, Compositae. Adans.

Kräuter, Sträucher, selten kleine Bäume, oft milchend, mit abwechselnden ob. gegenüberstehenden, meist einfachen Bl. Die Blüthen zwitterig, vielehig ob. zweihäusig, theils röhrig, theils zungenf., auf einem gemeinschaftl. Blüthenboden (receptaculum) dicht zusammengestellt, von einer mehrblättrigen Hülle, involucrum, (Hauptkelch ob. gemeinschaftl. Kelch, calyx communis) umgeben. Der Hauptkelch ist zuweilen noch mit Bracteen (Außenkelch) versehen. — Die Blüthenköpfe bestehen entweder nur aus röhrigen Blüthen (scheibiges Köpfchen), oder nur aus zungenförmigen (geschweiftes Köpfchen), oder aus röhrigen u. zungenf. Blüthen zugleich, indem die Mitte der Scheibe röhrige, und der Rand derselben zugenförmige Blth. enthält (strahliges Köpfchen). — Der Kelch der einzelnen Blüthe (der eigentliche Kelch) ist röhrenf. u. mit seiner Röhre mit dem Frkn. innig verwachsen. Der trockenhäutige Kelchsaum, der sich meist mit der Frucht weiter entwickelt, wird Pappus ob. Federkrone genannt u. erscheint oft verlängert u. verschiedenartig gespalten, d. h. in Borsten, Haare, Federchen ob. Schuppen tief getheilt; zuweilen ist er kurz u. ungetheilt ob. kaum bemerklich. Blumenkrone bald röhrenf. 5-sp., meist regelm., bald zungenf., die Spitze der Zunge gewöhnlich 5-zähnig; Stbgf. 5; Staubf. meist frei; Staubbeutel lineal, in eine Röhre verwachsen, an der Spitze mit einer häutigen Verlängerung des Connectivs versehen; Frkn. 1-eiig; Gf. 1; N. 2; Fr. trocken, nicht aufspringend (eine Achene), mit dem ausgewachsenen Kelchrand (Pappus) gekrönt.

Die Compositen bilden die größte Familie der Phanerogamen und umfassen ungefähr den 10. Theil derselben (über 900 Gattungen u. über 10,000 Arten). Sie sind über die ganze Erde verbreitet u. in den Tropen meist strauchartig. Ihr Nutzen ist mannichfach; sie enthalten Nahrungs-, Oel-, Farbe-, Heil- u. Zierpflanzen (S. 118. 125. 139. 150).

Die Compositen zerfallen in 3 Hauptgruppen ob. Unterfamilien: 1. **Corymbiferen**, deren meist strahlige Blüthenköpfe gewöhnlich eine Doldentraube (Corymbus) bilden; 2. **Cinarocephaleen** mit scheibigen Köpfchen; meist Zwitterblüthen mit nach oben verdicktem Griffel; 3. **Cichoraceen**, milchende Pflanzen mit geschweiften Köpfchen u. hermaphroditischen Blüthen.

1. **Hauptgruppe. Corymbiferen.** Eupatórium. L. Wasserdosten. E. cannabinum. L. Hanfartiger W.; feuchte Waldstellen, Gebüsch, Erlenbr., Bäche, Wassergr. im Fl. u. Ol. häufig.

Monopetale Dic. — Compositen.

Tussilágo. L. **Huflattich.** T. Fárfara. L. Gem. H., auf feuchten Aeckern, an nassen Gräben, Ufern, gem.; offic.

Petasítes. Gärtn. **Pestilenzwurz.** P. officinalis. Mönch. Gebräuchl. P.; an Bächen, Wassergr., häufig.

Linósyris. Dec. **Linosyre.** L. vulgaris Cassin. Gem. L.; in trockenen Wäldern, selten.

Aster. L. **After.** A. Tripolium. L. Meerstrands-A., auf salzhaltigen feuchten Wiesen, an salzigen Wassergr., Bächen. *A. chinensis. L. Garten-After; aus China; häufige Zierpfl.

*Georgina variabilis Willd. Georgine, Dahlia; a. Mexico; häuf. Zierpfl.

Bellis. L. **Gänseblümchen.** B. perennis. L. Ausdauerndes G., auf Wiesen, Triften, in Grasgr., an rasigen Stellen der Wege, Wälder, an Ufern, Bächen, auf Brachäckern, sehr gem.; gefüllt (Tausendschönchen) eine beliebte Gartenzierpfl.

Erigeron. L. **Berufskraut.** E. canadensis. L. Gem. B.; an Wegen, auf Aeckern (Stoppelfeldern), auf Triften, an Ufern, gem.

Solidago. L. **Goldruthe.** S. Virga aurea. L. Gem. G.; in Wäldern. — Mehrere ausländische Arten sind beliebte Zierpfl.

Inula. L. **Alant.** †I. Hellenium. L. Wahrer A.; auf feuchten Wiesen in Nord- u. Mitteldeutschland; offic. — I. Britanica. L. Wiesen-A.; feuchte Wiesen, Triften, Gräben, Ufer, sehr häufig.

Pulicaria. Gärtn. **Flöhkraut.** P. vulgaris. Gartn. Gem. F., auf feuchten Triften, an überschwemmt gew. Orten, an Dörfern.

Galinsoga. Ruiz. **Galinsoge.** G. parviflora. Kleinblüthige G.; stammt aus Peru; in Gärten, auf Gemüseäckern hier u. da ein lästiges Unkr.

Bidens. L. **Zweizahn.** B. tripartita L. Dreitheiliger Z.; an Wassergr., Dörfern, Bächen, Ufern, gem.

Helianthus. L. **Sonnenblume.** H. annuus. L. Jährige S. in südl. Gegenden wegen der öligen Samen cult.; bei uns Zierpfl. in Gärten. — H tuberosus. L. Knollige S., Erdapfel; wegen der knolligen Wurzel hin u. wieder cultivirt.

Filago. L. **Fadenkraut.** F. arvensis. L Feld-F.; auf trockenen Aeckern, Triften, in Grasgr., an Wegen, sehr häufig. — F. minima. Fries. Kleines F.; auf mageren Aeckern, nam. sandigen, auf Triften, sonnigen Hügeln, in Haiden, an sandigen Ufern, gem.

Gnaphalium. L. **Ruhrkraut.** G. uliginosum. L. Schlamm-R.; feuchte Aecker, überschwemmt gew. Orte, feuchte Waldwege, Ufer, gem. †G. Leontopodium. Scop. **Edelweiß;** auf Triften der Alpen; eine der schönsten Alpenpflanzen.

Artemisia. L. **Beifuß.** A. Absinthium. L. Wermuth-B.; in den Dorfstr. der Sandgegenden häufig verwildert; offic. — A. campestris. L. Feld-B. auf trockenen Hügeln, in Gräben, an Wegen sehr häufig, in der Sandgegend gem. — A. Dracunculus. L. Dragun-B., Dragon; zum Küchengebrauch cult. — A. vulgaris. L. Gem. B.; an Wegen, Ufern, im Gebüsch, gem; offic.

Tanactum. L. **Rainfarn.** T. vulgare L. Gem. R.; an Wegen, Ufern, im Gebüsch, auf Wiesen, sehr häufig

Achilléa. L. **Schaafgarbe.** A. Millefolium. L. Gem. S., auf Rainen, Triften, in Grasgr., an Wegen, gem.; offic.

Anthemis. L. **Anthemis, Hundskamille.** A. arvensis. L. Feld-A.; auf Aeckern, bes. im Dl. häufig. — A. Cotula. L. Stinkende A., an Dörfern sehr häufig. — †A. nobilis. L. Römische Kamille; auf kiesigen Triften; offic.

Anacyclus. L. Kreisblume. A. officinalis. Hayn. Gebräuchl K.; im südl. Europa; als Arzeneipfl. cult.

Matricaria. L. Kamille. M. Chamomilla. L. Gem. K. auf Aeckern, nam. auf Sandäckern, unter der Saat, an Wegen, Dörfern häufig, im Dl. gem.; offic.

Chrysanthemum. L. Wucherblume. C. Leucanthemum. L. Weiße W., auf Wiesen, in Grasgr. gem. — C. inodorum. L. Geruchlose W.; auf Aeckern, an Wegen, gem.

Arnica. L. Wolverlei. A. montana L. Berg=W. in Wäldern, auf Waldwiesen u. auf moorigen Wiesen, im Fl. u. Dl. zerstreut; offic.

Cineraria. L. Aschenpflanze. C. palustris. Sumpf=A.; an Torfstichen.

Senecio. L. Kreuzkraut. S. vulgaris. L. Gem. K., auf Aeckern u. allen Kulturen sehr gem.

2. Hauptgruppe. Cynarocephaleen. Cirsium. Tourn. Kratzdistel. C. lanceolatum. Scop. Lanzettbl. K.; an Wegen, auf Triften, in Grasgr., Wäldern, gem. — C. arvense Scop. Feld=K.; auf Aeckern, Triften, an Wegen, sehr gem.

Cynara. L. Artischocke. L. C. Scólymus, L. Gem. A., zum Küchengebrauch cult.

Silybum. Gärtn. Marienbistel; S. marianum in Gärten, an Dörfern.

Cárduus. L. Distel. C. nutans. L. Nickende D.; Triften, Wege, gem. Onopordum. L. Eselsdistel. O. Acanthium. L. Gem. E. an Wegen, Dörfern, auf Schutt; gem.

Lappa Tourn. Klette; offic. L. minor. Dec. Kleine K. an Wegen, Dörfern, gem. — L. tomentosa. Lam. Filzige K., an Wegen, in Grasgr., an Wassergr., Bächen, gem.

Carlina. L. Eberwurz. C. vulgaris. Gem. E. auf trockenen Hügeln, Triften, an lichten Waldstellen. — †C. acaulis. L. Stengellose E.; auf Gebirgstriften; offic.

Serratula. L. Scharte. S. tinctoria. L. Färber=S. in Wäldern, auf Wiesen, häufig.

Jurinea. Cass. Jurinie. J. cyanoides Reichb. Cyanenartige J.; auf trockenen Sandhöhen, in Haiden.

Centauréa. L. Flockenblume. C. Jacea. L. Gem F.; Wiesen, Grasgr., Ufer, Weidengeb., Wälder, gem. — C. Cyanus. L. Korn=F., Kornblume; auf Aeckern, unter der Saat, gem. — *C. benedicta. L. Kardobenedictenkraut; Südeuropa; offic.

*Cárthamus tinctorius. L. Gem. Färberdistel; aus Egypten; die Blüthen liefern den zum Gelb= und Rothfärben verwendeten Saflor.

†Xeranthemum. L. Spreublume. †X. annuum. L. Jährige S. Strohblume, Immortelle; bei uns Gartenpfl.

3. Hauptgruppe. Cichoraceen. Lápsana. L. Rainkohl. L. communis. L. Gem. R., an Zäunen, in Wäldern, im Weidengebüsch, sehr häufig.

Arnóseris. Gärtn. Lämmersalat. A. pusilla. Gärtn. Kleiner L., auf mageren Sandäckern, sehr häufig.

Cichorium. L. Cichorie. C. Intybus. L. Gem. C., an Wegen, in Grasgr., auf Rainen, Dämmen, gem.; als Caffeesurrogat im Großen cult. — C. Endivia. L. Endivie; aus Indien; als Salat u. Gemüse cultivirt.

Monopetale Dic. — Compositen. Ambrosiaceen.

Thrincia. Roth. Hundslattich. T. hirta Roth. Rauher H.; auf Triften, Wiesen, in Grasgr., an Wegen; nam. in den Sandgegenden häufig.
Leóntodon. L. Löwenzahn. L. autumnalis. L. Herbst-L., auf Triften, Wiesen, in Grasgr., an Wegen, sehr gem.
Picris. L. Bitterkraut. P. hieracioides. L. Habichtskrautartiges B.; in Grasgr., an Wegen, in Wäldern, auf Wiesen.
Tragopógon. L. Bocksbart. T. pratensis. L. Wiesen-B; auf Wiesen, in Grasgr., an Wegen, in Wäldern, häufig.
Scorzonéra. L. Schwarzwurz. S. humilis. L. Niedrige S., in Wäldern, auf Waldwiesen, selten. — †S. hispanica L. Spanische S.; bei uns als Gemüse cult.
Podospermum. Dec. Stielsame. P. laciniatum. Dec. Geschlitzter Stielsame; auf Anhöhen, an Wegen, Ackerrändern, kalkliebend; im Fl. hin u. wieder.
Hypochoeris. L. Ferkelkraut. H. glabra. L. Kahles F., auf mageren Sand- und Kalkäckern, nam. auf ersteren häufig. H. radicata. L. Langwurzliges F., in Wäldern, Haiden, auf Wiesen, in Grasgr., an Ackerrändern, häufig, nam. im Dl.
Taraxacum Juss. Pfaffenröhrlein. T. officinale Wigg. (Leontodon Taraxacum L.) Gebräuchl. P., Kuhblume; auf Wiesen, Triften, in Grasgr., auf Aeckern, an Wegen, in Wäldern, sehr gem.; offic.
Chondrilla. L. Knorpelsalat. C. juncea. L. Binsenartiger K., auf sandigen Aeckern, sand. Grasgr., sonnigen Hügeln, nam. im Dl.
Lactuca. L. Salat. L. sativa. L. Garten-S., als Salat cult. — †L. virosa. L. Giftiger S. offic. — L. Scariola. L. Wilder S. an Wegen, in Grasgr., auf Hügeln.
Sonchus. L. Gänsedistel. S. oleraceus. L. Gemüse-G. in Gärten, an Wegen, auf Aeckern, gem. — S. asper Vill. Rauhe G., auf Aeckern, in Gärten, an Wegen, sehr gem. — S. arvensis. L. Acker-G, auf fruchtb. Aeckern, auf den Alluvial-Wiesen, an Bächen, gem.
Crepis. L. Pippau. C. biennis. L., auf Wiesen, in Grasgr., an Wegen, im Weidengeb. sehr häufig.—C. virens Vill. Schlitzblättr. P., auf Wiesen, an Dämmen, in Grasgr. häufig. — C. tectorum. L. Dach-P., auf mageren Aeckern, nam. Sandäckern, an Ufern, sehr häufig.
Hieracium. L. Habichtskraut. H. Pilosella. L. Gem H., auf trockenen Hügeln, Triften, in Grasgr., Haiden, an Wegen, gem., nam. im Dl. — H. murorum. L. Mauer H., in Wäldern des Fl. u. Dl. häufig.

86. Familie. Ambrosiaceen, Ambrosiaceae. Link.

Kräuter od. Halbsträucher, die auch wohl zur Fam. der Compositen gerechnet werden. Blth. eingeschlechtl., die männl. in ein von einem vielblättrigen ob. vielsp. Hauptkelch umgebenes Köpfchen zusammengestellt, die weibl. einzeln ob. gezweiet, vom Hauptkelch eingeschlossen; P. einblättrig, 5-zähnig: weibl. P. fehlend; Frkn. nackt, Gf. 1; N. 2, verlängert; Fr. trocken, von dem verhärteten Hauptkelch eingeschlossen.

In ganz Asien, Europa und Nordamerika.

Xanthium L. Spitzklette. X. strumarium. L. Gem. S.; an

Dörfern des Dl., an Ufern. — X. italicum Morell. Italienische S., am Ufer der Elbe sehr häufig.

87. Familie. Dipsaceen, Dipsaceae. Dec.

Kräuter, selten Halbsträucher, mit gegenüberstehenden, zuweilen quirlf., meist getheilten Bl.; Blth. auf dem gemeinschaftlichen Blüthenboden eines runden oder halbrunden Köpfchen, das mit einer mehrblättrigen Hülle versehen ist; eigentlicher K. doppelt, beide bleibend, der äußere die Fr. bei der Reife dicht umgebend, der innere zuletzt an den Frkn. angewachsen; Blkr. 4—5=sp., mit ungleichen Zipfeln; Staubgf. 4, frei; Gf. 1; N. einfach; Frkn. einfächerig, 1=eiig; Fr. nicht aufspringend, häutig ob. fast nußartig.

Die Dipsaceen gehören der alten Welt an und sind vorzüglich in der gemäßigten Zone verbreitet.

Dipsacus L., Karde. D. sylvestris L., Wilde K., in Grasgr., an Wegrändern, im Gesträuch, an Waldrändern, häufig.

Knautia. Coult., Knautie. K. arvensis Coult., Acker=K., auf Aeckern, in Grasgr., auf Wiesen, gem.

Succissa M. u. K., Teufelsabbiß. S. pratensis. Mönch. Wiesen=T., auf feuchten Wiesen, namentlich moorigen, in Wäldern; im Fl. u. Dl. häufig.

Scabiosa. L., Scabiose. S. ochroleuca L., auf Hügeln, Rainen, Grasabhängen, in Grasgr., an Waldrändern, häufig.

88. Familie. Valerianeen, Valerianeae. Dec.

Kräuter, Halbsträucher, selten Sträucher, mit gegenüberstehenden Bl.; K. oberst., Saum eingerollt, zuletzt in eine Haarkrone ausgebreitet, oder gezähnt, ob. verwischt; Blumenkronsaum 3—5=sp., Röhre an der Basis oft höckerig ob. gespornt; Stbgef. 4 oder weniger; Frkn. 1=fächerig; Fr. trocken, nicht aufspringend, mit der Federkrone oder mit dem einfachen K. gekrönt; S. einzeln.

Die Valerianeen sind in den gemäßigten Gegenden zu Hause, am Meisten in Nordasien, Europa und Südamerika. Die Wurzeln der perennirenden Arten haben einen starken Geruch und bittern Geschmack, die des gebr. Baldrians sind officinell (S. 151); die Blätter des einjährigen Rapunzel=Feldsalats werden als Salat gegessen und mehrere Arten der Gattung Centhrantus bienen als Zierpflanzen.

Valeriana L., Baldrian. V. officinalis L., Gebräuchl. B., in Wäldern häufig. — V. dioica L., Kleiner B., auf nassen, moorigen Wiesen, nam. im Dl. häufig.

†Centranthus. Dec. Spornblume. †C. ruber Dec. in Südtyrol, bei uns Zierpflanze der Gärten.

Valerianella. Poll. Feldsalat. V. olitoria. Poll. Rapunzel=F.,

Monopetale Dic. — Rubiaceen. Caprifoliaceen. 265

Rapünzchen; auf Rainen, an Grasabhängen, Dämmen u. auf Sandäckern unter der Saat, sehr häufig.

89. Familie. Rubiaceen, Rubiaceae. Juss.

Bäume, Sträucher ob. Kräuter mit gegenüberstehenden oder quirlförmigen, einfachen und ganzrandigen Bl.; K. oberst., Rand ganz oder getheilt, meist regelmäßig; Blkr. 4—8=th.; Stbgf. so viel als Zipfel der Blkr.; Frkn. 1, oft 2=knötig, 2 oder mehrfächerig; Gf. 1, oft 2=sp. N. einfach oder doppelt; Fr. eine Beere, Nuß oder Steinfrucht; Albumen hornartig oder fleischig.

Die Rubiaceen bewohnen die heißesten Theile der Welt, mit Ausnahme der Stellaten, welche hauptsächlich dem gemäßigten Klima der nördl. Halbkugel angehören.—Die Wurzeln einiger Arten dieser großen Familie enthalten Farbestoffe (Krapp S. 138); Wurzeln und Rinde von anderen gewähren vorzügliche Heilmittel (Brechwurzel und Chinarinde S. 151); die Blätter und Zweige des Gambirstrauchs geben durch Auskochen die japanische Erde, das Catechu (S. 137) und die Samen des Kaffeebaums den wichtigen Handelsartikel, die Kaffeebohnen (S. 120 und 151).

Die Rubiaceen zerfallen in sieben Gruppen, die auch wohl als besondere Familien angesehen werden, von denen nur eine einzige bei uns vorkommt: die Stellaten, Stellatae, Kräuter mit oft quirlf. Blättern. Zu ihr gehören folgende Gattungen:

Sherhardia L., Sherhardie. S. arvensis L. Acker=S., auf Aeckern mit gutem Boden, sehr häufig.

Asperula L. Waldmeister. A. cynanchica L. Hügel=W. auf sonnigen Hügeln, an Wegen, in Heiden; auf Kalk und Sand, häufig. — A. odorata L. Gem. W. in Wäldern, besonders unter Buchen; die Bl. der jungen Pfl. dienen zur Zubereitung des Maitranks.

†Rubia. L., Röthe. †R. tinctorum L. Färber=R. ob. Krapp; aus dem Orient; in südlichen Gegenden, namentlich in Frankreich als Farbepflanze angebaut.

Galium L., Labkraut. G. Aparine L., Klebkraut; auf Aeckern, an Zäunen, im Weidengeb., in feuchten Wäldern, sehr gem. — G. verum L., Wahres L., auf Wiesen, Triften, Rainen, in Grasgr., an Wegen, Ufern, im Weidengeb., in Wäldern, gemein. — G. Mollugo L., Weißes L., in Grasgr., an Wegen, auf Wiesen, in Wäldern, gem.

90. Familie. Caprifoliaceen, Caprifoliaceae. Dec.

Sträucher, selten Kräuter oder Bäume mit gegenüberstehenden einfachen Bl.; K. 2—5=sp. ob. fast ganzrandig; Blkr. 4—5=sp., zuweilen unregelm.; Stbgf. so viel oder doppelt so viel als Zipfel der Blkr.; Frkn. 3—5=fächerig; Fr. beerenartig, oft 1=fächerig.

Die Caprifoliaceen gehören hauptsächlich der gemäßigten Zone der nördlichen Halbkugel an. Manche von ihnen werden als Ziersträucher angepflanzt; der Hollunder ist officinell (S. 151); und einige Arten haben eßbare Früchte.

Die Familie zerfällt in 2 natürliche Gruppen: Sambucineen, Blkr. regelm, radförmig; uud Lonicereen, Blkr. röhrig, oft unregelmäßig.

1. Sambucineen.

Adoxa L., Bisamkraut. A. moschatelina L., Gem. B. in Waldungen, Hainen, an Hecken, unter Gesträuch, in Erlenbr., im Fl. u. Dl. häufig.

Sambucus L., Hollunder. S. nigra L., Gem. H. (Flieder); an Dörfern, Bächen, in Erlenbr. und Wäldern, sehr häufig; offic.

Viburnum L., Schneeball. V. Opulus L., Gem. S. in Hecken, Waldungen, Gebüsch, an Ufern, häufig; die gefüllte Varietät in Gärten gewöhnlicher Zierstrauch.

2. Lonicereen.

Lonicéra L., Lonicere. †L. Caprifolium L., Geißblatt, Je länger je lieber; Süd=Tyrol; bei uns vielfach zur Deckung von Lauben angepflanzt. — L. Periclymenum L., Deutsche L., in Waldungen im Fl. und Dl. häufig.

*Symphoricarpus racemosa. Pers. Schneebeere; aus Nordamerika, Zierstrauch. —

3. Ordnung. **Dicotyledonen mit mehrblättriger Blumenkrone.**
Dicotyledones polypetalae.

Die polypetalen Dicotyledonen werden — gleich den Monocotyledonen — je nach der Insertion der Staubgefäße in drei große Gruppen oder Unterordnungen getheilt, doch beginnt hier die Folge mit den Pflanzen mit stempelständigen Staubgefäßen, weil diese Pflanzen=Gruppe der letzten Unterordnung der Monopetalen am Nächsten steht.

1. Unterordnung. Polypetale Dicotyledonen mit stempelständigen (oberweibigen) Staubgefäßen.
Dicotyledones polypetalae staminibus epigynis.

91. Familie Lorantheen, Lorantheae. Juss.

Auf Bäumen schmarotzende Sträucher, mit mehr oder weniger lederartigen und fleischigen, meist gegenüberstehenden Bl.; Röhre des K. an den Frkn. angewachsen; Blkr 4=th. oder 4=blättrig; Stbgf. 4; Frkn. 1, 1=fächerig u. 1=eiig; Fr. beerenartig; Albumen fleischig.

Die Lorantheen (nam. die artenreiche Gattung Loranthus) sind vorzugsweise im tropischen Amerika und in Indien zu Hause. Die Beeren

Polypetale Dic. — Corneen. Araliaceen. Umbelliferen. 267

sind schleimig und kleberig; aus denen des Mistel wird Vogelleim bereitet.

Viscum L., Mistel. V. album L., Weißer M., auf den Aesten der wilden Obstbäume, Schwarzpappel, Birken u. Linden, auch auf Kiefern, Akazien und Eberesche.

† Loranthus L., Riemenblume. † L. europaeus. Jacq. Europ. R., auf Aesten der Eichen in Süddeutschland.

92. Familie. Corneen, Corneae. Dec.

Bäume, Sträucher, selten Kräuter, mit meist gegenüberstehenden, einf. Bl.; Blth. in Köpfchen, Dolden ob. Afterdolden; K. oberst., Rand 4-lappig; Blkr. 4-blättrig; Staubgf. 4; Fr. fleischig, mit dem K. Rande gekrönt.

Die meisten Corneen finden sich in Nordamerika und Indien vor; Europa besitzt nur 3 Arten.

Cornus L., Hornstrauch. C. sanguinea L., Rother H., in Laubwäldern, Gebüsch, an Ufern, sehr häufig. — †C. mas. L., Gelb. H., Judenkirsche; häufig in Anlagen und als Hecken angepfl.

93. Familie. Araliaceen, Araliaceae. Juss.

Bäume, Sträucher ob. Kräuter, mit abwechselnden, oft zusammengesetzten Bl.; Blth. in Dolden; K. oberst.; Blkr. 5 bis 10-blättrig, vor einer oberweibigen Scheibe eingefügt; Stbgf. von gleicher Zahl wie Blumenbl.; Frkn. 2- bis mehrfächerig, Fächer 1-eiig; Fr. beerenartig.

Die Araliaceen gehören hauptsächlich den Tropenländern an; Europa hat nur eine Art, den Epheu. (Decandolle zieht auch Adoxa in diese Familie).

Hédera L, Epheu. H Helix L., Gem. E., in Laubwäldern des Fl. und Dl.

94. Familie. Umbelliferen, (Umbellaten, Doldengewächse, Dolden), Umbelliferae. Juss.

Kräuter oder Halbsträucher, mit abwechselnden, selten gegenüberstehenden, an der Basis scheidigen, oft zusammengesetzten Bl.; Blth. in zusammengesetzten, selten einfachen Dolden, häufig mit Hüllen versehen; K. oberst., Saum 5-zähnig ob. verwischt; Blkr. 5-blätterig; Stbgf. 5; Frkn. 2-fächerig, Fächer 1-eiig; Gf. 2, jeder an der Basis in eine oberweibige Scheibe verbreitet, das Ende der Fr. mit einem Polster (Stempelpolster) bedeckend; Fr. aus 2 Früchtchen bestehend, bei der Reife an der Spitze einer 2-sp. oder 2-th. Axe hängend; S. an die Fruchthülle (Pericarpium) angewachsen, selten frei.

Die meisten Umbelliferen gehören der gemäßigten Zone der nördlichen Halbkugel an.

Diese große Familie liefert neben gefährlichen Giften (S. 158) eine erhebliche Anzahl von Arzenei=, Gewürz= u. Nahrungspflanzen (S. 151, 123, 118) und zählt zu den nützlichsten Pflanzen=Familien. Wegen der Schönheit ihrer Formen werden einige Arten als Zierstauden cult.

Die Familie zerfällt in drei Hauptgruppen:

1. **Orthospermen, Gerabsamige;** Früchtchen auf der Fugenseite flach.

Hydrocótyle L., **Wassernabel.** H. vulgaris L., Gem. W., auf sumpfigen Wiesen, in Erlenbr., namentl. im Dl. häufig; giftig.

Sanícula. L., **Sanikel.** S. europaea L. Gem. S., in schattigen Wäldern im Fl. und Dl.

Eryngium L., **Mannstreu.** E. campestre L., Feld=M. auf unfruchtb. Hügeln, Triften, an Wegen, gem.

Cicúta L., **Wasserschierling.** C. virosa L., Giftiger W., an moorig=sumpfigen Bächen, Teichen und Wassergräben, im Dl. nicht selten; sehr giftig.

Apium L., **Sellerie.** A. graveolens L., Gewöhnl. S., an salzhaltigen Wassergr., Bächen, in Dorfstraßen wild; als Gemüse= und Salatpfl. cultiv.

Petroselinum Hoffm., **Petersilie.** P. sativum Hoffm., Gew. P., zum Küchengebrauch cult.; offic.

Helosciádium. Koch. **Sumpfschirm.** H. repens. Koch. Kriechender S., feuchte Wiesen, Triften, Gräben; nicht häufig.

Falcaria. Host. **Sichelbolbe.** F. Rivini Host. Rivins S., auf Aeckern, in trockenen Gräben, an Wegen; sehr häufig.

Aegopodium L., **Geißfuß.** A. Podograria L., Gem. G., in Laubwäldern, Gebüsch, Hecken, Weidenwerbern, an Bächen, sehr häufig.

Carum L., **Kümmel.** C. Carvi L., Gem. K., auf Wiesen, in Grasgr. gem.; als Gewürzpfl. cultiv.; offic.

Pimpinella. L., **Bibernell.** P. magna L., Große B.; auf Wiesen, im Gebüsch, in Wäldern; offic. — P. saxifraga L., Gem. B.; auf Triften, trockenen Wiesen, in Grasgr., an Grasabhängen, Dämmen, auf Rainen, gem.; offic. — P. Anisum L., Anis; als Gewürzpfl. cultiv.; offic.

Bérula. Koch., **Berle.** B. angustifolia Koch. Schmalbl. B., in Wassergr., an Bächen, im Fl. und Dl. häufig.

Sium L., **Wassermerk.** S. latifolium L., breitblättriger W., in Wassergr., an Teichen, Bächen, sehr häufig; giftig. —

S. Sisarum L., Zuckerwurzel; als Gemüse cult.

Bupleurum L., **Hasenohr.** B. falcatum L., Sichelblätter. H., auf Hügeln, in Waldungen, im Fl.

Oenanthe L., **Rebenbolbe.** Oe. Phellandrium. Lam. Fenchelsamige R., Wasserfenchel, in Kulken, Teichen, Wassergr., an Bächen, sehr häufig; giftig und offic.

Aethúsa L., **Gleiße.** Ae. Cynapium L., Garten=G., Hundspeter=

Polypetale Dic. — Umbelliferen.

filie; in Gärten, auf Aeckern, in Wäldern, Dörfern, an Wegen, sehr häufig; giftig.

†Foeniculum. Hoffm., Fenchel. †F. officinale All., Gem. F., Gewürzpflanze aus Süd-Europa; offic.

Séseli L., Sesel. S, coloratum Ehrh., Gefärbte S., auf grasigen Hügeln, in Waldungen. Fl. und Dl.

Cnidium Cusson., Brennbolbe. C. venosum Koch., Aberige B., auf Wiesen, in Wäldern.

Silaus Bess., Silau. S. pratensis Bess., Wiesen-S., auf fruchtb., feuchten und moorigen Wiesen, im Gebüsch, in Wäldern, sehr häufig.

Levisticum Koch., Liebstöckel. L. officinale Koch. (Ligusticum Levisticum L.), Gebräuchl. L., in manchen Gegenden cult. und gegen Krankheiten des Viehs angewendet; offic.

Selinum L., Silge. S. Carvifolia L., Kümmelblättr. S., in Wäldern häufig, auch auf feuchten Wiesen.

Angelica L., Angelika. A. sylvestris L., Wald-A., feuchte Waldstellen, Gebüsch, Erlenbr. Moorwiesen, häufig.

Archangelica, Hoffm., Engelwurzel. A. officinalis Hoffm., Gebräuchl. E.; an Ufern der Bode u. Saale; offic.

*Ferula Asa foetida L., Stinkendes Steckenkraut, Stinkasant, Teufelsdreck. Persien; offic.

Pencédanum L., Haarstrang. P. officinale L., Gem. H., auf fruchtbaren Wiesen, an Waldsäumen.

Thysselinum. Hoffm., Olsenick. T. palustre. Hoffm., Sumpf-O., auf Sumpfwiesen, in Erlenbr., am moorigen Ufer der Bäche Teiche, u. Gräben; im Dl. häufig.

†Imperatoria. L, Meisterwurzel. †J. Osthrunthium L., Gem. M., auf felsigen Triften, in Thälern der Voralpen; offic.

Anéthum. L. Dill. A. graveolens, Gem. D. Südeuropa; zum Küchengebrauch cultiv. und in Gärten und auf Gemüseäckern verwildert.

Pastináca L., Pastinake. P. sativa L., Gem. P., auf Wiesen, in Grasgr., an Wegen; gem.; als Gemüsepfl. cult.

Heracléum L., Heilkraut. H. Sphondilium L., Gem. H., auf feuchten Waldstellen, Wiesen, in Grasgr., Weidenwerdern, an Ufern, Bächen, häufig.

Laserpitium L., Laserkraut. L. Prutenicum L., Preußisches L. In Laubwäldern des Fl. und Dl. nicht häufig.

Daucus L., Mohrrübe. D. Carota L, Gewöhnl. M. auf Wiesen, Triften, in Grasgr., an Wegen, sehr gem., auch in Wäldern, an Ufern, Bächen, in Dörfern; als Gemüsepfl. cult.

2. Campylospermen, Krummsamige; Früchtchen auf der Fugenseite der Länge nach vertieft rinnenförmig.

Caucalis. L., Haftbolbe. C. daucoides. L., Mohrrübenf. H., unter der Saat und in Kalksteinbrüchen; kalkliebend; im Fl.

Tórilis. Adans. Borstbolbe. T. Anthriscus. Gmel., Hecken-B.; in

Laubwäldern, Hainen, Gebüsch, an Hecken, Zäunen, Dörfern, im Weibengeb., an Ufern, Bächen, sehr häufig.

Scandix L., Nabelkerbel. S. Pecten veneris L., Kammförmiger N., unter der Saat im Fl.; im Dl. und Al. nicht häufig.

Anthriscus Hoffm., Klettenkerbel. A. sylvestris. Hoffm., Großer K., Wiesen, Grasgr., Hecken, Gebüsch; sehr häufig. — A. vulgaris Pers. Gem. K., Dörfer, Hecken und an Mauern; häufig.

Chaerophyllum L., Kälberkropf. C. temulum L., Berauschender K., Wälder, Gebüsch, Hecken, Dörfer, Grasgr. gem.; giftig. — C. bulbosum L., Knolliger K., Wälder, Gesträuch, Hecken; häufig.

Conium L., Schierling. C. maculatum L., Geflecter S. in Wäldern (nam. Al.), Gebüsch, an Wegen, Hecken, Ufern, in Dörfern (der Sandgegenden), in Grasgräben; giftig und offic.

3. Cölospermen, Hohlsamige, die Früchtchen auf der Fugenseite vertieft, das Eiweiß halb kugelig oder sackartig-konkav.

Coriandrum L., Koriander. C. sativum L., Gebaueter K.; als Gewürzpfl. cultiv.; offic.

2. Unterordnung. Polypetale Dicotyledonen mit kelchständigen (umweibigen) Staubgefäßen.

Dicotyledones polypetalae staminibus perigynis.

95. Familie. Saxifrageen, Saxifrageae, Juss.

Kräuter, Sträucher ob. Bäume mit abwechselnden oder gegenüberstehenden, einfachen, dreizähligen ob. gefiederten Bl.; K. 4—5-sp. ob. th. bleibend; Blkr. 4—5-blättrig, dem K. eingefügt, zuweilen fehlend; Stbgf. so viel ob. doppelt so viel als Blkrbl., dem K. eingefügt; Frkn. 2-fächerig; Gf. 2; Fr. eine Kapsel; S. meist zahlreich.

Die Saxifrageen finden sich hauptsächlich in der gemäßigten und kalten Zone, nam. bewohnen die eigentlichen Saxifrageen den Norden und die höheren Gebirge. Mehrere Arten dienen zum Gartenschmuck, besonders ist die Hortensie, Hydrangea hortensis. Sm. eine allgem. beliebte Zierpfl. —

Saxifraga L., Steinbrech. S. granulata L., Körniger S. auf Wiesen (nam. trockenen Moorwiesen), Triften, in Grasgr., auf sonnigen Höhen, Rainen, im Fl. und Dl. häufig; Moorsand liebend.

Chrysosplenium L., Milzkraut. C. alternifolium L., Wechselblättriges M.; auf nassen, moorigen Wiesenstellen, in Erlenbr., an sumpfigen Quellen; im Sand-Fl. und Dl.

96. Familie. Grossularieen, Grossularieae. Dec.

Sträucher mit abwechselnden, gelappten Bl.; K. oberst., flach, röhrig, oder glockig, 5-sp.; Blkrbl. 5; Stbgf. 5; Frkn. 1-fächerig, vieleiig; Gf. 2—4=fp.; Fr. beerenartig, mit dem K. gekrönt, 1=fächerig, mehrsamig.

Eine kleine Familie mit der einen Gattung Ribes, in den gemäßigten Theilen von Europa, Asien und Amerika zu Hause. Die Früchte vieler Arten sind eßbar und wohlschmeckend. Die nordamerikanischen Arten: R. aureum. Psh. u. R. sanguineum. Psh. werden wegen ihrer schönen Blüthen als Ziersträucher vielfach angepflanzt.

Ribes L., Johannis= (Stachel=) Beere. R. Grossularia L., Gem. Stachelbeere; überall als Fruchtstrauch cult.; in Wäldern hier u. da. — R. nigrum L., Schwarze J. (Gichtbeere); in Erlenbr., nam. im Ol. häufig; zuweilen cult. — R. rubrum L., Rothe J.; in Wäldern; in Gärten allgem. cultiv. Fruchtstrauch.

97. Familie. *Cacteen (Opuntiaceen). Cacteae. Dec. (Opuntiaceae. Kunth.)

Bäume oder Sträucher von sehr verschiedenen Gestalten und Formen, mit fleischigen Stengeln u. fleischigen Bl. ob. blattlos, gliedert und mit büscheligen Stacheln besetzt; Stengel und Zweige eckig ob. zusammengedrückt; Blth. sitzend, meist schnell vergänglich; K. vielblättr., an den Frkn. angewachsen, mehrreihig, allmälig in eine vielblättrige Blkr. übergehend; Blkrbl. 2= — vielreihig, frei ob. in eine verlängerte Röhre verwachsen; Stbgf. zahlreich, an der Kelchröhre ohne Ordnung oder in 3 Reihen befestigt; Frkn. 1=fächerig, vieleiig; Fr. beerenartig; S. im saftigen Fleische nistend.

Diese in ihren eigenthümlichen Formen sehr chararakteristische Familie hat nur die einzige Linné'sche Gattung Cactus, deren zahlreiche Arten in neuerer Zeit in mehrere Gattungen getheilt sind. Die Cacteen gehören lediglich Amerika und fast ausschließlich dessen tropischen Gegenden an, und wachsen meist an dürren, felsigen Orten. Die Früchte mehrerer Arten sind eßbar; viele werden wegen ihrer Formen und ihrer prachtvollen Blüthen bei uns als Topfpfl. cultivirt.

Cactus grandiflorus L. (Cereus grandifl.), die Königin der Nacht; die großen, schön duftenden Blüthen brechen erst nach Sonnenuntergang auf und sind von sehr kurzer Dauer. — C. coccinellifer. L. (Opuntia cocc.) Cochenille=Fackeldistel, ernährt die Cochenille=Schildlaus, deren Weibchen die schöne Scharlachfarbe, die Cochenille, liefert. — C. Opuntia L. (Opuntia vulg. Mill.). Gem. Fackeldistel; in Süd=Europa (auch Süd=Tyrol), zu Hecken angepflanzt und verwildert.

98. Familie. Crassulaceen, Crassulaceae. Dec.

Saftige Kräuter oder Sträucher, mit abwechselnden, oder gegenüberstehenden, fleischigen Bl.; Blth. gewöhnlich in Afterdolben, sitzend, oft einseitig; K. mehrsp. oder th; Blkr. regelm., Blkrbl. soviel als Zipfel des K.; Stbgf. nebst den Blkrbl. dem K. eingefügt, soviel ob. doppelt so viel als Kelchzipfel; Frkn. so viel als Kelchzipfel, einen Kreis bildend.

In den gemäßigten Klimaten, hauptsächlich am Vorgebirge der guten Hoffnung. Einige Arten dienen als Küchenkräuter und mehrere werden als Zierpflanzen cult.

Sedum L., Fetthenne. S. maximum Sut. (S. Telephium L.), Breitblättrige F.; in Wäldern, Hainen, Gebüsch, an Dämmen, Ackerrändern, häufig; die jungen Sprossen und Knollen werden in manchen Gegenden als Salat und Gemüse gegessen. — S. acre L., Mauerpfeffer; in trockenen Gräben, auf Mauern, Sandtriften, an Abhängen, in Heiden, an sandigen Ufern, sehr gem. — S. sexangulare L., Sechskantige F., an Orten wie vorige, gem. — S. reflexum L., Zurückgekrümmte F. (Tripmadam); auf trockenen Höhen u. Sandfeldern, in Haiden, auf Mauern; namentl. im Dl. häufig; als Suppenkraut verwendet, auch zum Salat gemengt.

Sempervivum L., Hauslauch. S. tectorum. L., Gem. H., auf Mauern und Dächern, in Dörfern häufig angepflanzt.

99. Familie. *Ficoideen, Ficoideae. Juss.

Sträucher ob. Kräuter mit fleischigen, meist gegenüberstehenden Bl. von sehr verschiedener Form; Blth. öffnen sich nur bei starkem Sonnenlicht; K. meist 5-th.; Blkrbl. sehr zahlreich, selten bloß 5; Stbgf. meist sehr zahlreich; Frkn. mehrfächerig; Kapsel vom fleischigen K. umgeben, oder nackt.

Die meisten Ficoideen finden sich am Vorgebirge der guten Hoffnung. Mehrere enthalten reichliche Soda; von einigen werden die Blätter gegessen z. B. von Mesembryanthemum edule. L.; und viele dienen als Zierpflanzen.

Mesembryanthemum crystallinum. L., Eiskraut, Faserblume; die ganze Pfl. ist mit großen, crystallhellen Drüsen, wie mit Eistropfen, bedeckt; in Gärten und Töpfen als Zierpfl.

100. Familie. Paronychieen ((Illecebreen). Paronychieae. St. Hill. (Illecebreae. R. Br.)

Kräuter oder Halbsträucher mit sehr ästigen Stengeln; Bl. gegenüberstehend, selten abwechselnd, oft mit trocken-häutigen Nebenbl.; Blthn. klein, meist in Afterdolden; K. 5-th., bleibend; Blkr. 5-blätterig; Stbgf. 5; Frkn. frei, 1-fächerig; Fr. klein, trocken, 3-klappig oder nicht aufspringend.

Fast über die ganze Erde verbreitet, häuptsächlich 'aber in Südeurapa und Nordafrika.

Die Familie zerfällt in 7 Gruppen, von denen bei uns nur drei vertreten sind.

Polypetale Dic. — Portulaceen. Curcurbitaceen.

1. Telephieen. Corrigiola. L., Hirschsprung. C. littoralis L., Gem. H., an sandigen und kiesigen Uferstellen der Elbe häufig, auch an feuchten, sandigen Wegen des Dl.; Sandpflanze.

2. Illecebreen. Herniaria L., Bruchkraut. H. glabra L., Kahles B., auf sandigen und kiesigen Aeckern, auf trockenen Triften, an sandigen Wegen, Ufern; gem., Sandpflanze.

Illecebrum L., Knorpelblume. J. verticillatum L., Quirlige K., auf nassen, moorigen Aeckern, in aufgeworfenen sandmoorigen Gräben und Ausstichen, nur im Dl.; Sandmoorpflanze.

3. Scleranthеen. Scleranthus, L., Knäuel. S. annuus L., Jähriger K., auf mageren Aeckern und Triften, an Wegen und Ufern, gemein. — S. perennis. L., Mehrjähriger K.; auf mageren Sandäckern, auf sandigen Wegen, Triften, in Heiden, auf sonnigen Sand-, Kalk- u. Porphyrhöhen, sehr häufig.

101. Familie. Portulaceen, Portulaceae. Juss.

Saftige Kräuter oder Sträucher, mit abwechselnden, selten gegenüberstehenden, einfachen, ganzrandigen Bl; K. 2-, selten 3- oder 5-blättrig, am Grunde verwachsen; Blkr. 5-blättrig, oder mehr oder weniger verwachsen und 1-blättrig; Frkn. frei, oder nach unten angewachsen, 1-fächerig; Kapsel 1-fächerig, 3—mehrsamig, in der Quere oder mit 3 Klappen aufspringend.

Am häufigsten in Südamerika und am Vorgebirge der guten Hoffnung.

Portulaca L., Portulak. P. oleracea L., Gem. P.; in Gärten, auf Gartenwegen. — P. sativa. Haw. Gebaueter P.; als Suppenkraut cult.

Montia L., Montie. M. minor. Gmel. Kleine M. auf Sandäckern, in Ackerfurchen; auf nassem, namentl. moorigen Sandboden des Dl. u. Sand-Fl. häufig.

102. Familie. Cucurbitaceen, Cucurbitaceae. Juss.

Kräuter mit kletternden Stengeln und schraubenf. Wickelranken; Bl. abwechselnd, ganz ob. gelappt, rauhhaarig; Blth. meist eingeschlechtlich; K. oberst., 5-zähnig; Blkr. 5-sp. ob. th., mit der Basis an den K. angewachsen; Stbgf. 5, öfters je zwei verwachsen, selten in eine einzige Säule vereinigt oder ganz frei; Gf. 1; N. 3—5, zweilappig; Frkn. 3 bis 5-fächerig, Samenträger wandst.; Fr. fleischig, oft 1-fächerig; S. meist zahlreich.

Die Cucurbitaceen bewohnen die wärmeren Gegenden der alten Welt. — Die Früchte vieler Arten sind eßbar (S. 116), andere liefern bewährte Heilmittel (S. 152).

Cucúrbita L., Kürbis. C. Pepo L.. Gem. K.; häufig cultiv. — *C. Lagenaria L., Flaschenkürbis, Herkuleskeule, Calabasse; im wärmeren Amerika; aus der Frucht werden Trinkgeschirre bereitet. —

*C. Citrullus L., Wassermelone, Angurie, Arbuse; aus Ostindien; in Südeuropa viel gegessen.

Cúcumis L., Gurke. C. sativus L., Gem. Gurke; überall cultiv. — C. Melo L., Melone; vielfach cultiv. —

*C. Colocynthis L., Coloquinten-Gurke; Orient und Südeuropa; officin.

*Momordica Elaterium L., Spritzgurke; in Südeuropa gem.; die Fr. springt mit großer Elasticität auf.

*Sicyos angulata L., Eckige Haargurke; aus Nordamerika; zur Bedeckung von Lauben angepflanzt und verwildert.

Bryonia L., Zaunrübe. B. alba L., Schwarzbeerige Z. an Zäunen, in Anlagen; namentlich in Sandgegenden häufig.

103. Familie. *Passifloreen, Passifloreae, Juss.

Kraut- oder strauchartige Pflanzen, gewöhnlich kletternd u. rankend, selten Bäume, mit abwechselnden Bl. und blattartigen Nebenbl.: Blth. im Innern mit einem Kranz gestielter Drüsen ob. Schuppen versehen; K. einblättrig, napf- ob. röhrenf., 5 ob. 10-th.; Blkrbl. 5; Frkn. gestielt, 1-fächerig; Gf. 3, keulenf. mit dicken, runden N.; Staubgf. 5, Staubf. unten mit dem Stiel des Frkn. verwachsen, oben frei; Fr. mehrsamig, meist beerenartig.

Die Passifloreen bewohnen fast ausschließlich das heiße Amerika. — Die Früchte mehrerer Arten sind eßbar. Wegen der großen schönen Blüthen und eigenthümlichen Blattformen werden einige als Zierpflanzen cultivirt.

Passiflora caerulea L., Gem. Passionsblume; aus Brasilien; vielfach in unseren Gewächshäusern.

104. Familie. *Myrtaceen, Myrtaceae, Juss.

Bäume ob. Sträucher, mit gegenüberstehenden, selten abwechselnden, einfachen, meist ganzrandigen und drüsig punktirten Bl.; K. an den Frkn. angewachsen, 5-sp., selten 4- ob. 6-sp.; Blkrbl. soviel als Zipfel des K.; Stbgf. nebst den Blkrbl. dem Schlunde des K. eingefügt, doppelt so viel als Kelchzipfel ob. zahlreich; Staubf. frei oder vielbrüderig; Frkn. 1—6-fächerig; Gf. und N. einfach; Fr. trocken ob. fleischig; S. meist zahlreich.

Die große Familie der Myrtaceen gehört vorzugsweise der subtropischen Zone von Südamerika, Ostindien und Australien an, nur wenige wachsen in Afrika und nur eine einzige Art (Myrtus communis) in Süd-Europa.

Die Myrtaceen sind aromatisch, besitzen einen großen Gehalt ätherischen Oels und liefern mancherlei Gewürze (S. 124) und Arzneimittel (S. 152). Einige Arten werden wegen ihrer wohlschmeckenden

Früchte cultivirt, und viele baumartige Myrtaceen zeichnen sich durch ein sehr festes Holz und eine erstaunenswerthe Höhe aus.

Myrtus L., **Myrte**. M. communis L., Gem. M., Süd-Europa; bei uns eine häufige Topf- u. Kübelpfl.

M. Pimenta L., **Nelkenpfeffer-M. aus Westindien**; die unreifen, getrockneten Früchte kommen als **Nelkenpfeffer, Piment, englisches Gewürz** in den Handel.

Melaleuca Leucodendron. L., **Cajaputbaum**; Ostindien; officin.

Psidium pomiferum und pyriferum L., **Guajababaum**, wegen der wohlschmeckenden Früchte häufig cultiv.

Eucalyptus robusta. Smith, erreicht eine Höhe von 2 bis 300 Fuß, enthält in seiner Rinde viel Gerbestoff und bildet nebst anderen Arten seiner Gattung den Hauptbestandtheil der Wälder Neuhollands.

Lecythis Ollaria L., **Topfbaum**; Brasilien. Die kopfgroßen, holzigen, mit einem Deckel versehenen Kapseln dienen als Trinkgeschirre.

Bertholletia excelsa Humb., **Juvia-Baum**, ein Riesenbaum am Orinoko, mit kopfgroßen Früchten, deren ölreiche Samen unter dem Namen **Paranüsse** in den Handel kommen.

Caryophyllus aromaticus L., **Gewürznelkenbaum**; aus den Molucken; Gewürzpfl. und offic.

105. Familie. *__Philadelpheen__, Philadelpheae. Dec.

Sträucher mit gegenüberstehenden, gezähnten, aber unpunktirten und nebenblattlosen Bl.; Blth. meist in Afterbolden; K. kreiself., an den Frkn. angewachsen, 4 bis 10-th., bleibend; Blkrbl. soviel als Kelchzipfel, in der Knospenlage zusammengerollt; Stbgf. zahlreich, 1 oder 2-reihig, an der Mündung des K. befestigt; N. mehrere; Kapsel nach unten mit dem K. verwachsen, 4 bis 10-fächerig, vielsamig; S. fein wie Feilspähne, pfriemf. —

Diese kleine Familie bewohnt die nördliche gemäßigte Zone und besteht aus den beiden Gattungen Philadélphus L. und Deutzia Thunb.

Philadelphus L., **Pfeiffenstrauch**. P. coronarius. L., Wohlriechender P. (wilder Jasmin). Südeuropa; bei uns häufiger Zierstrauch; das Holz dient zu Pfeiffenröhren.

106. Familie. †__Tamariscineen__, Tamariscineae. Desv.

Sträucher ob. **Kräuter** mit ruthenartigen Zweigen; Bl. abwechselnd, schuppenf., ganz; Blth. in Aehren oder Trauben; K. 4- ob. 5-th.; Blkrbl. so viel als Kelchtheile; Stbgf. soviel ob. doppelt soviel als Kelchtheile, getrennt ob. einbrüderig; Frkn. frei; Kapsel 3-klappig.; S. schopfig.

Auf der nördlichen Halbkugel der alten Welt, nam. in den Ländern am Mittelländischen Meere. — Mehrere Arten werden als Ziersträucher cultivirt.

Támarix. L., **Tamariske.** T. gallica L., Französische T.; in Südeuropa; bei uns in Gärten.

†Myricária. Desv., **Myrikarie.** †M. germanica. Desv. (T. germanica. L.), Deutsche M.; in den Thälern der Alpen und am Ufer der Weichsel.

107. Familie. Lythrarieen (Salicarien).
Lythrarieae (Salicariae. Juss).

Kräuter, selten **Sträucher,** häufig mit 4-kantigen Aesten; Bl. gegenüberstehend, selten abwechselnd, ganzrandig; Blth. in Aehren oder Trauben; K. gezähnt; Blkrbl. 4—12, zuweilen fehlend; Stbgf. auf der Röhre des K. unterhalb der Blkrbl., frei; Frkn. frei, 2- bis 4-fächerig, vieleiig; Gf. 1; N. einfach, kopff.; Fr. meist eine häutige Kapsel, vom K. umgeben, 2- bis 4- oder 1-fächerig; S. zahlreich, klein, an einem mittelpunktst. Samenträger.

Die Lythrarieen finden sich in Europa, Nordamerika und unter den Tropen.

Lythrum L., **Weiderich.** L. Salicaria. L., Gem. W. in Wassergräben, Ausstichen, an Kulken, Teichen, an Ufern, im Weidengeb., auf nassen Wiesen; sehr häufig.

Peplis L., **Afterquendel.** P. Portula L., Gem A., auf feuchten Sandtriften, feuchten moorigen Aeckern, an überschwemmt gewesenen Orten, in aufgeworfenen Sandgräben, in Ausstichen, Sümpfen, Kulken, an Ufern, auf feuchten Waldwegen, häufig, nam. im Ol.

*Lawsonia inermis L., Unbewehrte Lawsonie (ächte Alkanna oder Hanna); Nordafrika und Orient; Blätter und Wurzel (Alkanna-Wurzel) dienen zum Rothfärben. (S. 139).

108. Familie. Ceratophylleen, Ceratophylleae. Gray.

Wasserpflanzen mit quirlf., in fadenf. spitzige Lappen getheilten Bl.; Blth. achselst., einhäusig; P. frei, 10- oder 12-th.; Staubb. sitzend, 12 bis 20, zweizellig, an der Spitze 2- oder 3-zackig; Frkn. frei, eif., 1-fächerig, 1-eiig; Gf. fadenf., schief, mit einfacher N.; Fr. eine Nuß; 4 wirtelst. Cotyledonen.

Diese kleine Familie findet sich in ganz Europa und besteht aus der einen Gattung: Ceratophyllum L., **Hornblatt.** C. demersum L. Rauhes H.; in Teichen und Wassergr. sehr häufig.

109. Familie. Callitrichineen. Callitrichineae. Link.

Kleine, zarte Wasserpflanzen mit gegenüberstehenden, einfachen und ganzrandigen Bl.; Blth. einzeln, achselst., zwitterig ob. eingeschlechtlich, am Grunde mit 2 gegenüberstehenden, durchsichtigen Deckbl.; K. unerst., sehr klein, 2-blätterig, oder fehlend; Blkr. fehlend; Stbgf. 1, fa-

Polypetale Dic. — Hippurideen — Onagrarieen. 277

denf., Staubb. nierenf., einfächerig, mit einer Quernath aufspringend; Frkn. 1, vierkantig, 4=fächerig, Fächer 1=eiig; Gf. 2, pfriemf.; Fr. 4=fächerig, 4=samig, nicht aufspringend.

Kleine, Europa angehörige, Familie mit nur einer Gattung: Callitriche L., Wasserstern. C. stagnalis Scop., Breitblättriger W., in Wassergr., stehenden Gewässern, an überschwemmt gewesenen Orten, gem. — C. vernalis. Kütz., Frühlings=W.; Standort wie vorige, gem.

110. Familie. Hippurideen, Hippurideae. Link.

Krautartige Sumpfpflanzen mit quirlf, einfachen, linealen Bl.; Saum des K. ganz, sehr klein; Blkr. fehlend; Stbgf. 1, dem Rande des K. eingefügt; Frkn. 1=fächerig, 1=eiig; Gf. fädlich; Steinfrucht mit dünnem Fleisch, 1=samig, mit dem Rande des K. gekrönt.

Eine kleine durch ganz Europa verbreitete Familie mit ¦ber einen Gattung:

Hippuris L., Tannenwedel. H. communis L., Gem. T., in Wassergr., an Sümpfen.

111. Familie. Halorageen, Halorageae. R. Br.

Wasserpflanzen mit quirlf., oft fiederth. Bl.; K. an den Frkn. angewachsen, 4=th.; Blbkrbl. so viel als Zipfel des K.; Stbgf. so viel oder doppelt so viel als Kelchzipfel; Frkn. 1 bis mehrfächerig; Fächer 1=eiig; N. sitzend, eben so viel als Fächer des Frkn.; Fr. nuß= oder streinfruchtartig.

Myriopyllum L., Tausendblatt. M. verticillatum L., Quirlf. T. in Teichen, Wassergr., Bächen. M. spicatum L, Aehrenf. T.; in Teichen, Bächen, Wassergräben.

112. Familie. Onagrarieen, Onagrarieae. Juss.

Kräuter ob. Sträucher mit abwechselnden ob. gegenüberstehenden, einfachen Bl.; K. röhrenf. mit dem Frkn. verwachsen, Rand 2= bis 5=, in der Regel 4=th., Blkrbl. von gleicher Zahl der Kelchzipfel, selten fehlend; Staubgf. so viel ob. doppelt so viel ob. halb soviel als Kelchzipfel; Frkn. mehrfächerig mit mittelpunktst. Samenträger; Gf. 1; N. kopff. ob. gespalten; Fr. beeren= ob. kapselartig, mehrsamig, 2= ob. 4=fächerig.

Am Häufigsten in der gemäßigten Zone, vorzüglich in Amerika. Einige Arten sind beliebte Zierpflanzen.

Die Familie wird in mehrere Gruppen getheilt.

1. Fuchsieen. *Fuchsia L., Fuchsie. F. coccinea. Ait. Südamerika; bei uns beliebte Topfpflanze.

2. Onagreen. Epilobium L., Weidenröschen. E. parviflorum. Schreb. Kleinblumiges W., in Wassergr., Sümpfen, Weidengeb., an Bächen; sehr häufig.

Oenothera L., Nachtkerze. Oe. biennis. L. Zweijährige N., Gärten, Anlagen, sandige Uferstellen, Weidengeb. häufig.

3. Juffieen. †Jsnardia. L., Jsnardie. †J. palustris L., Sumpf-J. Norddeutschland.

4. Circäeen. Circaea L., Hexenkraut. C. lutetiana L. Gem. H.; an schattigen und feuchten Stellen der Wälder und Haine, in Erlenbr.; häufig.

5. Hydrokaryen. Trapa L., Wassernuß. T. natans L., Gem. W.; in Teichen des Al. und Dl. nicht häufig.

113. Familie. *Granateen. Granateae. Don.

Bäume ob. Sträucher mit gegenüberstehenden, unpunktirten Bl.; K. röhrig, an den Frkn. angewachsen, 5—7-sp.; Blkrbl. 5—7; Staubgf. zahlreich; Frkn. mehrfächerig, Fächer vieleiig; Gf. 1; N. kopfig; Beere rindig, mit dem bleibenden K. gekrönt.

Im südlichen Europa, nördl. Afrika und Asien. Die Früchte des Granatbaumes (Granatäpfel) werden gegessen.

Punica L., Granate. P. Granatum L. Gem. G.; in Südtyrol cult.; bei uns beliebter Zierbaum in Kübeln.

114. Familie. Pomaceen, Pomaceae. Juss.

Bäume oder Sträucher mit abwechselnden Bl. und gepaarten Nebenbl.; Blth. in endständigen Afterdolben; K. mit dem Frkn. verwachsen, am Rande 5-zähnig ob. sp.; Blkrbl. 5; Staubgf. zahlreich, ringf. an der Mündung des K.; Frkn. 2—5-fächerig, Fächer 2—mehreiig; Samenträger mittelpunktst.; Gf. 1—5 mit einfachen N.; Fr. fleischig, eine Beere, oder Apfelfrucht, oder mehrsteinige Steinfrucht.

Die Pomaceen finden sich in Europa, Asien und Nordamerika, und fehlen fast gänzlich auf der südlichen Halbkugel. Mehrere liefern eßbare Früchte und werden in vielfachen Varietäten als sog. Kernobst cult. (S. 116). Das Holz der Bäume ist ein sehr brauchbares Nutzholz. (S. 131). Die Samen der Quitte sind officinell (S. 152); und einige Arten, wie Pyrus Japonica. Thunb., sind prachtvolle Ziersträucher.

Crataegus. L., Weißdorn. C. oxyacantha. L., Gem. W., in Wäldern, Gebüsch, an Ufern, Bächen, Feldgräben; sehr häufig.

†Mespilus L., Mispel. M. germanica L., Gem. M., Süd-Deutschland; bei uns in Gärten und Anlagen angepflanzt.

† Cydonia Tourn. Quitte. C. vulgaris. Gem. Q.; am Ufer der Donau; bei uns mehrfach cultiv.

Pyrus L., Birn- u. Apfelbaum. P. communis L., Birnbaum; wild in Wäldern häufig; in veredelten Sorten überall cult. P. Malus L., Apfelbaum, wild in Wäldern häufig; in veredelten Sorten wie vor. cult.

Sorbus L., Eberesche. S. aucuparia L., Gem. E.; in Laubwäldern und Erlenbrüchen des Fl. und Dl. häufig; in der Regel als Unterholz.

115. Familie. **Sanguisorbeen**, Sanguisorbeae. Juss.

Kräuter ob. Halbsträucher; Bl. abwechselnd mit 2 Nebenbl. Blth. klein, zwitterig ob. eingeschlechtlich, oft in Köpfchen; K. 3—5-sp., Röhre an der Spitze zusammengezogen, Schlund durch einen Ring verengt; Blkr. fehlend; Stbgf. 1—zahlreich, vor dem Ringe des Schlundes eingefügt; Frkn. 1 ob. 2, eineiig; Gf. gipfel= ob. grundst.; N. kopfig, pinself. ob. bärtig; Nuß 1 ob. 2, von dem oft verhärteten K. eingeschlossen.

In Europa, Amerika u. am Vorgebirge der guten Hoffnung. Mehrere Arten sind gute Futterkräuter.

Alchemilla. L. **Frauenmantel**. A. vulgaris. L. Gem. F., in Wäldern u. Hainen des Fl., vorzügliches Futterkraut. — A. arvensis. Scop. Feld=F.; auf Aeckern, nam. Sandäckern, auf Wiesen, Triftabhängen; besonders im Dl. u. Sand=Fl., häufig.

Sanguisorba. L. **Wiesenknopf**. S. officinalis. L. Gem. W, auf feuchten Wiesen, in Grasgr., besonders häufig im Al.; gutes Futterkraut.

Poterium. L. **Becherblume**. P. Sanguisorba. L. Gem. B., Anhöhen, in Esparsette, in Chausseegräben, Steinbrüchen; kalkliebend; nur im Fl.; sehr gutes Futterkraut.

116. Familie. **Rosaceen**, Rosaceae. Lindl.

Kräuter ob. Sträucher mit abwechselnden Bl., u. gepaarten, an den Blstiel angewachsenen Nebenbl.; K. 5=, selten 4=th.; Blkrbl. 5 ob. 4; Stbgf. zahlreich, mit den Blkrbl. dem K. eingefügt. Frkn. mehrere, einfächerig; Fr. kapsel=, nuß= ob. steinfruchtartig.

Die Rosaceen sind besonders in der gemäßigten u. kalten Zone der nördl. Halbkugel zu Hause, sie finden sich selten in den Hochländern der Tropen und auf der südl. Halbkugel, und fehlen gänzlich am Kap der guten Hoffnung. — Viele Arten haben eßbare Früchte, nam. aus den Gattungen Rubus u. Fragaria, andere werden in großer Zahl als Ziersträucher cultivirt, besonders aus den Gattungen Rosa u. Spiraea. Einige sind Heilpflanzen (S. 152).

Die Familie wird nach der Verschiedenheit der Frucht u. des Kelches in drei Gruppen getheilt.

1. Gruppe. **Spiräaceen**. Früchtchen kapselig, einwärts aufspringend.

Spiraea. L. **Spierstaube**. S. Ulmaria. L. Sumpf=S.; auf feuchten Wiesen, an Wassergr., Bächen, Ufern, im Weidengeb., Erlenbr., feuchten Laubwäldern, häufig.

2. Gruppe. **Dryadeen**. Früchtchen nuß= ob. steinfruchtartig, auf einem trockenen ob. fleischigen Fruchtboden sitzend; K. krautig ob. verhärtet, nicht fleischig.

Geum. L. **Nelkenwurz**. G urbanum. L. Gem. N., in Wäldern, Hainen, Gebüschen, Hecken, an Dörfern; sehr häufig. — G. rivale. L.

Bach=N.; auf naſſen, moorigen Wieſen, an Bächen, Wieſen= u. Waſſergr., in feuchten Wäldern und Erlenbr.; iſt Dl. u. Sand=Fl., häufig.

Rubus. L. **Brombeerſtrauch.** R. Idaeus. L. **Himbeerſtrauch**; in Wäldern, Haiden u. Erlenbr. im Sand=Fl. u. Dl. häufig; in Gärten cult. — R. caesius. L. **Acker=Brombeere**; auf feuchten Aeckern, Rainen, an Zäunen, im Weldengeb., an Ufern, Bächen, gem.

Fragaria. L. **Erdbeere.** F. vesca. L. **Wilde Erdbeere**; in Wäldern, Haiden, Hainen, im Fl. u. Dl. ſehr häufig, im Al. weniger häufig. — F. elatior. Ehrh. **Hochſtengelige E.**, in Laubwäldern hier u. da; in Gärten cult. — F. collina. Ehrh. **Hügel=E.**, auf Rainen, ſonnigen Hügeln, Dämmen, auf trockenen Wieſenſtellen, in lichten Waldungen.

Comarum. L. **Blutauge.** C. palustre. L. **Sumpf=B.**, auf Sumpfwieſen, in ſumpfigen Gräben; im Dl. u. Sand=Fl.

Potentilla L. **Fingerkraut.** P. anserina. L. **Gänſe=F.**; an Wegen, in Grasgr., auf Triften, feuchten Aeckern, an ſandigen Ufern; ſehr gem. — P. argentea. L. **Silberweißes F.**, auf Rainen, in trockenen Gräben, an Wegen, auf Mauern, ſonnigen Hügeln, in Haiden, ſehr häufig, nam. im Dl. — P. reptans. L. **Kriechendes F.**, auf feuchten Wieſen, in Gräben, Ausſtichen, Weidengeb., Erlenbr., an Ufern, ſehr häufig. — P. Tormentilla. Sibth. **Ruhrwurzel**; in Wäldern, Haiden, naſſen moorigen Wieſen, Erlenbr.; im Fl. u. Dl. ſehr häufig; im Al. ſelten.

Agrimónia L. **Obermennig.** A. Eupatoria. L. **Gem. O.**, in Waldungen, Gebüſch, auf Rainen, Hügeln; häufig.

3. Gruppe. **Roſeen.** Früchtchen nußartig, von der fleiſchigen Röhre des K. eingeſchloſſen.

Rosa. L. **Roſe.** Rosa canina. L. **Hunds=Roſe**; in Wäldern, Hainen, an Hecken, Grasgr., Wegen, an Bächen, Ufern; ſehr häufig.

117. Familie. Amygdaleen, Amygdaleae. Juss.

Bäume ob. Sträucher mit abwechſelnden, einfachen Bl. u. flüchtigen, meiſt drüſigen Nebenbl.; Blth. weiß ob. roſenroth; K. 5zähnig, inwendig mit einer honiggebenden Platte bedeckt; Blkrbl. 5; Stbgf. zahlreich, mit den Blkrbl. an der Mündung des K. befeſtigt; Frkn. frei, 1=fächerig, 2=eiig; Gf. 1; N. einfach; Steinfrucht mit 1, ſelten 2 Samen.

Die Amygdaleen gehören faſt ausſchließlich der gemäßigten und kalten Zone der nördl. Halbkugel an. Sie beſitzen in ihren Blättern u. Samenkernen eine größere ob. geringere Menge eines blauſäurehaltigen flüchtigen Oels, weshalb mehrere Arten als Arzeneipflanzen im Gebrauch ſind (152). Viele haben eßbare Früchte u. Samen (S. 116); diejenigen mit fleiſchiger Frucht liefern uns das erquickende Steinobſt.

Amygdalus. L. **Mandelbaum.** A. communis. L. **Gem. M.**; bei uns ſelten, in wärmeren Gegenden häufig cult.; offic. — A. nana. L. **Zwerg=M.** oft als Zierſtrauch gepflanzt.

Pérsica. Tournef. **Pfirſichbaum.** P. vulgaris Mill. **Gem. P.**; häufig cult.

Prunus. L. **Pflaume (Kirſche).** P. Armeniaca. L. **Aprikoſe**;

Polypetale Dic. — Amygdaleen. Leguminosen.

sehr häufig cult. — P. domestica. L. Gem. Pflaumenbaum, überall, oft in großen Plantagen, cult; — P. avium. L. Süße Kirsche; in Laubwäldern; in vielen Varietäten cult. — P. Cerasus. L. Saure Kirsche; nicht wild, aber in vielen Varietäten cult. — P. Padus. L. Ahl=Kirsche, Trauben=Kirsche; in Erlenbr. u. an nassen moorigen Stellen der Forsten des Dl. häufig, im Fl. u. Al. hin u. wieder; in Anlagen u. Gärten als Zierstrauch häufig angepfl.

118. Familie. Leguminosen, Leguminosae. Juss.

Kräuter, Sträucher ob. Bäume von sehr verschiedenem Ansehen; Bl. abwechselnd, selten gegenüberstehend, meist zusammengesetzt, Blattstiel mit 2 Nebenbl. versehen; Blüthenstielchen meist gegliedert; K. mehr ob. weniger tief 5th., oft unregelmäßig; Blkrbl. 5, selten weniger ob. fehlend, am Grunde des K. befestigt, entweder schmetterlingsartig (bei den Papilionaceen), oder ausgebreitet, zuweilen nach unten verwachsen (bei den meisten Mimoseen); Stbgf. 10, selten mehr ob. durch Verkümmerung weniger, auf dem K. stehend, zuweilen hypogynisch, bald frei, oder ein= ob. zweibrüderig, im letzteren Falle in der Regel 9 Staubf. in eine Säule verwachsen u. der 10. frei; Frkn. frei, 1fächerig, 1= ob. mehreiig; Fr. eine Hülse, selten Steinfrucht.

Die Leguminosen gehören zu den größten Pflanzenfamilien, man kennt über 4000 Arten. Sie sind über die ganze Erde verbreitet; jedoch bewohnen die Papilionaceen mehr die gemäßigte Zone, wogegen die Mimoseen und Cäsalpineen hauptsächlich unter den Tropen sich finden.

Ihr Nutzen ist sehr bedeutend sowohl als Nahrungspflanzen für Menschen (Hülsenfrüchte S. 115) und Hausthiere (Futterkräuter S. 126), wie als Industrie=, besonders Farbe=Pflanzen (S. 138—140) und als Heilpflanzen (S. 153). Wegen der Schönheit ihrer Blüthen werden viele als Zierpfl. in Gärten cult.

Die Leguminosen, die im Bau ihrer Blüthen eine große Verschiedenheit zeigen, werden in drei Hauptgruppen getheilt: Mimoseen, Cäsalpineen u. Papilionaceen, die auch wohl als besondere Familien angesehen werden.

1. *Mimoseen. Blüthen in Köpfchen ob. Aehren, selten boldenartig; K. napf= ob= glockenf., oft sehr klein; Blkr. regelm., einblättrig, 4= ob. 5=sp., selten fünfblättrig; Stbgf. meist zahlreich, einbrüderig; Bl. meist doppelt gefiedert.

Mimosa pudica. L. Gem. Sinnpflanze; Brasilien; die Blättchen legen sich beim Berühren zusammen, und schließen sich am Abend.

Acacia Willd. Aechte Akazie. A. Catechu. Willd. liefert das Catechu (S. 137 und 153); andere Arten dieser Gattung geben das Gummi Arabicum (S. 154).

2. †Cäsalpineen. Blüthen einzeln, zu zweien oder mehreren, oft in Trauben, zuweilen in Rispen; K. unregelm., meist 5=th.; Blkrbl. 5, selten weniger; Stbgf. meist 10 u. frei. Zu dieser Gruppe gehören

einige vorzügliche Farbehölzer, so das **Brasilien**= ob. **Fernambuk=holz**, Caesalpina brasiliensis und echinata Lam.; das **Blau**= oder **Campecheholz**, Haematoxylum campechianum (S. 138); — und wichtige officinelle Pflanzen: die **Senna=Cassie**, Cassia senna. Lam.; der **Johannisbrobbaum**, Ceratonia siliqua. L.. u. der **Tamarindenbaum**, Tamarindus indica. L. (S. 153).

*Arachis hypogaea. L. Unterirdische **Erdeichel**; im tropischen Asien, Afrika u. Amerika häufig angebauet; die Früchte senken sich in die Erde, um dort zu reifen; sie werden roh und geröstet gegessen.

*Dipterix odorata, Willd. **Tonkabaum** in Guinea; liefert die wohlriechenden Tonkabohnen.

* Gleditschia Triacanthos. L. Dreihornige **Gleditschie**, aus Nordamerika; bei uns häufig, auch als Alleebaum, angepflanzt.

† Cercis. L. **Judasbaum**. C. Siliquastrum. L. Gem. J. Süd=Tyrol.

3. **Papilionaceen**. K. 5=zähnig ob. 2=lippig; Blkr. 5=blätterig, unregelmäßig (Schmetterlingsblüthe; S. 32); Stbgf. 10, einbrüderig, ob. zweibrüderig, indem 9 zu einer Säule verwachsen und das 10. frei bleibt.

† Ulex. L. **Hecksame**. U. europaeus, Europäischer H. bei uns selten u. nur verwildert.

Sarothamnus. Wimm. **Besenstrauch**. S. vulgaris. Wimm. Gem. B.; in Haiden, auf Sandhügeln, an sand. Abhängen, in Gräben, an Wegen; im Dl. häufig, im Fl. selten.

Genista. L. **Ginster**. G. tinctoria. L. Färber=G.; in Laubwäldern, auf Wald= u. Moorwiesen; im Fl. häufig; auch im Dl. u. Al.

Cytisus. L. **Bohnenbaum**. †C. Laburnum. L. Gem. B. Goldregen; bei uns als Zierbaum und Zierstrauch häufig angepflanzt; C. sagittalis. Koch. Geflügelter B.; in Wäldern, bei uns selten.

Lupinus. L. **Lupine**. L. angustifolius. L. Schmalblätter. L.; zum Unterpflügen Behufs Düngung des Bodens in Sandgegenden häufig gebauet.

Ononis. L. **Hauhechel**. O. spinosa. L. Dornige H.; an Wegen, auf Triften, in Grasgr., im Fl. u. Al. gem., im Dl. nur an fruchtb. u. feuchten Stellen; offic. — O. repens. L. Kriechende H.; an Wegen, auf Aeckern, Triften, an Waldrändern, aber nur auf magerem Sand= u. Kalkboden.

Anthyllis. L. **Wundklee**. A. vulneraria. L. Gem. W.; auf Wiesen, Hügeln, in Grasgr., in Sandgegenden öfters cult.

Medicago. L. **Schneckenklee**. M. sativa. L. Gebauter S., Luzerne; auf gutem Boden als Futterkraut sehr häufig gebaut; in Chaussee= u. Grasgräben, auf Wiesen verwildert. — M. lupulina. L. Hopfen=S.; auf Wiesen, in Grasgr., auf Aeckern, an Wegen, gem.

†Trigonella. L. **Hornklee**. †T. Foenum graecum. L. Gem. H. officinell.

Melilotus Tourn. **Honigklee**. M. officinalis Desrous. Gebräuchl. H., in Grasgr., an Wegen, Ackerrändern; häufig; offic. (Melilotenklee).

Trifolium. L. **Klee**. T. pratense. L. Wiesen=K., Rother K.; auf Wiesen, Triften, in Grasgr., an grasigen Waldstellen, gem.; als Futterkraut auf gutem Boden überall gebaut; — T. arvense. L. Acker=K., Mäuse=K., auf mageren, besonders sandigen Aeckern u. Triften, in Haiden, gem. — T. repens. L. Kriechender K., an Wegen, auf Triften,

Polypetale Dic. — Leguminosen.

Wiesen, in Grasgr., gem., in Sandgegenden zuweilen gebauet. — T. procumbens. L. Liegender K., auf Aeckern, Triften, Wiesen, in Grasgr., an Wegen, gem. — T. filiforme L. Fadenf. K., auf Wiesen, in Grasgr., auf Dämmen, an grasigen Waldstellen, sehr häufig.

Lotus. L. Schotenklee. L. corniculatus. L. Gem. S., auf Wiesen, Triften, in Grasgr., an Wegrändern, an grasigen Waldstellen, gem. Tetragonólobus. Scop. Spargelerbse. T. siliquosus. Roth. Schotentragende S., auf feuchten Wiesen, nam. moorigen, an nassen Gräben; im Fl. u. Dl.

*Glycyrrhiza. L. Süßholz. G. glabra. L. Gem. S. Süd-Europa, wild; bei Bamberg im Großen cult.; offic. (S. 153).

†Colútea. L. Blasenstrauch. †C. arborescens. L., Baumartiger B., in Süddeutschl. wild; bei uns vielf. in Anlagen.

Robinia. L. Robinie. R. Pseudacacia. L. Gem. Acacie, aus Nordamerika; überall angepflanzt.

Oxytropis. Dec. Spitzkiel. O. pilosa. Dec. Haariger S. auf trockenen Abhängen, nur im Fl. und auch hier selten.

Astrágalus. L. Traganth. A. hypoglottis. L. Wiesen-T., auf trockenen, nam. moorigen Wiesen, in Grasgr., auf Rainen. — A. glycyphyllos. L. Süßholzblätteriger T., in Wäldern, im Fl. häufig, und auch im Dl. u. Al. — *A. creticus. Lam. u. einige andere Arten liefern den Gummi Traganth; offic. (S. 153).

Coronilla. L. Kronenwicke. C. varia. L. Bunte K., in Grasgr., an Abhängen, Wegen, auf Aeckern, lichten Waldstellen; auf Kalk- und Sandboden häufig.

Ornithopus. L. Vogelfuß. O. perpusillus. L. Liegender Vogelfuß; auf trockenen sandigen Triften, in Grasgr., an Sandwegen, in Haiden; im Dl. häufig, auch im Sand-Fl. u. auf Porphyr. O. sativus. Brotero. Saat-V. (Serradella); auf Sandboden als Futterkraut hin. u. wieder gebauet.

Hippocrépis L. Hufeisenklee. H. comosa. L. Zopfförmiger H.; steinige Hügel, meist auf Kalk; bei uns sehr selten.

Onobrychis. Tourn. Esparsette. O. sativa. Lam. Angebauete E., auf Kalkboden als Futterkraut viel geb.

Vicia. L. Wicke. V. Cracca. L. Vogel-W., in Wäldern, auf Wiesen, in Grasgr., unter dem Getreide, gem. — V. Faba. L. Sau-W. (Saubohne, Pferdebohne); wegen der Samen gebauet. — V. sepium. L. Zaun-W., in Laubwäldern, Gebüsch, an Hecken, auf Wiesen, sehr häufig. — V. sativa. L. Futter-W., als Futterkraut, oft mit Getreide untermischt, vielfach gebauet.

Ervum. L. Linse. E. hirsutum. L. Rauhe Linse; in lichten Wäldern, Gebüsch, in Grasgr., auf Aeckern, gem.; in Sandgegenden vielfach unter dem Roggen, in nassen Jahren die Ernde fast gänzlich vernichtend. — E. Lens. L. Gem. Linse; als Hülsenfrucht überall gebauet.

Pisum. L. Erbse. P. arvense. L. Zucker-E. u. P. sativum. L. Gem. E., beide Arten als Hülsenfrucht überall cult.

Láthyrus. L. Platterbse. L. tuberosus. L. Knollige P. (Erdnuß), auf Aeckern unter der Saat auf Kalk- u. Lettenboden häufig, auch auf Wiesen und an Waldrändern. — L. pratensis. L. Wiesen-P., auf Wiesen, an Dämmen, in Grasgr., an Hecken, im Gebüsch, in lichten Wäldern, sehr häufig.

Orobus. L. Walderbse. O. tuberosus L. Knollige W., in Wäldern, nam. Laubwäldern des Fl. u. Dl. häufig.; im Al. selten; auch auf Wiesen.

Phaséolus. L. Bohne. P. multiflorus. Lam. Vielblumige B., hier u. da gebauet. — P. vulgaris L. Gem. B., in mehreren Varietäten allgemein cult.

Von exotischen Papilionaceen sind noch die wegen ihres vorzüglichen Farbestoffes wichtigen Indigopflanzen: Indigofera Anil. L. u. I. tinctoria. L. zu nennen; die erste Art stammt aus Südamerika, die zweite aus Indien (S. 138). Aus pulverisirtem Indigo wurde zuerst das Anilin dargestellt, welches gegenwärtig hauptsächlich aus Steinkohlentheer gewonnen wird (S. 188). — Pterocarpus Draco. L. offic. (Drachenblut. S. 153).

119. Familie. †Terebinthaceen, Terebinthaceae. Kunth.

Bäume ob. Sträucher mit balsamischen ob. harzigen Säften ob. scharfen Milchsäften; Bl. abwechselnd; Blth. meist eingeschlechtlich; K. 5-th., selten 3-, 4- u. 7-th., bleibend, oft klein; Blkrbl. so viel als Kelchzipfel, selten fehlend; Stbgf. in gleicher ob. doppelter Zahl als Blkrbl.; Frkn. 1-eiig; Gf. 3 ob. 4, und eben so viel N.; Fr. nicht aufspringend, Steinfrucht ob. trocken.

Im tropischen Amerika, Afrika u. Indien, einige Arten auch in Süd-Europa. — Die Terebinthaceen haben neben starken Giften eine große Anzahl vielfach nützlicher Pflanzen; viele Arten liefern wohlschmeckende Früchte u. Samen, andere Balsame, Harze u. Firnisse, und einige enthalten vorzüglichen Gerbestoff.

*Mangifera indica. L. Gem. Mango; Ostindien; wegen seiner schmackhaften Frucht cult.

†Pistacia. L. Pistacie. *P. vera. L. Aechte P., in Süd-Europa; wegen der wohlschmeckenden Samen (Pistaciennüsse) cult. — †P. Terebinthus. L. Terpentin-P., in Nordafrika, Südeuropa, auch Süd-Tyrol; liefert den vorzüglichen Cypernschen Terpentin (S. 136, 154). *P. Lentiscus. L. Mastix-P., im Orient u. Südeuropa; liefert den Mastix; offic. (S. 154).

†Rhus. L. Sumach. †R. Cotinus L. Perücken-S. (Perückenbaum); Südeuropa u. Südtyrol; das Holz dient zum Gelbfärben; bei uns als Zierstrauch angepflanzt *R. Toxicodendron. L. Gift-S.; offic. (S. 154) u. R. Vernix. L. Firniß-S. beide in Nordamerika u. sehr giftig. — R. Coriaria. L. Gerber-S. u. R. typhina. L. Essig-S., Hirschkolben, aus Nordamerika, dienen zum Gerben (S. 137).

120. Familie. *Amyrideen, Amyrideae. R. B.
(Burseraceen, Burseraceae. Kunth.)

Bäume ob. Sträucher, Balsam, Harz u. Gummi enthaltend, mit abwechselnden ob. gegenüberstehenden Bl.; Blth. in Trauben ob. Rispen; K. 2—5-th., bleibend; Blkrbl. 3—5; Frkn. 1—5-fächerig, Fächer 2-eiig; Fr. fleischig, Fruchthülle harzig ob. gummihaltig ob. drüsig.

Die Amyrideen, im tropischen Indien, in Afrika u. Amerika zu Hause, sind wegen ihres wohlriechenden Harzes berühmt; viele sind officinell. — Amyris Elemifera. L. liefert das officinelle Elemi-Harz;

Polypetale Dic. — Rhamneen. Celastrineen. Rutaceen.

Boswellia papifera. Hochstetter, den Weihrauch; u. Balsamodendron Myrrha. Kunth. der Myrrhenbaum, das Gummiharz Myrrhe. (S. 154).

121. Familie. **Rhamneen**, Rhamneae. R. Br.

Bäume, Sträucher ob. Halbsträucher, oft dornig; Bl. einfach, abwechselnd ob. gegenüberstehend, mit Nebenbl.; K. 4—5-sp., Röhre bleibend; Blkrbl. 4 ob. 5; Stbgf. so viel wie Blkrbl.; Frkn. bald frei, bald halb ob. ganz mit dem K. verwachsen, 2—4-fächerig; Fr. fleischig u. nicht aufspringend, ob. trocken u. kapselartig.

Die Rhamneen bewohnen hauptsächlich die wärmere gemäßigte Zone. Mehrere tragen eßbare Früchte, andere enthalten Farbe- u. Arzeneistoffe (S. 138, 154); das Holz des Faulbaums gibt eine vorzügliche Pulverkohle (S. 132).

†Zizyphus Tourn. **Judendorn**. †Z. vulgaris. Lam. Gem. J., im südl. Europa, auch Südtyrol, wegen seiner Frucht häufig gebauet. *Z. Lotus. Lam. Eßbarer J., im nördl. Afrika gem.; seine Früchte, der Lotus der Egypter, sind wohlschmeckend.

Rhamnus. L. **Wegdorn**. R. cathartica. L. Gem. Wegdorn, Kreuzdorn; in Waldungen und Gebüsch, an Ufern, häufig, seine Beeren liefern das Saftgrün (S. 138).— R. Frangula, L. Glatter W., Faulbaum; in Wäldern u. Gebüsch, nam. in Erlenbr., im Fl. u. Dl. häufig, im Al. selten. — *R. infectoria. L. Färbender W., im südl. Frankreich; die Beeren geben eine schöne gelbe Farbe.

122. Familie **Celastrineen**, Celastrineae. R. Br.

Sträucher mit abwechselnden ob. gegenüberstehenden Bl.; K. 4—5-sp. ob. th.; Blkrbl. so viel als Kelchzipfel; Stbgf. 4 ob. 5 mit den Blkrbl. an dem Rande einer unterweibigen Scheibe eingefügt; Frkn. frei, 2—4-fächerig.

Die Celastrineen sind vorzugsweise in den gemäßigten Klimaten zu Hause. Ihr Holz wird zu Drechslerarbeiten verwendet, u. die Kohle des Pfaffenhütchen ist eine gute Zeichenkohle.

Die Familie zerfällt in die beiden Gruppen: Staphyleaceen u. Evonymeen, die auch als besondere Familien angesehen werden.

†Staphyléa. L. **Pimpernuß**. †S. pinnata. L. Gem. P., in den südl. Gebirgswäldern; bei uns in Anlagen.

Evonymus. L. **Spindelbaum**. E. europaeus. L. Gem. S., Pfaffenhütchen; in Laubwäldern u. Gebüsch, sehr häufig.

3. **Unterordnung. Polypetale Dicotyledonen mit bodenständigen (unterweibigen) Staubgefäßen.**

Dicotyledones staminibus hypogynis.

123. Familie. **Rutaceen**, Rutaceae. Juss.

Ausdauernde Kräuter, Sträucher ob. Bäume, mit abwechselnden ob. gegenüberstehenden, durchsichtig punktirten Bl.; K. 3—5-sp. ob.

th.; Blkrbl. benagelt, so viel als Kelchzipfel; Stbgf. so viel, doppelt ob. dreimal soviel als Kelchzipfel, nebst den Blkrbl. um eine drüsige, unterweibige Scheibe befestigt; Frkn. lappig, Lappen u. Fächer so viel als Kelchzipfel, Fächer 2—4=eiig, Samenträger mittelpunktst.; Gf. in 1 verwachsen, aus der Mitte der Frkn. hervorragend; N. einfach; Kapsel mit einwärts aufspringenden Fächern.

Die Rutaceen gehören vorzüglich den wärmeren Gegenden an. Sie sind sehr aromatisch u. bitter, u. besitzen einen großen Gehalt ätherischen Oels; mehrere werden, u. wurden nam. früher, zu medicinischen Zwecken gebraucht (S. 154).

Die Familie zerfällt in zwei, auch wohl als besondere Familien angesehene, Hauptgruppen:

1. †Rutaceen. †Ruta. L. Raute. †R. graveolens. L. Garten= R.; im südl. Deutschl. hier u. da; offic.

2. Diosmeen. Dictamnus. L. Diptam. D. Fraxinella. Pers. (D. albus. L.) Eschenblättriger D.; in Wäldern, auf Kalkboden, im Fl. in einigen Waldungen; früher offic.

124. Familie. *Zygophylleen, Zygophylleae. Dec.

Kräuter, Sträucher ob. Bäume, mit gegenüberstehenden, unpaarig gefiederten, sehr selten einfach. Bl., die mit Nebenbl. versehen sind; K. 4= ob. 5=th.; Blkrbl. 4 ob. 5; Stbgf. doppel soviel; Frkn. einfach, 4= ob. 5=fächerig; Fr. kapselartig, selten fast fleischig, 4= ob. 5=fächerig.

Die meisten Arten dieser Familie finden sich in der wärmeren gemäßigten Zone.

Tribulus. L. Burzeldorn. T. terrestris. L. Gem. B. Süd= Europa.

Guajacum officinale. L. Guajakbaum, Pockenholz, Franzosenholz; Südamerika; Harz u. Holz offic. (S. 154).

125. Familie. Oxalideen, Oxalideae. Dec.

Kräuter, Halbsträucher ob. Bäume, mit abwechselnden (seh selten gegenüberstehenden ob. quirlf.) zusammengesetzten Bl. mit Nebenbl.; K. 5=blättrig ob. th., bleibend; Blkrbl. 5; Stbgf. 10, an der Basis oft einbrüderig; Frkn. 1, frei, 5=fächerig; Gf. 5; Samenträger mittelpunktst.; Kapsel 5—10=klappig.

In den heißen u. gemäßigten Länderstrichen, am häufigsten in Amerika u. am Kap der guten Hoffnung. — Die Blätter der meisten Arten sind mehr ob. weniger sauer; der gem. Sauerklee liefert das Sauerkleesalz.

Oxalis. L. Sauerklee. O. acetosella. L. Gem. S.; an feuchten Waldstellen, nam. der Buchenwälder u. in Erlenbr., im Fl. u. Dl. häufig, im Al. sehr selten. — O. stricta. L. Steifer S., in Gärten, auf Aeckern, in Anlagen, Hainen, Waldungen, sehr häufig.

Polypetale Dic. — Balsamineen — Geraniaceen.

125. Familie. Balsamineen, Balsamineae. Rich.

Kräuter mit saftigen Stengeln u. einfachen, gegenüberstehenden ob. abwechselnden Bl.; K. 5=blätterig, unregelm., abfallend, das unterste Bl. gespornt; Blkrbl. 5, die seitenst. paarweise zusammengewachsen; Stbgf. 5; Frkn. 5=fächerig; Kapsel 5=klappig, elastisch aufspringend.

Die Familie findet sich vorzugsweise in Ostindien u. besteht nur aus der einen Gattung:

Impatiens. L. Springkraut. I. noli tangere. L. Empfindl. S., an feuchten, nam. sumpfigen Waldstellen, in Erlenbr., im Sand=Fl. u. Dl. häufig, im Al. selten. *I. Balsamina. L. Gem. Balsamine, aus Ostindien; als Zierpfl. vielfach in Gärten u. in Töpfen gezogen.

127. Familie. *Tropäoleen, Tropaeoleae. Juss.

Kräuter mit abwechselnden, einfachen, meist schildf. Bl.; K. 5=th., unregelm., gefärbt, abfallend, die untere Abtheilung gespornt; Blkrbl 5, benagelt, ungleich; Stbgf. 8; Fr. 3=gehäusig, trocken.

Die Familie ist in Südamerika einheimisch.

Tropaeolum majus. L. Spanische ob. Kapuziner=Kresse; bei uns häufige Gartenpfl.

128. Familie. Geraniaceen, Geraniaceae. Juss.

Kräuter ob. Sträucher mit knotig gegliederten Stengeln; die unteren Bl. meist gegenüberstehend, die oberen abwechselnd, mit Nebenbl.; die Blüthenstielchen mit Deckbl. versehen; K. 5=blätterig, bleibend. Blkrbl. 5, benagelt; Stbgf. 10, selten 15, meistens nach unten verwachsen, zuweilen einige fehlschlagend; Frkn. aus 5 besonderen Ovarien gebildet, deshalb 5=fächerig, geschnäbelt, Fächer 2=eiig; Gf. mit dem Schnabel in eine 5=eckige Säule verwachsen; N. 5; Fr. eine Spaltfrucht mit einsamigen Früchtchen, die sich von unten bis zur Spitze mit dem Gf. von der Centralsäule trennen.

Die verschiedenen Gattungen dieser Familie sind ungleich über die Erde vertheilt, einige, nam. die Gatt. Pelargonium, gehören dem Vorgeb. der guten Hoffnung an, die Gatt. Geranium u. Erodium kommen hauptsächlich in Nordafrika, Europa u. Nordasien vor. — Viele, nam. aus der Gatt. Pelargonium. L'Heritier. Kranichschnabel, werden ihrer schönen Blüthen wegen als Zierpflanzen cult.

Geranium. L. Storchschnabel. G. pusillum. L. Kleiner S., an Dörfern, Zäunen, Wegen, in Grasgr., unter Futterkräutern, auf Triften, Wiesen, gem. — G. molle. L. Weicher St., in Hainen, Anlagen Grasgr., auf trockenen Wiesen, an Dörfern, Wegen; sehr häufig. — G. Robertianum. L. Ruprechts St., in feuchten Waldungen, Gebüsch, Erlenbr., an Hecken, Zäunen, Mauern; sehr häufig.

Erodium. L'Heritier. **Reiherschnabel.** E. cicutarium. L'Herit. Schierlingsbl. R., auf Aeckern, an Wegen, in Grasgr., auf Mauern, Triften, an Ufern; sehr gem.

129. Familie. Ampelibeen, Ampelideae. Kunth.

Kletternde ob. windende **Sträucher**, selten **Bäume**, mit gegliederten Knoten; Bl. mit Nebenbl.; Blth. in Rispen ob. Afterdolden, den Bl. gegenüberstehend, zuweilen in Ranken verwandelt; K. klein, ganzrandig ob. schwach gezähnt; Blkrbl. 4 ob. 5, an der Außenseite der Scheibe befestigt; Stbgf. soviel wie Blkrbl.; Frkn. 4=eiig; Gf. 1; N. einfach; Fr. eine Beere.

Die Ampelibeen gehören der heißen Zone an, vorzüglich Ostindien, mit Ausnahme des Weinstocks, welcher die milderen Klimate bewohnt. Der Nutzen dieser nur aus wenigen Gattungen bestehenden Familie ist durch die vorzüglichen Eigenschaften der Früchte des Weinstocks (S. 119) sehr hervorragend.

Vitis. L. **Weinstock.** V. vinifera. L. Edler W.; vielfach auch bei uns cult., wenn auch fast nur in Gärten u. an Mauern, und wenig im Großen.

*Ampelopsis. Michaux. **Zaunrebe.** A. hederacea. Mich. Epheuart. Z.; aus Nordamerika; zur Bekleid. von Lauben u. Wänden angepfl.

130. Familie. *Hippokastaneen, Hippocastaneae. Dec.

Bäume ob. **Sträucher** mit gegenüberstehenden, gefingerten Bl.; Blth. in gipfelst. Rispen; K. 5=zähnig; Blkr. unregelm., 4—5=blättrig; Stbgf. 7 ob. 8, ungleich; Frkn. 3=fächerig, Fächer 2=eiig; Fr. Kapsel 1—3=fächerig u. 1—3=samig.

Diese nur wenige Arten umfassende Familie ist fast ausschließlich in Nordamerika zu Hause. Die Bäume sind wegen der Schönheit ihres Wuchses, ihrer Blätter u. ihrer Blüthen häufig in Anlagen u. Alleen angepflanzt.

Aesculus. L. **Roßkastanie.** Ae. Hippocastanum. L. Gewöhnliche R., aus Asien stammend; sehr beliebter Park= u. Alleebaum.

Pavia rubra. Lam. **Rothblühende Kastanie** u. P. flava. Dec. Gelbe Kastanie, aus Nordamerika; in Parkanlagen.

131 Familie. Acerineen, Acerineae. Dec.

Bäume mit gegenüberstehenden, meist einfachen, selten gefiederten Bl.; Blth. in achselständigen Trauben ob. Doldentrauben; K. 5, zuweilen 4—9=th.; Blkrbl. ebensoviel als Kelchtheile, um die drüsige Scheibe gestellt, selten fehlend; Stbgf. 8, selten 5—12, in die Scheibe eingefügt; Frkn. 2=lappig, 2=fächerig, Fächer 2=eiig; Gf. 1; N. 2; Fr. 2=flügelig, in 2 nußartige Früchtchen sich trennend.

Polypetale Dic. — Cedreleen. Aurantiaceen. 289

Diese Familie hat nur die eine Gattung Acer, welche der nördl. Halbkugel angehört. — Der Saft der meisten Arten ist sehr zuckerreich, und wird der vom Zucker-Ahorn, Acer saccharinum. L. u. vom Eschen-Ahorn, Acer Negundo. L. in Nordamerika zur Gewinnung des Zuckers im Großen verwendet (S. 122). Die bei uns wachsenden Ahornbäume geben ein vorzügliches Nutzholz (S. 130).

Acer. L. Ahorn. A. Pseudoplatanus. L. Weißer A.; in Laubwäldern, nam im Fl. häufig; in Anlagen u. Alleen angepfl. — A. platanoides. L. Spitzer A.; in Laubwäldern; in Anlagen u. Alleen angepflanzt. — A. campestre. L. Feld-A.; in Laubwäldern, nam. des Fl. u. des Elb-Al., besonders als Unterholz, häufig.

132. Familie. *Cedreleen, Cedreleae. R. Br.

Bäume mit abwechselden Bl.; K. meist 5-th.; Blkrbl. 5, selten 4; Stbgf. gewöhnl. 5 ob. 10; Frkn. 5, selten 3; Kapsel holzig, 5-, selten 3- ob. 4-fächerig.

Tropische Bäume mit einem vorzüglich nutzbaren harten Holze.

Swietenia Mahagoni. L. Gem. Mahagonibaum; im tropischen Amerika zu Hause; das schöne braune Holz wird zu Möbeln u. besonders zum Fourniren der Möbel verwendet (S. 131).

133. Familie. *Aurantiaceen, Aurantiaceae. Juss.

Bäume ob. Sträucher, die Blätter, Blüthen und Früchte mit Oeldrüsen besetzt; Bl. abwechselnd, lederartig, Blattstiel gegliedert; K. napf- ob. glockenf., 3—5-zähnig; Blkrbl. 3—5, mit breiter Basis auf der Außenseite einer unterweibigen Scheibe befestigt; Stbgf. soviel ob. doppelt soviel als Blkrbl.; Frkn. mehrfächerig; Gf. 1; N. dick; Fr. saftig, mehrfächerig, mit einer lederartigen Schale.

Die Aurantiaceen bewohnen fast ausschließlich Ostindien, werden aber in den Ländern ums Mittelmeer im Großen cultivirt. Sie zeichnen sich durch ihre saftigen, schmackhaften Früchte aus, die unter dem Namen „Südfrüchte" einen wichtigen Handelsartikel ausmachen (S. 116). Wegen der Fülle aromatischer, flüchtiger Oele sind Blätter, Blüthen, Früchte und Fruchtschalen offic. (S. 155). Wegen ihrer immergrünen, schönen Belaubung und ihrer stark duftenden Blüthen werden sie bei uns unter dem Namen Orangeriebäume in großen Kübeln gezogen und in sog. Orangeriehäusern überwintert.

Citrus. L. Citronenbaum. C. Aurantium. Risso. Apfelsine. — C. vulgaris. Risso. Pomeranze. — C. medica. L. Citrone. (in mehreren Varietäten). — C. decumana. L. Pompelmuse, liefert Citronat (S. 123).

134. Familie. **Ternströmiaceen**, Ternströmiaceae. Kunth.

Bäume, Sträucher ob. Halbsträucher, mit abwechselnden, sehr selten gegenüberstehenden, lederartigen Bl., Blattstiel u. Blüthenstiel an der Basis gegliedert; Blth. ansehnlich; K. 3—7-blättrig; Blkrbl. 5—9; Stbgf. zahlreich; Frkn. 2—7-fächerig, Fächer 2—mehreiig; Fr. kapselartig u. aufspringend, ob. lederartig u. geschlossen, 2—7-fächerig.

In Amerika, Ostindien, China u. Japan zu Hause. Von den ca. 100 Arten dieser Familie sind die beiden merkwürdigsten: der **Theestrauch**, Thea chinensis. Sims. und die **Camellie**, Camellia Japonica. L. Vom Theestrauch werden die getrockneten Blätter zur Zubereitung eines der verbreitetsten Getränke, des **Thees**, verwendet (S. 121). Die Camellien sind durch die Schönheit ihrer Blüthen und Blätter ein vorzüglicher Schmuck unserer Gewächshäuser.

135. Familie. **Hypericeen**, Hypericeae. Juss.

Kräuter, Sträucher ob. Bäume mit harzigem Safte; Bl. meist gegenüberstehend, ganzrandig u. punktirt; K. 5-, selten 4-blättrig, an der Basis verwachsen, bleibend; Blkrbl. ebensoviel; Stbgf. zahlreich, vielbrüderig, in 3 ob. mehr Bündel verwachsen; Frkn. mehrfächerig, Fächer vieleiig; Fr. eine Kapsel ob. Beere.

Die Hypericeen sind über die ganze Erde verbreitet, gehören aber vorzüglich der heißen und der gemäßigten Zone an, in ersterer finden sich besonders die baumartigen.

Die Gattung Hypericum zeichnet sich durch den Reichthum an Farbestoff aus (S. 189).

Hypericum. L. **Hartheu, Johanniskraut**. H. perforatum. L. Gem. H.; auf Rainen, in Grasgr., an Wegrändern, an Ufern, auf Wiesen, Hügeln, in Haiden, trockenen Wäldern, gem.

136. Familie. *****Dipterocarpeen**, Dipterocarpeae. Blume.

Bäume mit harzigem Safte u. abwechselnden Bl.; Blüthen groß, in Trauben u. Rispen; K. röhrenf., ungleich; Blkr. 5.

Im tropischen Asien.

Dryobalanops Camphora. Gaertn. **Kampherbaum** von Sumatra, liefert den am meisten geschätzten sumatraischen Kampher; der Kampher befindet sich zwischen den Höhlungen u. Spalten des Holzes im festen Zustande.

Vateria indica. L. **Copalbaum**; aus seiner Rinde fließt der zu Firnissen u. zum Räuchern gebrauchte Copal.

137. Familie. **Tiliaceen**, Tiliaceae. Kunth.

Bäume, Sträucher ob. Kräuter, mit abwechselnden, einfachen Bl. u. hinfälligen Nebenbl.; Blüthenstiele mit Deckbl. versehen; K. 4—5-

blättrig, gefärbt; Blkrbl. ebensoviel; Stbgf. frei, zahlreich; Frkn. 4—10=fächerig, Samenträger mittelpunktst.; Fr. trocken ob. fleischig, 2= ob. mehrfächerig.

Die meisten Tiliaceen finden sich in den Tropen, nur wenige in Europa. Sie sind mehr ob. weniger schleimig. Die Blüthen der Linden sind officinell (S. 155), ihr Holz ist als Nutzholz geschätzt (S. 131), und ihre Kohle wird als Zeichenkohle (Reißkohle) benutzt.

Tilia. L. Linde. T. grandifolia Ehrh. Großblättrige L. und T. parvifolia. Ehrh. Kleinbl. L.; beide in Laubwäldern, nam. als Unterholz häufig; in Anlagen u. Alleen vielfach angepflanzt.

*Corchorus. L. Corchorus. C. olitorius. L. in Egypten als Gemüse gebauet. — C. textilis. L. Ostindien, liefert Gespinnstfasern, die unter dem Namen Jute oder Paat in den Handel kommen.

138. Familie. *Büttneriaceen, Büttneriaceae. R. Br.

Bäume, Sträucher ob. Kräuter, mit sternf. Haaren u. meist abwechselnden Bl.; Blth. in Dolden, Trauben, Doldentrauben ob. Rispen; K. 5=th.; Blkrbl. 5; Stbgf. 5—zahlreich; Frkn. fr.i, 5=fächerig, selten weniger; Fr. 1—5=fächerig.

In Ostindien, Neu=Holland, am Vorgeb. der guten Hoffnung u. in Südamerika.

Theobróma Cacao. L. Gem. Kakaobaum; die ölreichen Samen geben die Kakaobutter (S. 155) und dienen zur Zubereitung der Chokolade (S. 121).

139. Familie Malvaceen, Malvaceae. R. Br.

Bäume, Sträucher ob. Kräuter, mit sternf. Haaren, abwechselnden Bl. und gepaarten Nebenbl.; K. 5=, selten 3= ob. 4=sp.; Blkrbl. 5; Stbgf. zahlreich, einbrüderig; Frkn. 3= ob. mehrfächerig, Samenträger mittelpunktst.; Fr. 3=, 5= ob. mehrfächerig; S. nierenf.

Die Malvaceen finden sich am häufigsten unter den Tropen; ihre Zahl nimmt, je mehr nach Norden, um so mehr ab. Sie sind in allen ihren Theilen sehr schleimig und mehrere von ihnen sind officinell (S. 155). Am hervorragendsten durch ihren Nutzen ist die Gattung Gossypium. L. Baumwollenstaude (S. 126). Berühmt durch seinen mächtigen Umfang u. sein Alter ist der Affenbrodbaum, Baobab, Adansonia digitata. L. (S. 92).

Malva. L. Malve. M. sylvestris. L. Wilde M., auf Dämmen, an Grasgr., Dörfern, Zäunen, Gebüsch, an Waldrändern u. Ackerrändern, sehr häufig. — M. vulgaris. Fries. Gem. M., an Dörfern, Wegen, Ackerrändern, in Grasgr., an Waldrändern, auf Waldwegen, gem.; officinell.

Althaea. L. Eibisch. A. officinalis. L. Gebräuchl. E. an Gräben, Wegen, auf feuchten Wiesen, Triften, an Bächen; zerstreut durch das

Geb.; offic. — *A. rosea. Cavanilles. Stockrose; aus dem Orient; beliebte Gartenzierpfl.; offic.

Lavatéra. L. Lavatere. L. thuringiaca. L. Thüringische L.; an Wegen, Gräben, Gebüsch, Waldrändern, im Fl. u. Al., nam. im Bode-Gebiet.

140. Familie. Lineen, Lineae. Dec.

Kräuter ob. Halbsträucher, mit ganzrandigen Bl.; K. 5-, selten 4-blättrig, bleibend; Blkrbl. soviel als Kbl.; Stbgf. 5, selten 4, mit einer gleichen Anzahl von Rudimenten; Frkn. 10-, selten 8- ob. 6-fächerig, Fächer 1-eiig, Samenträger mittelpunktst.; Gf. 5, selten 4 ob. 3; Fr. Kapsel; S. zusammengedrückt, glänzend.

Die meisten dieser, nur aus den beiden Gattungen Linum u. Radiola bestehenden Familie finden sich in Europa u. Nordasien. Wegen ihrer festen Fasern und ihrer öligen Samen sind die Lineen für Industrie und Landwirthschaft äußerst wichtig (S. 126 u. 135).

Linum. L. Flachs, Lein, L. usitatissimum. L. Gewöhnlicher Flachs; überall cult. u. mehrfach verwildert; offic. L. catharticum. L. Purgir-Fl.; auf Wiesen, nam. Sumpf- u. Moor-Wiesen, Triften, grasigen Abhängen, trockenen Hügeln, grasigen Waldstellen, häufig.

Radiola. Gmel. Zwergflachs. R. linoides. Gm. Tausendkörniger Z.; auf sandigen, feuchten, nam. sandmoorigen Aeckern u. Triften, in feuchten Sand-Ausstichen und Sandgräben; im Sand-Fl. u. Dl. besonders in nassen Jahren häufig.

141. Familie. Elatineen, Elatineae. Camb.

Kräuter mit niederliegenden, wurzelnden Stengeln; gegenüberstehenden ob. quirlf. Bl. u. achselst. Blth.; K. 3—5-sp. ob. th.; Blkrbl. soviel als Kelchzipfel; Stbgf. doppelt ob. ebensoviel als Blkrbl.; Frkn. 3—5-fächerig; Gf. 3—5; Samenträger mittelpunktst.; Fr. Kapsel; S. zahlreich.

Diese kleine Familie besteht aus wenigen Gattungen, von denen die Gattung Elatine in Europa, u. die übrigen in Ostindien, am Kap der guten Hoffnung u. in Amerika vorkommen.

Elatine. L. Tännel. E. Alsinastrum. L. Wirtelliger T.; in Teichen, Ausstichen; selten.

142. Familie. Sileneen, Sileneae. D.

Kräuter ob. Halbsträucher, mit an den Gliedern verdickten Stengeln und gegenüberstehenden, ganzrandigen Bl.; K. röhrig, 5—6-zähnig, bleibend; Blkrbl. soviel als Kzipfel, lang benagelt; Stbgf. doppelt soviel als Blkrbl.; Frkn. frei, vieleiig, Samenträger mittelpunktst.; Gf. 2, 3 u. 5; Fr. meist eine Kapsel mit 4, 5, 6 ob 10 Zähnen aufspringend, selten eine Beere.

Polypetale Dic. — Sileneen. Alsineen.

Die Sileneen bewohnen die gemäßigten und kälteren Klimate. Sie zeichnen sich fast alle durch schöne Blüthen aus, und viele von ihnen, besonders aus der Gattung Dianthus, werden als Zierpflanzen cultivirt. — Die Wurzel des Seifenkrauts ist officinell (S. 155).

Gypsóphila. L. Gypskraut. G. muralis. L. Mauer-G., auf mageren Aeckern, besonders Lehmsand u. Moorsand.

Diánthus. L. Nelke. D. Carthusianorum. L. Karthäuser N.; in trockenen Gräben, auf Rainen, Triften, sonnigen Hügeln, an Weg- und Waldrändern, sehr häufig. — D. deltoides. L. Deltafleckige N.; auf Wiesen, Dämmen, Rainen, in Grasgr., in Wäldern, häufig.

Saponária. L. Seifenkraut. S. officinalis. L. Gebr. S.; am Ufer des Elb-Al. u. hier u. da an Dörfern; offic.

Cucúbalus. L. Taubenkropf. C. bacciferus. L. Beerentragender T.; im Gebüsch, nam. Weidengeb., in Wäldern, an Ufern; nur im Al. und besonders in dem der Elbe.

Silene. L. Leimkraut. S. inflata. Smith. Blasiges L., auf sonnigen Hügeln, Rainen, in Grasgr., auf Aeckern, an Wegen, auf trockenen Wiesen, in Wäldern; im Fl. und Ol. auf Kalk u. Sand häufig. — S. noctiflora. L. Nachtblühendes L.; auf Aeckern; im Fl. u. Al. häufig, im Ol. nur auf fruchtb. Sandboden.

Lychnis. Dec. Lichtnelke. L. Flos cuculi. L. Kukuks-L., Kukuksblume; auf feuchten Wiesen, an waldigen feuchten Orten, in Gräben, an Bächen; gem. — L. vespertina Sibth. Abend-L., auf Rainen, Dämmen, Wegrändern, Aeckern, in Grasgr., auf Wiesen, an Ufern, Bächen; sehr häufig. L. diurna. Sibth. Tag-L., in Waldungen, auf Wiesen, im nördlichen Fl., im Saal- und Bode-Al. häufig; im übrigen Geb. zerstreuet.

Agrostemma. L. Rade. A. Githago. L. Korn-Rade; auf Aeckern unter der Saat, gem.

143. Familie. Alsineen, Alsineae. Dec.

Diese Familie wird auch wohl mit der vorigen zu einer Familie, den Caryophylleen, vereinigt. Die Alsineen unterscheiden sich von den Sileneen auch hauptsächlich nur durch den nicht röhrigen, sondern bis zum Grunde getheilten, mehrblättrigen Kelch, u. durch die nur kurz (nicht lang) benagelten Blumenkronblätter.

Die Alsineen gehören, gleich den Sileneen, den temperirten und kälteren Länderstrichen an.

Sagina. L. Mastkraut. S. procumbens. L. Niederliegendes M., auf überschwemmt gewesenen sandigen Triften, in feuchten Sandgräben, auf nassem, nam. moorigen, Sandacker, auf Mauern, Waldwegen, an Ufern; in den Sandgegenden sehr häufig.

Spergula. L. Spark. S. arvensis. L. Acker-Spark; auf Aeckern, nam. Sandäckern, auf Dämmen, an Wegen, gem.

Lepigonum. Wahlenb. Schuppenknie. L. rubrum. Wahlb. Rothblühendes S.; auf mageren, nam. sandigen, Triften, Aeckern, Wegen, an sandigen Ufern, auf trockenen Waldwegen, in Haiden; sehr häufig.

Alsine Wahlenb., Miere. A. tenuifolia Wahlb., Feinbl. M., auf mageren, besonders sandigen, Aeckern, Triften, Anhöhen, in Haiden, nicht häufig.

Möhringia L., Möhringie. M. trinervia Clairv. Dreinervige M.; in Waldungen, Hainen, Erlenbr., im Gebüsch, an Hecken, sehr häufig.

Arenaria L., Sandkraut. A. serpyllifolia L., Quendelbl. S., auf Aeckern, trockenen Wiesen und trockenen Waldstellen, an Wegen, an grasigen Abhängen; gem.

Holosteum L., Spurre. H. umbellatum L., Doldige Sp., in Grasgr., an Wegen, auf Aeckern, auf grasigen Abhängen, in Kiesgruben; gemein.

Stellaria L., Sternmiere. S. media. Vill, Gem. S., auf Aeckern, in Gärten, an Wegen, in Grasgr., an Mauern, Hecken, auf Wiesen, in Wäldern, sehr gem.

Malachium Fries., Weichkraut. M. aquaticum. Fries. Wasser-W., an Ufern, Bächen, Wassergr., in Erlenbr., feuchten Wäldern, an Zäunen, feuchten Dorfstellen; sehr häufig.

Cerastium L., Hornkraut. C. triviale. Link., Gem. H., in Grasgräben, an Wegen, auf Wiesen, Triften, Aeckern, in Wäldern; gem. — C. arvense L., Acker-H.; in Grasgr., an Weg- und Ackerrändern, auf grasigen Abhängen, auf trockenen Wiesen, Triften; gem.

144. Familie. *Simarubeen, Simarubeae. Dec.

Bäume ob. Sträucher mit bitterer Rinde; Bl. abwechselnd, gefiedert, selten einfach; Blth. in Dolden, Trauben ob. Rispen, mit Deckbl.; K. 4- ob. 5-th.; Blkrbl. 4 oder 5; Stbgf. 8 ob. 10; Frkn. 4 ob. 5; einsamige Steinfrüchte auf einem gemeinschaftlichen Fruchtboden.

Die Simarubeen gehören dem Tropen an und bewohnen die meisten Amerika, nur wenige Ostindien.

Quassia amara L., Gem. Quassie; Surinam; das Quassienholz ist officinell (S. 155).

Simaruba officinalis Dec. liefert die Simaruba-Rinde.

145. Familie. *Zanthoxyleen, Zanthoxyleae. Nees.

Bäume oder Sträucher mit abwechselnden oder gegenüberstehenden Bl.; K. meist 4- oder 5-th.; Blkrbl. ebensoviel; Stbgf. eben oder doppelt soviel; Frkn. so viel als Blkrbl.; Fr. aus mehreren getrennten Früchtchen bestehend, oder eine mehrfächrige Kapsel ob. Beere.

Meist tropische Gewächse, vornehmlich im tropischen Amerika.

Ptelea trifoliata L., Gem. Leberblume; aus Nordamerika; Zierstrauch in Anlagen.

146. Familie. Polygaleen, Polygaleae, Juss.

Kräuter ob. Sträucher, mit meist zerstreuten, einfachen und ganzrandigen Bl.; Blth. einzeln oder in Aehren oder Trauben, selten in Rispen, jede Blüthe von 3 Deckblättchen begleitet. K. 5-blättrig, unregelm., die zwei inneren größer, blumenblattartig; Blkrbl. 3—4, mit der Röhre der Stbgf. mehr oder weniger verwachsen, das untere groß, nachenartig, hohl, am Rücken nackt ob. mit einem hahnenkammartigen Ansatze versehen; Stbgf. 8, selten weniger, unterwärts einbrüderig, Staubb. mit einem Loche aufspringend; Frkn. 1—2=fächerig, Fächer 1= eiig; Fr. aufspringend ob. geschlossen bleibend.

Die Gattungen dieser Familie sind meistens auf einzelne Länder= striche verschieden vertheilt, mit Ausnahme der bei uns vorkommenden Gattung Polygala, die sich in allen Theilen der Welt, nur nicht in Neu= holland, findet, vorzugsweise in Amerika und am Vorgebirge der guten Hoffnung. — Die Polygaleen besitzen im Allgemeinen bittere und tonische Eigenschaften und geben ein gesundes Viehfutter; mehrere von ihnen sind officinell (S. 155).

Polygala L., Kreuzblume. P. vulgaris. L., Gem. K., in lichten Wäldern, auf feuchten Wiesen, besonders Moor=Wiesen, im Fl. u. Dl. häufig, im Al. weniger. — †P. amara L, bittere K., officin. — *P. Senega L., in Nordamerika; officin.

*Krameria. L., Kramerie. K. triandra. Ruiz u. Pavon. Drei= männige K. Peru; liefert die officinelle Ratanhawurzel (Ratanhia).

147. Familie. Droseraceen, Droseraceae. Dec.

Kräuter (Sumpf= oder Torfpflanzen) mit meist schaftartigen Sten= geln und abwechselnden Bl., Blätter und Blüthenstiel in der Jugend nach innen gerollt; K. 5=blätterig, bleibend; Blkrbl. 5; Stbgf. 5, seltner 10—12; Frkn. frei, 1—3=fächerig, Samenträger wandst.; Gf. mehrere, oft getheilt; Kapsel 1=fächerig, 3= bis 5=klappig, selten 2= ob. 3=fächerig und soviel Klappen als Fächer.

Die Droseraceen erscheinen in Europa, Süd=Asien, Neu=Holland, am Kap der guten Hoffnung und in Amerika. — Die merkwürdigste Pflanze dieser kleinen Familie ist Dionaea muscipula L., die Fliegen= klappe der Venus, in Amerika, deren Blätter, die mit steifen Haaren besetzt sind, bei Berührung der Oberfläche der Mittelrippe, mit rascher Bewegung zusammenschlagen, und auf diese Weise Fliegen und andere Insecten einfangen und tödten.

Drosera L., Sonnenthau. D. rotundifolia L., Rundblättriger S.; auf Sumpfstellen, in Ausstichen, in Torfmooren und auf Moor= wiesen, besonders zwischen Torfmoos; im Sand=Fl. und Dl.

Parnassia L., Parnassie. P. palustris L., Sumpf=P., auf sumpfigen Wiesen, nam. sandmoorigen und Torfwiesen, im Fl. u. Dl. häufig, im Al. selten.

148. Familie. Resedaceen. Resedaceae. Dec.

Kräuter, selten Sträucher mit abwechselnden Bl., die mit kleinen, drüsenartigen Nebenbl. versehen sind; Blth. in Trauben oder

Aehren; K. 4—7=th., unregelm., bleibend; Blkrbl. soviel als Kelchzipfel; Stbgf. zahlreich, auf einer schiefen Scheibe befestigt; Frkn. 1, einfächerig, an der Spitze offen, 3= bis 6=lappig; Samenträger wandst.; Fr. trocken, meist mehr oder weniger häutig, an der Spitze offen, selten beerenartig; S. nierenf.

Die Resedaceen sind in Europa und den nahe gelegenen Theilen von Asien und Afrika zu Hause. — Die gem. Reseda wird wegen ihres Wohlgeruchs in Gärten gezogen; der Wau wird, und wurde namentlich früher, als Farbepflanze (S. 139) im Großen cultiv.

Reseda L., Reseda. *R. odorata L., Gem. R., in Eghpten wild; allgemein beliebte Gartenpflanze. — R. lutea L., Gelbe R., auf sonnigen Hügeln, Triften, in Grasgr., an Wegen, Ackerrändern, in Esparsette; kalkliebend; im Fl. häufig, im Al. selten, fehlt im Dl. — R. luteola L., Wau=R., an Mauern, Wegen, Ackerrändern, Steinbrüchen, auf Trifthöhen, in Grasgr., an Dörfern; im Fl= u. Al. häufig; im Dl. selten.

149. Familie. Violaceen, Violaceae. Vent.

Kräuter ob. Sträucher mit meist abwechselnden, einfachen Bl. mit Nebenbl.; K. 5=blätterig, bleibend; Blkr. unregelm. ob. ungleich, ob. regelm., 5=blätterig; Staubgf. 5; die Staubb. an der Spitze mit einer häutigen Verlängerung des Connectiv's; Frkn. frei, 1=fächerig, Samenträger 3, wandst.; Gf. 1; Kapsel 1=fächerig, 3=klappig.

Die eigentlichen Violaceen, krautartige Gewächse, gehören der gemäßigten Zone an; die strauchartigen finden sich nur unter den Tropen. Die Wurzeln aller Violaceen sind mehr oder weniger emetisch (Brechen erregend), mehrere sind deshalb officinell, bei uns das Stiefmütterchen (S. 156). — Einige Arten sind wegen ihrer schönen Blüthen als Zierpflanzen beliebt.

Viola L., Veilchen. V. odorata L., Wohlriechendes V., in Hainen, an Hecken, in Anlagen, namentl. in der Nähe von Ortschaften, häufig. — V. sylvestris Lam., Wald=V., in Wäldern, Hainen, sehr häufig. — V. tricolor L., Dreifarbiges V., Stiefmütterchen, auf Aeckern, besonders Sandäckern, in Grasgr., auf Wiesen, Triften, an Zäunen, in Heiden, gem.

150. Familie. Cistineen, Cistineae. Juss.

Sträucher oder Kräuter, mit gegenüberstehenden ob. abwechselnden, meist einfachen Bl.; Blth. in Trauben; K. 5=blätterig, ungleich, bleibend; Blkrbl. 5; Stbgf. zahlreich; Frkn. 1= oder mehrfächerig, vieleiig; Kapsel 3=, 5=, zuweilen 10=klappig.

Die Cistineen bewohnen hauptsächlich Süd=Europa und Nord=Afrika. Die Gattung Cistus, Cistrose, liefert eine harzige Substanz, die, unter

Polypetale Dic. — Capparideen. Cruciferen.

dem Namen Ládanum, als ein heilender Balsam früher sehr im Gebrauch war, und jetzt zum Räuchern dient.

Helianthemum. Tourn., Sonnenröschen. H. vulgare Gaertn. Gem. S.; auf trockenen Anhöhen, in Heiden, lichten Wäldern, auf trockenen Wiesen; im Fl. und Ol.

151. Familie. * Capparideen, Capparideae. Juss.

Kräuter, Sträucher ob. Bäume, mit abwechselnden Bl.; K. u. Blkr. 4-blätterig; Stbgf. meist zahlreich; Frkn. 1-fächerig, gestielt; Fr. schotenartig und aufspringend, ob. beerenartig und geschlossen.

Besonders in den Tropen und in der subtropischen Zone; am Nördlichsten erscheint der Kappernstrauch, Capparis spinosa L., der sich selbst in Südeuropa findet. Seine mit Essig eingemachten Blüthenknospen kommen als Kappern in den Handel (S. 124).

152. Familie. Cruciferen, Cruciferae. Juss.

Ein-, zwei- oder mehrjährige Kräuter, selten Halbsträucher oder Sträucher, mit abwechselnden Blättern; Blüthen meist in Aehren oder Trauben, gelb oder weiß, selten roth; K. 4-blättrig, abfallend; Blkrbl. 4, kreuzförmig gestellt, meist regelmäßig, nur zuweilen zwei Petala größer; Stbgfäße 6, viermächtig; Frkn. frei, 1- bis 2-fächerig, mit zwei wandständigen Placenten (Samenträgern), welche gewöhnlich durch eine häutige Scheidewand verbunden sind; Gf. einfach, zuweilen fehlend, N. 2; Fr. eine Schote ob. ein Schötchen, zwei-, selten einfächerig, ein- ober mehrsamig, mit 2 Klappen aufspringend, selten geschlossen bleibend; S. gestielt und gewöhnlich hängend.

Die Cruciferen bilden eine der größten und natürlichsten Familien. Von den nahezu 1000 Arten gehört fast die Hälfte Europa an; die übrigen vertheilen sich über die anderen Theile der Welt.

Sämmtl. Pflanzen dieser Familie besitzen in Folge eines flüchtigen Oels einen mehr ob. weniger scharfen Geschmack u. in ihren Samen ein fettes Oel. Sie liefern durch Wurzel, Stengel und Blatt wohlschmeckende Gemüse und Salate (weiße Rübe, Kohlrabi und die verschiedenen Kohlarten; Garten- und Brunnenkresse — S. 118); durch die Früchte die besten unserer einheimischen Gewürze (Kümmel, Anis, Senf ꝛc. S. 123) und fette Oele (Raps, Leindotter, S. 135). Der Waid war wegen seines vorzüglichen blauen Farbestoffes früher in den Färbereien unentbehrlich (S. 138); und einige Cruciferen gehören wegen ihrer schönen Blüthenfarben u. ihres großen Wohlgeruchs zu unseren beliebtesten Zierpflanzen (Levkoje, Goldlack, Nachtviole).

Linné theilte diese Familie nach der Länge der Frucht in zwei Ordnungen: Siliquosae, Schotenfrüchtige, Schote lang u. schmal (lineal) und Siliculosae, Schötchen kurz und breit. Letztere theilt man wieder nach der Breite der Scheidewände der Frucht ein in: Breitwandige, Latiseptei, (Scheidewand so groß als die größere Breite des Schötchens) und Schmalwandige, Angustiseptei, (Klappen kahnf., Scheidewand schmal). Zu diesen 3 Gruppen treten noch 4, die Nußartigen, Nucamentaceen, (Schötchen nicht aufspringend) u. 5, die Gliederhülsigen, Lomentaceen, (Schote oder Schötchen quer in einsamige Glieder sich trennend).

1. Schotenfrüchtige, Siliquosen.

*Matthiola R. Br., Levkoje. M. annua Sweet. Jährige L., Südeuropa und M. incana R. Br., Winter-L. — beide, sehr beliebte Zierpflanzen.

†Cheiranthus L., Lack. †C. Cheiri L., Gold-Lack, auf alten Mauern und Kirchen am Rhein; bei uns häufige Zierpfl.

Nasturtium. R. Br., Brunnenkresse. N. officinale R. Br. Gebräuchliche B., an Quellen, an Bächen u. Wassergr., in Teichen, Kulken, im Fl. u. Dl. nicht selten; fehlt im Al.

N. amphibium R. Br., Verschiedenblättrige B., in Wassergr., Lachen an Ufern, sehr häufig. — N. sylvestre R. Br., Wilde B., auf Aeckern, nam. feuchten, an Wegen, auf Wiesen, an Bächen, Ufern, im Weidengeb., in Wäldern, gem.

Barbaréa. R. Br., Barbaree. B. vulgaris. R. Br., Gem. B., Wiesen, Dämme, Gräben, Futterkräuter, an Wegen, Ufern, in feuchten Wäldern; im Al. häufig; im übrigen Gebiete zerstreut.

Turritis L., Thurmkraut. T. glabra L., Kahles T., an Waldrändern, im Gesträuch, an Dämmen, an sonnigen Orten, in Heiden, nicht selten.

Arabis L., Gänsekraut. A. Gerardi Bess. Gerards G., in den Forsten des Elb-Al. häufig, im übrigen Gebiete zerstreut und selten — A. hirsuta. Scop., Rauhhaariges G., in Wäldern, auf Wiesen, in Gräben, zerstreut durch das Geb.

Cardamíne L., Schaumkraut. C. pratensis L., Wiesen-Schaumkraut; feuchte Wiesen, grasige Waldstellen, gem.

C. amara L., Bitteres Schaumkraut, in Erlenbrüchen, an nassen, moorigen Waldstellen, auf Moorwiesen, an Bächen und Wassergräben, im Dl. häufig, auch in Sand-Fl., sonst sehr selten.

†Hesperis L. Nachtviole. †H. matronalis L., Gem. N. und †H. tristis L., Eigentliche N.; in Gärten Zierpfl., erstere öfters verwildert.

Sisymbrium L., Rauke. S. officinale Scop., Gem R., an Wegen, Dörfern, Ackerrändern, in Futterkräutern, Grasgr., gem. — S. Sophia L., Feinblättrige R., an Wegen, Dörfern, auf Mauern, an Hecken, auf Aeckern, unter Futterkräutern, gem. — S. Alliaria Scop., Knoblauchs-R., in feuchten Waldungen, Gebüsch, an Hecken, Zäunen, Bächen, Ufern, im Al. sehr häufig, weniger häufig im Dl. und selten im Fl.

S. Thalianum Gaud., Thals-R., auf mageren Aeckern, nam. Sandäckern, auf trockenen Rainen, Grasabhängen, Triften; häufig, im Dl. gemein.

Polypetale Dic. — Cruciferen.

Erysimum L., Heberich. E. cheiranthoides L., Lackartiger H., auf Aeckern, an Wegen, in Grasgr, auf Mauern, an Ufern, im Weibengeb., in Wäldern, sehr häufig.

Brássica L., Kohl. B. oleracea L., Garten K.; in verschiedenen Varietäten (Weißkohl, Rothkohl, Grünkohl, Rosenkohl, Wirsing, Kohlrabi und Blumenkohl) als Gemüse gebauet. — B. Rapa L., Rüben-K., in verschiedenen Varietäten (Sommer- u. Winter-Saat ob. Rübsen; rapifera, weiße Rüben), als Oelfrucht und Wurzelgemüse gebauet. — B. Napus L. Reps-K., in verschied. Varietäten (Sommer- u. Winter-Raps; Kohlrübe) als Oelfrucht, Wurzelgemüse u. Viehfutter gebauet. — B. nigra. Koch., Schwarzer K. (schwarzer Senf) im Weidengeb., an Ufern, an Waldrändern, Wegen, im Fl. und Al., fehlt im Dl., liefert die Senfkörner zum Mostrich und ist offic. (S. 156).

Sinapis L. Senf. S. arvensis. L., Acker-S., Heberich, auf Aeckern unter der Saat (auf gutem Boden), gemein, auch an Ufern. — S. alba L., Weißer Senf; gebauet und verwildert, am Rande der Aecker zum Schutz gegen die Schaafe oft angesäet.

Erucastrum. Schimper., Rempe. E. Pollichii. Schimp. Pollich's R., auf und an Aeckern; mit fremdem Samen eingeführt, im Fl. nam. auf Kalkboden eingebürgert.

Diplotáxis. Dec., Doppelsame. D. muralis Dec., an Aeckern, Grasgräben, auf Mauern, an Steinbrüchen, im südl. Fl. eingebürgert.

2. Breitwandige, Latisepten.

Alyssum L., Steinkraut. A. calycinum L., Kelchfrüchtiges St., auf sonnigen Hügeln, Triften, in Grasgr., auf Mauern, an Wegen; Ackerrändern, in Steinbrüchen; Kalk liebend; im Fl. häufig, sonst selten.

Farsetia R. Br., Farsetie. F. incana R. Br., Graue F., an Wegen, Aeckern (nam. sandigen), an Grasgr., auf Triften, sonnigen Hügeln, Rainen, Mauern, sehr häufig.

Draba L., Hungerblümchen. D. verna L., Frühlings-H., auf mageren Aeckern (namentlich Sandäckern), Triften, in Grasgr., an Wegen, gem.

Cochlearia. L., Löffelkraut. †C. officinalis. L., Gebräuchl. L., am Meeresufer und an Salzquellen, officin. — C. Armoracia L., Meerrettig-L. (Meerrettig); an Ufern (besonders der Bode) und an Dörfern (nam. der Sandgegenden), häufig verwildert; angebauet.

Camelína. Crautz., Leindotter. C. sativa Crautz., Gebaueter L., gebauet und vielfach auf Mauern, in Grasgr., Steinbrüchen, auf Dämmen ꝛc. verwildert.

3. Schmalwandige, Angustisepten.

Thlaspi L., Täschelkraut. T. arvense L., Feld-T., auf Aeckern gem.; auch in Grasgr, an Ufern, im Weidengeb.

Teesdalia. R. Br., Teesbalie. T. nudicaulis. R. Br., Nacktstengelige T., auf sandigen, mageren Aeckern, Triften, an Wegen, in Heiden, im Dl., gemein, auch auf Sand und Porphyr des nördl. Fl. und im Sand-Al.

Biscutella. Brillenschote. B. laevigata L., Gem. B., an Kiefernwäldern, auf Sandhöhen und an sandigen Stellen; nur im Elbgebiete.

Lepidium. L., Kresse. L. Draba L., Stielumfassende K., in Grasgräben, auf Rainen, an Wegen, Dämmen. — L. sativum L., Garten-K., zum Salat cult. — L. ruderale L., Schutt-K., an Dörfern, auf Mauern, an Wegen, in Grasgr., im Umkreise von Magdeb. gem., im übrigen Geb. zerstreut, und in der Regel nur in der Nähe der Städte u. selten an Dörfern.

Capsélla. Medikus., Hirtentasche. C. Bursa pastoris. Mönch. Gem. H., auf Aeckern, an Wegen, in Grasgr., auf Triften, an Dörfern, sehr gem.

Senebiéra Pers., Senebiere. S. Coronopus Poiret., Kurztraubige S., auf Wegen, an Dorfstr., auf überschwemmt gewesenen Aeckern und Triften, an Ufern; im Fl. und Al. sehr häufig, im Dl. weniger häufig.

4. Nußartige, Nucamentaceen.

†Isatis L., Waid. †J. tinctoria L., Färber-W; bei uns zwischen Esparsette öfters verwildert, doch nie beständig.

Neslia Desv., Neslie. N. paniculata. Desv., Rispige N., auf Aeckern, (Lehm-, Kalk- und fruchtb. Sandäckern); im Fl. häufig, im Dl. nur auf gutem Boden, im Al. selten.

5. Gliederfrüchtige, Lome taceen.

Rapistrum, Boerh., Repsdotter. R. percune. All., Mehrjähriger R., auf Aeckern, an Wegen, in Grasgr., an Steinbrüchen; Kalk liebend, nur im Fl.

Ráphanus. Tourn., Rettig. R. sativus L., Garten-R.; cultiv. — R. Raphanistrum L., Acker-R., Hederich; auf Aeckern (nam. mageren u. sandigen) gem.; auch an Wegen, Ufern.

153. Familie. Fumariaceen, Fumariaceae. Dec.

Kräuter mit zerbrechlichen Stengeln uud abwechselnden Bl.; K. 2-blätterig, klein, abfallend; Blkr. unregelmäßig, 4-blättrig; Stbgef. 6, in zwei Bündel verwachsen; Frkn. 1-fächerig, 1 und mehreiig, Samenträger wandst.; Fr. eine 1- oder 2-samige Nuß, oder eine vielsamige Schote.

In den gemäßigten Länderstrichen der nördl. Halbkugel, vorzüglich der alten Welt.

Corydalis. Dec. Hohlwurz, Lerchensporn. C. cava. Schweig. In feuchten Wäldern und Hainen, nam. im Al. der Bode, Wipper u. Saale.

Fumaria L., Erdrauch. F. officinalis. L., Gem. E., auf Aeckern, an Wegen, Zäunen, in Grasgr., gem.

*Dicentra (Diclytra) spectabilis., Herzblume, Hängendes Herz; China; beliebte Zierpflanze.

154. Familie. Papaveraceen, Papaveraceae. Juss.

Kräuter, selten Halbsträucher, mit einem weißen oder gelben, selten rothen Milchsaft; Bl. abwechselnd, mehr oder weniger getheilt;

Polypetale Dic. — Nymphaeaceen. Berberideen.

Blthstiele einblüthig, K. 2=blätterig, abfallend; Blkr. regelm., 4=blätterig, vor dem Aufblühen unregelmäßig zusammengelegt; Staubgf. 4 ob. zahl= reich; Frkn. frei; Gf. kurz oder fehlend; N. 2 oder mehrere; Fr. 1= fächerig, entweder schotenf. mit 2 wandst. Placenten, ob. kapself. mit mehreren wandst. Samenträgern.

Die meisten Papaveraceen gehören Europa an. Alle besitzen nar= kotische Eigenschaften und mehrere sind officinell (S. 156). Aus dem Samen des Mohns wird ein gutes Oel für Speisen (S. 125) und zu industriellen Zwecken (S. 135) gewonnen.

Papaver. L., Mohn. P. argemóne. L., Acker=M.; unter der Saat, in Futterkräutern; gem., auch an Wegrändern, in Grasgräben, auf Mauern. — P. Rhoeas.. L., Klatsch=M. (Klatschrose); unter der Saat, in Futterkräutern, sehr gem., officin. — P. somniferum L., Gebaueter M.; vielf. auf gutem Boden cultiv., offic.

Chelidónium L., Schöllkraut. Ch. majus. Gem. Sch., im Gebüsch, an Hecken, Zäunen, Dörfern, Mauern, gem.; offic.

155. Familie. Nymphäaceen, Nymphaeaceae. Salisb.

Wasserpflanzen mit dickem, horizontalen Wurzelstock und lang= gestielten, großen Blättern; K. 4= bis 6=blätterig; Blkrbl. zahlreich, all= mälig in die Staubgefäße übergehend; Staubgf. zahlreich; Frkn. mehr= fächerig, Fächer vieleiig; N. soviel als Fächer; Fr. nicht aufspringend, inwendig fleischig; S. zahlreich, nistend.

Die Nymphäaceen kommen in den süßen Gewässern aller Erdtheile vor. Sie zeichnen sich durch schöne Blattformen und große, prächtige Blüthen aus.

Nymphaea L., Seerose. N. alba L, Weiße S., hat die größte und schönste Blüthe unter allen heimathlichen Pflanzen; in Teichen, Lachen und langsam fließenden Wassern, im Elb=Al. häufig, weniger häufig im übrigen Al. und im Ol.; im Fl. sehr selten. — *N. Lotus L., Egyptische S., Lotusblume, in den Sümpfen Egyptens; war den Egyptern heilig; Wurzelstock und Samen dienten als Nahrungsmittel.

Nuphar. Sm., Teichrose. N. luteum Sm., Gelbe T., in Teichen, Lachen und langsam fließenden Wassern häufig; allein oder in Beglei= tung von Nymphaea alba.

*Victoria regia. Lindl., Südamerika; durch ihre Riesenformen (die Blätter haben 5 bis 6 Fuß und die Blüthe hat 1 Fuß im Durchmesser) wie durch Schönheit und Wohlgeruch ausgezeichnet; bei uns in beson= deren warmen Häusern, namentlich in den botanischen Gärten, gezogen und zur Blüthe gebracht.

156. Familie. †Berberideen. Berberideae. Vent.

Sträucher, oft dornig, oder ausdauernde Kräuter, mit abwechseln= den Bl.; Blth. in Trauben ob. Rispen; K. mit 3, 4 ob. 6 in zwei Reihen gestellten, abfallenden, oft gefärbten Blättern, außerhalb mit Schuppen versehen; Blkrbl. soviel als Kbl., selten doppelt soviel ob. mehr, oft an der inneren Basis mit Drüsen oder Schuppen; Stbgf. soviel als Blkrbl., Staubbeutelfächer mit einer Klappe sich elastisch öffnend; Frkn. 1, einfächerig, 2—12=eiig; Fr. beeren= ob. kapselartig; S. 2 ob. 3, selten 1.

Die meisten Berberideen bewohnen die gemäßigte Zone der nördlichen Halbkugel.

†Berberis L., Sauerdorn. †B. vulgaris L., Gem. S., Berberitze; in Anlagen und zu Hecken häufig angepfl.

157. Familie. *Menispermeen, Menispermeae. Juss.

Kletternde Sträucher mit einfachen, selten zusammengesetzten Bl.; die sehr kleinen Blth. eingeschlechtl., meist zweihäusig, gewöhnlich in Trauben; K. u. Blkr. bilden mehrere vielblättrige Kreise, zuweilen fehlen die Blkrbl.; Stbgf. meist einbrüderig; Frkn. einzeln ob. mehrere; Fr. 1=samig, meist beerenartige Steinfr.

Die Menispermeen finden sich größtentheils im tropischen Asien u. Amerika. Die Wurzeln mehrerer Arten sind bitter, die Samen narkotisch.

Menispermum L., Mondsame. M. Cocculus L., Fischkörner-Pflanze; Ostindien; die Früchte sind narkotisch, betäuben die Fische u. sind unter dem Namen Kockelskörner bekannt. — M. palmatum Lam. Handblättriger M.; Südafrika; liefert die offic. Kolombo=Wurzel (S. 156.)

158. Familie. *Wintereen, Wintereae, R. Br.

Sträucher ob. Bäume mit abwechselnden, punktirten, lederartigen, immergrünen Bl., u. abfallenden Nebenbl.; Blth. achself., meist braun gefärbt und wohlriechend; K. und Blkr. bilden oft mehrere, vielblättr. Kreise; Stbgf. zahlreich; Frkn. meist zahlreich, wirtelf.; Fr. trocken ob. saftig.

Diese, aus wenigen Gattungen bestehende Familie wird auch wohl mit der folgenden, den Mangoliaceen, zu einer Familie vereinigt. Die Wintereen bewohnen Amerika, Australien, China und Japan.

Illicium L., Illicium. I. anisatum L., Anisartiges J.; China u. Japan; die gewürzhaften, sternf. Früchte kommen unter dem Namen Sternanis als Gewürz in den Handel, und sind offic. (S. 156).

159. Familie. *Magnoliaceen, Magnoliaceae. Lindl.

Bäume ob. Sträucher mit abwechselnden, nicht punktirten, lederartigen Bl. und abfallenden Nebenbl.; Blth. sehr groß, einzeln stehend, mit starkem Geruch; K. 3= ob. 6=blättrig, abfallend; Blkrbl. 3 ob. mehr und dann in Kreise gestellt; Stbgf. zahlreich; Frkn. zahlreich, 1-fächerig; Fr. trocken oder saftig, aufspringend oder geschlossen.

Die Magnoliaceen sind in Amerika, Ostindien, China und Japan zu Hause, und zeichnen sich durch die Schönheit ihrer Bäume aus, von denen einige auch bei uns in Parkanlagen gepflegt werden.

Polypetale Dic. — Ranunculaceen.

Magnolia L., Magnolie. M. grandiflora L., Großblumige M., Nordamerika; ein durch Schönheit seiner Blüthen und Blätter hervorragender Baum; bei uns zuweilen in Parkanlagen.

Leriodendrum L., Tulpenbaum. L. tulipifera L., Gem. T., aus Nordamerika; ein schöner, der Platane ähnlicher Baum; häufiger als voriger in Anlagen.

160. Familie. Ranunculaceen, Ranunculaceae. Juss.

Kräuter, selten Sträucher, mit abwechselnden, zuweilen gegenüberstehenden B., Blattstiel am Grunde scheidenartig erweitert; K 3 bis 6-blättrig, meist abfallend, oft gefärbt; Blkrbl. 5—15, gleich oder ungleich, zuweilen fehlend; Stbgf. zahlr., frei; Frkn. 1—5 oder mehrere, frei, selten 5 oder 3 in einen einzigen verwachsen; Gf. ungetheilt; N. einfach; Fr. ob. Früchtchen: eine einsamige Nuß oder eine mehrsamige Balgkapsel, sehr selten beerenartig.

Die meisten Ranunculaceen finden sich in Europa u. Nordamerika. Sie besitzen alle ein mehr oder weniger scharfes und giftiges Princip, das von flüchtiger Natur ist und durchs Kochen schwindet. Sie enthalten mehrere starke Giftpflanzen (S. 159) und einige von ihnen sind officinell (S. 156). Wegen der schönen Blüthen werden viele als Zierpflanzen cultivirt.

Die Familie wird in 5 natürliche Gruppen getheilt:

1. Clematideen; Knospenlage des K. klappig; Blkrbl. flach ob. fehlend; Fr. einsamig, nußartig, geschwänzt; Blätter gegenüberst.

Clématis L., Waldrebe. C. recta L., Steife W., auf Wiesen, im Gebüsch, an Waldsäumen und lichten Waldstellen; nur im Elb-Al.

2. Anemoneen. Knospenlage dachig; Blkrbl. flach oder fehlend; Fr. einsamig, nußartig, zuweilen geschwänzt; Bl. nicht gegenüberst.

Thalictrum L., Wiesenraute. Th. flavum L., Gelbe W., auf feuchten Wiesen, im Weidengebüsch, an Ufern, in feuchten Waldungen des Al. u. Dl.; im Fl. selten.

Anemone L., Windröschen. A. Pulsatilla L, Violettes W., Küchenschelle; auf sonnigen Hügeln, in Haiden, auf Sand und Porphyr; offic. — A. pratensis L., Wiesen-W., auf sonnigen Hügeln des nordl. Grand, in Haiden, auf Sandhügeln; offic. — A. nemorosa L., Busch-W., in Wäldern, Hainen, Erlenbr., im Gesträuch, auf Waldwiesen und Wiesen, die früher Wald gewesen, sehr häufig. — A. ranunculoides L., Ranunkelartiges W., in Waldungen, Hainen, auf Waldwiesen u. Wiesen die früher Wald gewesen, im Fl. und Al. (nam. in den Saalforsten) häufig; im Dl. seltener.

Adonis L., Adonis. A. aestivalis L., Sommer-A. unter der Saat auf Kalk- und Lehmboden im Fl.; im Dl. selten. — A. vernalis L., Frühlings-A., an sonnigen Höhen, auf Triftabhängen, Rainen; nur im Fl.; Kalk liebend.

3. Ranunculeen. Knospenlage dachig; Blkrbl. an der Basis mit einer Schuppe ob. einer Honigdrüse versehen; Fr. einsamig, nußartig, nicht geschwänzt.

Myosurus. L. **Mäuseschwanz.** M. minimum. L. Kleiner M.; auf Aeckern, nam. in nassen Furchen, an überschwemmt gewesenen Stellen, auf Mauern.

Ranunculus. L. **Hahnenfuß.** R. aquatilis L., Wasser-H., in Lachen, Teichen, Bächen, Wassergr., gem. — R. Flammula. L. Brennender H., auf feuchten Wiesen, feuchten Grasstellen der Wälder, an Sümpfen, Wassergr., in Erlenbr., sehr häufig. — *R. asiaticus. L. Asiatischer H.; Südeuropa u. Orient; in vielen Varietäten, halbgefüllt, u. gefüllt, eine beliebte Zierpfl. — R. Ficaria. L. Freiwurzeliger H.-Scharbockskraut, Wälder, Haine, Erlenbr., Gesträuch, an Hecken, Zäunen, auf Wiesen, an Bächen; sehr häufig. — R. auricomus. L. Goldgelber H., in Laubwäldern, Hainen, Gebüsch, in Erlenbr., auf feuchten Wiesen; häufig. — R. acris. L. Scharfer H., auf Wiesen, in Grasgr., an Bächen, unter Gebüsch, in Wäldern, gem. — R. repens. L. Kriechender H., auf nassen Wiesen und Triften, in feuchten Gräben, an Wassergr., Lachen, Teichen, Bächen, Ufern, in feuchten Wäldern, gem. R. bulbosus. L. Knolliger H., auf Rainen, Grasabhängen, Triften, Wiesen, in Grasgr., an Wegen; sehr häufig. — R. sceleratus. L. Giftiger H., an Wassergr., Bächen, Teichen, Sümpfen, an Ufern, sehr häufig. — R. arvensis. L. Acker-H.; unter Getreide (besonders Winter-Getreide), häufig, nam. im Fl. u. Dl.

4. **Helleboreen.** Knospenlage dachig; Blkrbl. verschieden oder fehlend; Fr. kapselartig. mehrsamig.

Caltha. L. **Dotterblume.** C. palustris. L. **Sumpf-D.**, nasse Wiesen, in nassen Gräben, an Bächen, häufig; auf nassen Moorwiesen in Erlenbr., gem.

Trollius. L. **Trollblume** T. europaeus. L. Europäische T., auf feuchten, moorigen Wiesen, auf Waldwiesen, im Fl. u. Dl. zerstreuet.

† Helleborus. L. **Nießwurz.** † H. viridis. L. Grüne N., in den südl. Wäldern; offic.

Nigella. L. **Schwarzkümmel.** N. arvensis. L. Acker-S., unter der Saat auf Kalk-, Lehm- u. Sandboden im Fl. u. Dl. *N. damascena. L. Türkischer S., Süd-Europa; bei uns in Gärten. *N. sativa. L. Gem. S., ein scharfes Gewürz, in manchen Gegenden gebauet.

Aquilegia. L. **Akelei.** A. vulgaris. **Gem. A.**; schattige Laubwälder; bei uns selten.

Delphinium. L. **Rittersporn.** D. Consolida. L. Feld-R., unter der Saat, auf Lehm-, Letten- u. fruchtb. Sandboden; im Fl. u. Al. gem., im Dl. nur auf fruchtb. Boden. — *D. Ajacis. L. Garten-R., aus Südeuropa vielfach in Gärten als Zierpfl. cult.

Aconitum. L. **Eisenhut.** †A. Napellus. L. Wahrer E.; offic. — A. variegatum. L. Bunter E., in Laubwäldern; selten.

5. **Uneigentliche Ranunculaceen. Päoniaceen;** eine Gruppe, die sich mit den Helleboreen vereinigen läßt.

†Paeonia. L. **Päonie.** *P. officinalis. L. Südeuropa, bei uns Garten-Zierpflanze. — *P. Mutan. Sm. strauchartig; Zierpflanze aus Ostasien.

Berichtigungen und Ergänzungen.

S.   4. Z. 2 v. oben lies „Stengels" statt „Stempels".
- 23. - 3 v. unten l. fast st. faßt.
- 25. - 13 v. u. l. Gauchheil st. Gauchseil.
- 25. - 7 v. u. l. Primel st. Priemel.
- 32. - 15 v. o l. fast sitzende st. festsitzende.
- 38. - 17 v. o. l. des Eichen st. der Eichen.
- 44. - 12 v. o. und 10 v. u. l. Früchtchen st. Früchten.
- 44. - 10 v. u. l. verwachsene st. verwachsenen.
- 54. - 13 v. o. 2c. l. das Gummi st. der Gummi.
- 57. - 13 v. o. l. Coniin st. Conein.
- 58. - 14 v. u. l. Einsaugen st. Einsaugung.
- 100. - 4 v. o. l. bulbiferum st. belbiferum.
- 101. - 2 v. o. l. Pfropfreiser st. Propfreiser.
- 101. - 16 v. o. 2c. l. Pfropfen st. Propfen.
- 116. - 4 v. o. l. Melonen st. Mellonen.
- 118. - 17 v. u. l. der Kohlrabi st. die Kohlrabi.
- 121. - 2 v. u. l. Theobroma st. Theobrama.
- 123. - 14 v. u. l. Capsicum st. Caspicum.
- 131. - 15 v. u. l. Swietenia st. Switenia.
- 135. - 5 v. u. l. Pomeranze st. Pommeranze.
- 138. - 4 v. o. l. Naphthalin st. Naphtalin.
- 138. - 5 v. u. l. Caesalpinia st. Caesalpina.
- 139. - 9 v. o. l. tinctoria st. tinctora.
- 149. - 8 v. o. l. Ipomoea st. Ipomaea.
- 152. - 11 v. o. l. Ostruthium st. Osthrunthium.
- 153. - 12 v. u. l. Cäsalpinieen st. Cäsalpineen.
- 154. - 17 v. u. l. papyrifera st. papurifera.
- 155. - 15 v. o. l. Theobroma st. Theobrama.
- 157. - 16 v. o. l. Bingelkraut st. Bringelkraut.
- 157. - 15 v. u. l. Jatropha st. Jatropa.
- 158. - 14 v. o. l. Ipomoea st. Ipomaea.

S.171. Z. 8 u. 7 v. u. l. den ſt. der.
- 173. - 4 v. u. l. Peronospora ſt. Perenospora.
- 177. - 11 v. o. l. Bidens ſt. Rideus.
- 183. - 15 v. u. l. Alluvium ſt. Aluvium.
- 211. - 7 v. o. l. Lebermooſe ſt. Laubmooſe.
- 214. - 2 v. u. l. Ovulum ſt. Ovolum.
- 216. - 7 v. o. l. Cupressus ſt. Cypressus.
- 225. - 16 v. o. l. Triglochin ſt. Trichlochin.
- 232. - 2 v. o. l. 145 ſt. 146.
- 233. - 3 v. o. l. Galgant= ſt. Galant=
- 233. - 11 v. u. l. 97 ſt. 66.
- 235. Seiten=Ueberſchrift l. Apetale Dic. ſt. Monocotyledonen.
- 237 u. 239. Seiten=Ueberſchr. l. Apetale Dic. ſt. Monocotylen.
- 238. Z. 16 v. u. l. Artocarpeen ſt. Atrocarpeen.
- 240. - 11 v. o. l. Jatropha ſt. Jatropa.
- 249. - 15 v. o. l. Monardeen ſt. Monandreen.
- 252. - 11 v. o. l. Jacaranda ſt. Jacandra.
- 252. - 11 v. o. l. Paliſander ſt. Poliſander.
- 252. Zwiſchen Solanum u. Capsicum iſt einzuſchalten:
 Physalis. L. Schlutte. P. Alkekengi L. Gem. S.;
 trockene Hügel unter Geſtr., Weinberge; bei uns in Gär=
 ten, höchſt ſelten.
- 253. Z. 5 v. u. l. Symphytum ſt. Symphitum.
- 261. Zwiſchen Gnaphalium u. Artemisia iſt einzuſchalten:
 Helichrysum Gaertn. Sonnengold. H. arenarium.
 Dec. Sand=S.; trockene Hügel, Sandtriften, trockene Grä=
 ben, nam. ſandige, in Haiden; gem.
- 269. Z. 19 v. u. l. Ostruthium ſt. Osthrunthium.
- 269. - 13 v. u. l. Sphondylium ſt. Sphondilium.
- 276. - 2 u. 1 v. u. l. unterſt., ſt. unerſt.,
- 281. - 1 v. o. Vor P. domestica iſt einzuſchalten:
 P. spinosa. L. Schlehen=P., Schlehendorn, Schwarz=
 dorn; in Waldungen, auf ſonnigen Höhen, an Rainen,
 Feldgräben, Wegen, Bächen, Ufern; ſehr häufig.
- 281. Z. 3 v. u. l. Cäsalpinieen ſt. Cäsalpineen.
- 282. - 2 v. o. l. Caesalpinia ſt. Caesalpina.
- 283. - 11 v. u. l. Erndte ſt. Ernde.
- 285. - 1 v. o. l. papyrifera ſt. papifera.
- 290. - 17 v. u. l. 139 ſt. 189.
- 303. - 4 v. o. l. Liriodendrum ſt. Leriodendrum.

Sachregister.

Abart. 189.
abfallend. 29. 40.
abgebissen. 8.
abgebrochen gefiedert. 20.
Ableger. 101.
Abnormitäten der Blüthe. 177.
Absenker. 101.
abwechselnd. 13. 14.
Achene, achenium. 45.
Ackerbau. 112.
Ackerbauschulen. 133.
Aconitin. 57. 156.
Acotyledones. 193.
Afterblättchen. 16.
Afterdolde. 27.
Aehrchen 218.
Aehre. 25.
„ zusammengesetzte. 28.
Ahorn-Zucker. 122.
Alantwurzel. 150.
Albumen. 49.
Albumin. 56.
Alkaloide. 57.
Alkanna. 139.
Alluvium. 180. 183.
Aloë. 145.
Aluminium. 51.
amentum. 26.
Ammoniak. 57. 58.
amylum. 54.
Ananasfrucht. 47.
angestammter Boden 73.
Angiospermen. 7.
Anilin. 188.
„ -Farben. 138. 188.
Anis 123. 151.
anorgan. Elemente. 51.
anthela. 27.
anthera. 33. 36.
Apfelfrucht. 46.
Apfelsäure. 54.
Apothecien. 207.
Aequatorialzone. 105.
Arak s. Arrak.

Araukarien. 182.
Arctische Zone. 107.
arillus. 48.
Arnika-Tinctur. 150.
Arrak. 120. 227.
Art. 189.
Arzeneipflanzen. 57. 143.
Asa foetida. 152.
Asche. 52. 140.
Asphalt. 187.
Assimilation. 63.
assimil. Nahrungssaft 62.
Aeste. 11.
ästig. 7. 11.
ätherische Oele. 55.
Atropin. 57. 148. 158.
aufgeblasen. 28. 43.
aufrecht. 10. 49.
aufspringende Fr. 43. 45.
aufsteigend. 10. 40.
ausdauernde Pfl. 92.
ausgerandet. 17.
Ausläufer. 99.
Außenkelch. 23.
Auswüchse. 163. 260.
Axe. 13.
bacca. 46.
Baldrian. 151.
Balg. 217. 222.
Bälge. 23.
Balgkapsel. 46.
Banane. 233.
bärtig. 36.
Bast. 10
Bastfasern. 4.
Bastgefäße. 4.
Baströhren. 4.
Batate. 117.
Bauchnath. 42.
Bauholz. 127.
baumartig. 11.
Baumöl. 125. 135.
Baumwolle. 126.
Beere. 46.
Beere des Taxus. 38.

Beere b. Wachholder 38.
Befallen der Pfl. 170.
Befruchtung. 95.
Befruchtungsproceß. 37.
behaart. 43.
Belladonnapflaster. 148.
Benzoëharz. 149. 258.
Benzol. 188.
bereift. 12.
Bergamotöl. 135. 154.
Bernstein. 183.
Bertramwurzel. 150.
Betel. 223.
Bier. 120.
Bildung der Erde. 178.
Bildungsgewebe. 66.
binäre Verb. 52. 53.
Birkenwasser. 120.
birnförmig. 43.
Bitterklee. 149.
Bitumen. 187.
Blatt. 15.
Blättchen. 19.
blätterig. 29.
Blattfläche. 15.
Blattgrün. 56. 138.
Blatthäutchen. 217. 222.
Blattknospe. 8.
Blattkryptogamen. 210.
Blattscheide. 15.
Blattstellung. 14.
Blattstiel. 15. 16.
Blauholz. 138.
bleibend. 29. 40.
Bleichsucht. 162. 176.
Blitzpulver. 212.
Blumenblatt. 22. 23. 30.
blumenblattartig. 41.
Blumenkrone. 22. 29.
Blkrblätter. 30.
Blumenscheide. 26.
Blumenuhr. 91.
Blüthe. 25.
Blüthenboden. 26. 260.
Blüthenhülle. 22. 32.

20*

Blthkalender. 91.
Blüthenknospe. 22.
Blüthenkolben. 26.
Blüthenkreise. 22. 23.
„ ihre Stellung. 24.
Blüthenscheibe. 26.
Blüthenstand. 25.
Blthstaub. 33. 36.
Blthstengel. 25.
Blthstiel, gemeinsch. 25.
Blthstielchen. 25.
Blüthezeit. 88. 90.
Boden, dessen Einfluß 68.
bodenfeste Pfl. 77.
bodenholde Pfl. 77.
Bodenlage. 75.
bodenständig. 35.
bodenvage Pfl. 77.
Bodenwärme 70. 79.
Borke. 67.
Borste. 5.
borstenförmig. 18.
borstig. 12, 18, 21.
Botanik. 1.
„ angewandte. 1.
„ reine. 1.
Bractea. 23.
Brand. 172. 175.
Branntewein. 120.
Braunkohle. 183. 186.
Brechnuß. 149.
Brechwurzel. 151.
Brennhaar. 6.
Brennhölzer. 127.
Brennöl. 135.
Brom. 52.
Brombeerfrucht. 44.
Brutknollen. 99.
Brutknospen. 99.
Brutzwiebeln. 99.
Büchse. 211.
buchtig. 18.
buckelig. 31.
büschelig. 15.
Cacao s. Kakao.
Cajaputöl. 152.
Calamiten. 181. 214.
Calcium. 51.
calyx. 28.
Cambium. 66.
Campecheholz. 138.
Campher s. Kampher.
capitulum. 26.
capsula. 47.

Carbolsäure. 188.
carpellum. 37.
Carrageen. 143.
caryopsis, Caryopse. 45.
Catechu s. Katechu.
caulis. 10.
Cautschuk s. Kautschuk.
Cellulose. 53.
Centralsäule. 39.
Cerealien. 114.
chalaza. 39.
chem. Bodenbeschaffenheit. 75.
chemische Farben. 189.
Chinarinde. 57. 151.
Chinin. 57.
Chlor. 52.
Chlorophyll. 56. 138.
Chocolade. 122.
Cichorien. 121.
Citronat. 123.
Citronenöl. 135. 154.
Citronensäure. 55.
Cochenille. 169.
Cocusmilch. 227.
Cocusnuß. 227.
Coffein. 151.
Colophonium. 136.
Coniferen. 181.
Coniin. 57. 152.
connectivum. 36.
conus. 26.
Copal. 290
corolla. 29.
Coriander. 123. 152.
Corymbiferen. 26.
corymbus. 26.
cotyledo. 193.
cotyledones. 13. 50.
culmus. 10.
cupula. 23. 236.
Cupuliferen. 23.
Cycadeen. 181. 182.
cyma. 27.
Cytoblast. 65.
dachziegelf. 15. 25.
Daturin 158.
Dauer des Wachsth. 67.
Decandria. 195.
Deckblatt. 23.
Deckschuppen. 21.
Dextrien. 52.
Diadelphia. 196.
diadelphisch. 35.

Diandria. 195.
diclinisch. 194. 214.
Dicotyledonen. (Dicotylen.) 7. 182.
dicotyledones. 7.
Didynamia. 195.
bibhynamisch. 34.
Diffusion. 63.
Diluvium. 180. 183.
Dinte. 55. 140.
„ rothe. 138.
Dioecia. 196.
biöcistisch. 23.
Diosmose. 63.
Discus. 253.
Dodecandria. 195.
Dölbchen. 27.
Dolde. 25.
„ zusammengesetzte 27.
Doppel-Achenium. 45.
doppelter Kelch. 29.
doppelt gesägt. 17.
Dorn. 11.
dornig. 12.
Drachenblut. 144. 153. 227.
Drainage. 75.
Dreiblatt. 149.
drupa. 46.
Drüse. 5.
Drüsenhaar. 5.
Dünger. 61.
durchsichtig punktirt. 20.
durchwachsen. 16.
Ebenholz. 131. 257.
Ebenstrauß. 26.
Eberwurzel. 150.
echte Frucht. 43.
edig. 11. 40.
efflorescentia. 91.
Eichel. 44. 236.
Eichel-Kaffee. 146.
Eichen. 38. 39.
Eierstock. 37.
eiförmig. 18. 36. 43. 49.
Eigenwärme. 78.
einblättr. Bltr. 24. 30.
„ Kelch. 24.
einbrüderig. 35.
einfache Frucht. 44.
„ Spaltfrucht. 45.
„ Stempel. 38.
„ Blatt. 19.
einfächerig. 36.

Sachregister.

eingebrückt. 17.
eingerollt. 21.
eingeschlechtlich. 22. 194.
einhäusig. 23.
einjährige Pfl. 92.
einkeimblättrige Pfl. 217.
einlippig. 31.
Einwirkung d. Lichts 165.
einzellige Pfl. 3.
Eisen. 51. 58. 70. 72.
eisenschüssiger Boden. 72.
Eiweiß. 49.
Eiweißkörper. 49. 50,
Eiweißstoff. 56.
Elementar-Körper. 51.
Elementarstoffe. 51.
Elemente. 51.
Elemiharz. 154.
elliptisch. 18.
Embryo. 38. 49.
Endocarpium. 42.
endogenae. 9.
Endosmose. 62. 63.
Engelwurzel. 152.
Enneandria. 195.
Entwicklungsz. d. Pfl. 88.
Enzianwurzel. 149.
Epicarpium. 42.
Epidermis. 5. 67.
epigynisch. 35.
epispermium. 49.
Erdbeerfrucht. 44.
Erdeichel. 282.
Erdöl. 187.
Erdpech. 187.
Erdtheer. 187.
Ernährung. 58.
Ernährungsorgane. 62.
Essig. 124. 134.
Essigsäure. 54.
Euphorbienharz. 156.
exogenae. 9.
Exosmose. 63.
fächerig. 8. 13. 39.
fadenf., fädl. 8. 40. 41.
Fahne. 37.
falsche Frucht. 43. 47.
Familie. 190. 194.
Farbe der Bltr. 30.
Farbenbildung. 86.
Farbepflanzen. 137.
Farbestoff. 56. 137.
Fasergewebe. 4.
faserig. 7.

Faserstoff. 56.
Faulbaumrinde. 154.
Federchen. 49. 53.
Federharz. 55. 137.
federig. 41.
Federkelch. 29.
Federkrone. 29. 260.
Fehlschlagen der Sa=
  men. 47. 177. 178.
Feige. 47.
feilstaubartig. 49.
Fenchel. 123. 151.
Fenchelholz. 147. 242.
Fernambukholz. 138.
fette Oele. 55.
Feuerschwamm. 143.
Fieberklee. 149.
Fieberchen. 20.
fiederspaltig. 19.
fiedertheilig. 19.
filamentum. 33. 36.
filzig. 12. 21. 43.
Firniß. 135.
flach. 49.
Flachs. 126.
„ neuseeländischer. 126.
flaumig. 12
Flechtenstärke. 207.
fleischig. 8. 13. 21. 43. 50.
Flöz (Flötzgebirge) 180.
Flora. 111.
Florengebiete. 111.
flos. 25.
flüchtige Oele. 55.
Flügel. 32.
folium. 15.
folliculus. 46.
Forstacademien. 133.
Forstwirthschaft. 133.
Forstwissenschaft. 133.
fossile Pflanzenreste. 180.
Fortpflanzung. 93. 94.
Fortpflanzungsorg. 33.
Franzosenholz. 154.
Freisamkraut. 155.
frons. frondes. 204. 213.
Frost. 84.
Frucht. 41. 42.
Fruchtblätter. 22. 37.
Fruchtboden. 26.
Fruchthülle. 42.
Fruchtknoten. 41.
Fruchtschicht. 209.
fructus. 42.

Frühjahrsbelaubung. 90.
frühzeitige Blth. 92.
funiculus. 39.
Futterkräuter. 126.
gabelig. 13.
Galgant-Wurzel. 145.
Gallapfel. 137. 140. 146.
  169.
Gallen. 169.
ganzrandig. 16. 29.
Gas s. Leuchtgas.
Gattung. 190.
Gaumen. 31.
Gebirgsarten. 180.
gedrehet. 25.
Gefäßbündel. 4.
Gefäße. 4.
Gefäßpflanzen. 4.
gefiedert. 20.
gefingert. 20.
geflügelt. 12. 16. 43. 49.
gefüllte Blth. 33. 178.
gefurcht. 12. 20.
gegenüberstehend. 13. 14.
gegliedert. 13.
Geigenharz. 136.
gekerbt. 12.
geknittert. 25.
gekrönt. 43.
Gelbholz. 139.
Gelbsucht. 162.
gemeinschaftl. K. 23.
gemischter Bestand. 127.
Gemüse. 115. 118.
generatio aequivoca
  ob. spontanea. 94.
genus. 190.
geöhrt. 18.
Gerbestoff, Gerbe=
  säure. 55. 137.
Gerbestoffpfl. 137.
germen. 37.
gesägt. 17.
Gesch. d. Botanik. 190.
Geschlechtsorgane. 22.
geschlossener Wald. 127.
geschnäbelt. 27.
geschwänzt. 43.
geschweift. 43.
geschweiftes Köpfch. 260.
Gespinnstpfl. 126. 134.
gespornt. 29. 31.
Getränke. 119.
Getreide-Arten. 114.115.

Getreibeessig. 124.
gewimpert. 17.
Gewürze. 123.
Gewürznelke. 124. 152.
Gewürzpfl. 123.
gezähnt. 17.
Giftpflanzen. 57. 156.
gipfelständig. 36. 40.
glänzend. 49.
glatt. 12. 20. 40. 43. 46.
gleiche Stbgf. 34.
gleichzeitige Blth. 92.
Glieberhülse. 46.
Glieberschote. 46.
glockenförmig. 30.
gluma. 217.
Gottesgnadenkraut. 148.
Granatwurzelrinde. 152.
Granne. 218.
Grasährchen. 218.
Graupenfabrikation. 114.
Griffel. 37. 39.
Größenbild. b. Pfl. 162.
grubig. 49.
grundständig. 40.
Gruppe b. Früchtch. 34.
Grütze. 115. 116.
Guajakharz. 154.
Gummi. 54.
Gummi arabicum. 54. 154. 281.
Gummi elasticum. 137.
Gummigutt. 154.
Gummi-Traganth. 153.
Gutta percha. 149. 257.
Gymnospermen. 7. 23. 38. 181.
Gynandria. 41. 196.
Haare. 5.
haarförmig. 36.
haarig. 12. 21. 40.
Haibetorf f. Heibetorf.
Halm. 10.
hängenb. 49.
Harz. 55.
Harzfluß. 136. 165.
Harzproducte. 136.
Harzscharren. 136. 166.
Hauptkelch. 260.
häutig. 21. 43.
Heibetorf. 185.
Heilpflanzen. 142.
Helm. 31. 231.
Heptandria. 195.

herablaufend. 16.
hermaphrobitisch. 217.
herzförmig. 18. 36.
Hexandria. 195.
hilum. 48.
Himbeeressig. 152.
Hochwalb. 127.
höckerig. 29.
hohl. 8. 9. 13. 21. 39.
Holz. 9.
Holzfaser. 53.
Holzgewächse. 132.
holzig. 8. 13.
Holzkohle. 132.
Holzringe. 234.
Honigdrüse. 32.
Honiglippe. 231.
Honigthau. 169.
Hopfenmehl. 146.
hornartig. 50.
Hüllchen. 27.
Hülle. 23. 27.
Hülse. 46.
Hülsenfrüchte. 115.
Humus. 60. 69. 70.
Humusboden. 72.
Hut. 208.
Hymenium. 209.
hypogynisch. 35.
Jalapenharz. 149.
Jasminöl. 256.
Jcosandria. 195.
Jesuitenthee. 147.
Ignazbohnen. 158.
Indigo. 138.
inflorescentia. 25.
Infusionspflanzen. 184.
Jngwer. 145.
Jnsertion. 35.
Jnsecten, Einfluß auf Befruchtung. 96.
integumentum. 49.
Intercellulargänge. 3.
Intercellularräume. 3.
internodium. 9.
involucrum. 23.
Job. 52.
Johannisbrob. 153.
Jrländisches Moos. 143.
Jsländ. Moos. 143.
Jsochymenen. 104.
Jsotheren. 104.
Jsothermen. 104.
Jüssieu's System. 192.

Jute. 291.
Kaffee. 121.
Kaffeebohne. 265.
kahl. 12. 21.
Kajaputöl. 152.
Kakao. 121.
Kakaobutter. 155.
Kalisaharinde. 151.
Kalium. 51.
Kalk. 57. 70. 71.
Kalkboden. 70. 72.
Kalkpflanzen. 76.
Kalmus. 144. 223.
kalte Zone. 107.
kältere gemäß. Zone. 106.
Kamille. 150.
kammförmig. 19.
Kampher. 147. 242.
Kanarienfutter. 219.
Kanehl. 124. 242.
kantig. 12. 43.
Kappern. 124.
Kapsel. 47.
Karbamome. 145.
Karmelitergeist. 148.
Kartoffel. 100. 117. 134.
„ krankheit. 173.
„ Spiritusfabr. 54. 134.
Kaskarillrinde. 146.
Käsestoff. 56.
Katechu. 137. 153. 265.
„ Erde. 137.
Kätzchen. 26.
Kautschuk. 55. 137. 238. 255.
keilförmig 17.
Keim. 13. 38. 49.
Keimbläschen. 38.
Keimblätter. 13.
Keimentwickelung. 88.
„ beren Dauer. 80.
Keimfrüchte. 94.
Keimkörner. 6. 94.
Keimling. 59.
Keimsäckchen. 37. 38.
Keimschicht. 207. 209.
Keimungstemperatur. 79.
Kelch. 22. 28.
Kelchblätter. 22.
kelchständig. 35.
Kermesbeere. 139.
Kernfäule. 175.
Kernholz. 9.
Kernobst. 278.

Sachregister. 311

keulenförmig. 40. 41.
Kiel. 32.
Kienruß. 136. 140.
Kirschlorbeerwasser. 153.
Kirschwasser. 153.
Klappen. 43.
klappenartig. 25.
Klassen (Linné's)194.197
Kleber. 56.
kleberig. 12.
Kleesäure. 54.
Klettenwurzel. 150.
kletternd. 10.
Klima. 82. 104.
„ örtliches. 83. 105.
Knolle. 9.
Knoppern. 169.
Knospe. 21.
Knospendecke. 21.
Knospenhülle. 21.
Knospenlage. 21.
Knospenschuppen. 21.
Knoten. 217.
knotig.
Kochsalz. 57.
Kockelskörner. 302.
Kohlarten. 118. 297.
Kohlenbrennerei. 132.
Kohlenhydrate. 53.
Kohlensäure. 52. 59.
Kohlenstoff. 51. 52.
Kokus s. Cocus.
Kolben. 26.
Kolombowurzel. 156.
Koloquinten. 152.
Köpfchen. 26.
kopfförmig. 41.
Koriander s. Coriander.
Korinthen. 178.
Kork. 236.
Korkgewebe. 66.
Korkwarzen. 67.
Krähenauge. 149.
Krankheiten d. Pfl. 161.
Krapp. 138.
kraus. 20. 177.
krautartig. 13.
Kräuter-Orseille. 139.
Krebs. 175.
kreiselförmig. 28.
kriechend. 7. 16.
kreuzförmig. 22.
kreuzweißstehend. 14.
Kryptogamen. 6. 94.

Kubeben. 144. 223.
kugelförmig. 30. 41.
Kümmel. 123. 268.
Kupfer. 52.
Lackfirniß. 136.
Lackmus. 139.
Lager. 7.
Lager-Pflanzen. 6.
Lakritzensaft. 153.
Lamellen. 208.
Landwirthschaft. 133.
länglich. 18. 40.
lanzettlich. 18.
lappig. 18. 40. 41.
Laubblatt. 14.
Laubhölzer. 129.
Läusesamen. 144.
Lavendelöl. 147.
lebendig gebär. 100.176.
Lebensdauer b. Pfl. 92.
lederartig. 21.
legumen. 46.
Legumin. 56.
Lehmboden. 72. 73.
leierförmig. 19.
Leinöl. 135. 155.
Lepidodendren. 181. 182.
Lettenpflanzen. 76.
Leuchtgas. 188.
Licht, dessen Einfluß 85.
Lichtbedürfn. d. Pfl. 86.
lichter Wald. 127.
ligula. 217.
Lindenblüthe. 155.
lineal. 18.
linienf. 18. 36. 40. 43.
Linné'sches System. 191.
linsenförmig. 49.
Lippe. 231.
Lo-kao. 138.
Lotus. 285.
Luftströmungen, Einfl.
  auf Befruchtung. 96.
Lufttemperatur. 81.
Mächtigkeit der Vegeta=
  tionskrume. 74.
Macis. 145.
Magnium. 51.
Mahagoniholz. 131.
Mairan (Meiran). 148.
malvenartige Blkr. 32.
Mandelöl. 153.
Mangan. 52.
Maniok. 118.

Manna. 149. 256.
männl. Blth. 22
Mark. 9.
markig. 13.
Markstrahlen. 9.
Maser. 165.
maskirt. 31.
Mastix. 154.
Maulbeere. 47.
Meeresalgen. 182.
mehlig. 12. 50.
Mehlthau. 172.
Mehlthau-Regen. 170.
mehrblättr. Blkr. 30.
mehrfacher Stempel. 38.
mehrfache Frucht. 44.
„ Spaltfr. 45.
mehrjährige Pfl. 92.
Meisterwurzel. 152.
Melilotenpflaster. 153.
Melissenöl. 135.
Mergelboden. 72. 73.
mesocarpium. 42.
Milchsaft. 136.
Milchsaftgefäße. 4.
Mißbildungen d. Pfl.176.
Mittelband. 36.
Mittelrippe. 15
Mittelstöcke. 10.
Mittelwald. 128.
Mohnöl. 125. 135. 156.
möhrenförmig. 8.
Monadelphia. 195.
monadelphisch. 35.
Monandria. 195.
Monocotyledonen (Mo=
  nocotylen). 7.181.217.
monocotyledones. 9.217.
Monoecia. 196.
monöcistisch. 23.
Moostorf. 186.
Morphin. 57.
Morphologie. 2.
Muskatblüthe 48.123.146
Muskatnuß. 48. 123.146.
Muskatöl. 146.
Mutterkorn. 143. 172.
Mutterkuchen. 37.
Mutterzelle. 64.
Myrrhe. 154.
Nabel. 39. 48.
Nabelfleck. 39.
Nabelstrang. 39. 48.
nackte Blüthe. 22.

nackte Eierchen. 38.
nackte Samen. 88.
nacktsamige Pfl. 7.
nabelförmig. 18.
Nadelhölzer. 128.
Nagel. 31.
Nahrungsmangel. 163.
Nahrungspfl. 114.
Nahrungsreserve=
 stätten. 64.
Nahrungssaft. 62.
Nahrungsstoffe. 58.
Nahrungsüberfluß. 163.
Nanking. 127.
Näpfchen. 23.
Naphtha. 187.
Naphthalin. 188.
 „ =Farben. 138. 188.
Narbe. 37. 40.
Natrium. 51.
Natürl. System. 192.
Naturreiche. 1.
Nebenblätter. 16.
nectarium. 32.
nelkenartige Blkr. 32.
Nelkenöl. 135.
Nelkenpfeffer. 275.
Nicotin. 57. 158.
Niederwald. 128.
nierenf. 18. 36. 49.
nistend. 49.
Nomenclatur. 191.
nucleus. 49.
Nuß. 45.
Nutzholz. 127.
Nutzen der Pfl. 112.
Nutzen b. fossilen Pfl. 188.
nux. 45.
Obergrund. 74.
Oberhaut. 5. 67.
Oberholz. 128.
Oberlippe. 31. 231.
oberständig. 28.
oberweibig. 35.
Obstbäume. 116.
ochrea. 16.
Octandria. 195.
Oculiren. 101.
officinelle Pfl. 113. 142.
Oele, ätherische (flüch=
 tige). 55. 135.
Oele, fette. 55. 134.
Oelfarben. 135.
Olibanum. 154.

Olivenöl. 125. 149.
Opium. 156.
Orangenöl. 135.
Orangeriebäume. 289.
Ordnungen Linné's. 198.
Organe, einfache. 3.
 „ zusammengesetzte. 6.
organische Elemente. 51.
Orlean. 140.
oval. 18.
ovarium. 37. 41.
ovulum. 39.
Opalsäure. 54.
paarig gefiedert. 20.
Paat. 291.
palea. 218.
Palisanderholz. 252.
Palmbutter. 227.
Palmkohl. 119. 226.
Palmöl. 135. 226.
Palmwachs. 226.
Palmwein. 120. 226.
Palmzucker. 227.
panicula. 27.
Pappus. 29. 260.
Paradiesfeige. 116.
Parafinkerzen. 188.
Parakresse. 150.
Parenchyma. 3.
Parfümerien. 135.
Pech. 136.
Pechtorf. 186.
Pentandria. 195.
perennirende Pfl. 92.
Pericarpium. 42.
Perigon. 22. 32.
Perigonblätter. 23.
perigonium. 22.
perigynisch. 35.
petiolus. 16.
Petroleum. 187.
Pfahlwurzel. 234.
Pfeffer, schwarzer. 123.
 „ weißer. 123.
pfeilförmig. 17.
Pflanzenalkaloide. 57.
Pfl.=Anatomie. 2.
Pfl.=Beschreibung. 2.
Pfl.=Chemie. 2.
Pflanzeneiweiß. 56.
Pflanzenfette. 53. 55.
Pfl.=Geographie. 2. 103.
Pflanzenkunde. 1.
Pflanzenmilch. 55.

Pfl.=Paläontologie. 2.
Pfl.=Pathologie. 2.
Pfl.=Physiologie. 2.
Pfl.=Regionen. 108.
Pflanzenreich. 1.
Pflanzenreiche. 110.
Pflanzensäuren. 53. 54.
Pflanzenstoffe. 51.
Pflanzenzonen. 105.
pfriemf. 18. 40.
Pfropfen. 101.
Phanerogamen 6. 95. 194
Phosphor. 51. 58.
physikal. Bodenbesch. 68.
Phytographie. 2.
Picrinsäure. 140. 188.
Piment. 275.
Pimpinellenwurzel. 151.
pinselförmig. 41.
Pistaciennüsse. 284.
pistillum. 37.
placenta. 37.
Plasma. 65.
Platte. 31.
plumula. 49. 50.
Pockholz. 154.
Polarzone. 100.
Pollen. 33. 36.
Pollenkörner. 37.
Pollenschläuche. 37.
Polyadelphia. 196.
polyadelphisch. 35.
Polyandria. 195.
Polygamia. 196.
Pomeranzenschale. 155.
pomum. 46.
Poren. 5.
Porengefäße. 4.
Porosität des Bodens. 69.
Pottasche. 57. 140.
praefloratio. 25.
präsentirtellerf. 30.
primärer Boden. 73.
Proembryo. 210.
Prosenchyma. 4.
Proteïn. 56.
Proteïnstoff. 56.
Protoplasma. 65.
punktirt. 20. 49.
Quarz. 70.
Quassiaholz. 155.
quaternäre Verbind. 52.
Quercitronenrinde. 139.

Sachregister.

Quirl. 27.
quirlig, quirlf. 14.
quirlständig. 13.
Quittensamen. 152.
racemus. 26.
rachenförmig. 30.
radförmig. 30.
radicula. 49. 50. 94.
radix. 7.
rankend. 17.
rankend gefiedert. 20.
Rasentorf. 186.
Ratanhawurzel. 155.
rautenf. 18.
receptaculum. 26. 260.
regelm. Bltr. 24. 30. 31.
regelm. Kelch. 24.
reiner Bestand. 127.
Rhabarber. 147. 243.
rhizoma. 10.
Ricinusöl. 146.
Rinde. 9. 67.
Ringgefäße. 4.
Rispe. 27.
roher Nahrungssaft. 62.
röhrig. 21. 28. 30.
Rohrzucker. 54.
Rosenapfel. 169.
rosenartige Bltr. 32.
Rosenkönig. 169.
Rosenöl. 135. 152.
Rosenwasser. 152.
Rosmarinöl. 148.
Rosolsäure. 188.
Rostkrankh. (Rost) 171.
Rothfäule. 171.
rübenförmig. 8.
Rüböl. 185.
Rückennath. 42.
Ruku. 140.
Rum. 120.
rund, rundl. 18. 40. 43. 49.
runzlig. 20. 43.
Rußthau. 164. 172.
Sabadillsamen. 144.
Saffran (Safran). 140.
Saflor. 139. 262.
Saftfluß. 176.
Saftgrün. 138.
saftig. 43.
sägezähnig. 17.
Sago. 118. 215. 226.
Salate. 118.
Salep. 145. 232.
Salzpflanzen. 76.
Samen. 48.
Samenhaut. 49.
Samenkern. 49.
Samenkorn. 95.
Samenlappen. 13. 50.
Samenleiste. 37.
Samenmantel. 48.
Samenruhe. 89.
Samenschale. 49. 50.
Sandboden. 70. 75.
Sandelholz. 242.
Sandpflanzen. 76.
sarcocarpium. 42.
Sargasso-See. 206.
Saffapareille. 145.
Sauerkleesalz. 286.
Sauerstoff. 51.
Scamonia-Wurzel. 149.
scapus. 10.
Schachtelhalme. 182.
Schaft. 10.
Schalfrucht. 45.
scharf. 12. 20.
Schattenpflanzen. 87.
scheibiges Köpfchen. 260.
Scheidewände. 39.
Scheinfrucht. 43. 47.
Schellack. 136. 169. 238.
schief. 17.
Schießbaumwolle. 53.
Schiffchen. 32.
schildförmig. 18.
Schlauchfrucht. 45.
Schlauchgefäße. 4.
Schleier. 213.
Schließfrucht. 45.
Schlund der Bltr. 31.
Schmarotzer. 14.
schmarotzend. 11.
schmetterlingsartige Bltr. 32.
Schneckenf. 21. 43.
schopfig. 49.
Schote. 46.
Schötchen. 298.
schrotsägeförmig. 17.
Schwalbennester. 206.
Schwämme. 182.
Schwefel. 51. 58.
Schwefelregen. 95.
schwertförmig. 18.
Seidelbastrinde. 147. 242.
Seifenwurzel. 155.
seitenständig. 40.
semen. 48.
Sennesblätter. 153.
Senf. 123. 156.
Senfspiritus. 156.
Sexual-System. 33. 191.
sichelförmig. 43.
Siebröhren. 4.
Siegellack. 136.
Sigillarien. 181. 182. 213.
Silicium. 51.
siliqua. 46.
sitzend. 16. 40. 49.
Soda. 57. 140.
Solanin. 57. 158.
spadix. 26
Spaltfrucht. 45.
spaltig. 19. 29.
Spaltöffnungen 5.
Spanischer Pfeffer. 149.
Spanisches Rohr. 227.
spatelförmig. 18.
späte Blth. 92.
spatha. 26.
species. 189.
Speiseöl. 125.
Spelzen. 23. 217.
spica. 25.
spießförmig. 17.
Spindel. 25.
spindelförmig. 8.
Spiralgefäße. 4.
Spiritus. 134.
Spirre. 27.
spitz. 17.
Splint. 9.
Sporangien. 94.
Sporen. 6. 94.
Sporn. s. gespornt.
sprengwebelf. 41.
Spreublättchen. 26.
spreuig. 26.
Stachel. 5. 6. 11.
stachelspitzig. 17.
stachelig. 12. 40. 43.
stamina. 33.
Stamm. 8. 10.
Stärke. 54. 134.
Stärkemehl. 54. 134.
Staubbeutel. 33. 36.
Staubblätter. 22. 33.
Staubfaden. 33. 36.
Staubgefäße. 22. 33.
Staubkölbchen. 36.

Staubweg. 37. 39.
Steckling. 101.
stehen bleibend s.bleibend.
steinartig. 43.
Steinfrucht. 46.
Steinkohlen. 186.
„ formation. 181.
Steinkohlentheer. 188.
Steinöl. 187.
Steinobst. 280.
Stempel. 22.
Stempelblätter. 22.
stempelständig. 35.
Stempelgruppe. 38.
Stengel. 8. 10.
Stengelblätter. 14.
Stengelglied. 8.
stengelumfassend. 16.
Sternanis. 156.
Stickstoff. 51.
stickstofffreie Verbind. 53.
stickstoffhaltige Verb. 56.
Stiefel. 16.
stigma. 37. 40
Stink-Asant. 152.
stipulae. 16.
Stock. 8.
Storax. 149. 258.
strahlig. 41.
strahliges Köpfchen. 260.
strauchartig. 11.
Strauß. 27.
Streupulver. 143. 212.
strobilus. 26.
Strom der Nahrungs=
  säfte. 64.
Strunk. 208.
Strychnin. 57. 149 255.
stumpf. 17.
stylus. 37. 39.
subarctische Zone. 107.
subtropische Z. 106.
Südfrüchte. 116.
Sumpfpflanzen. 68.
Süßholz. 153.
Syngenesia. 196
syngenesisch. 36.
System. 190.
„ Linné's. 191.
„ natürliches.192.
Systemkunde. 2.
Tabak. 141.
Talkerde. 57.
Tannenzapfen. 47.

Tannin. 55.
Tarro. 118. 223.
Taschenkrankheit. 172.
Tausendguldenkr. 149.
Taxonomie. 2.
Teakholz. 238.
tegmen. 50.
tellerförmig. 30.
Terminologie. 2.
Ternäre Verbind. 52. 53.
Terpentin. 136 154.
Terpentinöl. 135.
Terpentinspiritus. 136.
terra japonica. 137. 153.
testa. 50.
Tetradynamia. 195.
tetradynamisch. 35.
Tetrandria. 195.
Teufelsdreck. 152.
Thallus. 7.
Thalluspflanzen. 6.
Thee. 121.
Theer. 136.
Theerfarben. 189.
theilig. 19. 29. 40. 41.
Thon. 70.
Thonboden. 70. 72.
Thonpflanzen. 76.
Thyrsus 27.
Tiefcultur. 74.
Tochterzellen. 64.
Torfbildung. 184.
Tormentillwurzel. 152.
Traganth. 153.
Transpiration. 63. 164.
„ Organe. 63.
Traube. 26.
Traubenkrankh. 173.
Traubenzucker. 54.
Treppengefäße. 4.
Triandria. 195.
trichterförmig. 30.
trocken. 43
Tropenländer. 106.
tropische Zone. 105.
Trugdolde. 27.
truncus. 10.
Tundra. 102.
Tute 16.
tutenförmig. 21.
übereinanderliegend. 25.
Ueberriefelungen.75.133.
umbella. 25.
umgerollt. 17.

umweibig. 33.
unfruchtbar. 23. 33.
ungetheilt. 29.
ungleich. 17. 34.
ungleichsägezähnig. 17.
unorgan. Elemente. 51.
unpaarig gefiedert. 20.
unregelm. Blkr. 30 31.
„ Staubgef. 34.
unterbrochen=gefie=
  dert. 20.
Unterholz. 128.
Untergrund. 73.
Unterlippe. 31. 231.
unterständig. 28.
unterweibig. 35.
unvollkommene Blth. 22.
unvollst. Blüthe. 22.
Urgebirge. 180.
Urparenchym. 66.
Urzeugung. 94.
vagina. 15.
Vanille. 123. 146. 232.
varietas. 189.
Varietät. 189.
Vegetationspunkte. 66.
Vegetationsschichten. 66.
Verbreitung der Pfl.102.
Verbreitungsbezirke. 110.
Verdunstung. 164.
vereintkölbig. 36.
verhülltsamige Pfl. 7.
verkehrt=eif. 18.
verkehrt=herzf. 17.
Verkohlung d.Holzes.132.
verlängertlancettl. 18.
Verliesschen. 224.
Verletzungen b. Pfl. 165.
„ b. Naturkräfte. 165.
„ durch b.Menschen 166.
„ durch Thiere. 166.
„ durch Pflanzen. 170.
Verl. der Blätter. 174.
„ der Zweige. 175.
„ des Holzes. 175.
„ der Rinde. 175.
„ der Wurzel. 175.
Vermehrung. 93. 98.
„ künstliche. 98. 100.
Vernarbungsgewebe. 16.
verticillus. 27.
verwachsen. 16.
verwischt. 29.
Verwitterungsproceß 62.

Viehfutter. 125.
vielbrüberig. 35.
vielfach zufgefetzt. 20.
vielköpfig. 8.
viermächtig. 35.
viviparae. 176.
Vogelleim. 267.
vollkommene Blth. 22.
vollst. Blth. 22.
vorlaufende Blth. 92.
Wachsthum. 64. 81.
Wald. 127.
Waldtorf. 185.
walzenförmig. 8.
wandständig. 39.
Wärme, deren Einfl. 78.
Wärmecapac. des Bodens. 71.
wärmeregemäß.Zone106
Wärmequellen. 78.
warzig. 40.
Waſſer. 52. 59.
Waſſergeh. d. Bod. 68.
Waſſerpflanzen. 68.
Waſſerſtoff. 51.
Wedel. 213.
wehrlos. 12.
weibermännig. 41.
weibliche Blth. 22.
Weihrauch. 154.
Wein. 119. 155.
Weineſſig. 124.
Weinſäure. 55.
Welken. 64.
wellig. 177.

Wermuth. 150.
Wiefentorf. 185. 222.
Wiefenwirthſchaft. 133.
windend. 10.
Wirtel. 27.
Witterung. 83.
wollig. 49.
würfelförmig. 49.
Würfelgewebe. 4.
Wurzel. 7.
Wurzelblätter 14.
Würzelchen. 49. 50.
Wurzelhaube. 66.
wurzelnd. 10.
Wurzelſtock. 10
Wüſte. 60.
Damswurzel. 118.
Zahl der Samen. 48.
 „   „   Staubgef. 34.
Zähliges Blatt. 20.
zähnig. 29.
Zapfen. 26. 39.
Zapfenbeere 47.
Zelle. 3.
Zellenbildung. 64.
Zellgewebe. 3.
Zellhaut. 65.
Zellinhalt. 4.
Zellkern. 65.
Zellpflanzen. 4.
Zellſtoff. 53.
Zellwand. 3.
zerſchlitzt. 19.
Zerſetzung der Kohlenſäure. 59. 164.

zerſtreuet. 13. 14.
zerſtreuetfafrige Pfl. 217.
Zierpflanzen. 159.
Zimmt. 124. 242.
Zimmtöl. 135. 147.
Zink. 52.
Zittwer. 145.
Zittwerblüthen (Zittwerſamen). 150.
zottig. 12. 21.
Zucker. 54. 122.
Zuckerpflanzen. 122. 134.
zungenförmig. 31.
zurückgerollt 21.
Zuſammenfaltung. 24.
zuſammengedrückt.11.16.
zuſammengeſchlagen 21.
zuſammengeſetzte
    Aehre. 28
zuſammengef. Blatt. 19.
 „   „ Dolde.27.
 „   Stempel. 38.
zweibrüberig. 35.
zweifächerig. 36.
Zweige. 11.
zweihäufig. 23.
 „ hörnig. 43.
 „ jährige. Pfl. 92.
zweilippig. 29. 31.
 „ mächtig. 34.
 „ ſchneidig. 11.
 „ zeilig. 14.
Zwiebel. 8.
Zwiebelbrut. 100.
Zwitterblüthe. 22.

Regiſter der Pflanzennamen.

Abies. 216.
Abietineen. 216.
Acacia, Acacie. 281.
Acalypheen. 240.
Acanthaceen, Acanthaceae. 247.
Acanthus. 247.
Acer. 122. 130. 289.
Acerineen, Acerineae. 288.
Achillea. 150. 261.
Achras. 257.

Aecidium. 208.
Aconitum. 156. 159. 304.
Acorus. 223.
Acotyledones. 204.
Adansonia. 291.
Adlerfarn. 214.
Adonis, Adonis. 303.
Adoxa. 266.
Affenbrobbaum. 92. 291.
Affodill. 228.
Afterquendel. 276.
Agaricus. 156. 210.

Agave. 230.
Aegopodium. 268.
Agrimonia. 280.
Agrostemma. 293.
Agrostis. 219.
Ahlkirſche. 159. 281.
Ahorn. 122. 130. 289.
Aira. 217.
Ajuga. 250.
Ajugoideen. 250.
Akazie, Gem. 283.
Akelei. 304.

Alant. 150. 261.
Alchemilla. 279.
Algen, Algae. 204.
Alisma. 225.
Alismaceen Alismaceae. 225.
Allium. 124. 176. 228.
Alnus. 131. 137. 235.
Aloë, Aloë. 144. 229.
Alopecurus. 219.
Alpenrose. 258.
Alpenveilchen. 247.
Alpinia, Alpinie. 145. 233.
Araunwurzel. 158.
Alsine. 294.
Alsineen, Alsineae. 293.
Althaea. 154. 291.
Alyssum. 299.
Amaranthaceen, Amaranthaceae. 245.
Amaranthus. 245.
Amaryllideen, Amaryllideae. 230.
Ambrosiaceen, Ambrosiaceae. 263.
Ampelideen, Ampelideae. 288.
Ampelopsis. 288.
Ampfer. 243.
Amygdaleen, Amygdaleae. 280.
Amygdalus. 152. 159. 280.
Amyrideen Amyrideae. 284.
Amyris. 284.
Anacyclus 150. 262.
Anagallis. 247.
Ananas. 230.
Anchusa. 139. 253.
Anchuseen. 253.
Anborn. 250.
Andrachne. 240.
Andromeda, Andromebe. 158. 258.
Andropogon. 219.
Androsace. 247.
Anemone. 156. 303.
Anemoneen. 303.
Anethum. 269.
Angelica, Angelika. 269.
Angiospermae, Angiospermen. 217.
Anis. 123. 268.
Anthemis. 150. 261.

Anthericum. 228.
Anthoxanthum. 219.
Anthriscus. 220.
Anthyllis. 282.
Antiaris. 157. 238.
Antirrhineen. 251.
Antirrhinum. 251.
Apera. 219.
Apfelbaum. 116. 278.
Apfelsine. 116. 289.
Apium. 118. 268.
Apocyneen, Apocyneae. 255.
Apricose. 116. 280.
Aquifoliaceen, Aquifoliaceae. 257.
Aquilegia. 304.
Arabis. 298.
Arachis. 282.
Archangelica. 152. 269.
Arctostaphylos. 149. 257.
Areca. 227.
Arenaria. 294.
Aristolochia. 241.
Aristolochieen, Aristolochieae. 240.
Armleuchter. 210.
Arnica. 150. 262.
Arnoseris. 262.
Aroideen, Aroideae. 223.
Aron. 157. 223.
Arrhenatherum. 220.
Artemisia. 150. 261.
Artischocke. 262.
Artocarpeen. 238.
Artocarpus. 116.
Arum. 118. 157. 223.
Arundo. 220. 221.
Arve. 216.
Asarineen, Asarineae. 240.
Asarum. 157. 241.
Aschenpflanze. 262.
Asclepiadeen, Asclepiadeae. 255.
Asclepias. 256.
Aesculus. 288.
Asparageen. 229.
Asparagus. 229.
Asperugo. 253.
Asperula. 265.
Asphodeleen. 228.
Asphodelus. 228.
Asplenium. 214.

Aster, After. 261.
Astmoos 211.
Astragalus. 153. 283.
Aethusa. 158. 268.
Atriplex. 244.
Atropa. 148. 158.
Augentrost. 251.
Aurantiaceen, Aurantiaceae. 289.
Avena. 115. 220.
Azalea, Azalie. 258.
Bakterien. 206.
Baldrian. 151. 264.
Ballota, Ballote. 250.
Balsamineen, Balsamineae. 287.
Balsamodendron. 154. 285.
Bambusa. 221.
Bambusrohr. 221.
Banane. 116. 223.
Baobab. 92. 291.
Barbarea. 298.
Barbula. 212.
Basilienkraut. 248.
Batatenwinde. 117. 254.
Bauchpilze. 209.
Baumwollstaude. 216 291.
Becherblume. 279.
Beerentang. 206.
Beifuß. 150. 261.
Beinwurz. 253
Beißbeere. 252.
Bellis. 261.
Berberideen, Berberideae. 301.
Berberis, Berberitze. 302.
Berberitzenrost. 172.
Berle. 268.
Bertholletia. 275
Bertramwurzel. 150.
Berufskraut. 261.
Berula. 268.
Besenstrauch. 282.
Beta. 122. 244.
Betonica, Betonie. 250.
Betula. 130. 137. 235.
Betulineae, Betulineae. 235.
Bibernell. 151. 268.
Bidens. 261.
Bienensaug. 250.

Bignoniaceen, Bignoniaceae. 252.
Bilsenkraut 148.158.252.
Bingelkraut. 157. 240.
Binse. 223.
Birke. 130. 137. 235.
Birnbaum. 126. 278.
Bisamkraut 266.
Biscutella. 299.
Bitterklee. 149.
Bitterkraut. 263.
Bittersüß. 148. 158. 252.
Bixa. 140.
Blasenfarn. 214.
Blasentang. 206.
Blätterschwamm. 210.
Blattkryptogamen. 210.
Blauholz. 138. 153. 282.
Blechnum. 214.
Bleiwurz. 157. 246.
Blumenkohl. 119. 299.
Blutauge. 280.
Blüthenschraube. 232.
Blüthentang. 207.
Blutpilz. 156.
Bocksbart. 263.
Bocksdorn. 252.
Bohne. 115. 284.
Bohnenbaum. 282.
Boletus. 156. 209.
Boragineen, Boragineae. 253.
Borago. 253.
Borassus. 226.
Boretsch. 253.
Borstdolde. 269.
Borstengras. 221.
Boswellia papyrifera. 154. 285.
Borstgras. 219.
Botrychium. 213.
Botrytis. 173. 209.
Bovist. 209.
Brachsenkraut. 212.
Brachypodium. 221.
Brand. 208.
Brasilienholz. 138. 282.
Brassica. 119. 123. 156. 299.
Braunheil. 250.
Braunkohl. 118.
Braunwurz. 251.
Brechnuß. 158.
Breitkölbchen. 232.

Brennbolde. 269.
Brennnessel. 238.
Brillenschote. 299.
Briza. 220.
Brodfruchtbaum. 116 238
Brombeere. 117. 280.
Bromelia. 230.
Bromeliaceen, Bromeliaceae. 230.
Bromus. 221.
Bruchkraut. 273.
Brunnenkresse. 118. 298
Bryonia. 274.
Buche. 125. 130. 236.
Buchsbaum f. Buxbaum.
Buchweizen. 115. 243.
Bupleurum. 268.
Burseraceen, Burseraceae. 284.
Burzeldorn. 286.
Butomeen, Butomeae. 225.
Butomus. 225.
Büttneriaceen, Büttneriaceae. 291.
Buxbaum. 131. 240.
Buxineen 240.
Buxus. 131. 240.
Cacao= f. Kakao=.
Cacteen, Cacteae 271.
Cactus. 271.
Cajaputbaum. 152. 275.
Calabasse. 273.
Calamagrostis. 219.
Calamintha. Calamninthe. 249.
Calamus. 227.
Calla. 223.
Callitriche. 277.
Callitrichineen, Callitrichineae. 276.
Calluna. 185. 258.
Calmus f. Kalmus.
Calo. 118.
Caltha. 304.
Cambogia. 154. 159.
Camelina. 135. 299.
Camellia, Camellie. 290
Campanula. 259.
Campanulaceen, Campanulaceae. 259.
Campecheholz. 138. 153. 282.
Campher f. Kampher.

Cannabineen. 238.
Cannabis. 126. 146. 238.
Cantharellus. 210.
Capparideen, Capparideae. 297.
Capparis. 124. 297.
Caprifoliaceen, Caprifoliaceae. 265.
Capsella. 300.
Capsicum. 123. 252.
Cardamine. 298.
Carbamomen. 232.
Carduus. 262.
Carex. 223.
Cariceen. 223.
Carlina. 150. 262.
Carpinus. 130. 237.
Carrageen. 206.
Carthamus. 139. 262.
Carum. 123. 151. 268.
Caryophylleen. 293.
Caryophyllus. 152. 275.
Caesalpinia. 138. 282.
Cäsalpinieen. 281.
Cassavastrauch. 118. 157. 239.
Cassia. 153. 282.
Castanea. 236.
Casuarina. 235.
Casuarineen, Casuarineae. 235.
Catalpa. 252.
Caucalis. 269.
Ceder. 216.
Cedreleen, Cedreleae. 289
Celastrineen, Celastrineae. 285.
Celosia. 245.
Celtideen. 238.
Celtis. 238.
Centranthus. 264.
Centunculus. 247.
Cephaëlis. 151. 158.
Cephalanthera, Cephalanthere. 232.
Cerastium. 294.
Ceratonia. 153. 282.
Ceratophylleen, Ceratophylleae. 276.
Ceratophyllum. 276.
Cereus. 271.
Ceroxylon. 226.
Cetraria. 207.
Chamaerops. 226.

Chaiturus. 250.
Champignon. 210.
Chara. 210.
Characeen. 210.
Chaerophyllum. 158. 270.
Cheiranthus. 298.
Chelidonium. 156. 159.
Chenopobeen, Chenopodeae. 243.
Chenopodium. 147. 244.
Chondrilla. 263.
Chrysanthemum. 262.
Chrysosplenium. 270.
Cichoraceen. 262.
Cichorium, Cichorie. 121. 252.
Cicuta. 158. 268.
Cinchona. 151.
Cineraria. 262.
Circaea. 278.
Circäeen. 278.
Cirsium. 262.
Cistineen, Cistineae. 296.
Cistrose. 296.
Cistus. 296.
Citrone. 116. 289.
Citronenmelisse. 148.
Citrus. 116. 155. 289.
Cladium. 223.
Cladonia. 207.
Cladosporium. 164.
Clavaria. 119. 209.
Claviceps. 156. 172.
Clematibeen. 303.
Clematis. 303.
Clinopodium. 249.
Cnidium. 269.
Cochlearia. 124. 156. 299.
Cocos. 116. 227.
Cocuspalme. 116.
Coeloglossum. 232.
Coffea. 120. 151.
Colchicaceen, Colchicaceae. 228.
Colchicum. 157. 228.
Coloquintengurke. 152. 274.
Colutea. 283.
Comarum. 280
Compositen, Compositae. 260.
Conferva. 205.
Coniferen. 215.

Coniomycetes. 208.
Conium. 152. 158. 270.
Convallaria. 229.
Convolvulaceen. 254.
Convolvulus 117. 149. 254
Copalbaum. 290.
Corchorus, Corchorus. 291.
Coriandrum, Coriander. 152. 270.
Corneen, Corneae. 267.
Cornus. 267.
Coronilla. 159. 283.
Corrigiola. 273.
Corydalis. 300.
Corylus. 125. 237.
Corymbiferen. 260.
Corynephorus. 220.
Corypha. 226.
Cotyledoneae. 214.
Crepis. 263.
Crocus. 140. 145. 230.
Croton. 136. 146. 157. 239.
Crotoneen. 240.
Cruciferen, Cruciferae. 297.
Cryptococcus. 205.
Cryptogamen 204.
Cucubalus. 293.
Crassulaceen, Crassulaceae. 271.
Crataegus. 28.
Cucumis. 152. 159. 274.
Cucurbita. 273.
Cucurbitaceen, Cucurbitaceae. 273.
Cupressineen. 216.
Cupressus. 216.
Cupuliferen, Cupuliferae. 236.
Curcuma. 232.
Cuscuta. 171. 254.
Cycadeen, Cycadeae. 215.
Cycas. 215.
Cyclamen. 247.
Cydonia. 152. 278.
Cynanchum. 158. 256.
Cynara. 262.
Cynarocephaleen. 262.
Cynoglosseen. 253.
Cynoglossum. 253.
Cyperaceen, Cyperaceae. 221.

Cypereen. 222.
Cyperngräser. 222.
Cyperus. 222.
Cypresse. 216.
Cypripedium. 232.
Cytineen, Cytineae. 241.
Cytinus. 241.
Cytisus. 282.
Dactylis. 221.
Dahlia. 261.
Daphne. 147. 157. 243.
Darrgras. 219.
Dattelpalme. 116. 227.
Dattelpflaume. 257.
Datura. 149. 158. 252.
Delphinium. 304.
Dianthus. 293.
Diatomaceen. 205.
Dicentra. 300.
Diclytra. 300.
Dicotyledones, Dicotyledonen, Dicotylen. 233.
Dictamnus. 286.
Digitalis. 148. 157. 251.
Dill. 269.
Dioscorea. 118. 229.
Dioscorineen, Dioscorineae. 239.
Diosmeen. 286.
Diospyros. 257.
Diplotaxis. 299.
Dipsaceen, Dipsaceae. 264.
Dipsacus. 264.
Diptam. 286.
Dipterix. 282.
Dipterocarpeen, Dipterocarpeae. 290.
Distel. 262.
Dolben, Dolbengewächse. 267.
Doppelsame. 299.
Dosten. 249.
Dotterblume. 304.
Draba. 299.
Dracaena. 145. 229.
Drachenbaum. 145. 229.
Drachenwurz. 223.
Dragon. 261.
Dreiblatt. 149. 255.
Dreizack. 225.
Dreizahn. 220.
Drosera. 295.

Register der Pflanzennamen. 319

Droseraceen, Droseraceae. 295.
Dryadeen. 279.
Dryobalanops. 290.
Durrha. 115.
Ebenaceen, Ebenaceae. 257.
Eberesche. 131. 278.
Eberwurz. 150. 262.
Echinospermum. 253.
Echium. 253.
Edelpilz. 119.
Edeltanne. 129. 216.
Edelweiß. 261.
Ehrenpreis 251.
Eibe, Eibenb. 157. 215.
Eibisch. 155. 291.
Eiche. 92. 129. 237.
Eierpilz. 210.
Einbeere. 157. 229.
Eisenhart. 248.
Eisenhut. 156. 159. 304.
Eisenkraut. 248.
Eiskraut. 272.
Eläagneen, Elaeagneae. 241.
Elaeagnus. 241.
Elaïs. 227.
Elatineen, Elatineae. 292.
Elatine. 292.
Elettaria. 145. 232.
Eller. 235.
Elodea. 99.
Else. 235.
Elymus. 221.
Empetreen, Empetreae. 240.
Empetrum. 240.
Endivie. 118. 262.
Endogenae. 217.
Engelwurzel. 152. 269.
Entengrütze. 224.
Enzian. 149. 255.
Ephedra. 215.
Ephedrineen. 215.
Epheu. 267.
Epidendrum. 123. 232.
Epilobium. 277.
Epipactis. 232.
Equisetaceen, Equisetaceae. 214.
Equisetum. 214.
Erbse 115. 283.

Erdapfel. 261.
Erdbeere. 117. 280.
Erdbeerspinat. 244.
Erdeichel. 282.
Erdmandel. 222.
Erdrauch. 300.
Erdscheibe. 247.
Erica. 185. 258.
Ericeen, Ericeae. 257.
Erigeron. 261.
Eriophorum. 223.
Erle. 131. 137. 235.
Erodium. 288.
Erucastrum. 299.
Ervum. 115. 283.
Eryngium. 268.
Erysibe (Erysiphe) 172.
Erythraea. 149. 255.
Esche. 139. 256.
Eselsdistel. 262.
Eselsgurke. 159.
Esparsette. 126. 283.
Espe. 236.
Eucalyptus. 275.
Eupatorium. 260.
Euphorbia. 146. 240.
Euphorbiaceen, Euphorbiaceae. 239.
Euphorbieen. 240.
Euphrasia. 251.
Evonymeen. 285.
Evonymus. 285.
Exoascus. 173.
Exogenae. 233.
Fächerpalme. 226.
Fackeldistel. 271.
Fadenalgen. 205.
Fadenkraut. 261.
Fagus. 125. 130. 236.
Falcaria. 268.
Faltenschwamm. 219.
Färberdistel. 262.
Färbereiche. 139. 237.
Färberginster. 140. 282.
„ Maulbeerbaum.139.
„ Ophsenzinge 139.253.
„ Röthe. 138 265.
„ Scharte. 262.
Farsetia, Farsetie. 299.
Faulbaum. 285.
Faulbrand. 172.
Febergras. 220.
Feigenbaum. 116. 136. 146. 238.

Feldsalat. 264.
Fenchel. 151. 269.
Fennich. 219.
Ferkelkraut. 263.
Ferula. 152.
Festuca. 221.
Fetthenne. 124. 272.
Fettkraut. 247.
Feuerlilie. 176.
Feuerschwamm. 171.209.
Fichte. 129. 216.
Ficoideen, Ficoideae. 272.
Ficus. 136. 146. 238.
Fieber-Klee. 149. 225.
„ Rindenbaum. 151.
Filago. 261.
Filix, Filices. 213.
Fingerhut. 148. 157. 251.
Fingerkraut. 280.
Flachs. 126. 292.
„ neuseeländ. 229.
Flachsseide. 171. 254.
Flammenblume. 254.
Flaschenkürbis. 273.
Flechten. 171. 206.
Fleckblume. 150.
Flieder. 256. 266.
Fliegenschwamm. 210.
Flockenblume. 262.
Flöhkraut. 261.
Florideae. 206.
Flugbrand. 172.
Föhre. 216.
Foeniculum. 151. 269.
Fragaria. 280.
Franzosenholz. 154. 286.
Frauenmantel. 279.
Frauenschuh. 232.
Fraxinus. 131. 256.
Fritillaria. 228.
Froschbiß. 233.
Froschlöffel. 225.
Fuchsia, Fuchsie. 277.
Fuchsieen. 277.
Fuchsschwanz. 219. 245
Fucus. 206.
Fumaria. 300.
Fumariaceen, Fumariaceae. 300
Fungi. 207.
Fusisporium. 173.
Gagea, Gagee. 228.
Gagel. 235.

Galactodendron. 122.
Galanthus. 230.
Galeobdolon. 250.
Galeopsis. 250.
Galinsoga, Galinsoge. 261.
Galium. 265.
Galleiche. 140. 237.
Gamander. 250.
Gambirstrauch. 137. 265.
Gänseblümchen. 261.
Gänsedistel. 263.
Gänsefuß. 147. 244.
Gänsekraut. 298.
Gartenmelde. 244.
Gasteromycetes. 209.
Gauchheil. 245.
Gefäß-Kryptogam. 212.
Geißblatt. 266.
Geißfuß. 268.
Genista, 140. 282.
Gentiana. 149. 255.
Gentianeen, Gentianeae. 255.
Georgina, Georgine. 261.
Geraniaceen, Geraniaceae. 287.
Geranium. 287.
Germer. 144. 157. 228.
Gerste. 114. 221.
Geum. 279.
Gewürznelkenbaum, 124. 152. 275.
Gichtbeere. 271.
Ginster. 140. 282.
Gladiolus. 230.
Glanzgras. 219.
Glaskraut. 238.
Glasschmalz. 244.
Glatthafer. 220.
Glaux. 247.
Glechoma. 17. 250.
Gleditschia. 282.
Gleiße. 158.
Globularia. 246.
Globularineen, Globularineae. 246.
Glockenblume. 259.
Glyceria. 220.
Glycyrrhiza. 283.
Gnadenkraut. 148. 251.
Gnaphalium. 261.
Goldlack. 298.
Goldnessel. 250.
Goldregen. 282.
Goldruthe. 261.
Gossypium. 126.!291.
Gotteskindenkraut. 148.
Gramineae. 217.
Granatbaum. 152. 278.
Granateen. Granateae. 278.
Gräser. 217.
Grasnelke. 246.
Grasrost. 171.
Gratiola. 148. 251.
Grossularieen, Grossularieae. 270.
Grünkohl. 118. 299.
Guajacum. 154. 286.
Guajakbaum. 286.
Guajavabaum. 275.
Gummibaum. 238.
Gummiguttab. 154. 159.
Gummilack. 136. 239.
Gundelrebe 17. 250.
Gundermann. 17.
Günsel. 250.
Gurke. 116. 274.
Guttiferen. 159.
Gymnadenia. 232.
Gypskraut. 293.
Gypsophila. 293.
Haargras. 221.
Haargurke. 274.
Habichtskraut. 263.
Hafer. 115. 220.
Haftdolbe. 269.
Hagebuche. 130. 237.
Hahnenfuß. 304.
Hahnenkamm. 245.
Haide. 258.
Haidekraut. 185. 258.
Hainbuche. 130. 237.
Hainsimse. 227.
Halbgräser. 221.
Halimus, Halimus. 244.
Halorageen, Halorageae. 277.
Haematoxylon. 153. 282.
Hanf. 126. 135. 146. 238.
Hanfwürger. 171.
Hartheu. 139. 290.
Hartriegel. 256.
Haselnuß. 116. 132. 237.
Haselwurz. 147. 157. 241.
Hasenohr. 268.
Hauhechel. 153. 282.
Hauslauch. 272.
Hausschwamm. 156. 209.
Hautalgen. 206.
Hautpilze. 209.
Hecksame. 282.
Hedera. 267.
Hederich. 299. 300.
Hefenalge. 205.
Heide, s. Haide.
Heidelbeere. 117. 259.
Heilkraut. 269.
Heleocharis. 223.
Helianthemum. 297.
Helianthus, 125. 261.
Helichrysum. 306.
Heliotropeen. 253.
Heliotropium. 253.
Helleboreen. 304.
Helleborus. 156. 304.
Helmkraut. 250.
Holosciadium. 268.
Helvella. 119. 209.
Hemerocallibeen. 229.
Hepaticae. 211.
Heracleum. 269.
Herbstzeitlose. 144. 228.
Herniaria. 273.
Herrenpilz. 119.
Herzblume. 300.
Hesperis. 298.
Hexenkraut. 278.
Hieracium. 263.
Hierochloa. 219.
Himbeerstr. 116. 152. 280.
Hippocastaneen, Hippocastaneae. 288.
Hippocrepis. 283.
Hippomane. 157. 240.
Hippophaë. 241.
Hippurideen, Hippurideae. 277.
Hippuris. 277.
Hirschsprung. 273.
Hirse. 219.
Hirsegras. 219.
Hirtentasche. 300
Hohlzahn. 300.
Hohlzahn. 250.
Hohlzunge. 232.
Holcus. 220.
Hollunder. 151. 266.
Holosteum. 294.
Honiggras. 220.
Honigklee. 153. 282.

Hopfen. 123. 146. 238.
Hordeum. 114. 221.
Hornblatt. 276.
Hornklee. 153. 282.
Hornkraut. 294.
Hornstrauch. 267.
Hortensie. 270.
Hottonia, Hottonie. 247.
Hufeisenklee. 283.
Huflattich. 150. 261.
Humulus. 123. 146. 238.
Hundskamille. 261.
Hundslattich. 263.
Hundspetersilie. 158. 268.
Hundswürger. 158. 256.
Hundszunge. 253.
Hungerblümchen. 299.
Hura. 240.
Hutpilze. 209.
Hyacinthus, Hyacinthe. 229.
Hydrangea. 270.
Hydrocharideen, Hydrocharideae. 233.
Hydrocharis. 233.
Hydrocotyle. 158. 268.
Hydrokarpen. 278.
Hymenomycetes. 209.
Hyoscyamus. 148. 252.
Hypericeen, Hypericeae. 290.
Hypericum. 139. 290.
Hyphomycetes. 208.
Hypnum. 211.
Hypocist. 241.
Jacaranda. 252.
Jakobsleiter. 254.
Jalapenwinde. 149. 158.
Jasione, Jasione. 259.
Jasmin (wilder). 275.
Jasmineen, Jasmineae. 256.
Jasminum, Jasmin. 256.
Jatropha. 118. 157. 239.
Jgelknospe. 224.
Jgelsame. 253.
Ilex. 257.
Illecebreen, Illecebreae. 272.
Illecebrum. 273.
Illicium, Jllicium. 302.
Jmmortelle. 262.
Impatiens. 287.

Imperatoria Ostruthium. 152. 269.
Indigofera. 284.
Jndigopfl. 138. 284.
Jngwer. 124. 145. 232.
Inula. 150. 261.
Johannisbeerstr. 116. 271.
Johannisbrodb. 153. 282.
Johanniskraut. 139. 290.
Jpecacuanhapfl 151. 158.
Jpo. 238.
Ipomoea. 149. 158.
Jrideen, Irideae. 230.
Iris. 145. 230.
Jrländ. Moos. 143. 206.
Isatis. 138. 300.
Jsländ. Moos. 119. 207.
Isnardia, Jsnardie. 278.
Isoëtes. 212.
Judenkirsche. 267.
Juglandeen, Juglandeae. 237.
Juglans 125. 131. 237.
Juncagineen, Juncagineae. 225.
Junceen, Junceae. 227.
Juncus. 227.
Jungermannia, Jungermannie. 211.
Juniperus. 143. 216.
Jurinea, Jurinie. 262
Jussieen. 278.
Jute. 291.
Juviabaum. 275.
Kaffeebaum. 120. 151.
Kajaput= s. Cajaput=.
Kakaobaum. 121. 155. 291.
Kälberkropf. 158. 270.
Kalmus. 144. 223.
Kamille. 152. 262.
Kammgras. 221.
Kampherbaum. 290.
Kampher=Lorbeer. 147. 157. 242.
Kappernstrauch. 124. 297.
Kapuzinerkresse. 287.
Karbobenediktenkraut. 150. 262
Kartoffel 100. 117. 158. 252.
— „ Schimmel. 209.
Kastanienb. 116. 236.
Katzenmünze. 249.
Katzenschwanz. 250.

Katzenwedel. 214.
Kautschukbaum. 239.
Kellerhals. 147. 157. 242.
Kermesbeere. 139. 245.
Keulengranne. 220.
Keulenpilze. 209.
Kiefer. 92. 128. 216.
Kirschbaum 116. 153. 281.
Kirschlorbeer. 153.
Klappertopf. 251.
Klatschrose. 301.
Klebkraut. 265.
Klee. 126. 282.
Kleeteufel. 171.
Kleinling. 247.
Klette. 150. 262.
Klettenkerbel. 270.
Knabenkraut. 232.
Knäuel. 273.
Knäulgras. 221.
Knautia, Knautie. 264.
Knoblauch. 124. 229.
Knorpelblume. 273.
Knorpelkraut. 244.
Knorpelsalat. 263.
Knotenblume. 230.
Knöterich. 243.
Kohl. 118. 299.
Kohlrabi. 118. 299.
Kohlrübe. 118. 299.
Koeleria, Kölerie. 220.
Koloquintengurke. 152.
Königin der Nacht. 271.
Königsfarn. 213.
Königskerze. 251.
Korbweide. 236.
Koriander. 270.
Korkeiche. 237.
Kornblume. 262.
Kornrade. 293
Krähenaugenb. 149. 255.
Krähenbeere. 240.
Krameria, Kramerie. 295.
Krannichschnabel. 287.
Krapp. 138. 265.
Krausemünze. 147. 249.
Kreisblume. 150. 262.
Kresse. 118. 300.
Kreuzblume. 155. 295.
Kreuzdorn. 285.
Kreuzkraut. 262.
Kronenwicke. 159. 283.

Krugblume. 255.
Krummhals. 253.
Krummholzfichte. 216.
Kryptogamen. 204.
Küchenschelle. 156. 303.
Kuckuksblume. 293.
Kuhbaum. 122.
Kuhblume. 150. 263.
Kugelblume. 246.
Kümmel. 123. 151. 268.
Kürbis. 273.
Labiaten, Labiatae. 248.
Labkraut. 265.
Lackmusflechte. 307.
Lactuca. 151. 158. 263.
Laichkraut. 225.
Laminaria. 206.
Lamium. 250.
Lämmersalat. 262.
Lampsana (Laps.) 262.
Lappa. 150. 262.
Larix. 216.
Lärche. 129. 216.
Lärchenschwamm. 143. 171.
Laserkraut. 269.
Laserpitium. 269.
Lathraea. 171. 251.
Lathyrus. 283.
Lattich. 151. 158.
Lattich-Alge. 206.
Laubmoose. 211.
Lauch. 228.
Laurineen, Laurineae. 242.
Laurus. 147. 157. 242.
Läusekraut. 157. 251.
Lavandula. 147. 248.
Lavatera, Lavatere. 292.
Lavendel. 147. 248.
Lawsonia, Lawsonie. 276.
Lebensbaum. 216.
Leberkraut. 211.
Lebermoose. 211.
Lecythis. 275.
Leberblume. 294.
Lebertange. 206.
Ledum. 158. 258.
Leersia, Leersie. 219.
Leguminosen. Leguminosae. 281.
Leimkraut. 293.
Lein. 126. 135. 292.
Leindotter. 135. 292.

Leinkraut. 251.
Leinseide. 254.
Lemna. 99. 224.
Lemnaceen, Lemnaceae. 224.
Lentibularien, Lentibulariae. 247.
Leontodon. 263.
Leonurus. 250.
Lepidium. 118. 300.
Lepigonum. 293.
Lerchensporn. 300.
Leucojum. 230.
Levisticum. 152. 269.
Levkoje. 298.
Lianen. 105. 252.
Lichenes. 206.
Lichtnelke. 293.
Liebstöckel. 152. 269.
Liesch. 224.
Lieschgras. 219.
Ligustrum. 256.
Liliaceen, Liliaceae. 228.
Lilium, Lilie. 228.
Limonenbaum. 154.
Limosella. 251.
Linaria. 148. 251.
Linde. 92. 131. 155. 291.
Lineen, Lineae. 292.
Linosyris, Linosyre. 261.
Linum. 126. 292.
Linse. 115. 283.
Lippenblumen. 248.
Liriodendrum. 303.
Listera, Listere. 232.
Lithospermen. 253.
Lithospermum. 254.
Littorella. 245.
Lobelia, Lobelie. 150. 259.
Lobeliaceen, Lobeliaceae. 259.
Löcherschwamm. 209.
Löffelkraut. 156. 299.
Lolch. 221.
Lolium. 157. 218. 221.
Lonicera, Lonicere. 266.
Lonicereen. 266.
Lorantheen, Lorantheae. 266.
Loranthus. 267.
Lorbeerb. 124. 147. 142.
Lorchel. 119. 209.
Lotus. 283.
Löwenmaul. 251.

Löwenschwanz. 250.
Löwenzahn. 263.
Lungenkraut. 254.
Lupinus, Lupine. 282.
Luzerne. 126. 282.
Lychnis. 293.
Lycium. 252.
Lycoperdon. 209.
Lycopodiaceen, Lycopodiaceae. 212.
Lycopodium. 213.
Lycopsis. 253.
Lycopus. 249.
Lysimachia, Lystmachie. 246.
Lythrarieen, Lythrarieae. 276.
Lythrum. 276.
Magnolia, Magnolie. 303.
Magnoliaceen, Magnoliaceae. 302.
Mahagonibaum. 289.
Maiblume. 229.
Mairan. 147. 249.
Majanthemum. 229.
Mais. 115. 219.
Malachium. 294.
Malva, Malve. 155. 291.
Malvaceen, Malvaceae. 291.
Manchinellenb. 157. 240.
Mandelb. 116. 152. 159. 280.
Mandragora. 158.
Mangifera. 284.
Mango. 284.
Mangold. 244.
Maniocstr. 118. 157. 239.
Mannaesche. 149. 256.
Mannagras. 220.
Mannsschild. 247.
Mannstreu. 268.
Marchantia. 211.
Marienbistel. 262.
Marrubium. 250.
Marsileaceen, Marsileaceae. 212.
Mastkraut. 293.
Matricaria. 150. 262.
Matthiola. 298.
Mauergerste. 221.
Mauerpfeffer. 272.
Maulbeerb. 142. 258.
Mauritia. 120. 217.

Mäuſedorn. 229.
Mäuſegerſte. 221.
Mauſeohr. 254.
Mäuſeſchwanz. 304.
Medicago. 126. 282.
Meerrettig. 124. 299.
Meerträubchen. 215.
Meerzwiebel.144.157.228
Mehlthau. 172.
Meiran ſ. Mairan.
Meiſterwurz. 152. 269.
Melaleuca. 152. 275.
Melampyrum. 251.
Melanthiaceae. 228.
Melde. 244.
Melica. 220.
Melilotus. 153. 282.
Melissa, Meliſſe. 148.
Meliſſineen. 249.
Melone. 116. 274.
Menispermeen, Menispermeae. 302.
Menispermum. 156. 302.
Mentha. 147. 249.
Menthoideen. 249.
Menyanthes. 149. 255.
Mercurialis. 157. 240.
Merk. 158.
Merulius. 156. 209.
Mesembryanthemum. 272.
Mespilus. 278.
Miere. 294.
Milchkraut. 247.
Milchſtern. 228.
Milium. 219.
Milzkraut. 270.
Mimosa. 281.
Mimoſeen. 281.
Mispel. 278.
Miſtel. 170. 267.
Mohn.125. 156.159.301.
Mohrenhirſe. 115. 219.
Mohrrübe. 118. 269.
Möhringia, Möhringie. 294.
Molinia, Molinie. 221.
Momordica. 159. 274.
Monarbeen. 249.
Mondraute. 213.
Mondſame. 302.
Monocotyledonen, Monocotyledones. 217.
Monocotylen. 217.

Monotropa. 258.
Montia, Montie. 273.
Mooſbeere. 117. 259.
Mooſe. 171.
Morchella, Morchel 119. 209.
Moritzpalme. 120. 227.
Morus. 139. 142. 238.
Mucor. 208.
Münze. 249.
Musa. 233.
Musaceae. 233.
Muscari. 229.
Musci. 211.
Muskatnuß. 123. 146. 239.
Mutterkorn. 156. 172.
Myosotis. 254.
Myosurus. 304.
Myrica. 234.
Myricaria, Myrikarie 276
Myriceen,Myriceae.234.
Myriophyllum. 277.
Myristica. 123. 146.239.
Myriſticeen, Myristiccae. 239
Myrrhenb. 154. 285.
Myrtaceen, Myrtaceae. 274.
Myrtus, Myrte. 275.
Nachtkerze. 277.
Nachtſchatten. 148. 252.
Nachtviole. 298.
Nadelhölzer. 215.
Nadelkerbel. 270.
Najas, Najade. 224.
Najadeen, Najades. 224.
Narcissus, Narciſſe. 230.
Nardus. 221.
Nasturtium. 118. 298.
Natternkopf. 253.
Natterzunge. 213.
Nelke. 293.
Nelkenwurz. 279.
Neſtwurzel 232.
Netzſchwamm. 209.
Neuſeeländ. Flachs. 229.
Nicotiana. 141. 252.
Nießwurz. 144. 156. 159. 228. 304.
Nigella. 304.
Nonnea, Nonnee. 253.
Nostoc. 205.
Nuphar. 301.

Nymphaea. 301.
Nymphäaceen, Nymphaeaceae. 301.
Ochſenzunge. 253.
Ochmoideen. 248.
Ocymum. 248.
Obermennig. 280.
Ohnblatt. 258.
Oïdium. 173.
Olea. 125. 149. 256.
Oleaceen, Oleaceae.256.
Oleander. 255.
Oleaſter. 251.
Oelbaum. 125. 140. 256.
Oel=Palme. 135. 222.
Oenanthe. 152. 158. 268.
Oenothera. 277.
Omphalodes. 253.
Onagrarieen, Onagrarieae. 277.
Onobrychis. 126. 283.
Ononis. 153. 282.
Onopordon. 262.
Ophioglossum. 213.
Ophrys. 232.
Opuntia. 271.
Opuntiaceen, Opuntiaceae. 271.
Orangenbaum. 116.
Orchideen,Orchideae231
Orchis. 232.
Origanum. 249.
Orleanbaum. 140.
Ornithogalum. 228.
Ornithopus. 283.
Orobanche. 171. 251.
Orobancheen. 251.
Orobus. 283.
Oryza. 115. 219.
Osmunda. 213.
Oſterluzei. 241.
Oxalideen, Oxolideae. 286.
Oxalis. 286.
Oxytropis. 283.
Paeonia, Päonie. 304.
Päoniaceen. 304.
Palme, Palmb. 227.
Palmen, Palmae. 225.
Palmrieth. 227.
Panicum. 219.
Papaver. 125. 156. 159. 301.

21*

Papaveraceen, Papaveraceae. 300.
Papilionaceen. 282.
Pappel. 131. 146. 236.
Paradiesfeige. 116.
Parietaria. 238.
Paris. 157. 229.
Parmelia. 207.
Parnassia. 295.
Paronychieen, Paronychieae. 277.
Passerina. 243.
Passiflora. 274.
Passionsblume. 274.
Pastinaca, Pastinake. 118. 269.
Pavia. 288.
Pedicularis. 157. 251.
Pelargonium. 287.
Penicillium. 209.
Peplis. 276.
Perchabaum. 149. 257.
Perlgras. 220.
Peronospora. 170.
Persica. 280.
Perückenbaum. 284.
Pestilenzwurz. 261.
Petasites. 261.
Petersilie. 124. 268.
Petroselinum. 124. 268.
Pfaffenhütchen. 285.
Pfaffenröhrlein.150 263.
Pfefferkraut. 249.
Pfefferminze. 147. 249.
Pfefferstrauch. 123. 223.
Pfeifenstrauch. 275.
Pfeilkraut. 225.
Pfennigkraut. 246.
Pferdebohne. 283.
Pferdeschwanz. 214.
Pfifferling. 210.
Pfirsiche. 116. 280.
Pflaumenb. 116. 280.
Pfriemgras. 219
Phalaris. 219.
Phanerogamen, Phanerogamae. 214.
Phaseolus. 115. 284.
Philadelphus. 275.
Philadelpheen, Philadelpheae. 275.
Phleum. 219.
Phlox. 254.
Phoenix. 116. 227.

Phormium. 126. 229.
Phragmites. 220.
Phyllantheen. 240.
Physalis. 306.
Phyteuma. 259.
Phytolacca. 139. 245.
Phytolacceen, Phytolacceae. 244.
Picris. 263.
Pillenkraut. 212.
Pilularia. 212.
Pilze. 171. 207.
Pimpernuß. 285.
Pimpinella. 151. 268.
Pinguicula. 247.
Pinie. 216.
Pinselschimmel. 209.
Pinus. 129. 216.
Piper. 123. 223.
Piperaceen. 223.
Pippau. 263.
Pirus s. Pyrus.
Pisang. 116. 233.
Pistacia, Pistazie. 284.
Pisum. 115. 283.
Plantagineen, Plantagineae. 245.
Plantago. 246.
Plataneen, Plataneae. 237.
Platanus, Platane. 237
Platanthera. 232.
Plattentang. 206.
Platterbse. 283.
Plumbagineen, Plumbagineae. 246.
Plumbago. 157. 246.
Poa. 176. 220.
Pockholz (Pockenh). 154. 286.
Podospermum. 263.
Polei. 249.
Polemoniaceen, Polemoniaceae. 254.
Polemonium. 254.
Polycnemum. 244.
Polygala. 155. 295.
Polygaleen, Polygaleae. 294.
Polygoneen, Polygoneae. 243.
Polygonum. 115. 243.
Polypodium. 214.
Polyporus. 143. 171. 209.

Polystichum. 214.
Polytrichum. 212.
Pomaceen, Pomaceae. 278.
Pomeranze.116.155.289.
Pompelmuse. 123. 289.
Populus. 235.
Porree. 124. 229.
Porst. 158. 258.
Portulaca. 273.
Portulaceen, Portulaceae. 273.
Portulak. 273.
Potameen, Potameae 225
Potamogeton. 225.
Potentilla. 152. 280.
Poterium. 279.
Prasieen. 250.
Prasium. 250
Preißelbeere. 117.
Primula, Primel.147.247
Primulaceen, Primulaceae. 246.
Protococcus. 205.
Prunella. 250.
Prunus. 153. 159 281.
Psamma. 219.
Psidium. 275.
Ptelea. 294.
Pteris. 214.
Pterocarpus. 153. 284.
Puccinia. 171.
Pulegium. 249.
Pulicaria. 261.
Pulmonaria. 254.
Pungen. 247.
Punica. 152. 278
Purgirwinde. 149. 158.
Pyrola. 258.
Pyrolaceen. 258.
Pyrus. 131. 278.
Quassia, Quassie.155.294
Quecke. 221.
Quendel. 249.
Quercus. 129. 237.
Quitte. 152. 278.
Rabe. 293.
Radiola. 292.
Rafflesia. 241.
Ragwurz. 232.
Raigras. 221.
Rainfarn. 261.
Rainkohl. 262.
Ranunculaceen. 303.

Register der Pflanzennamen.

Ranunculaceae. 303.
Ranunculus. 304.
Raphanus. 124. 300.
Rapistrum. 300.
Raps. 135. 299.
Rapunzel. 259.
Rauke. 298.
Rauschbeere. 240.
Raute. 286.
Rebendolde. 158. 268.
Rempe. 299.
Rennthierflechte. 107. 207
Reiherschnabel. 288.
Reis. 115. 219.
Reithgras. 219.
Reps. 135. 299.
Repsdotter. 300.
Reseda, Reseba. 139. 296.
Resedaceen, Resedaceae. 295
Rettig. 124. 300.
Rhabarber. 147. 243.
Rhamneen, Rhamneae. 285.
Rhamnus. 132. 154. 285.
Rhapontik. 243.
Rheum. 147. 243.
Rhinantaceen. 251.
Rhinanthus. 251.
Rhododendron. 258.
Rhus. 284.
Rhynchospora. 223.
Ribes. 271
Ricinus. 147. 239.
Riedgräser. 223.
Riemenblume. 267
Riementang. 206.
Riesenblume. 241.
Rippenfarn. 214
Rispengras. 220.
Rittersporn. 304.
Robinia, Robinie. 283.
Roccella. 207.
Roggen. 114. 221.
Rohr. 220.
Röhrenschwamm. 209.
Rohrkolben. 224.
Rohrschilf. 220.
Rosa, Rose. 152. 280.
Rosaceen, Rosaceae. 279.
Rosen. 280.
Rosenkohl. 118. 299.
Rosmarinus, Rosmarin. 148. 249.

Rost. 208.
Rostpilze. 208.
Roßkastanie. 288.
Rotang. 227.
Rothbuche. 130. 236.
Röthe. 265.
Rothkohl. 118. 299.
Rothtanne. 129. 216.
Rübe, weiße. 118. 299.
Rubia. 138. 265.
Rubiaceen, Rubiaceae. 265.
Rübsen. 135. 299.
Rubus. 152. 280.
Ruchgras. 219.
Ruhrkraut. 261.
Ruhrwurzel. 152. 280.
Rumex. 243.
Runkelrübe. 122. 244.
Ruscus. 229.
Rußbrand. 172.
Rüster. 130. 238.
Ruta. 286.
Rutaceen, Rutaceae. 285.
Saccharum. 122. 219.
Sabebaum. 157. 216.
Saffran (Safran). 140. 145. 230.
Sagina. 293.
Sagittaria. 225.
Sagobaum. 215.
Sagopalme. 227.
Sagus. 227.
Sahlweide. 236.
Salat. 263.
Salbei. 148. 249.
Salicineen, Salicineae. 235.
Salicornia. 244.
Salix. 235.
Salsola. 244.
Salvia. 148. 249.
Salvinia, Salvinie. 212.
Salzkraut. 244.
Sambucus. 151. 266.
Samolus. 247.
Sandbüchsenbaum. 240.
Sandkraut. 294.
Sandried. 219.
Sanguisorba. 279.
Sanguisorbeen, Sanguisorbeae. 279.
Sanicula, Sanikel. 268.
Santalaceen. 241.

Santalaceae. 241.
Santalum. 241.
Santelbaum. 241.
Sapieen. 240.
Saponaria. 155. 293.
Sapoteen, Sapoteae. 256
Sargassum. 206.
Sarothamnus. 282.
Saffafras-Lorbeer. 242.
Satureja. 124. 249.
Saturineen. 249.
Saubohne. 283.
Sauerampfer. 243.
Sauerdorn. 302.
Sauerklee. 286.
Saumfarn. 214.
Saxifraga. 270.
Sarifrageen, Saxifrageae. 270.
Scabiosa, Scabiose. 264.
Scandix. 270.
Schaafgarbe. 151. 261.
Schachblume. 228.
Schachtelhalm. 214.
Schaftthalm. 214.
Scharbockskraut. 304.
Scharfkraut. 253.
Scharte. 262.
Schattenblume. 229.
Schaumkraut. 298.
Scheibenpilze. 209.
Scheuchzeria. 225.
Schierling. 152. 158. 270.
Schimmel. 208.
Schirmpalme. 226.
Schlangenmoos. 213.
Schlehdorn. 306.
Schleimalge. 305.
Schlüsselblume. 147. 247.
Schlutte. 306.
Schmeerwurz. 229.
Schmiele. 220.
Schmierbrand. 172.
Schnabelsame. 223.
Schneckenklee. 282.
Schneealge. 205.
Schneeball. 266.
Schneebeere. 266.
Schneeglöckchen. 230.
Schnittlauch. 124. 228.
Schoberia, Schoberie. 244
Schöllkraut. 156. 159. 301.
Schotenklee. 283.
Schuppenkniee. 293.

Schuppenwurz. 171. 251.
Schwarzdorn. 306.
Schwarzkümmel. 304.
Schwarzwurz. 263.
Schwertlilie. 230.
Schwingel. 221.
Scabiosa, Scabiose. 264.
Scilla. 144. 157. 228.
Scirpeen. 223.
Scirpus. 223.
Scitamineen, Scitamineae. 232.
Sclerantheen. 273.
Scleranthus. 273.
Sclerotium. 156. 172.
Scorzonera. 263.
Scrophularia. 251.
Scrophularineen, Scrophularineae. 250.
Scutellaria. 250.
Scutellarineen. 250.
Secale. 114. 221.
Sedum. 124. 272.
Segge. 223.
Seidelbast. 243.
Seidenpflanze. 256.
Seifenkraut. 155. 293.
Selinum. 269.
Sellerie. 118. 268.
Sempervivum. 272.
Senebiera, Senebiere 300
Senecio. 262.
Senna-Cassie. 153. 282.
Senf. 123. 156. 299.
Serratula. 262.
Sesamum, Sesam. 125. 252.
Seseli, Sesel. 269.
Sherhardia, Sherharbie. 265.
Sichelbolde. 268.
Sicyos. 274.
Siebenstern. 246.
Siegwurz. 232.
Silaus, Silau. 269.
Silene. 293.
Silenen, Sileneae. 292.
Silge. 269.
Simaruba. 294.
Simarubeen. Simarubeae. 294.
Simse. 227.
Sinapis. 299.
Sinngrün. 255.

Sinnpflanze. 281.
Siphonia. 137. 209.
Sisymbrium. 298.
Sium. 158. 268.
Smilacineen, Smilacineae. 229.
Smilax. 145. 229.
Solaneen, Solaneae. 252.
Solanum. 117. 148. 252.
Solidago. 261.
Sommereiche. 237.
Sommersaat. 299.
Sonchus. 263.
Sonnenblume. 125. 261.
Sonnenthau. 295.
Sonnenwende. 253.
Sorbus. 131. 278.
Sorghum. 115. 219.
Spaltpilze. 206.
Spanische Kresse. 287.
Span. Pfeffer. 123. 252.
Span. Rohr. 227.
Sparganium. 224.
Spargel. 118. 229.
Spargelerbse. 283.
Spark. 293.
Specularia. 259.
Spergula. 293.
Sperrkraut. 254.
Sphagnum. 185. 211.
Sphaerococcus. 206.
Spiegelglocke. 259.
Spierstaude. 279.
Spiker. 147. 248.
Spilanthus. 150.
Spinacia. 244.
Spinat. 118. 244.
Spindelbaum. 285.
Spiraea. 279.
Spiraeaceen. 279.
Spiranthes. 232.
Spitzkiel. 283.
Spitzklette. 263
Spornblume. 264.
Spreublume. 262.
Springkraut. 287.
Spritzgurke. 159. 274.
Spurre. 294.
Stachelbeerstr. 116. 271.
Stachybeen. 250.
Stachys. 250.
Staphylea. 285.
Staphyleaceen. 285.
Statice. 246.

Staubbrand. 172.
Staubpilze. 208.
Stechapfel. 149. 158. 252.
Stechpalme. 257.
Stechwinde. 229.
Steckenkraut. 152. 269.
Steinbrand. 172.
Steinbrech. 270.
Steineiche. 129. 237.
Steinpilz. 119. 209.
Steinsame. 254.
Stellaria. 294.
Stellaten. 265.
Sternmiere. 294.
Stiefmütterchen 156. 296.
Stieleiche. 129.
Stielsame. 263.
Stinkasant. 152. 269.
Stipa. 219.
Stockrose. 155. 292.
Storchschnabel. 287.
Strändling. 245.
Stratiotes. 233.
Streifenfarn. 214.
Streitkolbenb. 235.
Strohblume. 262.
Strychnos. 149. 158. 255.
Stückelalge. 205.
Sturmia, Sturmie. 232.
Styraceen, Styraceae. 258.
Styrax. 258.
Succisa. 264.
Sumach. 284.
Sumpfgras. 223.
Sumpfkraut. 251.
Sumpfschirm. 268.
Sumpfwurz. 232.
Süßgras. 220.
Süßholz. 153. 283.
Swietenia. 131. 289.
Symphoricarpus. 266.
Symphytum. 253.
Syringa. 256.
Tabak. 141. 158. 252.
Tamarindenbaum. 282
Tamarindus. 153. 282.
Tamariscineen. Tamariscineae. 275.
Tamarix, Tamariske. 276.
Tamus. 229.
Tanacetum. 261.
Tange. 206.

Register der Pflanzennamen.

Tanne. 129. 216.
Tännel. 292.
Tannenwedel. 277.
Taraxacum. 150. 263.
Tarro. 118. 223.
Täschelkraut. 299.
Taubenessel. 250.
Taubenkropf. 293.
Taumellolch. 157. 218.
Tausendblatt. 277.
Tausendguldenkraut 149. 255.
Tausendschönchen. 261.
Taxbaum. 92. 157.
Taxineen. 215.
Taxus. 157. 215.
Tectonia, Tektonie 248.
Teesdalia, Teesdalie 299.
Teichbinse. 223.
Telephieen. 273.
Terebinthaceen, Terebinthaceae. 284.
Ternströmiaceen, Ternströmiaceae. 290.
Tetragonolobus. 283.
Teucrium. 250.
Teufelsabbiß. 264.
Teufelsdreck. 152. 269.
Thalictrum. 303.
Thea. 121. 290.
Theestrauch. 121. 290.
Theka. 248.
Theobroma, 121. 291.
Thesium, Thesium. 242.
Thimotheusgras. 219.
Thlaspi. 299.
Thränenschwamm. 209.
Thrincia. 263.
Thuja. 144. 216.
Thurmkraut. 298.
Thymeleen, Thymeleae. 242.
Thymian. 148. 249.
Thymseide. 254.
Thymus. 148. 249.
Tilia. 131. 155. 291.
Tiliaceen, Tiliaceae. 290.
Tofieldia, Tofieldie. 228.
Tollkirsche. 148. 158.
Tonkabaum. 282.
Topfbaum. 275.
Torfmoos. 185. 211.
Torilis. 269.
Traganth. 153. 283.

Tragopogon. 263.
Trapa. 278.
Traubenkirsche. 159. 281.
Traubenfarn. 213.
Trespe. 221.
Tribulus. 286.
Trientalis. 246,
Trifolium. 126. 282.
Triglochin. 225.
Trigonella. 153. 282.
Tripmadam. 272.
Triodia. 220.
Triticum. 114. 221.
Trollblume. 304.
Trollius. 304.
Trompetenb. 252.
Tropäoleen, Tropaeoleae. 287.
Tropaeolum. 287.
Trüffel. 209.
Tuber 209.
Tulipa. 228.
Tulipeen. 228.
Tulpe. 228.
Tulpenbaum. 303.
Tüpfelfarn. 214.
Türkenbund. 228.
Turritis. 298.
Tussilago. 150. 261.
Typha. 224.
Typhaceen, Typhaceae. 224.
Ulex. 282.
Ulmaceen. 238.
Ulmus, Ulme. 130. 248.
Ulvaceae. 206.
Umbellaten. 267.
Umbelliferen, Umbelliferae. 267.
Upasbaum. 158. 238.
Uredo. 172. 208.
Urkorn. 205.
Urtica. 238.
Urticeen. Urticeae. 237.
Utricularia. 247.
Vaccineen, Vaccineae. 258.
Vaccinium. 149. 259.
Valeriana. 151. 264.
Valerianeen, Valerianeae. 264.
Valerianella. 264.
Vallisneria. 97. 233.
Vanille. 123. 146. 232.

Vateria. 290.
Veilchen. 296.
Veratrum. 157. 228.
Verbasceen. 251.
Verbascum. 251.
Verbena. 248.
Verbenaceen, Verbenaceae. 248.
Vergißmeinnicht. 254.
Veronica. 251.
Vibrionen. 206.
Viburnum. 266.
Vicia. 126. 283.
Victoria. regia. 301.
Vinca. 255.
Viola. 156. 296.
Violaceen. Violaceae. 296.
Viscum. 170. 267.
Vitis. 119. 288.
Vogelfuß. 283.
Vogelkopf. 243.
Wachholder. 216.
Wachspalme. 226.
Wachtelweizen. 251.
Waid. 138. 300.
Waizen s. Weizen.
Walderbse. 283.
Waldfarn. 214.
Waldmeister. 265.
Waldnessel. 250.
Waldrebe. 303.
Wallnußbaum. 237.
Wandflechte. 207.
Wasserdosten. 260.
Wasserfaden. 205.
Wasserfarne. 212.
Wasserfeffel. 158.
Wasserheede. 205.
Wasserlinse. 224.
Wassermerk. 151. 268.
Wassernabel. 158. 268.
Wassernuß. 278.
Wasserpest. 99.
Wasserriemen. 224.
Wasserscheer. 233.
Wasserschierling 158. 268.
Wasserschlauch. 247.
Wasserstern. 277.
Wau. 139. 296.
Wegdorn. 285.
Wegerich, Wegetritt. 246.
Weichkraut 294.
Weide. 131. 137. 236.

Weidenröschen. 277.
Weiderich. 276.
Weihrauchbaum. 154.
Weinpalme. 226.
Weinstock. 119. 288.
Weißbuche. 130. 237.
Weißdorn. 278.
Weißkohl. 118. 299.
Weißtanne. 129. 216.
Weizen. 114. 221.
Weizenbrand. 172.
Wermuth. 150. 261.
Weymouthskiefer. 216.
Wicke. 126. 283.
Widerthon. 212.
Wiesenknopf. 279.
Wiesenraute. 303.
Winde. 254.
Windfahne. 219.
Windhalm. 219.
Windröschen. 303.
Wintereiche. 129. 237.
Wintergrün. 258.
Wintersaat. 299.
Wirbeldosten. 249.

Wirsichkohl. 118.
Wirsing. 118. 299.
Wolfsfuß. 249.
Wolfsmilch. 240.
Wollgras. 223.
Wollkraut. 251.
Wolverlei. 150. 262.
Wucherblume. 262.
Wunderbaum. 147. 239.
Wundklee. 282.
Wurzelfarne. 212.
Xanthium. 263.
Xeranthemum. 262.
Yamswurzel. 118. 229.
Zannichellia. 225.
Zanthoxyleen, Zanthoxyleae. 294.
Zaserblume 272.
Zaumblume. 228.
Zaunrebe. 288.
Zaunrübe. 274.
Zea. 115. 219.
Zeitlose. 228.
Ziest. 250.
Ziegenbart. 119. 209.

Zimmtb. 124. 147. 242.
Zimmtcassie. 124. 242.
Zimmtlorbeer. 124.
Zingiber. 124. 145. 232.
Zirbelkiefer. 216.
Zitteralge. 205.
Zittergras. 220.
Zitterpappel. 236.
Zittwer. 233.
Zottenblume. 149. 255.
Zuckerahorn. 122.
Zuckerrohr. 122. 219.
Zuckerwurzel. 268.
Zürgelbaum. 238.
Zweizahn. 261.
Zwenke. 221.
Zwergflachs. 292.
Zwergpalme. 226.
Zwiebel. 124. 229.
Zygophylleen, Zygophylleae. 286.

MIX
Papier aus verantwortungsvollen Quellen
Paper from responsible sources
FSC® C105338

If you have any concerns about our products,
you can contact us on
ProductSafety@springernature.com

In case Publisher is established outside the EU,
the EU authorized representative is:
**Springer Nature Customer Service Center GmbH
Europaplatz 3, 69115 Heidelberg, Germany**

Printed by Libri Plureos GmbH
in Hamburg, Germany